建筑与市政工程施工现场专业人员职业标准培训教材

# 质量员通用与基础知识

## （土建方向）


建筑与市政工程施工现场专业人员职业标准培训教材编审委员会
中国建设教育协会
组织编写

赵 研 胡兴福 主编

中国建筑工业出版社

**图书在版编目（CIP）数据**

质量员通用与基础知识（土建方向）. 赵研，胡兴福主编. —北京：中国建筑工业出版社，2014.1
建筑与市政工程施工现场专业人员职业标准培训教材
ISBN 978-7-112-16282-6

Ⅰ.①质… Ⅱ.①赵…②胡… Ⅲ.①土木工程-质量管理-技术培训-教材 Ⅳ.①TU712

中国版本图书馆 CIP 数据核字（2013）第 321032 号

本书是依据《建筑与市政工程施工现场专业人员职业标准》JGJ/T 250—2011 及其配套的考核评价大纲的质量员（土建方向）通用与基础知识要求编写。

全书分为上下两篇。上篇通用知识包括：建设法规，建筑材料，建筑工程识图，建筑施工技术，施工项目管理。下篇基础知识包括：建筑力学，建筑构造与建筑结构，施工测量的基本知识，抽样统计分析的知识等。

本教材主要用作质量员（土建方向）培训教材和考试用书，也可供职业院校师生和有关专业技术人员参考。

责任编辑：朱首明 李 明
责任设计：李志立
责任校对：姜小莲 赵 颖

建筑与市政工程施工现场专业人员职业标准培训教材
**质量员通用与基础知识**
**（土建方向）**
建筑与市政工程施工现场专业人员职业标准培训教材编审委员会
中国建设教育协会
组织编写
赵 研 胡兴福 主编
*
中国建筑工业出版社出版、发行（北京西郊百万庄）
各地新华书店、建筑书店经销
北京科地亚盟排版公司制版
北京建筑工业印刷厂印刷
*
开本：787×1092 毫米 1/16 印张：20¼ 字数：510 千字
2014 年 1 月第一版 2016 年 3 月第六次印刷
定价：**48.00** 元
ISBN 978-7-112-16282-6
（25005）

# 建筑与市政工程施工现场专业人员职业标准培训教材编审委员会

# 出版说明

建筑与市政工程施工现场专业人员队伍素质是影响工程质量和安全生产的关键因素。我国从20世纪80年代开始，在建设行业开展关键岗位培训考核和持证上岗工作。对于提高建设行业从业人员的素质起到了积极的作用。进入21世纪，在改革行政审批制度和转变政府职能的背景下，建设行业教育主管部门转变行业人才工作思路，积极规划和组织职业标准的研发。在住房和城乡建设部人事司的主持下，由中国建设教育协会、苏州二建建筑集团有限公司等单位主编了建设行业的第一部职业标准——《建筑与市政工程施工现场专业人员职业标准》，已由住房和城乡建设部发布，作为行业标准于2012年1月1日起实施。为推动该标准的贯彻落实，进一步编写了配套的14个考核评价大纲。

该职业标准及考核评价大纲有以下特点：(1) 系统分析各类建筑施工企业现场专业人员岗位设置情况，总结归纳了8个岗位专业人员核心工作职责，这些职业分类和岗位职责具有普遍性、通用性。(2) 突出职业能力本位原则，工作岗位职责与专业技能相互对应，通过技能训练能够提高专业人员的岗位履职能力。(3) 注重专业知识的完整性、系统性，基本覆盖各岗位专业人员的知识要求，通用知识具有各岗位的一致性，基础知识、岗位知识能够体现本岗位的知识结构要求。(4) 适应行业发展和行业管理的现实需要，岗位设置、专业技能和专业知识要求具有一定的前瞻性、引导性，能够满足专业人员提高综合素质和适应岗位变化的需要。

为落实职业标准，规范建设行业现场专业人员岗位培训工作，我们依据与职业标准相配套的考核评价大纲，组织编写了《建筑与市政工程施工现场专业人员职业标准培训教材》。

本套教材覆盖《建筑与市政工程施工现场专业人员职业标准》涉及的施工员、质量员、安全员、标准员、材料员、机械员、劳务员、资料员8个岗位14个考核评价大纲。每个岗位、专业，根据其职业工作的需要，注意精选教学内容、优化知识结构、突出能力要求，对知识、技能经过合理归纳，编写为《通用与基础知识》和《岗位知识与专业技能》两本，供培训配套使用。本套教材共29本，作者基本都参与了《建筑与市政工程施工现场专业人员职业标准》的编写，使本套教材的内容能充分体现《建筑与市政工程施工现场专业人员职业标准》，促进现场专业人员专业学习和能力提高的要求。

作为行业现场专业人员第一个职业标准贯彻实施的配套教材，我们的编写工作难免存在不足，因此，我们恳请使用本套教材的培训机构、教师和广大学员多提宝贵意见，以便进一步的修订，使其不断完善。

建筑与市政工程施工现场专业人员职业标准培训教材编审委员会

# 前　　言

2011年7月，住房和城乡建设部发布了《建筑与市政工程施工现场专业人员职业标准》JGJ/T 250—2011，于2012年1月1日起实施。为了满足全国各省（市、自治区）培训、考评需要，由中国建设教育协会组织编写了建筑与市政工程施工现场专业人员职业标准培训教材，本书是其中的一本，用于质量员（土建方向）通用与基础知识的培训和考试用书。

本书依据住房和城乡建设部颁布的《建筑与市政工程施工现场专业人员考核评价大纲》编写，分为上下两篇。上篇通用知识包括：建设法规，建筑材料，建筑工程识图，建筑施工技术，施工项目管理。下篇基础知识包括：建筑力学，建筑构造与建筑结构，施工测量的基本知识，抽样统计分析的知识。

本书上篇由四川建筑职业技术学院胡兴福教授主编，深圳职业技术学院张伟副教授参加编写，张伟副教授编写建筑施工技术部分，其余部分由胡兴福教授编写，西南石油大学硕士研究生郝伟杰参与了资料整理工作。本书下篇由黑龙江建筑职业技术学院赵研教授主编，杨庆丰副教授、颜晓荣研究员级高级工程师、张常明博士参加了编写。张晓艳高级工程师担任本书主审。

限于编者水平，书中疏漏和错误难免，敬请读者批评指正。

# 目　　录

## 上篇　通用知识

# 下篇 基础知识

# 上篇　通用知识

# 一、建设法规

## （一）建设法规概述

### 1. 建设法规的概念

建设法规是指国家立法机关或其授权的行政机关制定的旨在调整国家及其有关机构、企事业单位、社会团体、公民之间，在建设活动中或建设行政管理活动中发生的各种社会关系的法律、法规的统称。它体现了国家对城市建设、乡村建设、市政及社会公用事业等各项建设活动进行组织、管理、协调的方针、政策和基本原则。

### 2. 建设法规的调整对象

建设法规的调整对象，即发生在各种建设活动中的社会关系，包括建设活动中所发生的行政管理关系、经济协作关系及其相关的民事关系。

（1）建设活动中的行政管理关系

建筑业是我国的支柱产业，建设活动与国民经济、人民生活和社会的可持续发展关系密切，国家必须对之进行全面的规范管理。建设活动中的行政管理关系，是国家及其建设行政主管部门同建设单位（业主）、设计单位、施工单位、建筑材料和设备的生产供应单位及建设监理等中介服务单位之间的管理与被管理关系。在法制社会里，这种关系必须要由相应的建设法规来规范、调整。

（2）建设活动中的经济协作关系

工程建设是多方主体参与的系统工程，在完成建设活动既定目标的过程中，各方的关系既是协作的又是博弈的。因此，各方的权利、义务关系必须由建设法规加以规范、调整，以保证在建设活动的经济协作关系中，各方法律主体具有平等的法律地位。

（3）建设活动中的民事关系

在建设活动中的土地征用、房屋拆迁及安置、房地产交易等，常会涉及公民的人身和财产权利，这就需要由相关民事法律法规来规范和调整国家、单位和公民之间的民事权利义务。

### 3. 建设法规体系

(1) 建设法规体系的概念

法律法规体系，通常指由一个国家的全部现行法律规范分类组合为不同的法律部门而形成的有机联系的统一整体。

建设法规体系是国家法律体系的重要组成部分，是由国家制定或认可，并由国家强制力保证实施的，调整建设工程在新建、扩建、改建和拆除等有关活动中产生的社会关系的法律法规的系统。它是按照一定的原则、功能、层次所组成的相互联系、相互配合、相互补充、相互制约、协调一致的有机整体。

建设法规体系是国家法律体系的重要组成部分，必须与国家整个法律体系相协调，但又因自身特定的法律调整对象而自成体系，具有相对独立性。根据法制统一的原则，一是要求建设法规体系必须服从国家法律体系的总要求，建设方面的法律必须与宪法和相关的法律保持一致，建设行政法规、部门规章和地方性法规、规章不得与宪法、法律以及上一层次的法规相抵触。二是建设法规应能覆盖建设事业的各个行业、各个领域以及建设行政管理的全过程，使建设活动的各个方面都有法可依、有章可循，使建设行政管理的每一个环节都纳入法制轨道。三是在建设法规体系内部，不仅纵向不同层次的法规之间应当相互衔接，不能有抵触；横向同层次的法规之间也应协调配套，不能互相矛盾、重复或者留有“空白”。

(2) 建设法规体系的构成

建设法规体系的构成即建设法规体系所采取的框架或结构。目前我国的建设法规体系采取“梯形结构”，即不设“中华人民共和国建设法律”，而是以若干并列的专项法律共同组成体系框架的顶层，再配置相应的下一位阶的行政法规和部门规章，形成若干既相互联系又相对独立的专项法律规范体系。根据《中华人民共和国立法法》有关立法权限的规定，我国建设法规体系由以下五个层次组成。

1) 建设法律

建设法律是指由全国人民代表大会及其常务委员会制定通过，由国家主席以主席令的形式发布的属于国务院建设行政主管部门业务范围的各项法律，如《中华人民共和国建筑法》、《中华人民共和国招标投标法》、《中华人民共和国城乡规划法》等。建设法律是建设法规体系的核心和基础。

2) 建设行政法规

建设行政法规是指由国务院制定，经国务院常务委员会审议通过，由国务院总理以中华人民共和国国务院令的形式发布的属于建设行政主管部门主管业务范围的各项法规。建设行政法规的名称常以“条例”、“办法”、“规定”、“规章”等名称出现，如《建设工程质量管理条例》、《建设工程安全生产管理条例》等。建设行政法规的效力低于建设法律，在全国范围内施行。

3) 建设部门规章

建设部门规章是指住房和城乡建设部根据国务院规定的职责范围，依法制定并颁布的各项规章或由住房和城乡建设部与国务院其他有关部门联合制定并发布的规章，如《实施工程建设强制性标准监督规定》、《工程建设项目施工招标投标办法》等。建设部门规章一方面是对法律、行政法规的规定进一步具体化，以便其得到更好的贯彻执行；另一方面是作为法律、法规的补充，为有关政府部门的行为提供依据。部门规章对全国有关行政管理部门具有约束力，但其效力低于行政法规。

4）地方性建设法规

地方性建设法规是指在不与宪法、法律、行政法规相抵触的前提下，由省、自治区、直辖市人民代表大会及其常委会结合本地区实际情况制定颁行的或经其批准颁行的由下级人大或其常委会制定的，只在本行政区域有效的建设方面的法规。关于地方的立法权问题，地方是与中央相对应的一个概念，我国的地方人民政府分为省、地、县、乡四级。其中省级中包括直辖市，县级中包括县级市即不设区的市。县、乡级没有立法权。省、自治区、直辖市以及省会城市、自治区首府有立法权。而地级市中只有国务院批准的规模较大的市有立法权，其他地级市没有立法权。

5）地方建设规章

地方建设规章是指省、自治区、直辖市人民政府以及省会（自治区首府）城市和经国务院批准的较大城市的人民政府，根据法律和法规制定颁布的，只在本行政区域有效的建设方面的规章。

在建设法规的上述五个层次中，其法律效力从高到低依次为建设法律、建设行政法规、建设部门规章、地方性建设法规、地方建设规章。法律效力高的称为上位法，法律效力低的称为下位法。下位法不得与上位法相抵触，否则其相应规定将被视为无效。

## （二）《建筑法》

《中华人民共和国建筑法》（以下简称《建筑法》）于1997年11月1日由中华人民共和国第八届全国人民代表大会常务委员会第二十八次会议通过，于1997年11月1日发布，自1998年3月1日起施行。2011年4月22日，中华人民共和国第十一届全国人民代表大会常务委员会第二十次会议通过了《全国人民代表大会常务委员会关于修改〈中华人民共和国建筑法〉的决定》，修改后的《中华人民共和国建筑法》自2011年7月1日起施行。

《建筑法》的立法目的在于加强对建筑活动的监督管理，维护建筑市场秩序，保证建筑工程的质量和安全，促进建筑业健康发展。《建筑法》共8章85条，分别从建筑许可、建筑工程发包与承包、建筑工程监理、建筑安全生产管理、建筑工程质量管理等方面作出了规定。

### 1. 从业资格的有关规定

（1）法规相关条文

《建筑法》关于从业资格的条文是第12条、第13条、第14条。

（2）建筑业企业的资质

从事土木工程、建筑工程、线路管道设备安装工程、装修工程的新建、扩建、改建等活动的企业称为建筑业企业。建筑业企业资质，是指建筑业企业的建设业绩、人员素质、管理水平、资金数量、技术装备等的总称。建筑业企业资质等级，是指国务院行政主管部门按资质条件把企业划分成的不同等级。

1）建筑业企业资质序列及类别

建筑业企业资质分为施工总承包、专业承包和施工劳务三个序列。取得施工总承包资质的企业称为施工总承包企业。取得专业承包资质的企业称为专业承包企业。取得劳务分包资质的企业称为施工劳务企业。

施工总承包资质、专业承包资质、施工劳务资质序列可按照工程性质和技术特点分别划分为若干资质类别，见表1-1。

**建筑业企业资质序列及类别** **表1-1**

| 序号 | 资质序列 | 资质类别 |
|---|---|---|
| 1 | 施工总承包资质 | 分为12个类别，分别是：建筑工程、公路工程、铁路工程、港口与航道工程、水利水电工程、电力工程、矿山工程、冶炼工程、石油化工工程、市政公用工程、通信工程、机电工程 |
| 2 | 专业承包资质 | 分为36个类别，包括地基基础工程、建筑装修装饰工程、建筑幕墙工程、钢结构工程、防水防腐保温工程、预拌混凝土、设备安装工程、电子与智能化工程、桥梁工程等 |
| 3 | 施工劳务资质 | 施工劳务序列不分类别 |

取得施工总承包资质的企业，可以对所承接的施工总承包工程内的各专业工程全部自行施工，也可以将专业工程依法进行分包。取得专业承包资质的企业应对所承接的专业工程全部自行组织施工，劳务作业可以分包给具有施工劳务分包资质的企业。取得施工劳务资质的企业可以承接具有施工总承包资质或专业承包资质的企业分包的劳务作业。

2）建筑业企业资质等级

施工总承包、专业承包各资质类别按照规定的条件划分为若干资质等级，施工劳务资质不分等级。建筑企业各资质等级标准和各类别等级资质企业承担工程的具体范围，由国务院建设主管部门会同国务院有关部门制定。

建筑工程、市政公用工程施工总承包企业资质等级均分为特级、一级、二级、三级。专业承包企业资质等级分类见表1-2。

**部分专业承包企业资质等级** **表1-2**

| 企业类别 | 等级分类 | 企业类别 | 等级分类 |
|---|---|---|---|
| 地基基础工程 | 一、二、三级 | 建筑幕墙工程 | 一、二级 |
| 建筑装修装饰工程 | 一、二级 | 钢结构工程 | 一、二级 |
| 预拌混凝土 | 不分等级 | 模板脚手架 | 一、二级 |
| 古建筑工程 | 一、二、三级 | 电子与智能化工程 | 一、二、三级 |
| 消防设施工程 | 一、二级 | 城市及道路照明工程 | 一、二、三级 |
| 防水防腐保温工程 | 一、二级 | 特种工程 | 不分等级 |

3）承揽业务的范围

① 施工总承包企业

施工总承包企业可以承接施工总承包工程。施工总承包企业可以对所承接的施工总承包工程内各专业工程全部自行施工，也可以将专业工程或劳务作业依法分包给具有相应资质的专业承包企业或施工劳务企业。

建筑工程、市政公用工程施工总承包企业可以承揽的业务范围见表 1-3、表 1-4。

**房屋建筑工程施工总承包企业承包工程范围** **表 1-3**

| 序号 | 企业资质 | 承包工程范围 |
|---|---|---|
| 1 | 特级 | 可承担各类建筑工程的施工 |
| 2 | 一级 | 可承担单项合同额 3000 万元及以上的下列建筑工程的施工：<br>（1）高度 200m 及以下的工业、民用建筑工程；<br>（2）高度 240m 及以下的构筑物工程 |
| 3 | 二级 | 可承担下列建筑工程的施工：<br>（1）高度 200m 及以下的工业、民用建筑工程；<br>（2）高度 120m 及以下的构筑物工程；<br>（3）建筑面积 4 万 $m^2$ 及以下的单体工业、民用建筑工程；<br>（4）单跨跨度 39m 及以下的建筑工程 |
| 4 | 三级 | 可承担下列建筑工程的施工：<br>（1）高度 50m 以内的建筑工程；<br>（2）高度 70m 及以下的构筑物工程；<br>（3）建筑面积 1.2 万 $m^2$ 及以下的单体工业、民用建筑工程；<br>（4）单跨跨度 27m 及以下的建筑工程 |

**市政公用工程施工总承包企业承包工程范围** **表 1-4**

| 序号 | 企业资质 | 承包工程范围 |
|---|---|---|
| 1 | 一级 | 可承担各种类市政公用工程的施工 |
| 2 | 二级 | 可承担下列市政公用工程的施工：<br>（1）各类城市道路；单跨 45m 及以下的城市桥梁；<br>（2）15 万 t/d 及以下的供水工程；10 万 t/d 及以下的污水处理工程；2 万 t/d 及以下的给水泵站、15 万 t/d 及以下的污水泵站、雨水泵站；各类给水排水及中水管道工程；<br>（3）中压以下燃气管道、调压站；供热面积 150 万 $m^2$ 及以下热力工程和各类热力管工程；<br>（4）各类城市生活垃圾处理工程；<br>（5）断面 $25m^2$ 及以下隧道工程和地下交通工程；<br>（6）各类城市广场、地面停车场硬质铺装；<br>（7）单项合同额 4000 万元及以下的市政综合工程 |

续表

| 序号 | 企业资质 | 承包工程范围 |
| --- | --- | --- |
| 3 | 三级 | 可承担下列市政公用工程的施工：<br>（1）城市道路工程（不含快速路）；单跨25m及以下的城市桥梁工程；<br>（2）8万t/d及以下的给水厂；6万t/d及以下的污水处理工程；10万t/d及以下的给水泵站、10万t/d及以下的污水泵站、雨水泵站，直径1m及以下供水管道；直径1.5m及以下污水及中水管道；<br>（3）2kg/cm$^2$及以下中压、低压燃气管道、调压站；供热面积50万m$^2$及以下热力工程，直径0.2m及以下热力管道；<br>（4）单项合同额2500万元及以下的城市生活垃圾处理工程；<br>（5）单项合同额2000万元及以下地下交通工程（不包括轨道交通工程）；<br>（6）5000m$^2$及以下城市广场、地面停车场硬质铺装；<br>（7）单项合同额2500万元及以下的市政综合工程 |

② 专业承包企业

专业承包企业可以承接施工总承包企业分包的专业工程和建设单位依法发包的专业工程。专业承包企业可以对所承接的专业工程全部自行施工，也可以将劳务作业依法分包给具有相应资质的施工劳务企业。

部分专业承包企业可以承揽的业务范围见表1-5。

**部分专业承包企业可以承揽的业务范围　　表1-5**

| 序号 | 企业类型 | 资质等级 | 承包范围 |
| --- | --- | --- | --- |
| 1 | 地基基础工程 | 一级 | 可承担各类地基基础工程的施工 |
| | | 二级 | 可承担下列工程的施工：<br>（1）高度100m及以下工业、民用建筑工程和高度120m及以下构筑物的地基基础工程；<br>（2）深度不超过24m的刚性桩复合地基处理和深度不超过10m的其他地基处理工程；<br>（3）单桩承受设计荷载5000kN及以下的桩基础工程；<br>（4）开挖深度不超过15m的基坑围护工程 |
| | | 三级 | 可承担下列工程的施工：<br>（1）高度50m及以下工业、民用建筑工程和高度70m及以下构筑物的地基基础工程；<br>（2）深度不超过18m的刚性桩复合地基处理或深度不超过8m的其他地基处理工程；<br>（3）单桩承受设计荷载3000kN及以下的桩基础工程；<br>（4）开挖深度不超过12m的基坑围护工程 |
| 2 | 建筑装修装饰工程 | 一级 | 可承担各类建筑装修装饰工程，以及与装修工程直接配套的其他工程的施工 |
| | | 二级 | 可承担单项合同额2000万元及以下的建筑装修装饰工程，以及与装修工程直接配套的其他工程的施工 |
| 3 | 建筑幕墙工程 | 一级 | 可承担各类型建筑幕墙工程的施工 |
| | | 二级 | 可承担单体建筑工程面积8000m$^2$及以下建筑幕墙工程的施工 |

续表

| 序号 | 企业类型 | 资质等级 | 承包范围 |
|---|---|---|---|
| 4 | 钢结构工程 | 一级 | 可承担下列钢结构工程的施工：<br>（1）钢结构高度 60m 及以上；<br>（2）钢结构单跨跨度 30m 及以上；<br>（3）网壳、网架结构短边边跨跨度 50m 及以上；<br>（4）单体钢结构工程钢结构总重量 4000t 及以上；<br>（5）单体建筑面积 30000m$^2$ 及以上 |
| | | 二级 | 可承担下列钢结构工程的施工：<br>（1）钢结构高度 100m 及以下；<br>（2）钢结构单跨跨度 36m 及以下；<br>（3）网壳、网架结构短边边跨跨度 75m 及以下；<br>（4）单体钢结构工程钢结构总重量 6000t 及以下；<br>（5）单体建筑面积 35000m$^2$ 及以下 |
| | | 三级 | 可承担下列钢结构工程的施工：<br>（1）钢结构高度 60m 及以下；<br>（2）钢结构单跨跨度 30m 及以下；<br>（3）网壳、网架结构短边边跨跨度 35m 及以下；<br>（4）单体钢结构工程钢结构总重量 3000t 及以下；<br>（5）单体建筑面积 15000m$^2$ 及以下 |
| 5 | 电子与建筑智能化工程 | 一级 | 可承担各类型电子工程、建筑智能化工程的施工 |
| | | 二级 | 可承担单项合同额 2500 万元及以下的电子工业制造设备安装工程和电子工业环境工程、单项合同额 1500 万元及以下的电子系统工程和建筑智能化工程的施工 |

③ 施工劳务企业

施工劳务企业可以承担各类劳务作业。

## 2. 建筑工程承包的有关规定

（1）法规相关条文

《建筑法》建筑工程承包的条文是第 26～29 条。

（2）建筑业企业资质管理规定

承包建筑工程的单位应当持有依法取得的资质证书，并在其资质等级许可的业务范围内承揽工程。禁止建筑施工企业超越本企业资质等级许可的业务范围或者以任何形式用其他建筑施工企业的名义承揽工程。禁止建筑施工企业以任何形式允许其他单位或者个人使用本企业的资质证书、营业执照，以本企业的名义承揽工程。

2005 年 1 月 1 日开始实行的《最高人民法院关于审理建设工程施工合同纠纷案件适用法律问题的解释》第 1 条规定：建设工程施工合同具有下列情形之一的，应当根据合同法第 52 条第（5）项的规定，认定无效：

1）承包人未取得建筑施工企业资质或者超越资质等级的；

2）没有资质的实际施工人借用有资质的建筑施工企业名义的；

3）建设工程必须进行招标而未招标或者中标无效的。

（3）联合承包

两个以上的承包单位组成联合体共同承包建设工程的行为称为联合承包。《建筑法》第27条规定，对于大型建筑工程或者结构复杂的建筑工程，可以由两个以上的承包单位联合共同承包。

1）联合体资质的认定

依据《建筑法》第27条，联合体作为投标人投标时，应当按照资质等级较低的单位的业务许可范围承揽工程。

2）联合体中各成员单位的责任承担

组成联合体的成员单位投标之前必须要签订共同投标协议，明确约定各方拟承担的工作和责任，并将共同投标协议连同投标文件一并提交招标人。否则，依据《工程建设项目施工招标投标办法》，由评标委员会初审后按废标处理。

同时，联合体的成员单位对承包合同的履行承担连带责任。《民法通则》第87条规定，负有连带义务的每个债务人，都负有清偿全部债务的义务。因此，联合体的成员单位都负有清偿全部债务的义务。

（4）转包

转包系指承包单位承包建设工程后，不履行合同约定的责任和义务，将其承包的全部建设工程转给他人或者将其承包的全部建设工程肢解以后以分包的名义分别转给其他单位承包的行为。

《建筑法》禁止转包行为，第28条规定：禁止承包单位将其承包的全部建筑工程转包给他人，禁止承包单位将其承包的全部建筑工程肢解以后以分包的名义分别转包给他人。

《最高人民法院关于审理建设工程施工合同纠纷案件适用法律问题的解释》第4条也规定：承包人非法转包、违法分包建设工程或者没有资质的实际施工人借用有资质的建筑施工企业名义与他人签订建设工程施工合同的行为无效。人民法院可以根据民法通则的规定，收缴当事人已经取得的非法所得。

（5）分包

1）分包的概念

总承包单位将其所承包的工程中的专业工程或者劳务作业发包给其他承包单位完成的活动称为分包。

分包分为专业工程分包和劳务作业分包。专业工程分包，是指总承包单位将其所承包工程中的专业工程发包给具有相应资质的其他承包单位完成的活动。劳务作业分包，是指施工总承包企业或者专业承包企业将其承包工程中的劳务作业发包给劳务分包企业完成的活动。

《建筑法》第29条规定：建筑工程总承包单位可以将承包工程中的部分工程发包给具有相应资质条件的分包单位。

2）违法分包

《建筑法》第 29 条规定：禁止总承包单位将工程分包给不具备相应资质条件的单位，禁止分包单位将其承包的工程再分包。

依据《建筑法》的规定，《建设工程质量管理条例》进一步将违法分包界定为如下几种情形：

① 总承包单位将建设工程分包给不具备相应资质条件的单位的；

② 建设工程总承包合同中未有约定，又未经建设单位认可，承包单位将其承包的部分建设工程交由其他单位完成的；

③ 施工总承包单位将建设工程主体结构的施工分包给其他单位的；

④ 分包单位将其承包的建设工程再分包的。

3）总承包单位与分包单位的连带责任

《建筑法》第 29 条规定：总承包单位和分包单位就分包工程对建设单位承担连带责任。

连带责任既可以依合同约定产生，也可以依法律规定产生。总承包单位和分包单位之间的责任划分，应当根据双方的合同约定或者各自过错大小确定；一方向建设单位承担的责任超过其应承担份额的，有权向另一方追偿。需要说明的是，虽然建设单位和分包单位之间没有合同关系，但是当分包工程发生质量、安全、进度等方面问题给建设单位造成损失时，建设单位既可以根据总承包合同向总承包单位追究违约责任，也可以根据法律规定直接要求分包单位承担损害赔偿责任，分包单位不得拒绝。

## 3. 建筑安全生产管理的有关规定

（1）法规相关条文

《建筑法》关于建筑安全生产管理的条文是第 36～51 条，其中有关建筑施工企业的条文是第 36 条、第 38 条、第 39 条、第 41 条、第 44～48 条、第 51 条。

（2）建筑安全生产管理方针

建筑安全生产管理是指建设行政主管部门、建筑安全监督管理机构，建筑施工企业及有关单位对建筑生产过程中的安全工作，进行计划、组织、指挥、控制、监督等一系列的管理活动。

《建筑法》第 36 条规定：建筑工程安全生产管理必须坚持安全第一、预防为主的方针。

安全生产关系到人民群众生命和财产安全，关系到社会稳定和经济健康发展。“安全第一”是安全生产方针的基础；“预防为主”是安全生产方针的核心和具体体现，是实现安全生产的根本途径，生产必须安全，安全促进生产。

安全第一，是从保护和发展生产力的角度，表明在生产范围内安全与生产的关系，肯定安全在建筑生产活动中的首要位置和重要性。预防为主，是指在建设工程生产活动中，针对建设工程生产的特点，对生产要素采取管理措施，有效地控制不安全因素的发展与扩大，把可能发生的事故消灭在萌芽状态，以保证生产活动中人的安全、健康及财产安全。

“安全第一”还反映了当安全与生产发生矛盾的时候，应该服从安全，消灭隐患，保证建设工程在安全的条件下生产。“预防为主”则体现在事先策划、事中控制、事后总结，通过信息收集，归类分析，制定预案，控制防范。安全第一、预防为主的方针，体现了国家在建设工程安全生产过程中“以人为本”的思想，也体现了国家对保护劳动者权利、保护社会生产力的高度重视。

(3) 建设工程安全生产基本制度

1) 安全生产责任制度

安全生产责任制度是将企业各级负责人、各职能机构及其工作人员和各岗位作业人员在安全生产方面应做的工作及应负的责任加以明确规定的一种制度。

《建筑法》第36条规定，建筑工程安全生产管理必须建立健全安全生产的责任制度。第44条又规定，建筑施工企业必须依法加强对建筑安全生产的管理，执行安全生产责任制度，采取有效措施，防止伤亡和其他安全生产事故的发生。

安全生产责任制度是建筑生产中最基本的安全管理制度，是所有安全规章制度的核心，是安全第一、预防为主方针的具体体现。通过制定安全生产责任制，建立一种分工明确，运行有效、责任落实、能够充分发挥作用的、长效的安全生产机制，把安全生产工作落到实处。认真落实安全生产责任制，不仅是为了保证在发生生产安全事故时，可以追究责任，更重要的是通过日常或定期检查、考核，奖优罚劣，提高全体从业人员执行安全生产责任制的自觉性，使安全生产责任制真正落实到安全生产工作中去。

建筑施工单位的安全生产责任制主要包括企业各级领导人员的安全职责、企业各有关职能部门的安全生产职责以及施工现场管理人员及作业人员的安全职责三个方面。

2) 群防群治制度

群防群治制度是职工群众进行预防和治理安全的一种制度。

《建筑法》第36条规定，建筑工程安全生产管理必须建立健全群防群治制度。

群防群治制度也是“安全第一、预防为主”的具体体现，同时也是群众路线在安全工作中的具体体现，是企业进行民主管理的重要内容。这一制度要求建筑企业职工在施工中应当遵守有关生产的法律、法规和建筑行业安全规章、规程，不得违章作业；对于危及生命安全和身体健康的行为有权提出批评、检举和控告。

3) 安全生产教育培训制度

安全生产教育培训制度是对广大建筑干部职工进行安全教育培训，提高安全意识，增加安全知识和技能的制度。

《建筑法》第46条规定，建筑施工企业应当建立健全劳动安全生产教育培训制度，加强对职工安全生产的教育培训；未经安全生产教育培训的人员，不得上岗作业。

安全生产，人人有责。只有通过对广大职工进行安全教育、培训，才能使广大职工真正认识到安全生产的重要性、必要性，才能使广大职工掌握更多更有效的安全生产的科学技术知识，牢固树立安全第一的思想，自觉遵守各项安全生产规章制度。

4) 伤亡事故处理报告制度

伤亡事故处理报告制度是指施工中发生事故时，建筑企业应当采取紧急措施减少人员伤亡和事故损失，并按照国家有关规定及时向有关部门报告的制度。

《建筑法》第51条规定，施工中发生事故时，建筑施工企业应当采取紧急措施减少人员伤亡和事故损失，并按照国家有关规定及时向有关部门报告。

事故处理必须遵循一定的程序，做到四不放过，即事故原因分析不清不放过、事故责任者和群众没有受到教育不放过以及事故隐患不整改不放过、事故的责任者没有受到处理不放过。通过对事故的严格处理，可以总结出教训，为制定规程、规章提供第一手素材，做到亡羊补牢。

5）安全生产检查制度

安全生产检查制度是上级管理部门或企业自身对安全生产状况进行定期或不定期检查的制度。

通过检查可以发现问题，查出隐患，从而采取有效措施，堵塞漏洞，把事故消灭在发生之前，做到防患于未然，是“预防为主”的具体体现。通过检查，还可总结出好的经验加以推广，为进一步搞好安全工作打下基础。安全检查制度是安全生产的保障。

6）安全责任追究制度

建设单位、设计单位、施工单位、监理单位，由于没有履行职责造成人员伤亡和事故损失的，视情节给予相应处理；情节严重的，责令停业整顿，降低资质等级或吊销资质证书；构成犯罪的，依法追究刑事责任。

（4）建筑施工企业的安全生产责任

《建筑法》第38条、第39条、第41条、第44～48条、第51条规定了建筑施工企业的安全生产责任。经2011年4月第十一届全国人大会议通过的《建筑法》，对原第48条作了修改，规定如下：建筑施工企业，应当依法为职工参加工伤保险缴纳保险费。鼓励企业为从事危险作业的职工办理意外伤害保险，支付保险费。根据这些规定，《建设工程质量管理条例》等法规作了进一步细化和补充，具体见《建设工程质量管理条例》部分相关内容。

### 4.《建筑法》关于质量管理的规定

（1）法规相关条文

《建筑法》关于质量管理的条文是第52～63条，其中有关建筑施工企业的条文是第52条、第54条、第55条、第58～62条。

（2）建设工程竣工验收制度

《建筑法》第61条规定：交付竣工验收的建筑工程，必须符合规定的建筑工程质量标准，有完整的工程技术经济资料和经签署的工程保修书，并具备国家规定的其他竣工条件。建筑工程竣工经验收合格后，方可交付使用；未经验收或者验收不合格的，不得交付使用。

建设工程项目的竣工验收，指在建筑工程已按照设计要求完成全部施工任务，准备交付给建设单位投入使用时，由建设单位或有关主管部门依照国家关于建筑工程竣工验收制度的规定，对该项工程是否符合设计要求和工程质量标准所进行的检查、考核工作。工程项目的竣工验收是施工全过程的最后一道工序，也是工程项目管理的最后一项工作。它是建设投资成果转入生产或使用的标志，也是全面考核投资效益、检验设计和施工质量的重要环节。认真做好工程项目的竣工验收工作，对保证工程项目的质量具有重要意义。

（3）建设工程质量保修制度

建设工程质量保修制度，是指建设工程竣工经验收后，在规定的保修期限内，因勘察、设计、施工、材料等原因造成的质量缺陷，应当由施工承包单位负责维修、返工或更换，由责任单位负责赔偿损失的法律制度。建设工程质量保修制度对于促进建设各方加强质量管理，保护用户及消费者的合法权益可起到重要的保障作用。

《建筑法》第62条规定，建筑工程实行质量保修制度。同时，还对质量保修的范围和期限作了规定：建筑工程的保修范围应当包括地基基础工程、主体结构工程、屋面防水工程和其他土建工程，以及电气管线、上下水管线的安装工程，供热、供冷系统工程等项目；保修的期限应当按照保证建筑物合理寿命年限内正常使用、维护使用者合法权益的原则确定。具体的保修范围和最低保修期限由国务院规定。据此，国务院在《建设工程质量管理条例》中作了明确规定，详见《建设工程质量管理条例》相关内容。

（4）建筑施工企业的质量责任与义务

《建筑法》第54条、第55条、第58～62条规定了建筑施工企业的质量责任与义务。据此，《建设工程质量管理条例》作了进一步细化，详见《建设工程质量管理条例》部分相关内容。

## （三）《安全生产法》

《中华人民共和国安全生产法》（以下简称《安全生产法》）由中华人民共和国第九届全国人民代表大会常务委员会第二十八次会议于2002年6月29日通过，自2002年11月1日起施行。

《安全生产法》的立法目的，是为了加强安全生产监督管理，防止和减少生产安全事故，保障人民群众生命和财产安全，促进经济发展。《安全生产法》包括总则、生产经营单位的安全生产保障、从业人员的权利和义务、安全生产的监督管理、生产安全事故的应急救援与调查处理、法律责任、附则7章，共99条。对生产经营单位的安全生产保障、从业人员的权利和义务、安全生产的监督管理、生产安全事故的应急救援与调查处理四个主要方面作出了规定。

### 1. 生产经营单位安全生产保障的有关规定

（1）法规相关条文

《安全生产法》关于生产经营单位的安全生产保障的条文是第16～43条。

（2）组织保障措施

1）建立安全生产管理机构

《安全生产法》第19条规定，矿山、建筑施工单位和危险物品的生产、经营、储存单位，应当设置安全生产管理机构或者配备专职安全生产管理人员。

2）明确岗位责任

① 生产经营单位主要负责人的职责

《安全生产法》第17条规定，生产经营单位的主要负责人对本单位安全生产工作负有下列职责：

A. 建立、健全本单位安全生产责任制；

B. 组织制定本单位安全生产规章制度和操作规程；

C. 保证本单位安全生产投入的有效实施；

D. 督促、检查本单位的安全生产工作，及时消除生产安全事故隐患；

E. 组织制定并实施本单位的生产安全事故应急救援预案；

F. 及时、如实报告安全生产事故。

同时，第 42 条规定：生产经营单位发生重大生产安全事故时，单位的主要负责人应当立即组织抢救，并不得在事故调查处理期间擅离职守。

② 生产经营单位的安全生产管理人员的职责

《安全生产法》第 38 条规定：生产经营单位的安全生产管理人员应当根据本单位的生产经营特点，对安全生产状况进行经常性检查；对检查中发现的安全问题，应当立即处理；不能处理的，应当及时报告本单位有关负责人。检查及处理情况应当记录在案。

③ 对安全设施、设备的质量负责的岗位

A. 对安全设施的设计质量负责的岗位

《安全生产法》第 26 条规定：建设项目安全设施的设计人、设计单位应当对安全设施设计负责。

矿山建设项目和用于生产、储存危险物品的建设项目的安全设施设计应当按照国家有关规定报经有关部门审查，审查部门及其负责审查的人员对审查结果负责。

B. 对安全设施的施工负责的岗位

《安全生产法》第 27 条规定：矿山建设项目和用于生产、储存危险物品的建设项目的施工单位必须按照批准的安全设施设计施工，并对安全设施的工程质量负责。

C. 对安全设施的竣工验收负责的岗位

《安全生产法》第 27 条规定：矿山建设项目和用于生产、储存危险物品的建设项目竣工投入生产或者使用前，必须依照有关法律、行政法规的规定对安全设施进行验收；验收合格后，方可投入生产和使用。验收部门及其验收人员对验收结果负责。

D. 对安全设备质量负责的岗位

《安全生产法》第 30 条规定：生产经营单位使用的涉及生命安全、危险性较大的特种设备，以及危险物品的容器、运输工具，必须按照国家有关规定，由专业生产单位生产，并经取得专业资质的检测、检验机构检测、检验合格，取得安全使用证或者安全标志，方可投入使用。检测、检验机构对检测、检验结果负责。

涉及生命安全、危险性较大的特种设备的目录由国务院负责特种设备安全监督管理的部门制定，报国务院批准后执行。

（3）管理保障措施

1）人力资源管理

① 对主要负责人和安全生产管理人员的管理

《安全生产法》第 20 条规定，生产经营单位的主要负责人和安全生产管理人员必须具备与本单位所从事的生产经营活动相应的安全生产知识和管理能力。

危险物品的生产、经营、储存单位以及矿山、建筑施工单位的主要负责人和安全生产管理人员，应当由有关主管部门对其安全生产知识和管理能力考核合格后方可任职。考核不得收费。

② 对一般从业人员的管理

《安全生产法》第21条规定：生产经营单位应当对从业人员进行安全生产教育和培训，保证从业人员具备必要的安全生产知识，熟悉有关的安全生产规章制度和安全操作规程，掌握本岗位的安全操作技能。未经安全生产教育和培训合格的从业人员，不得上岗作业。

③ 对特种作业人员的管理

《安全生产法》第23条规定：生产经营单位的特种作业人员必须按照国家有关规定经专门的安全作业培训，取得特种作业操作资格证书，方可上岗作业。

2）物质资源管理

① 设备的日常管理

《安全生产法》第28条规定：生产经营单位应当在有较大危险因素的生产经营场所和有关设施、设备上，设置明显的安全警示标志。

《安全生产法》第29条规定：安全设备的设计、制造、安装、使用、检测、维修、改造和报废，应当符合国家标准或者行业标准。

生产经营单位必须对安全设备进行经常性维护、保养，并定期检测，保证正常运转。维护、保养、检测应当做好记录，并由有关人员签字。

② 设备的淘汰制度

《安全生产法》第31条规定：国家对严重危及生产安全的工艺、设备实行淘汰制度。生产经营单位不得使用国家明令淘汰、禁止使用的危及生产安全的工艺、设备。

③ 生产经营项目、场所、设备的转让管理

《安全生产法》第41条规定：生产经营单位不得将生产经营项目、场所、设备发包或者出租给不具备安全生产条件或者相应资质的单位或者个人。

④ 生产经营项目、场所的协调管理

《安全生产法》第41条规定：生产经营项目、场所有多个承包单位、承租单位的，生产经营单位应当与承包单位、承租单位签订专门的安全生产管理协议，或者在承包合同、租赁合同中约定各自的安全生产管理职责；生产经营单位对承包单位、承租单位的安全生产工作统一协调、管理。

（4）经济保障措施

1）保证安全生产所必需的资金

《安全生产法》第18条规定：生产经营单位应当具备的安全生产条件所必需的资金投入，由生产经营单位的决策机构、主要负责人或者个人经营的投资人予以保证，并对由于安全生产所必需的资金投入不足导致的后果承担责任。

2）保证安全设施所需要的资金

《安全生产法》第24条规定：生产经营单位新建、改建、扩建工程项目（以下统称建设项目）的安全设施，必须与主体工程同时设计、同时施工、同时投入生产和使用。安全设施投资应当纳入建设项目概算。

3）保证劳动防护用品、安全生产培训所需要的资金

《安全生产法》第 37 条规定：生产经营单位必须为从业人员提供符合国家标准或者行业标准的劳动防护用品，并监督、教育从业人员按照使用规则佩戴、使用。

《安全生产法》第 39 条规定：生产经营单位应当安排用于配备劳动防护用品、进行安全生产培训的经费。

4）保证工伤社会保险所需要的资金

《安全生产法》第 43 条规定：生产经营单位必须依法参加工伤社会保险，为从业人员缴纳保险费。

（5）技术保障措施

1）对新工艺、新技术、新材料或者使用新设备的管理

《安全生产法》第 22 条规定：生产经营单位采用新工艺、新技术、新材料或者使用新设备，必须了解、掌握其安全技术特性，采取有效的安全防护措施，并对从业人员进行专门的安全生产教育和培训。

2）对安全条件论证和安全评价的管理

《安全生产法》第 25 条规定：矿山建设项目和用于生产、储存危险物品的建设项目，应当分别按照国家有关规定进行安全条件论证和安全评价。

3）对废弃危险物品的管理

《安全生产法》第 32 条规定：生产、经营、运输、储存、使用危险物品或者处置废弃危险物品的，由有关主管部门依照有关法律、法规的规定和国家标准或者行业标准审批并实施监督管理。

生产经营单位生产、经营、运输、储存、使用危险物品或者处置废弃危险物品，必须执行有关法律、法规和国家标准或者行业标准，建立专门的安全管理制度，采取可靠的安全措施，接受有关主管部门依法实施的监督管理。

4）对重大危险源的管理

《安全生产法》第 33 条规定：生产经营单位对重大危险源应当登记建档，进行定期检测、评估、监控，并制定应急预案，告知从业人员和相关人员在紧急情况下应当采取的应急措施。

生产经营单位应当按照国家有关规定将本单位重大危险源及有关安全措施、应急措施报有关地方人民政府负责安全生产监督管理的部门和有关部门备案。

5）对员工宿舍的管理

《安全生产法》第 34 条规定：生产、经营、储存、使用危险物品的车间、商店、仓库不得与员工宿舍在同一座建筑物内，并应当与员工宿舍保持安全距离。

生产经营场所和员工宿舍应当设有符合紧急疏散要求、标志明显、保持畅通的出口。禁止封闭、堵塞生产经营场所或者员工宿舍的出口。

6）对危险作业的管理

《安全生产法》第 35 条规定：生产经营单位进行爆破、吊装等危险作业，应当安排专门人员进行现场安全管理，确保操作规程的遵守和安全措施的落实。

7）对安全生产操作规程的管理

《安全生产法》第 36 条规定：生产经营单位应当教育和督促从业人员严格执行本单位的安全生产规章制度和安全操作规程；并向从业人员如实告知作业场所和工作岗位存在的危险因素、防范措施以及事故应急措施。

8）对施工现场的管理

《安全生产法》第 40 条规定：两个以上生产经营单位在同一作业区域内进行生产经营活动，可能危及对方生产安全的，应当签订安全生产管理协议，明确各自的安全生产管理职责和应当采取的安全措施，并指定专职安全生产管理人员进行安全检查与协调。

## 2. 从业人员的权利和义务的有关规定

（1）法规相关条文

《安全生产法》关于从业人员的权利和义务的条文是第 21 条、第 37 条、第 44～51 条。

（2）安全生产中从业人员的权利

生产经营单位的从业人员，是指该单位从事生产经营活动各项工作的所有人员，包括管理人员、技术人员和各岗位的工人，也包括生产经营单位临时聘用的人员。

生产经营单位的从业人员依法享有以下权利：

1）知情权。《安全生产法》第 45 条规定：从业人员享有了解其作业场所和工作岗位存在的危险因素、防范措施及事故应急措施的权利，以及对本单位的安全生产工作提出建议的权利。

2）批评权和检举、控告权。《安全生产法》第 46 条规定：从业人员享有对本单位安全生产工作中存在的问题提出批评、检举、控告的权利。

3）拒绝权。《安全生产法》第 46 条规定：从业人员享有拒绝违章指挥和强令冒险作业的权利。生产经营单位不得因从业人员对本单位安全生产工作提出批评、检举、控告或者拒绝违章指挥、强令冒险作业而降低其工资、福利等待遇或者解除与其订立的劳动合同。

4）紧急避险权。《安全生产法》第 47 条规定：从业人员发现直接危及人身安全的紧急情况时，有权停止作业或者在采取可能的应急措施后撤离作业场所。生产经营单位不得因此而降低其工资、福利等待遇或者解除与其订立的劳动合同。

5）请求赔偿权。《安全生产法》第 48 条规定：因生产安全事故受到损害的从业人员，除依法享有工伤社会保险外，依照有关民事法律尚有获得赔偿的权利的，有权向本单位提出赔偿要求。

《安全生产法》第 44 条规定：生产经营单位与从业人员订立的劳动合同，应当载明依法为从业人员办理工伤社会保险的事项。

第 44 条还规定：生产经营单位不得以任何形式与从业人员订立协议，免除或者减轻其对从业人员因生产安全事故伤亡依法应承担的责任。

6）获得劳动防护用品的权利。《安全生产法》第 37 条规定：生产经营单位必须为从业人员提供符合国家标准或者行业标准的劳动防护用品，并监督、教育从业人员按照使用规则佩戴、使用。

7）获得安全生产教育和培训的权利。《安全生产法》第 21 条规定：生产经营单位应当对从业人员进行安全生产教育和培训，保证从业人员具备必要的安全生产知识，熟悉有关的安全生产规章制度和安全操作规程，掌握本岗位的安全操作技能。

（3）安全生产中从业人员的义务

1）自律遵规的义务。《安全生产法》第 49 条规定：从业人员在作业过程中，应当严格遵守本单位的安全生产规章制度和操作规程，服从管理，正确佩戴和使用劳动防护用品。

2）自觉学习安全生产知识的义务。《安全生产法》第 50 条规定：从业人员应当接受安全生产教育和培训，掌握本职工作所需的安全生产知识，提高安全生产技能，增强事故预防和应急处理能力。

3）危险报告义务。《安全生产法》第 51 条规定：从业人员发现事故隐患或者其他不安全因素，应当立即向现场安全生产管理人员或者本单位负责人报告；接到报告的人员应当及时予以处理。

### 3. 安全生产监督管理的有关规定

（1）法规相关条文

《安全生产法》关于安全生产监督管理的条文是第 53～67 条。

（2）安全生产监督管理部门

根据《安全生产法》第 9 条和《建设工程安全生产管理条例》有关规定：国务院负责安全生产监督管理的部门对全国安全生产工作实施综合监督管理。国务院建设行政主管部门对全国建设工程安全生产实施监督管理。国务院铁路、交通、水利等有关部门按照国务院的职责分工，负责有关专业建设工程安全生产的监督管理。

（3）安全生产监督管理措施

《安全生产法》第 54 条规定：对安全生产负有监督管理职责的部门（以下统称负有安全生产监督管理职责的部门）依照有关法律、法规的规定，对涉及安全生产的事项需要审查批准（包括批准、核准、许可、注册、认证、颁发证照等，下同）或者验收的，必须严格依照有关法律、法规和国家标准或者行业标准规定的安全生产条件和程序进行审查；不符合有关法律、法规和国家标准或者行业标准规定的安全生产条件的，不得批准或者验收通过。对未依法取得批准或者验收合格的单位擅自从事有关活动的，负责行政审批的部门发现或者接到举报后应当立即予以取缔，并依法予以处理。对已经依法取得批准的单位，负责行政审批的部门发现其不再具备安全生产条件的，应当撤销原批准。

（4）安全生产监督管理部门的职权

《安全生产法》第 56 条规定：负有安全生产监督管理职责的部门依法对生产经营单位执行有关安全生产的法律、法规和国家标准或者行业标准的情况进行监督检查，行使以下职权：

1）进入生产经营单位进行检查，调阅有关资料，向有关单位和人员了解情况。

2）对检查中发现的安全生产违法行为，当场予以纠正或者要求限期改正；对依法应当给予行政处罚的行为，依照本法和其他有关法律、行政法规的规定作出行政处罚决定。

3）对检查中发现的事故隐患，应当责令立即排除；重大事故隐患排除前或者排除过程中无法保证安全的，应当责令从危险区域内撤出作业人员，责令暂时停产停业或者停止使用；重大事故隐患排除后，经审查同意，方可恢复生产经营和使用。

4）对有根据认为不符合保障安全生产的国家标准或者行业标准的设施、设备、器材予以查封或者扣押，并应当在15日内依法作出处理决定。

监督检查不得影响被检查单位的正常生产经营活动。

（5）安全生产监督检查人员的义务

《安全生产法》第58条规定了安全生产监督检查人员的义务：

1）应当忠于职守，坚持原则，秉公执法；

2）执行监督检查任务时，必须出示有效的监督执法证件；

3）对涉及被检查单位的技术秘密和业务秘密，应当为其保密。

## 4. 安全事故应急救援与调查处理的规定

（1）法规相关条文

《安全生产法》关于生产安全事故的应急救援与调查处理的条文是第68～76条。

（2）生产安全事故的等级划分标准

国务院《生产安全事故报告和调查处理条例》规定，根据生产安全事故（以下简称事故）造成的人员伤亡或者直接经济损失，事故一般分为以下等级：

1）特别重大事故，是指造成30人及以上死亡，或者100人及以上重伤（包括急性工业中毒，下同），或者1亿元及以上直接经济损失的事故；

2）重大事故，是指造成10人及以上30人以下死亡，或者50人及以上100人以下重伤，或者5000万元及以上1亿元以下直接经济损失的事故；

3）较大事故，是指造成3人及以上10人以下死亡，或者10人及以上50人以下重伤，或者1000万元及以上5000万元以下直接经济损失的事故；

4）一般事故，是指造成3人以下死亡，或者10人以下重伤，或者1000万元以下直接经济损失的事故。

（3）施工生产安全事故报告

《安全生产法》第70～72条规定：生产经营单位发生生产安全事故后，事故现场有关人员应当立即报告本单位负责人。单位负责人接到事故报告后，应当按照国家有关规定立即如实报告当地负有安全生产监督管理职责的部门。负有安全生产监督管理职责的部门接到事故报告后，应当立即按照国家有关规定上报事故情况。

《建设工程安全生产管理条例》进一步规定；施工单位发生生产安全事故，应当按照国家有关伤亡事故报告和调查处理的规定，及时、如实地向负责安全生产监督管理的部门、建设行政主管部门或者其他有关部门报告；特种设备发生事故的，还应当同时向特种设备安全监督管理部门报告。实行施工总承包的建设工程，由总承包单位负责上报事故。

（4）应急抢救工作

《安全生产法》第70条规定：单位负责人接到事故报告后，应当迅速采取有效措施，组织抢救，防止事故扩大，减少人员伤亡和财产损失。第72条规定：有关地方人民政府和负有安全生产监督管理职责的部门负责人接到重大生产安全事故报告后，应当立即赶到事故现场，组织事故抢救。

（5）事故的调查

《安全生产法》第73条规定：事故调查处理应当按照实事求是、尊重科学的原则，及时、准确地查清事故原因，查明事故性质和责任，总结事故教训，提出整改措施，并对事故责任者提出处理意见。

《生产安全事故报告和调查处理条例》规定了事故调查的管辖。特别重大事故由国务院或者国务院授权有关部门组织事故调查组进行调查。重大事故、较大事故、一般事故分别由事故发生地省级人民政府、设区的市级人民政府、县级人民政府负责调查。省级人民政府、设区的市级人民政府、县级人民政府可以直接组织事故调查组进行调查，也可以授权或者委托有关部门组织事故调查组进行调查。未造成人员伤亡的一般事故，县级人民政府也可以委托事故发生单位组织事故调查组进行调查。上级人民政府认为必要时，可以调查由下级人民政府负责调查的事故。特别重大事故以下等级事故，事故发生地与事故发生单位不在同一个县级以上行政区域的，由事故发生地人民政府负责调查，事故发生单位所在地人民政府应当派人参加。

## （四）《建设工程安全生产管理条例》、《建设工程质量管理条例》

《建设工程安全生产管理条例》（以下简称《安全生产管理条例》）于2003年11月12日国务院第28次常务会议通过，自2004年2月1日起施行。《安全生产管理条例》包括总则，建设单位的安全责任，勘察、设计、工程监理及其他有关单位的安全责任，施工单位的安全责任，监督管理，生产安全事故的应急救援和调查处理，法律责任，附则8章，共71条。

《安全生产管理条例》的立法目的，是为了加强建设工程安全生产监督管理，保障人民群众生命和财产安全。

《建设工程质量管理条例》（以下简称《质量管理条例》）于2000年1月10日国务院第25次常务会议通过，自2000年1月30日起施行。《质量管理条例》包括总则、建设单位的质量责任和义务、勘察、设计单位的质量责任和义务、施工单位的质量责任和义务、工程监理单位的质量责任和义务、建设工程质量保修、监督管理、罚则、附则9章，共82条。

《质量管理条例》的立法目的，是为了加强对建设工程质量的管理，保证建设工程质量，保护人民生命和财产安全。

### 1.《安全生产管理条例》关于施工单位的安全责任的有关规定

（1）法规相关条文

《安全生产管理条例》关于施工单位的安全责任的条文是第20～38条。

(2) 施工单位的安全责任

1) 有关人员的安全责任

① 施工单位主要负责人

施工单位主要负责人不仅仅指法定代表人，而是指对施工单位全面负责、有生产经营决策权的人。

《安全生产管理条例》第21条规定：施工单位主要负责人依法对本单位的安全生产工作全面负责。具体包括：

A. 建立健全安全生产责任制度和安全生产教育培训制度；

B. 制定安全生产规章制度和操作规程；

C. 保证本单位安全生产条件所需资金的投入；

D. 对所承建的建设工程进行定期和专项安全检查，并做好安全检查记录。

② 施工单位的项目负责人

项目负责人主要指项目经理，在工程项目中处于中心地位。《安全生产管理条例》第21条规定：施工单位的项目负责人对建设工程项目的安全全面负责。鉴于项目负责人对安全生产的重要作用，该条同时规定施工单位的项目负责人应当由取得相应执业资格的人员担任。这里，"相应执业资格"目前指建造师执业资格。

根据《安全生产管理条例》第21条，项目负责人的安全责任主要包括：

A. 落实安全生产责任制度、安全生产规章制度和操作规程；

B. 确保安全生产费用的有效使用；

C. 根据工程的特点组织制定安全施工措施，消除安全事故隐患；

D. 及时、如实报告生产安全事故。

③ 专职安全生产管理人员

《安全生产管理条例》第23条规定：施工单位应当设立安全生产管理机构，配备专职安全生产管理人员。专职安全生产管理人员是指经建设主管部门或者其他有关部门安全生产考核合格，并取得安全生产考核合格证书在企业从事安全生产管理工作的专职人员，包括施工单位安全生产管理机构的负责人及其工作人员和施工现场专职安全生产管理人员。

专职安全生产管理人员的安全责任主要包括：对安全生产进行现场监督检查。发现安全事故隐患，应当及时向项目负责人和安全生产管理机构报告；对于违章指挥、违章操作的，应当立即制止。

2) 总承包单位和分包单位的安全责任

《安全生产管理条例》第24条规定：建设工程实行施工总承包的，由总承包单位对施工现场的安全生产负总责。为了防止违法分包和转包等违法行为的发生，真正落实施工总承包单位的安全责任，该条进一步规定，总承包单位应当自行完成建设工程主体结构的施工。该条同时规定，总承包单位依法将建设工程分包给其他单位的，分包合同中应当明确各自的安全生产方面的权利、义务。总承包单位和分包单位对分包工程的安全生产承担连带责任。

但是，总承包单位与分包单位在安全生产方面的责任也不是固定不变的，需要视具体情况确定。《安全生产管理条例》第 24 条规定：分包单位应当服从总承包单位的安全生产管理，分包单位不服从管理导致生产安全事故的，由分包单位承担主要责任。

3）安全生产教育培训

① 管理人员的考核

《安全生产管理条例》第 36 条规定：施工单位的主要负责人、项目负责人、专职安全生产管理人员应当经建设行政主管部门或者其他有关部门考核合格后方可任职。

② 作业人员的安全生产教育培训

A. 日常培训

《安全生产管理条例》第 36 条规定：施工单位应当对管理人员和作业人员每年至少进行一次安全生产教育培训，其教育培训情况记入个人工作档案。安全生产教育培训考核不合格的人员，不得上岗。

B. 新岗位培训

《安全生产管理条例》第 37 条对新岗位培训作了两方面规定。一是作业人员进入新的岗位或者新的施工现场前，应当接受安全生产教育培训。未经教育培训或者教育培训考核不合格的人员，不得上岗作业；二是施工单位在采用新技术、新工艺、新设备、新材料时，应当对作业人员进行相应的安全生产教育培训。

③ 特种作业人员的专门培训

《安全生产管理条例》第 25 条规定：垂直运输机械作业人员、安装拆卸工、爆破作业人员、起重信号工、登高架设作业人员等特种作业人员，必须按照国家有关规定经过专门的安全作业培训，并取得特种作业操作资格证书后，方可上岗作业。

4）施工单位应采取的安全措施

① 编制安全技术措施、施工现场临时用电方案和专项施工方案

《安全生产管理条例》第 26 条规定：施工单位应当在施工组织设计中编制安全技术措施和施工现场临时用电方案。同时规定，对下列达到一定规模的危险性较大的分部分项工程编制专项施工方案，并附具安全验算结果，经施工单位技术负责人、总监理工程师签字后实施，由专职安全生产管理人员进行现场监督：

A. 基坑支护与降水工程；

B. 土方开挖工程；

C. 模板工程；

D. 起重吊装工程；

E. 脚手架工程；

F. 拆除、爆破工程；

G. 国务院建设行政主管部门或者其他有关部门规定的其他危险性较大的工程。

② 安全施工技术交底

施工前的安全施工技术交底的目的就是让所有的安全生产从业人员都对安全生产有所了解，最大限度避免安全事故的发生。因此，第 27 条规定：建设工程施工前，施工单位负责项目管理的技术人员应当对有关安全施工的技术要求向施工作业班组、作业人员作出详细说明，并由双方签字确认。

③ 施工现场安全警示标志的设置

《安全生产管理条例》第 28 条规定：施工单位应当在施工现场入口处、施工起重机械、临时用电设施、脚手架、出入通道口、楼梯口、电梯井口、孔洞口、桥梁口、隧道口、基坑边沿、爆破物及有害危险气体和液体存放处等危险部位，设置明显的安全警示标志。安全警示标志必须符合国家标准。

④ 施工现场的安全防护

《安全生产管理条例》第 28 条规定：施工单位应当根据不同施工阶段和周围环境及季节、气候的变化，在施工现场采取相应的安全施工措施。施工现场暂时停止施工的，施工单位应当做好现场防护，所需费用由责任方承担，或者按照合同约定执行。

⑤ 施工现场的布置应当符合安全和文明施工要求

《安全生产管理条例》第 29 条规定：施工单位应当将施工现场的办公、生活区与作业区分开设置，并保持安全距离；办公、生活区的选址应当符合安全性要求。职工的膳食、饮水、休息场所等应当符合卫生标准。施工单位不得在尚未竣工的建筑物内设置员工集体宿舍。

施工现场临时搭建的建筑物应当符合安全使用要求。施工现场使用的装配式活动房屋应当具有产品合格证。临时建筑物一般包括施工现场的办公用房、宿舍、食堂、仓库、卫生间等。

⑥ 对周边环境采取防护措施

《安全生产管理条例》第 30 条规定：施工单位对因建设工程施工可能造成损害的毗邻建筑物、构筑物和地下管线等，应当采取专项防护措施。施工单位应当遵守有关环境保护法律、法规的规定，在施工现场采取措施，防止或者减少粉尘、废气、废水、固体废物、噪声、振动和施工照明对人和环境的危害和污染。在城市市区内的建设工程，施工单位应当对施工现场实行封闭围挡。

⑦ 施工现场的消防安全措施

《安全生产管理条例》第 31 条规定：施工单位应当在施工现场建立消防安全责任制度，确定消防安全责任人，制定用火、用电、使用易燃易爆材料等各项消防安全管理制度和操作规程，设置消防通道、消防水源，配备消防设施和灭火器材，并在施工现场入口处设置明显标志。

⑧ 安全防护设备管理

《安全生产管理条例》第 33 条规定：作业人员应当遵守安全施工的强制性标准、规章制度和操作规程，正确使用安全防护用具、机械设备等。

《安全生产管理条例》第 34 条规定：

A. 施工单位采购、租赁的安全防护用具、机械设备、施工机具及配件，应当具有生产（制造）许可证、产品合格证，并在进入施工现场前进行查验；

B. 施工现场的安全防护用具、机械设备、施工机具及配件必须由专人管理，定期进行检查、维修和保养，建立相应的资料档案，并按照国家有关规定及时报废。

⑨ 起重机械设备管理

《安全生产管理条例》第 35 条对起重机械设备管理作了如下规定：

A. 施工单位在使用施工起重机械和整体提升脚手架、模板等自升式架设设施前，应当组织有关单位进行验收，也可以委托具有相应资质的检验检测机构进行验收；使用承租的机械设备和施工机具及配件的，由施工总承包单位、分包单位、出租单位和安装单位共同进行验收。验收合格的方可使用。

B.《特种设备安全监察条例》规定的施工起重机械，在验收前应当经有相应资质的检验检测机构监督检验合格。这里“作为特种设备的施工起重机械”是指“涉及生命安全、危险性较大的”起重机械。

C. 施工单位应当自施工起重机械和整体提升脚手架、模板等自升式架设设施验收合格之日起30日内，向建设行政主管部门或者其他有关部门登记。登记标志应当置于或者附着于该设备的显著位置。

⑩ 办理意外伤害保险

《安全生产管理条例》第38条规定：施工单位应当为施工现场从事危险作业的人员办理意外伤害保险。同时还规定：意外伤害保险费由施工单位支付。实行施工总承包的，由总承包单位支付意外伤害保险费。意外伤害保险期限自建设工程开工之日起至竣工验收合格止。

### 2.《质量管理条例》关于施工单位的质量责任和义务的有关规定

（1）法规相关条文

《质量管理条例》关于施工单位的质量责任和义务的条文是第25～33条。

（2）施工单位的质量责任和义务

1）依法承揽工程

《质量管理条例》第25条规定：施工单位应当依法取得相应等级的资质证书，并在其资质等级许可的范围内承揽工程。

禁止施工单位超越本单位资质等级许可的业务范围或者以其他施工单位的名义承揽工程。禁止施工单位允许其他单位或者个人以本单位的名义承揽工程。施工单位不得转包或者违法分包工程。

2）建立质量保证体系

《质量管理条例》第26条规定：施工单位对建设工程的施工质量负责。施工单位应当建立质量责任制，确定工程项目的项目经理、技术负责人和施工管理负责人。

建设工程实行总承包的，总承包单位应当对全部建设工程质量负责；建设工程勘察、设计、施工、设备采购的一项或者多项实行总承包的，总承包单位应当对其承包的建设工程或者采购的设备的质量负责。

《质量管理条例》第27条规定：总承包单位依法将建设工程分包给其他单位的，分包单位应当按照分包合同的约定对其分包工程的质量向总承包单位负责，总承包单位与分包单位对分包工程的质量承担连带责任。

3）按图施工

《质量管理条例》第28条规定：施工单位必须按照工程设计图纸和施工技术标准施工，不得擅自修改工程设计，不得偷工减料。但是，施工单位在施工过程中发现设计文件和图纸有差错的，应当及时提出意见和建议。

4）对建筑材料、构配件和设备进行检验的责任

《质量管理条例》第29条规定：施工单位必须按照工程设计要求、施工技术标准和合同约定，对建筑材料、建筑构配件、设备和商品混凝土进行检验，检验应当有书面记录和专人签字；未经检验或者检验不合格的，不得使用。

5）对施工质量进行检验的责任

《质量管理条例》第30条规定：施工单位必须建立、健全施工质量的检验制度，严格工序管理，做好隐蔽工程的质量检查和记录。隐蔽工程在隐蔽前，施工单位应当通知建设单位和建设工程质量监督机构。

6）见证取样

在工程施工过程中，为了控制工程施工质量，需要依据有关技术标准和规定的方法，对用于工程的材料和构件抽取一定数量的样品进行检测，并根据检测结果判断其所代表部位的质量。《质量管理条例》第31条规定：施工人员对涉及结构安全的试块、试件以及有关材料，应当在建设单位或者工程监理单位监督下现场取样，并送具有相应资质等级的质量检测单位进行检测。

7）保修

《质量管理条例》第32条规定：施工单位对施工中出现质量问题的建设工程或者竣工验收不合格的建设工程，应当负责返修。

在建设工程竣工验收合格前，施工单位应对质量问题履行返修义务；建设工程竣工验收合格后，施工单位应对保修期内出现的质量问题履行保修义务。《合同法》第281条对施工单位的返修义务也有相应规定：因施工人原因致使建设工程质量不符合约定的，发包人有权要求施工人在合理期限内无偿修理或者返工、改建。经过修理或者返工、改建后，造成逾期交付的，施工人应当承担违约责任。返修包括修理和返工。

## （五）《劳动法》、《劳动合同法》

《中华人民共和国劳动法》（以下简称《劳动法》）于1994年7月5日第八届全国人民代表大会常务委员会第八次会议通过，自1995年1月1日起施行。

《劳动法》分为总则、促进就业、劳动合同和集体合同、工作时间和休息休假、工资、劳动安全卫生、女职工和未成年工特殊保护、职业培训、社会保险和福利、劳动争议、监督检查、法律责任、附则13章，共107条。

《劳动法》的立法目的，是为了保护劳动者的合法权益，调整劳动关系，建立和维护适应社会主义市场经济的劳动制度，促进经济发展和社会进步。

《中华人民共和国劳动合同法》（以下简称《劳动合同法》）于2007年6月29日第十届全国人民代表大会常务委员会第二十八次会议通过，自2008年1月1日起施行。2012年12月28日第十一届全国人民代表大会常务委员会第三十次会议通过了《全国人民代表大会常务委员会关于修改〈中华人民共和国劳动合同法〉的决定》，修订后的《劳动合同法》自2013年7月1日起施行。《劳动合同法》包括总则、劳动合同的订立、劳动合同的履

行和变更、劳动合同的解除和终止、特别规定、监督检查、法律责任、附则8章，共98条。

《劳动合同法》的立法目的，是为了完善劳动合同制度，明确劳动合同双方当事人的权利和义务，保护劳动者的合法权益，构建和发展和谐稳定的劳动关系。

《劳动合同法》在《劳动法》的基础上，对劳动合同的订立、履行、终止等内容作出了更为详尽的规定。

## 1.《劳动法》、《劳动合同法》关于劳动合同的有关规定

（1）法规相关条文

《劳动法》关于劳动合同的条文是第16～32条。

《劳动合同法》关于劳动合同的条文是第7～50条。

（2）劳动合同的概念

劳动合同是劳动者与用人单位确立劳动关系、明确双方权利和义务的协议。这里的劳动关系，是指劳动者与用人单位（包括各类企业、个体工商户、事业单位等）在实现劳动过程中建立的社会经济关系。

（3）劳动合同的订立

1）劳动合同当事人

《劳动法》第16条规定：劳动合同的当事人为用人单位和劳动者。

《中华人民共和国劳动合同法实施条例》进一步规定，劳动合同法规定的用人单位设立的分支机构，依法取得营业执照或者登记证书的，可以作为用人单位与劳动者订立劳动合同；未依法取得营业执照或者登记证书的，受用人单位委托可以与劳动者订立劳动合同。

2）劳动合同的类型

用人单位与劳动者协商一致，可以订立固定期限劳动合同。

用人单位与劳动者协商一致，可以订立以完成一定工作任务为期限的劳动合同。

用人单位与劳动者协商一致，可以订立无固定期限劳动合同。有下列情形之一，劳动者提出或者同意续订、订立劳动合同的，除劳动者提出订立固定期限劳动合同外，应当订立无固定期限劳动合同：

① 劳动者在该用人单位连续工作满10年的；

② 用人单位初次实行劳动合同制度或者国有企业改制重新订立劳动合同时，劳动者在该用人单位连续工作满10年且距法定退休年龄不足10年的；

③ 连续订立两次固定期限劳动合同，且劳动者没有《劳动合同法》第39条（即用人单位可以解除劳动合同的条件）和第40条第1项、第2项规定（即劳动者患病或者非因工负伤，在规定的医疗期满后不能从事原工作，也不能从事由用人单位另行安排的工作的；劳动者不能胜任工作，经过培训或者调整工作岗位，仍不能胜任工作的）的情形，续订劳动合同的。

若劳动者依据此处的规定提出订立无固定期限劳动合同的，用人单位应当与其订立无固定期限劳动合同。对劳动合同的内容，双方应当按照合法、公平、平等自愿、协商一致、诚实信用的原则协商确定。

劳动者非因本人原因从原用人单位被安排到新用人单位工作的，劳动者在原用人单位

的工作年限合并计算为新用人单位的工作年限。原用人单位已经向劳动者支付经济补偿的，新用人单位在依法解除、终止劳动合同计算支付经济补偿的工作年限时，不再计算劳动者在原用人单位的工作年限。

3）订立劳动合同的时间限制

《劳动合同法》第19条规定：建立劳动关系，应当订立书面劳动合同。已建立劳动关系，未同时订立书面劳动合同的，应当自用工之日起一个月内订立书面劳动合同。

因劳动者的原因未能订立劳动合同的，自用工之日起一个月内，经用人单位书面通知后，劳动者不与用人单位订立书面劳动合同的，用人单位应当书面通知劳动者终止劳动关系，无需向劳动者支付经济补偿，但是应当依法向劳动者支付其实际工作时间的劳动报酬。

因用人单位的原因未能订立劳动合同的，用人单位自用工之日起超过一个月不满一年未与劳动者订立书面劳动合同的，应当依照劳动合同法第82条的规定向劳动者每月支付两倍的工资，并与劳动者补订书面劳动合同；劳动者不与用人单位订立书面劳动合同的，用人单位应当书面通知劳动者终止劳动关系，并依照劳动合同法第47条的规定支付经济补偿。

4）劳动合同的生效

劳动合同由用人单位与劳动者协商一致，并经用人单位与劳动者在劳动合同文本上签字或者盖章生效。

劳动合同文本由用人单位和劳动者各执一份。

（4）劳动合同的条款

《劳动法》第19条规定：劳动合同应当具备以下条款：

1）用人单位的名称、住所和法定代表人或者主要负责人；

2）劳动者的姓名、住址和居民身份证或者其他有效身份证件号码；

3）劳动合同期限；

4）工作内容和工作地点；

5）工作时间和休息休假；

6）劳动报酬；

7）社会保险；

8）劳动保护、劳动条件和职业危害防护；

9）法律、法规规定应当纳入劳动合同的其他事项。

劳动合同除前款规定的必备条款外，用人单位与劳动者可以约定试用期、培训、保守秘密、补充保险和福利待遇等其他事项。

《劳动合同法》第19条规定：劳动合同对劳动报酬和劳动条件等标准约定不明确，引发争议的，用人单位与劳动者可以重新协商；协商不成的，适用集体合同规定；没有集体合同或者集体合同未规定劳动报酬的，实行同工同酬；没有集体合同或者集体合同未规定劳动条件等标准的，适用国家有关规定。

（5）试用期

1）试用期的最长时间

《劳动法》第21条规定：试用期最长不得超过6个月。

《劳动合同法》第 19 条进一步明确：劳动合同期限 3 个月以上未满 1 年的，试用期不得超过 1 个月；劳动合同期限 1 年以上不满 3 年的，试用期不得超过 2 个月；3 年以上固定期限和无固定期限的劳动合同，试用期不得超过 6 个月。

2）试用期的次数限制

《劳动合同法》第 19 条规定：同一用人单位与同一劳动者只能约定一次试用期。

以完成一定工作任务为期限的劳动合同或者劳动合同期限不满 3 个月的，不得约定试用期。

试用期包含在劳动合同期限内。劳动合同仅约定试用期的，试用期不成立，该期限为劳动合同期限。

3）试用期内的最低工资

《劳动合同法》第 20 条规定：劳动者在试用期的工资不得低于本单位相同岗位最低档工资或者劳动合同约定工资的 80%，并不得低于用人单位所在地的最低工资标准。

《中华人民共和国劳动合同法实施条例》对此作进一步明确：劳动者在试用期的工资不得低于本单位相同岗位最低档工资的 80%或者不得低于劳动合同约定工资的 80%，并不得低于用人单位所在地的最低工资标准。

4）试用期内合同解除条件的限制

在试用期中，除劳动者有《劳动合同法》第 39 条（即用人单位可以解除劳动合同的条件）和第 40 条第 1 项、第 2 项（即劳动者患病或者非因工负伤，在规定的医疗期满后不能从事原工作，也不能从事由用人单位另行安排的工作的；劳动者不能胜任工作，经过培训或者调整工作岗位，仍不能胜任工作的）规定的情形外，用人单位不得解除劳动合同。用人单位在试用期解除劳动合同的，应当向劳动者说明理由。

（6）劳动合同的无效

《劳动合同法》第 26 条规定：下列劳动合同无效或者部分无效：

1）以欺诈、胁迫的手段或者乘人之危，使对方在违背真实意思的情况下订立或者变更劳动合同的；

2）用人单位免除自己的法定责任、排除劳动者权利的；

3）违反法律、行政法规强制性规定的。

对劳动合同的无效或者部分无效有争议的，由劳动争议仲裁机构或者人民法院确认。

劳动合同部分无效，不影响其他部分效力的，其他部分仍然有效。

劳动合同被确认无效，劳动者已付出劳动的，用人单位应当向劳动者支付劳动报酬。劳动报酬的数额，参照本单位相同或者相近岗位劳动者的劳动报酬确定。

（7）劳动合同的变更

用人单位变更名称、法定代表人、主要负责人或者投资人等事项，不影响劳动合同的履行。

用人单位发生合并或者分立等情况，原劳动合同继续有效，劳动合同由承继其权利和义务的用人单位继续履行。

用人单位与劳动者协商一致，可以变更劳动合同约定的内容。变更劳动合同，应当采用书面形式。

变更后的劳动合同文本由用人单位和劳动者各执一份。

(8) 劳动合同的解除

用人单位与劳动者协商一致，可以解除劳动合同。用人单位向劳动者提出解除劳动合同并与劳动者协商一致解除劳动合同的，用人单位应当向劳动者给予经济补偿。

劳动者提前30日以书面形式通知用人单位，可以解除劳动合同。劳动者在试用期内提前3日通知用人单位，可以解除劳动合同。

1) 劳动者解除劳动合同的情形

《劳动合同法》第38条规定：用人单位有下列情形之一的，劳动者可以解除劳动合同，用人单位应当向劳动者支付经济补偿：

① 未按照劳动合同约定提供劳动保护或者劳动条件的；

② 未及时足额支付劳动报酬的；

③ 未依法为劳动者缴纳社会保险费的；

④ 用人单位的规章制度违反法律、法规的规定，损害劳动者权益的；

⑤ 因《劳动合同法》第26条第1款（即：以欺诈、胁迫的手段或者乘人之危，使对方在违背真实意思的情况下订立或者变更劳动合同的）规定的情形致使劳动合同无效的；

⑥ 法律、行政法规规定劳动者可以解除劳动合同的其他情形。

用人单位以暴力、威胁或者非法限制人身自由的手段强迫劳动者劳动的，或者用人单位违章指挥、强令冒险作业危及劳动者人身安全的，劳动者可以立即解除劳动合同，不需事先告知用人单位。

2) 用人单位可以解除劳动合同的情形

除用人单位与劳动者协商一致，用人单位可以与劳动者解除合同外，如遇下列情形，用人单位也可以与劳动者解除合同。

① 随时解除

《劳动合同法》第39条规定，劳动者有下列情形之一的，用人单位可以解除劳动合同：

A. 在试用期间被证明不符合录用条件的；

B. 严重违反用人单位的规章制度的；

C. 严重失职，营私舞弊，给用人单位造成重大损害的；

D. 劳动者同时与其他用人单位建立劳动关系，对完成本单位的工作任务造成严重影响，或者经用人单位提出，拒不改正的；

E. 因《劳动合同法》第26条第1款第1项（即：以欺诈、胁迫的手段或者乘人之危，使对方在违背真实意思的情况下订立或者变更劳动合同的）规定的情形致使劳动合同无效的；

F. 被依法追究刑事责任的。

② 预告解除

《劳动合同法》第40条规定：有下列情形之一的，用人单位提前30日以书面形式通知劳动者本人或者额外支付劳动者1个月工资后，可以解除劳动合同，用人单位应当向劳动者支付经济补偿：

A. 劳动者患病或者非因工负伤，在规定的医疗期满后不能从事原工作，也不能从事由用人单位另行安排的工作的；

B. 劳动者不能胜任工作，经过培训或者调整工作岗位，仍不能胜任工作的；

C. 劳动合同订立时所依据的客观情况发生重大变化，致使劳动合同无法履行，经用人单位与劳动者协商，未能就变更劳动合同内容达成协议的。

用人单位依照此规定，选择额外支付劳动者 1 个月工资解除劳动合同的，其额外支付的工资应当按照该劳动者上 1 个月的工资标准确定。

③ 经济性裁员

《劳动合同法》第 41 条规定：有下列情形之一，需要裁减人员 20 人以上或者裁减不足 20 人但占企业职工总数 10%以上的，用人单位提前 30 日向工会或者全体职工说明情况，听取工会或者职工的意见后，裁减人员方案经向劳动行政部门报告，可以裁减人员，用人单位应当向劳动者支付经济补偿：

A. 依照企业破产法规定进行重整的；

B. 生产经营发生严重困难的；

C. 企业转产、重大技术革新或者经营方式调整，经变更劳动合同后，仍需裁减人员的；

D. 其他因劳动合同订立时所依据的客观经济情况发生重大变化，致使劳动合同无法履行的。

④ 用人单位不得解除劳动合同的情形

《劳动合同法》第 42 条规定：劳动者有下列情形之一的，用人单位不得依照本法第 40 条、第 41 条的规定解除劳动合同：

A. 从事接触职业病危害作业的劳动者未进行离岗前职业健康检查，或者疑似职业病病人在诊断或者医学观察期间的；

B. 在本单位患职业病或者因工负伤并被确认丧失或者部分丧失劳动能力的；

C. 患病或者非因工负伤，在规定的医疗期内的；

D. 女职工在孕期、产期、哺乳期的；

E. 在本单位连续工作满 15 年，且距法定退休年龄不足 5 年的；

F. 法律、行政法规规定的其他情形。

（9）劳动合同终止

《劳动合同法》规定：有下列情形之一的，劳动合同终止。用人单位与劳动者不得在劳动合同法规定的劳动合同终止情形之外约定其他的劳动合同终止条件：

1）劳动者达到法定退休年龄的，劳动合同终止；

2）劳动合同期满的，除用人单位维持或者提高劳动合同约定条件续订劳动合同，劳动者不同意续订的情形外，依照本项规定终止固定期限劳动合同的，用人单位应当向劳动者支付经济补偿；

3）劳动者开始依法享受基本养老保险待遇的；

4）劳动者死亡，或者被人民法院宣告死亡或者宣告失踪的；

5）用人单位被依法宣告破产的，依照本项规定终止劳动合同的，用人单位应当向劳动者支付经济补偿；

6）用人单位被吊销营业执照、责令关闭、撤销或者用人单位决定提前解散的，依照本项规定终止劳动合同的，用人单位应当向劳动者支付经济补偿；

7）法律、行政法规规定的其他情形。

## 2.《劳动法》关于劳动安全卫生的有关规定

（1）法规相关条文

《劳动法》关于劳动安全卫生的条文是第52～57条。

（2）劳动安全卫生

劳动安全卫生又称劳动保护，是指直接保护劳动者在劳动中的安全和健康的法律保护。

根据《劳动法》的有关规定，用人单位和劳动者应当遵守如下有关劳动安全卫生的法律规定：

1）用人单位必须建立、健全劳动安全卫生制度，严格执行国家劳动安全卫生规程和标准，对劳动者进行劳动安全卫生教育，防止劳动过程中的事故，减少职业危害。

2）劳动安全卫生设施必须符合国家规定的标准。

新建、改建、扩建工程的劳动安全卫生设施必须与主体工程同时设计、同时施工、同时投入生产和使用。

3）用人单位必须为劳动者提供符合国家规定的劳动安全卫生条件和必要的劳动防护用品，对从事有职业危害作业的劳动者应当定期进行健康检查。

4）从事特种作业的劳动者必须经过专门培训并取得特种作业资格。

5）劳动者在劳动过程中必须严格遵守安全操作规程。劳动者对用人单位管理人员违章指挥、强令冒险作业，有权拒绝执行；对危害生命安全和身体健康的行为，有权提出批评、检举和控告。

# 二、建筑材料

构成建筑物或构筑物本身的材料称为建筑材料。建筑材料有多种分类方法。按化学成分的分类见表 2-1。

建筑材料按化学成分分类　　表 2-1

<table>
<tr><th colspan="3">分　类</th><th>举　例</th></tr>
<tr><td rowspan="7">无机材料</td><td rowspan="5">非金属材料</td><td>天然石材</td><td>砂子、石子、各种岩石加工的石材等</td></tr>
<tr><td>烧土制品</td><td>黏土砖、瓦、空心砖、锦砖、瓷器等</td></tr>
<tr><td>胶凝材料</td><td>石灰、石膏、水玻璃、水泥等</td></tr>
<tr><td>玻璃及熔融制品</td><td>玻璃、玻璃棉、岩棉、铸石等</td></tr>
<tr><td>混凝土及硅酸盐制品</td><td>普通混凝土、砂浆及硅酸盐制品等</td></tr>
<tr><td rowspan="2">金属材料</td><td>黑色金属</td><td>钢、铁、不锈钢等</td></tr>
<tr><td>有色金属</td><td>铝、铜等及其合金</td></tr>
<tr><td rowspan="3">有机材料</td><td colspan="2">植物材料</td><td>木材、竹材、植物纤维及其制品</td></tr>
<tr><td colspan="2">沥青材料</td><td>石油沥青、煤沥青、沥青制品</td></tr>
<tr><td colspan="2">合成高分子材料</td><td>塑料、涂料、胶粘剂、合成橡胶等</td></tr>
<tr><td rowspan="3">复合材料</td><td colspan="2">金属材料与非金属材料复合</td><td>钢筋混凝土、预应力混凝土、钢纤维混凝土等</td></tr>
<tr><td colspan="2">非金属材料与有机材料复合</td><td>玻璃纤维增强塑料、聚合物混凝土、沥青混合料、水泥刨花板等</td></tr>
<tr><td colspan="2">金属材料与有机材料复合</td><td>轻质金属夹心板</td></tr>
</table>

## （一）无机胶凝材料

### 1. 无机胶凝材料的分类及特性

胶凝材料也称为胶结材料，是用来把块状、颗粒状或纤维状材料粘结为整体的材料。无机胶凝材料也称矿物胶凝材料，是胶凝材料的一大类别，其主要成分是无机化合物，如水泥、石膏、石灰等均属无机胶凝材料。

按照硬化条件的不同，无机胶凝材料分为气硬性胶凝材料和水硬性胶凝材料两类。前者如石灰、石膏、水玻璃等，后者如水泥。

气硬性胶凝材料只能在空气中凝结、硬化、保持和发展强度，一般只适用于干燥环境，不宜用于潮湿环境与水中。

水硬性胶凝材料既能在空气中硬化，也能在水中凝结、硬化、保持和发展强度，既适用于干燥环境，又适用于潮湿环境与水中工程。

## 2. 通用水泥的特性、主要技术性质及应用

水泥是一种加水拌合成塑性浆体，通过水化逐渐凝固、硬化，能胶结砂、石等固体材料，并能在空气和水中硬化的粉状水硬性胶凝材料。

水泥的品种很多。按其矿物组成可分为硅酸盐水泥、铝酸盐水泥，硫铝酸盐水泥、氟铝酸盐水泥、铁铝酸盐水泥以及少熟料或无熟料水泥等。按其用途和性能可分为通用水泥、专用水泥以及特性水泥三大类。用于一般土木建筑工程的水泥为通用水泥。适应专门用途的水泥称为专用水泥，如砌筑水泥、道路水泥、油井水泥等。某种性能比较突出的水泥称为特性水泥，如白色硅酸盐水泥、快硬硅酸盐水泥、抗硫酸盐硅酸盐水泥、膨胀水泥等。

（1）通用水泥的特性及应用

通用水泥即通用硅酸盐水泥的简称，是以硅酸盐水泥熟料和适量的石膏，以及规定的混合材料制成的水硬性胶凝材料。通用水泥的品种、特性及应用范围见表 2-2。

通用水泥的特性及适用范围 表 2-2

| 名称 | 硅酸盐水泥 | 普通硅酸盐水泥 | 矿渣硅酸盐水泥 | 火山灰质硅酸盐水泥 | 粉煤灰硅酸盐水泥 | 复合硅酸盐水泥 |
|---|---|---|---|---|---|---|
| 主要特性 | 1. 早期强度高；<br>2. 水化热高；<br>3. 抗冻性好；<br>4. 耐热性差；<br>5. 耐腐蚀性差；<br>6. 干缩小；<br>7. 抗碳化性好 | 1. 早期强度较高；<br>2. 水化热较高；<br>3. 抗冻性较好；<br>4. 耐热性较差；<br>5. 耐腐蚀性较差；<br>6. 干缩性较小；<br>7. 抗碳化性较好 | 1. 早期强度低，后期强度高；<br>2. 水化热较低；<br>3. 抗冻性较差；<br>4. 耐热性较好；<br>5. 耐腐蚀性好；<br>6. 干缩性较大；<br>7. 抗碳化性较差；<br>8. 抗渗性差 | 1. 早期强度低，后期强度高；<br>2. 水化热较低；<br>3. 抗冻性较差；<br>4. 耐热性较差；<br>5. 耐腐蚀性好；<br>6. 干缩性大；<br>7. 抗碳化性较差；<br>8. 抗渗性好 | 1. 早期强度低，后期强度高；<br>2. 水化热较低；<br>3. 抗冻性较差；<br>4. 耐热性较差；<br>5. 耐腐蚀性好；<br>6. 干缩性小；<br>7. 抗碳化性较差；<br>8. 抗裂性好 | 1. 早期强度稍低；<br>2. 其他性能同矿渣硅酸盐水泥 |
| 适用范围 | 1. 高强混凝土及预应力混凝土工程；<br>2. 早期强度要求高的工程及冬期施工的工程；<br>3. 严寒地区遭受反复冻融作用的混凝土工程 | 与硅酸盐水泥基本相同 | 1. 大体积混凝土工程；<br>2. 高温车间和有耐热要求的混凝土结构；<br>3. 蒸汽养护的构件；<br>4. 耐腐蚀要求高的混凝土工程 | 1. 地下、水中大体积混凝土结构；<br>2. 有抗渗要求的工程；<br>3. 蒸汽养护的构件；<br>4. 耐腐蚀要求高的混凝土工程 | 1. 地上、地下及水中大体积混凝土结构；<br>2. 蒸汽养护的构件；<br>3. 抗裂性要求较高的构件；<br>4. 耐腐蚀要求高的混凝土工程 | 可参照矿渣硅酸盐水泥、火山灰质硅酸盐水泥、粉煤灰硅酸盐水泥，但其性能受所用混合材料性能的影响，所以使用时应针对工程的性质加以选用 |

(2) 通用水泥的主要技术性质

1) 细度

细度是指水泥颗粒粗细的程度，它是影响水泥需水量、凝结时间、强度和安定性能的重要指标。颗粒愈细，与水反应的表面积愈大，因而水化反应的速度愈快，水泥石的早期强度愈高，但硬化体的收缩也愈大，且水泥在储运过程中易受潮而降低活性，因此，水泥细度应适当。硅酸盐水泥的细度用透气式比表面仪测定。国家标准 GB 175 规定，通用水泥的比表面积应不大于 $300m^2/kg$。

2) 标准稠度及其用水量

在测定水泥凝结时间、体积安定性等性能时，为使所测结果有准确的可比性，规定在试验时所使用的水泥净浆必须以标准方法（按 GB/T 1346 规定）测试，并达到统一规定的浆体可塑性程度（标准稠度）。水泥净浆标准稠度用水量，是指拌制水泥净浆时为达到标准稠度所需的加水量，它以水与水泥质量之比的百分数表示。

3) 凝结时间

水泥从加水开始到失去流动性所需的时间称为凝结时间，分为初凝时间和终凝时间。初凝时间为水泥从开始加水拌和起至水泥浆开始失去可塑性所需的时间；终凝时间是从水泥开始加水拌和起至水泥浆完全失去可塑性，并开始产生强度所需的时间。水泥的凝结时间对施工有重大意义。初凝过早，施工时没有足够的时间完成混凝土或砂浆的搅拌、运输、浇捣和砌筑等操作；水泥的终凝过迟，则会拖延施工工期。国家标准规定：硅酸盐水泥初凝时间不得早于 45min，终凝时间不得迟于 6.5h，其他品种通用水泥初凝时间都是 45min，但终凝时间为 10h。

4) 体积安定性

水泥体积安定性是指水泥浆体硬化后体积变化的稳定性。安定性不良的水泥，在浆体硬化过程中或硬化后产生不均匀的体积膨胀，并引起开裂。水泥安定性不良的主要原因是熟料中含有过量的游离氧化钙、游离氧化镁或研磨时掺入的石膏过多。国家标准规定，水泥熟料中游离氧化镁含量不得超过 5.0%，三氧化硫含量不得超过 3.5%。体积安定性不合格的水泥为废品，不能用于工程中。

5) 水泥的强度

水泥强度是表征水泥力学性能的重要指标，它与水泥的矿物组成、水泥细度、水灰比大小、水化龄期和环境温度等密切相关。水泥强度按《水泥胶砂强度检验方法（ISO 法）》GB/T 17671 的规定制作试块，养护并测定其抗压和抗折强度值，并据此评定水泥强度等级。

6) 水化热

水化热是指水泥和水之间发生化学反应放出的热量，通常以焦耳/千克（J/kg）表示。

水泥水化放出的热量以及放热速度，主要决定于水泥的矿物组成和细度。熟料矿物中铝酸三钙和硅酸三钙的含量愈高，颗粒愈细，则水化热愈大。这对一般建筑的冬期施工是有利的，但对于大体积混凝土工程是有害的。为了避免由于温度应力引起水泥石的开裂，在大体积混凝土工程施工中，不宜采用硅酸盐水泥，而应采用水化热低的水泥，如中热、低热水泥和矿渣水泥等，水化热的数值可根据国家标准规定的方法测定。

通用水泥的主要技术性能见表2-3。

**通用水泥的主要技术性能**　　　　**表2-3**

| 性能＼品种 | | 硅酸盐水泥 | 普通水泥 | 矿渣水泥 | 火山灰水泥 | 粉煤灰水泥 | 复合水泥 |
|---|---|---|---|---|---|---|---|
| 水泥中混合材料掺量 | | 0～5% | 活性混合材料6%～15%，或非活性混合材料10%以下 | 粒化高炉矿渣20%～70% | 火山灰质混合材料20%～50% | 粉煤灰20%～40% | 两种或两种以上混合材，其总掺量为15%～50% |
| 密度（$g/cm^3$） | | 3.0～3.15 | | 2.8～3.1 | | | |
| 堆积密度（$kg/m^3$） | | 1000～1600 | | 1000～1200 | 900～1000 | | 1000～1200 |
| 细度 | | 比表面积>300$m^2$/kg | 80$\mu$m方孔筛筛余量<10% | | | | |
| 凝结时间 | 初凝 | >45min | | | | | |
| | 终凝 | <6.5h | <10h | | | | |
| 体积安定性 | 安定性 | 沸煮法必须合格（若试饼法和雷氏法两者有争议，以雷氏法为准） | | | | | |
| | MgO | 含量<5.0% | | | | | |
| | $SO_3$ | 含量<3.5%（矿渣水泥中含量<4.0%） | | | | | |
| 碱含量 | 用户要求低碱水泥时，按$Na_2O$+0.685$K_2O$计算的碱含量，不得大于0.06%，或由供需双方商定 | | | | | | |
| 强度等级 | | 42.5、42.5R、52.5、52.5R、62.5、62.5R | 42.5、42.5R、52.5、52.5R | 32.5、32.5R、42.5、42.5R、52.5、52.5R | | | |

注：R表示早强型。

## 3. 特性水泥的分类、特性及应用

特性水泥的品种很多，以下仅介绍建筑工程中常用的几种。

（1）快硬硅酸盐水泥

凡以硅酸盐水泥熟料和适量石膏磨细制成的以3d抗压强度表示强度等级的水硬性胶凝材料称为快硬硅酸盐水泥，简称快硬水泥。

快硬硅酸盐水泥的特点是，凝结硬化快，早期强度增长率高。可用于紧急抢修工程、低温施工工程等，可配制成早强、高强度等级混凝土。

快硬水泥易受潮变质，故储运时须特别注意防潮，并应及时使用，不宜久存，出厂超过1个月，应重新检验，合格后方可使用。

（2）白色硅酸盐水泥和彩色硅酸盐水泥

白色硅酸盐水泥简称白水泥，是以白色硅酸盐水泥熟料，加入适量石膏，经磨细制成的水硬性胶凝材料。

彩色硅酸盐水泥简称彩色水泥，按生产方法分为两类。一类是在白水泥的生料中加入少量金属氧化物，直接烧成彩色水泥熟料，然后再加适量石膏磨细而成。另一类为白水泥熟料、适量石膏及碱性颜料共同磨细而成。

白水泥和彩色水泥主要用于建筑物内外的装饰，如地面、楼面、墙面、柱面、台阶等；建筑立面的线条、装饰图案、雕塑等。配以大理石、白云石石子和石英砂作为粗细骨料，可以拌制成彩色砂浆和混凝土，做成彩色水磨石、水刷石等。

（3）膨胀水泥

膨胀水泥是指以适当比例的硅酸盐水泥或普通硅酸盐水泥、铝酸盐水泥等和天然二水石膏磨制而成的膨胀性的水硬性胶凝材料。

按基本组成我国常用的膨胀水泥品种有：硅酸盐膨胀水泥、铝酸盐膨胀水泥、硫铝酸盐水泥、铁铝酸盐膨胀水泥等。

膨胀水泥主要用于收缩补偿混凝土工程，防渗混凝土（屋顶防渗、水池等），防渗砂浆，结构的加固，构件接缝、接头的灌浆，固定设备的机座及地脚螺栓等。

## （二）混　凝　土

### 1. 普通混凝土的分类及主要技术性质

（1）普通混凝土的分类

混凝土是以胶凝材料、粗细骨料及其他外掺材料按适当比例搅拌、成型、养护、硬化而成的人工石材。通常将水泥、矿物掺合材料、粗细骨料、水和外加剂按一定的比例配制而成的、干表观密度为2000～2800kg/m$^3$的混凝土称为普通混凝土。

普通混凝土可以从不同角度进行分类。

1）按用途分：结构混凝土、抗渗混凝土、抗冻混凝土、大体积混凝土、水工混凝土、耐热混凝土、耐酸混凝土、装饰混凝土等。

2）按强度等级分：普通强度混凝土（<C60）、高强混凝土（≥C60）、超高强混凝土（≥C100）。

3）按施工工艺分：喷射混凝土、泵送混凝土、碾压混凝土、压力灌浆混凝土、离心混凝土、真空脱水混凝土。

普通混凝土广泛用于建筑、桥梁、道路、水利、码头、海洋等工程。

（2）普通混凝土的主要技术性质

混凝土的技术性质包括混凝土拌合物的技术性质和硬化混凝土的技术性质。混凝土拌合物主要技术性质为和易性，硬化混凝土的主要技术性质包括强度、变形和耐久性等。

1）混凝土拌合物的和易性

混凝土中的各种组成材料按比例配合经搅拌形成的混合物称为混凝土拌合物，又称新拌混凝土。

混凝土拌合物易于各工序施工操作（搅拌、运输、浇筑、振捣、成型等），并能获得质量稳定、整体均匀、成型密实的混凝土性能，称为混凝土拌合物的和易性。和易性是满足施工工艺要求的综合性质，包括流动性、黏聚性和保水性。

流动性是指混凝土拌合物在自重或机械振动时能够产生流动的性质。流动性的大小反映了混凝土拌合物的稀稠程度，流动性良好的拌合物，易于浇筑、振捣和成型。

黏聚性是指混凝土组成材料间具有一定的黏聚力，在施工过程中混凝土能保持整体均匀的性能。黏聚性反映了混凝土拌合物的均匀性，黏聚性良好的拌合物易于施工操作，不会产生分层和离析的现象。黏聚性差时，会造成混凝土质地不均，振捣后易出现蜂窝、空洞等现象，影响混凝土的强度及耐久性。

保水性是指混凝土拌合物在施工过程中具有一定的保持内部水分而抵抗泌水的能力。保水性反映了混凝土拌合物的稳定性。保水性差的混凝土拌合物会在混凝土内部形成透水通道，影响混凝土的密实性，并降低混凝土的强度及耐久性。

混凝土拌合物的和易性目前还很难用单一的指标来评定，通常是以测定流动性为主，兼顾黏聚性和保水性。流动性常用坍落度法（适用于坍落度≥10mm）和维勃稠度法（适用于坍落度＜10mm）进行测定。

坍落度数值越大，表明混凝土拌合物流动性大，根据坍落度值的大小，可将混凝土分为四级：大流动性混凝土（坍落度大于 160mm）、流动性混凝土（坍落度 100～150mm）、塑性混凝土（坍落度 10～90mm）和干硬性混凝土（坍落度小于 10mm）。

2）混凝土的强度

① 混凝土立方体抗压强度和强度等级

混凝土的抗压强度是混凝土结构设计的主要技术参数，也是混凝土质量评定的重要技术指标。

按照标准制作方法制成边长为 150mm 的标准立方体试件，在标准条件（温度 20±2℃，相对湿度为 95%以上）下养护 28d，然后采用标准试验方法测得的极限抗压强度值，称为混凝土的立方体抗压强度，用 $f_{cu}$ 表示。

为了便于设计和施工选用混凝土，将混凝土的强度按照混凝土立方体抗压强度标准值分为若干等级，即强度等级。普通混凝土共划分为 C10、C15、C20、C25、C30、C35、C40、C45、C50、C55、C60、C65、C70、C75、C80、C85、C90、C95、C100 共 19 个强度等级。其中“C”表示混凝土，C 后面的数字表示混凝土立方体抗压强度标准值（$f_{cu,k}$）。如 C30 表示混凝土立方体抗压强度标准值 $30MPa \leqslant f_{cu,k} < 35MPa$。

② 混凝土轴心抗压强度

在实际工程中，混凝土结构构件大部分是棱柱体或圆柱体。为了能更好地反映混凝土的实际抗压性能，在计算钢筋混凝土构件承载力时，常采用混凝土的轴心抗压强度作为设计依据。

混凝土的轴心抗压强度是采用 150mm×150mm×300mm 的棱柱体作为标准试件，在标准条件（温度为 20±2℃，相对湿度为 95%以上）下养护 28d，采用标准试验方法测得的抗压强度值。

③ 混凝土的抗拉强度

我国目前常采用劈裂试验方法测定混凝土的抗拉强度。劈裂试验方法是采用边长为 150mm 的立方体标准试件，按规定的劈裂拉伸试验方法测定混凝土的劈裂抗拉强度。

（3）混凝土的耐久性

混凝土抵抗其自身因素和环境因素的长期破坏，保持其原有性能的能力，称为耐久性。混凝土的耐久性主要包括抗渗性、抗冻性、耐久性、抗碳化、抗碱-骨料反应等方面。

1）抗渗性

混凝土抵抗压力液体（水或油）等渗透本体的能力称为抗渗性。

混凝土的抗渗性用抗渗等级表示。抗渗等级是以28d龄期的标准试件，用标准试验方法进行试验，以每组六个试件，四个试件未出现渗水时，所能承受的最大静水压（单位：MPa）来确定。混凝土的抗渗等级用代号P表示，分为P4、P6、P8、P10、P12和>P12六个等级。P4表示混凝土抵抗0.4MPa的液体压力而不渗水。

2）抗冻性

混凝土在吸水饱和状态下，抵抗多次反复冻融循环而不破坏，同时也不严重降低其各种性能的能力，称为抗冻性。

混凝土的抗冻性用抗冻等级表示。抗冻等级是以28d龄期的混凝土标准试件，在浸水饱和状态下，进行冻融循环试验，以抗压强度损失不超过25%，同时质量损失不超过5%时，所能承受的最大的冻融循环次数来确定。混凝土抗冻等级用F表示，分为F50、F100、F150、F200、F250、F300、F350、F400和>F400九个等级。F150表示混凝土在强度损失不超过25%，质量损失不超过5%时，所能承受的最大冻融循环次数为150[1]。

3）抗腐蚀性

混凝土在外界各种侵蚀介质作用下，抵抗破坏的能力，称为混凝土的抗腐蚀性。当工程所处环境存在侵蚀介质时，对混凝土必须提出耐腐蚀性要求。

## 2. 普通混凝土的组成材料及其主要技术要求

普通混凝土的组成材料有水泥、砂子、石子、水、外加剂或掺合料。前四种材料是组成混凝土所必需的材料，后两种材料可根据混凝土性能的需要有选择性的添加。

（1）水泥

水泥是混凝土组成材料中最重要的材料，也是成本支出最多的材料，更是影响混凝土强度、耐久性最重要的影响因素。

水泥品种应根据工程性质与特点、所处的环境条件及施工所处条件及水泥特性合理选择。配制一般的混凝土可以选用硅酸盐水泥、普通硅酸盐水泥、矿渣硅酸盐水泥、火山灰质硅酸盐水泥及粉煤灰硅酸盐水泥、复合硅酸盐水泥等通用水泥。

水泥强度等级的选择应根据混凝土强度的要求来确定，低强度混凝土应选择低强度等级的水泥，高强度混凝土应选择高强度等级的水泥。一般情况下，中、低强度的混凝土（≤C30），水泥强度等级为混凝土强度等级的1.5～2.0倍；高强度混凝土，水泥强度等级与混凝土强度等级之比可小于1.5，但不能低于0.8。

（2）细骨料

细骨料是指公称直径小于5.00mm的岩石颗粒，通常称为砂。根据生产过程特点不

---

[1] 根据GB/T 5082—2009，抗冻试验有慢冻法和快冻法之分。慢冻法是在气冻水融条件下测得的混凝土抗冻性能，叫设计抗冻标号，用D25、D50、…D300表示；快冻法则是水冻水融条件下测得，其抗冻等级就是我们通常所用的F50、F100…F400等。

同，砂可分为天然砂、人工砂和混合砂。天然砂包括河砂、湖砂、山砂和海砂。混合砂是天然砂与人工砂按一定比例组合而成的砂。

1）有害杂质含量

配制混凝土的砂子要求清洁不含杂质。国家标准对砂中的云母、轻物质、硫化物及硫酸盐、有机物、氯化物等各有害物含量以及海砂中的贝壳含量作了规定。

2）含泥量、石粉含量和泥块含量

含泥量是指天然砂中公称粒径小于 80μm 的颗粒含量。泥块含量是指砂中公称粒径大于 1.25mm，经水浸洗、手捏后变成小于 630μm 的颗粒含量。石粉含量是指人工砂中公称粒径小于 80μm 的颗粒含量。有关国家标准、行业标准对含泥量、石粉含量和泥块含量作了规定。

3）坚固性

砂的坚固性是指砂在自然风化和其他外界物理、化学因素作用下，抵抗破坏的能力。

天然砂的坚固性用硫酸钠溶液法检验，砂样经 5 次循环后其质量损失应符合国家标准的规定。

人工砂的坚固性采用压碎指标值来判断砂的坚固性，参见有关文献。

4）砂的表观密度、堆积密度、空隙率

砂的表观密度大于 2500kg/m$^3$，松散堆积密度大于 1350kg/m$^3$，空隙率小于 47%。

5）粗细程度及颗粒级配

粗细程度是指不同粒径的砂混合后，总体的粗细程度。质量相同时，粗砂的总表面积小，包裹砂表面所需的水泥浆就越少，反之细砂总表面积大，包裹砂表面所需的水泥浆量就多。因此，和易性一定时，采用粗砂配制混凝土，可减少拌合用水量，节约水泥用量。但砂过粗易使混凝土拌合物产生分层、离析和泌水等现象。

颗粒级配是指粒径大小不同的砂粒互相搭配的情况。级配良好的砂，不同粒径的砂相互搭配，逐级填充使砂更密实，空隙率更小，可节省水泥并使混凝土结构密实，和易性、强度、耐久性得以加强，还可减少混凝土的干缩及徐变。

（3）粗骨料

粗骨料是指公称直径大于 5.00mm 的岩石颗粒，通常称为石子。其中天然形成的石子称为卵石，人工破碎而成的石子称为碎石。

1）泥、泥块及有害物质含量

粗骨料中泥、泥块含量以及硫化物、硫酸盐含量、有机物等有害物质含量应符合国家标准规定。

2）颗粒形状

卵石及碎石的形状以接近卵形或立方体为较好。针状颗粒和片状颗粒不仅本身容易折断，而且使空隙率增大，影响混凝土的质量，因此，国家标准对粗骨料中针、片状颗粒的含量作了规定。

3）强度

为保证混凝土的强度，粗骨料必须具有足够的强度。粗骨料的强度指标有两个，一是岩石抗压强度，二是压碎指标值，参见有关文献。

4）坚固性

坚固性是指卵石、碎石在自然风化和其他外界物理化学作用下抵抗破裂的能力。有抗冻性要求的混凝土所用粗骨料，要求测定其坚固性。

（4）水

混凝土用水包括混凝土拌制用水和养护用水。按水源不同分为饮用水、地表水、地下水、海水及经处理过的工业废水。地表水和地下水常溶有较多的有机质和矿物盐类；海水中含有较多硫酸盐，会降低混凝土后期强度，且影响抗冻性，同时，海水中含有大量氯盐，对混凝土中钢筋锈蚀有加速作用。

混凝土用水应优先采用符合国家标准的饮用水。在节约用水，保护环境的原则下，鼓励采用检验合格的中水（净化水）拌制混凝土。混凝土用水中各杂质的含量应符合国家有关标准的规定。

### 3. 轻混凝土、高性能混凝土、预拌混凝土的特性及应用

（1）轻混凝土

轻混凝土是指干表观密度小于 2000kg/m$^3$ 的混凝土，包括轻骨料混凝土、多孔混凝土和大孔混凝土。

骨料粒径为 5mm 以上，堆积密度小于 1000kg/m$^3$ 的轻质骨料，称为轻粗骨料。粒径小于 5mm，堆积密度小于 1200kg/m$^3$ 的轻质骨料，称为轻细骨料。用轻粗骨料、轻细骨料（或普通砂）和水泥配制而成的混凝土，其干表观密度不大于 1950kg/m$^3$，称为轻骨料混凝土。当粗细骨料均为轻骨料时，称为全轻混凝土；当细骨料为普通砂时，称砂轻混凝土。轻骨料混凝土可以用浮石、陶粒、煤渣、膨胀珍珠岩等轻骨料制成。

多孔混凝土以水泥、混合材料、水及适量的发泡剂（铝粉等）或泡沫剂为原料配制而成，是一种内部均匀分布细小气孔而无骨料的混凝土。

大孔混凝土以粒径相近的粗骨料、水泥、水配制而成，有时加入外加剂。

轻混凝土的主要特性为：

1）表观密度小。轻混凝土与普通混凝土相比，其表观密度一般可减小 1/4～3/4。

2）保温性能良好。轻混凝土通常具有良好的保温性能，降低建筑物使用能耗。

3）耐火性能良好。轻混凝土的热膨胀系数小，遇火强度损失小，故特别适用于耐火等级要求高的高层建筑和工业建筑。

4）力学性能良好。轻混凝土的弹性模量较小、受力变形较大，抗裂性较好，能有效吸收地震能，提高建筑物的抗震能力，故适用于有抗震要求的建筑。

5）易于加工。轻混凝土尤其是多孔混凝土，易于打入钉子和进行锯切加工。这对于施工中固定门窗框、安装管道和电线等带来很大方便。

轻混凝土主要用于非承重的墙体及保温、隔声材料。轻骨料混凝土还可用于承重结构，以达到减轻自重的目的。

（2）高性能混凝土

高性能混凝土是指具有高耐久性和良好的工作性，早期强度高而后期强度不倒缩，体积稳定性好的混凝土。

高性能混凝土的主要特性为：

1）具有一定的强度和高抗渗能力。

2）具有良好的工作性。混凝土拌合物流动性好，在成型过程中不分层、不离析，从而具有很好的填充性和自密实性能。

3）耐久性好。高性能混凝土的耐久性明显优于普通混凝土，能够使混凝土结构安全可靠地工作50～100年以上。

4）具有较高的体积稳定性，即混凝土在硬化早期应具有较低的水化热，硬化后期具有较小的收缩变形。

高性能混凝土是水泥混凝土的发展方向之一，它被广泛地用于桥梁工程、高层建筑、工业厂房结构、港口及海洋工程、水工结构等工程中。

（3）预拌混凝土

预拌混凝土也称商品混凝土，是指由水泥、骨料、水以及根据需要掺入的外加剂、矿物掺合料等组分按一定比例，在搅拌站经计量、拌制后出售的并采用运输车，在规定时间内运至使用地点的混凝土拌合物。

预拌混凝土设备利用率高，计量准确，产品质量好、材料消耗少、工效高、成本较低，又能改善劳动条件，减少环境污染。

## 4. 常用混凝土外加剂的品种及应用

（1）混凝土外加剂的分类

外加剂按照其主要功能分为八类：高性能减水剂、高效减水剂、普通减水剂、引气减水剂、泵送剂、早强剂、缓凝剂、引气剂。

外加剂按主要使用功能分为四类：①改善混凝土拌和物流变性的外加剂，包括减水剂、泵送剂等；②调节混凝土凝结时间、硬化性能的外加剂，包括缓凝剂、速凝剂、早强剂等；③改善混凝土耐久性的外加剂，包括引气剂、防水剂、阻锈剂和矿物外加剂等；④改善混凝土其他性能的外加剂，包括加气剂、膨胀剂、防冻剂和着色剂等。

（2）混凝土外加剂的常用品种及应用

1）减水剂

减水剂是使用最广泛、品种最多的一种外加剂。按其用途不同，又可分为普通减水剂、高效减水剂、早强减水剂、缓凝减水剂、缓凝高效减水剂、引气减水剂等。

常用碱水剂的应用见表2-4所示。

**常用减水剂的应用**　　**表2-4**

| 种　类 | 木质素系 | 萘　系 | 树脂系 | 糖蜜系 |
|---|---|---|---|---|
| 类　别 | 普通减水剂 | 高效减水剂 | 早强减水剂 | 缓凝减水剂 |
| 主要品种 | 木质素磺酸钙（木钙粉、M减水剂）、木钠、木镁等 | NNO、NF、建1、FDN、UNF、JN、HN、MF等 | SM | 长城牌、天山牌 |
| 适宜掺量（占水泥重%） | 0.2～0.3 | 0.2～1.2 | 0.5～2 | 0.1～3 |
| 减水量 | 10%～11% | 12%～25% | 20%～30% | 6%～10% |

续表

| 早强效果 | — | 显著 | 显著（7d可达28d强度） | — |
|---|---|---|---|---|
| 缓凝效果 | 1～3h | — | — | 3h以上 |
| 引气效果 | 1%～2% | 部分品种＜2% | — | |
| 适用范围 | 一般混凝土工程及大模板、滑模、泵送、大体积及雨期施工的混凝土工程 | 适用于所有混凝土工程，更适于配制高强混凝土及流态混凝土，泵送混凝土，冬期施工混凝土 | 因价格昂贵，宜用于特殊要求的混凝土工程，如高强混凝土、早强混凝土、流态混凝土等 | 一般混凝土工程 |

2）早强剂

早强剂是能加速水泥水化和硬化，促进混凝土早期强度增长的外加剂。可缩短混凝土养护龄期，加快施工进度，提高模板和场地周转率。

目前，常用的早强剂有氯盐类、硫酸盐类和有机胺类。

① 氯盐类早强剂

氯盐类早强剂主要有氯化钙（$CaCl_2$）和氯化钠（NaCl），其中氯化钙是国内外应用最为广泛的一种早强剂。为了抑制氯化钙对钢筋的腐蚀作用，常将氯化钙与阻锈剂 $NaNO_2$ 复合使用。

② 硫酸盐类早强剂

硫酸盐类早强剂包括硫酸钠（$Na_2SO_4$）、硫代硫酸钠（$Na_2S_2O_3$）、硫酸钙（$CaSO_4$）、硫酸钾（$K_2SO_4$）、硫酸铝［$Al_2(SO_2)_3$］等，其中 $Na_2SO_4$ 应用最广。

③ 有机胺类早强剂

有机胺类早强剂有三乙醇胺、三异丙醇胺等，最常用的是三乙醇胺。

④ 复合早强剂

以上三类早强剂在使用时，通常复合使用。复合早强剂往往比单组分早强剂具有更优良的早强效果，掺量也可以比单组分早强剂有所降低。

3）缓凝剂

缓凝剂是可在较长时间内保持混凝土工作性，延缓混凝土凝结和硬化时间的外加剂。

缓凝剂可分为无机和有机两大类。缓凝剂的品种有糖类（如糖钙）、木质素磺酸盐类（如木质素磺酸盐钙）、羟基羧酸及其盐类（如柠檬酸、酒石酸钾钠等），无机盐类（如锌盐、硼酸盐）等。

缓凝剂适用于长时间运输的混凝土、高温季节施工的混凝土、泵送混凝土、滑模施工混凝土、大体积混凝土、分层浇筑的混凝土等。不适用于5℃以下施工的混凝土，也不适用于有早强要求的混凝土及蒸养混凝土。

4）引气剂

引气剂是一种在搅拌过程中具有在砂浆或混凝土中引入大量、均匀分布的微气泡，而且在硬化后能保留在其中的一种外加剂。加入引气剂，可以改善混凝土拌和物的和易性，显著提高混凝土的抗冻性和抗渗性，但会降低弹性模量及强度。

引气剂主要有松香树脂类、烷基苯磺酸盐类和脂醇磺酸盐类，其中松香树脂类中的松香热聚物和松香皂应用最多。

引气剂适用于配制抗冻混凝土、泵送混凝土、港口混凝土、防水混凝土以及骨料质量差、泌水严重的混凝土，不适宜配制蒸汽养护的混凝土。

5）膨胀剂

膨胀剂是能使混凝土产生一定体积膨胀的外加剂。常用的膨胀剂种类有硫铝酸钙类、氧化钙类、硫铝酸-氧化钙类等。

6）防冻剂

防冻剂是能使混凝土在负温下硬化并能在规定条件下达到预期性能的外加剂。常用防冻剂有氯盐类（氯化钙、氯化钠、氯化氮等）；氯盐阻锈类；氯盐与阻锈剂（亚硝酸钠）为主复合的外加剂；无氯盐类（硝酸盐、亚硝酸盐、乙酸钠、尿素等）。

7）泵送剂

泵送剂是改善混凝土泵送性能的外加剂。它由减水剂、调凝剂、引气剂、润滑剂等多种组分复合而成。

8）速凝剂

速凝剂是使混凝土迅速凝结和硬化的外加剂，能使混凝土在5min内初凝，10min内终凝，1h产生强度。

速凝剂主要用于喷射混凝土、堵漏等。

## （三）砂　浆

### 1. 砂浆的分类、特性及应用

建筑砂浆是由胶凝材料、细骨料、掺加料和水配制而成的建筑工程材料。

根据所用胶凝材料的不同，建筑砂浆可分为水泥砂浆、石灰砂浆和混合砂浆（包括水泥石灰砂浆、水泥黏土砂浆、石灰黏土砂浆、石灰粉煤灰砂浆等）等。根据用途又分为砌筑砂浆和抹面砂浆。抹面砂浆包括普通抹面砂浆、装饰抹面砂浆、特种砂浆（如防水砂浆、耐酸砂浆、绝热砂浆、吸声砂浆等）。

水泥砂浆强度高、耐久性和耐火性好，但其流动性和保水性差，施工相对较困难，常用于地下结构或经常受水侵蚀的砌体部位。

混合砂浆强度较高，且耐久性、流动性和保水性均较好，便于施工，容易保证施工质量，是砌体结构房屋中常用的砂浆。

石灰砂浆强度较低，耐久性差，但流动性和保水性较好，可用于砌筑较干燥环境下的砌体。黏土石灰砂浆强度低，耐久性差，一般用于临时建筑或简易房屋中。

### 2. 砌筑砂浆的主要技术性质

砌筑砂浆的技术性质主要包括新拌砂浆的密度、和易性、硬化砂浆强度和对基面的粘结力、抗冻性、收缩值等指标。下面只介绍新拌砂浆的和易性和硬化砂浆的强度。

1）新拌砂浆的和易性

新拌砂浆的和易性是指砂浆易于施工并能保证质量的综合性质。和易性好的砂浆不仅在运输和施工过程中不易产生分层、离析、泌水，而且能在粗糙的砖、石基面上铺成均匀的薄层，与基层保持良好的粘接，便于施工操作。和易性包括流动性和保水性两个方面。

砂浆的流动性（又称稠度），是指砂浆在自重或外力作用下产生流动的性能。流动性的大小用"沉入度"表示，通常用砂浆稠度测定仪测定。

砂浆流动性的选择与砌体种类、施工方法及天气情况有关。流动性过大，砂浆太稀，不仅铺砌困难，而且硬化后强度降低；流动性过小，砂浆太稠，难于铺平。

砂浆保水性是指新拌砂浆能够保持内部水分不泌出流失的能力。保水性良好的砂浆水分不易流失，易于摊铺成均匀密实的砂浆层；反之，保水性差的砂浆，在施工过程中容易泌水、分层离析，使流动性变差；同时由于水分易被砌体吸收，影响胶凝材料的正常硬化，从而降低砂浆的粘结强度。砂浆的保水性用保水率（%）表示。

2）硬化砂浆的强度

砂浆的强度是以3个70.7mm×70.7mm×70.7mm的立方体试块，在标准条件下养护28d后，用标准方法测得的抗压强度（MPa）算术平均值来评定的。

砂浆的强度等级分为M5、M7.5、M10、M15、M20、M25、M30七个等级。

### 3. 砌筑砂浆的组成材料及其技术要求

（1）胶凝材料

砌筑砂浆主要的胶凝材料是水泥，常用的水泥种类有普通水泥、矿渣水泥、火山灰水泥、粉煤灰水泥和砌筑水泥等。砌筑砂浆用水泥的强度等级应根据砂浆品种及强度等级的要求进行选择。M15及以下强度等级的砌筑砂浆宜选用32.5级通用硅酸盐水泥或砌筑水泥；M15以上强度等级的砌筑砂浆宜选用42.5级通用硅酸盐水泥。

（2）细骨料

砌筑砂浆常用的细骨料为普通砂。除毛石砌体宜选用粗砂外，其他一般宜选用中砂。砂的含泥量不应超过5%。

（3）水

拌合砂浆用水应符合现行行业标准《混凝土用水标准》JGJ 63的规定。应选用不含有害杂质的洁净水来拌制砂浆。

（4）掺加料

为了改善砂浆的和易性和节约水泥，可在砂浆中加入一些无机掺加料，如石灰膏、电石膏、粉煤灰等。

生石灰熟化成石灰膏时，应用孔径不大于3mm×3mm的网过滤，熟化时间不得少于7d；磨细生石灰粉的熟化时间不得少于2d。沉淀池中储存的石灰膏，应采取防止干燥、冻结和污染的措施。严禁使用脱水硬化的石灰膏。

制作电石膏的电石渣应用孔径不大于3mm×3mm的网过滤，检验时应加热至70℃并保持20min，没有乙炔气味后，方可使用。

消石灰粉不得直接用于砌筑砂浆中。

石灰膏和电石膏试配时的稠度，应为120±5mm。

粉煤灰的品质指标应符合《用于水泥和混凝土中的粉煤灰》GB/T 1596的规定。

(5) 外加剂

为了使砂浆具有良好的和易性及其他施工性能，可在砂浆中掺入某些外加剂，如有机塑化剂、引气剂、早强剂、缓凝剂、防冻剂等。

## 4. 抹面砂浆的分类及应用

抹面砂浆也称抹灰砂浆，是指涂抹在建筑物或建筑构件表面的砂浆。它既可以保护墙体不受风雨、潮气等侵蚀，提高墙体的耐久性；同时也使建筑表面平整、光滑、清洁美观。

按使用要求不同，抹面砂浆可以分为普通抹面砂浆、装饰砂浆和具有特殊功能的抹面砂浆（如防水砂浆、耐酸砂浆、绝热砂浆、吸声砂浆等）。下面只介绍普通抹面砂浆和装饰砂浆。

(1) 普通抹面砂浆

常用的普通抹面砂浆有水泥砂浆、水泥石灰砂浆、水泥粉煤灰砂浆、掺塑化剂水泥砂浆、聚合物水泥砂浆、石膏砂浆。

为了保证抹灰表面的平整，避免开裂和脱落，抹面砂浆通常分为底层、中层和面层。各层抹面的作用和要求不同，每层所用的砂浆性质也应各不相同。各层所使用的材料和配合比及施工做法应视基层材料品种、部位及气候环境而定。

为了便于涂抹，普通抹面砂浆要求比砌筑砂浆具有更好的和易性，因此胶凝材料（包括掺合料）的用量比砌筑砂浆的多一些。普通抹面砂浆的流动性和砂子的最大粒径可参考表 2-5，配合比可参考表 2-6。

**普通抹面砂浆的流动性（稠度）和砂子的最大粒径参考值** **表 2-5**

| 抹面层 | 稠度（mm） | 砂的最大粒径（mm） |
|---|---|---|
| 底层 | 90～110 | 2.5 |
| 中层 | 70～90 | 2.5 |
| 面层 | 70～80 | 1.2 |

**普通抹面砂浆配合比参考值** **表 2-6**

| 材 料 | 配合比（体积比）范围 | 应用范围 |
|---|---|---|
| 石灰：砂 | 1：2～1：4 | 用于砖石墙表面（檐口、勒脚、女儿墙以及潮湿房间的墙除外） |
| 石灰：石膏：砂 | 1：0.4：2～1：1：3 | 干燥环境墙表面 |
| 石灰：石膏：砂 | 1：2：2～1：2：4 | 用于不潮湿房间的线脚及其他装饰工程 |
| 石灰：水泥：砂 | 1：0.5：4.5～1：1：5 | 用于檐口、勒脚、女儿墙以及比较潮湿的部位 |
| 水泥：砂 | 1：3～1：2.5 | 用于浴室、潮湿车间等墙裙、勒脚或地面基层 |
| 水泥：砂 | 1：2～1：1.5 | 用于地面、顶棚或墙面面层 |
| 水泥：石膏：砂：锯末 | 1：1：3：5 | 用于吸声粉刷 |
| 水泥：白石子 | 1：2～1：1 | 用于水磨石（打底用1：2.5水泥砂浆） |
| 水泥：白石子 | 1：1.5 | 用于剁斧石（打底用1：2.5水泥砂浆） |
| 纸筋：白灰浆 | 纸筋0.36kg：灰膏0.1m$^3$ | 较高级墙板、顶棚 |

（2）装饰砂浆

涂抹在建筑物内外墙表面，以增加建筑物美观效果的砂浆称为装饰砂浆。

装饰砂浆与普通抹面砂浆的主要区别在面层。装饰砂浆的面层应选用具有一定颜色的胶凝材料和集料并采用特殊的施工操作方法，以使表面呈现出各种不同的色彩线条和花纹等装饰效果。

装饰砂浆常用的胶凝材料有白水泥和彩色水泥，以及石灰、石膏等。细骨料常用大理石、花岗岩等带颜色的细石渣或玻璃、陶瓷碎粒等。

装饰砂浆常用的工艺作法包括水刷石、水磨石、斩假石、拉毛等。

## （四）石材、砖和砌块

### 1. 砌筑用石材的分类及应用

天然石材是由采自地壳的岩石经加工或不加工而制成的材料。按岩石形状，石材可分为砌筑用石材和装饰用石材。装饰用石材主要为板材。砌筑用石材按加工后的外形规则程度分为料石和毛石两类。而料石又可分为细料石、粗料石和毛料石。

细料石通过细加工、外形规则，叠砌面凹入深度不应大于 10mm，截面的宽度、高度不应小于 200mm，且不应小于长度的 1/4。

粗料石规格尺寸同细料石，但叠砌面凹入深度不应大于 20mm。

毛料石外形大致方正，一般不加工或稍加修整，高度不应小于 200mm，叠砌面凹入深度不应大于 25mm。

毛石指形状不规则，中部厚度不小于 200mm 的石材。

砌筑用石材主要用于建筑物基础、挡土墙等，也可用于建筑物墙体。

装饰用石材主要用于公共建筑或装饰等级要求较高的室内外装饰工程。

### 2. 砖的分类、主要技术要求及应用

砌墙砖按规格、孔洞率及孔的大小，分为普通砖、多孔砖和空心砖；按工艺不同又分为烧结砖和非烧结砖。

（1）烧结砖

1）烧结普通砖

以由煤矸石、页岩、粉煤灰或黏土为主要原料，经成型、焙烧而成的实心砖，称为烧结普通砖。

① 主要技术要求

A. 尺寸规格。烧结普通砖的标准尺寸是 240mm×115mm×53mm。

B. 强度等级。烧结普通砖按抗压强度分为 MU30、MU25、MU20、MU15、MU10 五个强度等级。

C. 质量等级。强度、抗风化性能和放射性物质合格的砖，根据尺寸偏差、外观质量、泛霜和石灰爆裂等指标，分为优等品（A）、一等品（B）、合格品（C）三个等级。烧结普

通砖的质量等级见表 2-7。

**烧结普通砖的质量等级** 表 2-7

| 项　目 | 优等品 | | 一等品 | | 合格品 | |
|---|---|---|---|---|---|---|
| | 样本平均偏差 | 样本极差≤ | 样本平均偏差 | 样本极差≤ | 样本平均偏差 | 样本极差≤ |
| （1）尺寸偏差（mm） | | | | | | |
| 公称尺寸240 | ±2.0 | 6 | ±2.5 | 7 | ±3.0 | 8 |
| 115 | ±1.5 | 5 | ±2.0 | 6 | ±2.5 | 7 |
| 53 | ±1.5 | 4 | ±1.6 | 5 | ±2.0 | 6 |
| （2）外观质量 | | | | | | |
| 两条面高度差≤ | 2 | | 3 | | 4 | |
| 弯曲≤ | 2 | | 3 | | 4 | |
| 杂质凸出高度≤ | 2 | | 3 | | 4 | |
| 缺棱掉角的 3 个破坏尺寸，不得同时大于裂纹长度≤ | 5 | | 20 | | 30 | |
| a. 大面上宽度方向及其延伸至条面的长度； | 30 | | 60 | | 80 | |
| b. 大面上宽度方向及其延伸至顶面的长度或条顶面上水平裂纹的长度 | 50 | | 80 | | 100 | |
| 完整面不得少于 | 两条面和两顶面 | | 一条面和一顶面 | | — | |
| 颜色 | 基本一致 | | — | | — | |
| （3）泛霜 | 无泛霜 | | 不允许出现中等泛霜 | | 不允许出现严重泛霜 | |
| （4）石灰爆裂 | 不允许出现最大破坏尺寸大于 2mm 的爆裂区域 | | a. 最大破坏尺寸大于 2mm 且小于等于 10mm 的爆裂区域，每组砖样不得多于 15 处；<br>b. 不允许出现最大破坏尺寸大于 10mm 的爆裂区域 | | a. 最大破坏尺寸大于 2mm 且小于等于 15mm 的爆裂区域，每组砖样不得多于 15 处，其中大于 10mm 的不得多于 7 处；<br>b. 不允许出现最大破坏尺寸大于 15mm 的爆裂区域 | |

注：1. 为装饰而施加的色差、凹凸纹、拉毛、压花等不算缺陷。
2. 凡有下列缺陷之一者，不得称为完整面。
a. 缺损在条面或顶面上造成的破坏面尺寸同时大于 10mm×10mm。
b. 条面或顶面上裂纹宽度大于 1mm，其长度超过 30mm。
c. 压陷、黏底、焦花在条面或顶面上的凹陷或凸出超过 2mm，区域尺寸同时大于 10mm×10mm。
3. 泛霜是指可溶性盐类（如硫酸盐等）在砖或砌块表面的析出现象，一般呈白色粉末、絮团或絮片状。
4. 石灰爆裂是指烧结砖的砂质黏土原料中夹杂着石灰石，焙烧时被烧成生石灰块，在使用过程中吸水消化成熟石灰，体积膨胀，导致砖块裂缝，严重时甚至使砖砌体强度降低，直至破坏。

② 烧结普通砖的应用

烧结普通砖是传统墙体材料。烧结普通砖主要用于砌筑建筑物的内墙、外墙、柱、烟囱和窑炉。目前，我国正大力推广墙体材料改革，禁止使用黏土实心砖，可使用黏土多孔砖和空心砖。

2）烧结多孔砖

烧结多孔砖是以煤矸石、页岩、粉煤灰或黏土为主要原料，经成型、焙烧而成的，空洞率不大于 35％的砖。

① 主要技术要求

A. 规格。砖的外形为直角六面体，其长度、宽度、高度尺寸应符合下列要求：290mm、240mm、190mm、180mm；175mm、140mm、115mm、90mm。其他规格尺寸由供需双方协商确定。典型烧结多孔砖规格有 190mm×190mm×90mm（M 型）和 240mm×115mm×90mm（P 型）两种，如图 2-1 所示。

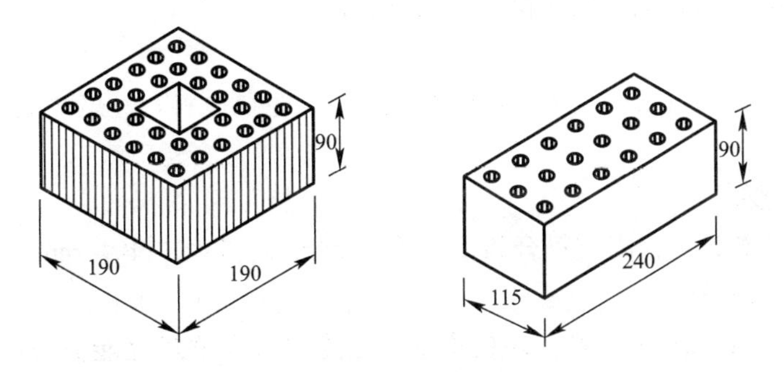


图 2-1 典型规格烧结多孔砖

B. 强度等级。烧结多孔砖根据抗压强度分为 MU30、MU25、MU20、MU15、MU10 这五个强度等级，评定方法与烧结普通砖的评定方法相同。

C. 质量等级。强度和抗风化性能合格的砖，根据尺寸偏差、外观质量、孔型及孔洞排列、泛霜、石灰爆裂分为优等品（A）、一等品（B）和合格品（C）这三个质量等级。烧结多孔砖的外观质量和尺寸偏差见表 2-8、表 2-9。

**烧结多孔砖的外观质量**（mm） **表 2-8**

| 项目 | | 优等品 | 一等品 | 合格品 |
|---|---|---|---|---|
| 颜色（一条面和一顶面） | | 一致 | 基本一致 | — |
| 缺棱掉角的 3 个最大尺寸/不得同时大于 | | 15 | 20 | 30 |
| 裂纹长度不大于 | 大面上深入孔壁 15mm 以上，宽度方向及其延伸到条面的长度 | 60 | 60 | 60 |
| | 大面上深入孔壁 15mm 以上，宽度方向及其延伸到顶面的长度 | 60 | 80 | 100 |
| | 条、顶面上的水平裂纹 | 80 | 100 | 120 |
| 杂质在砖面上造成的突出高度/mm≤ | | 3 | 4 | 5 |

注：1. 所有孔宽应相等，孔长≤50mm，孔洞排列上下左右应对称，分布均匀。
2. 手抓孔长度方向必须平行于条面。
3. 矩形孔的孔长大于或等于 3 倍的孔宽。
4. 不允许出现欠火砖、酥砖及螺纹砖。

**烧结多孔砖的尺寸偏差** **表 2-9**

| 公称尺寸（mm） | 优等品 | | 一等品 | | 合格品 | |
|---|---|---|---|---|---|---|
| | 偏差平均值（mm） | 极值（mm≤） | 偏差平均值（mm） | 极值（mm≤） | 偏差平均值（mm） | 极值（mm≤） |
| 290、240 | ±2.0 | 8 | ±2.5 | 7 | ±3.0 | 8 |
| 190、180、175、140、115 | ±1.5 | 5 | ±2.0 | 6 | ±2.5 | 7 |
| 90 | ±1.5 | 4 | ±1.7 | 5 | ±2.0 | 6 |
| 孔型 | 矩形孔或矩形条孔 | | | | 矩形孔或其他孔型 | |
| 孔洞率 | 大于或等于 25% | | | | | |
| 孔洞排列 | 交错排列 | | | | — | |

② 烧结多孔砖的应用

烧结多孔砖可以用于承重墙体。优等品可用于墙体装饰和清水墙砌筑，一等品和合格品可用于混水墙，中等泛霜的砖不得用于潮湿部位。

3）烧结空心砖

烧结空心砖是以煤矸石、页岩、粉煤灰或黏土为主要原料，经焙烧制成的空洞率大于35%的砖。

① 主要技术要求

烧结空心砖的长、宽、高应符合以下系列：290mm、190（140）mm、90mm；240mm、180（175）mm、115mm。

根据孔洞及排数、尺寸偏差、外观质量、强度等级和物理性能分为优等品（A）、一等品（B）、合格品（C）这三个等级。

烧结空心砖的强度等级分为MU5.0、MU3.0、MU2.5。

② 烧结空心砖的应用

烧结空心砖主要用作非承重墙，如多层建筑内隔墙或框架结构的填充墙等。使用空心砖强度等级不低于MU3.5，最好在MU5以上，孔洞率应大于45%，以横孔方向砌筑。

（2）非烧结砖

不经焙烧而制成的砖均为非烧结砖。目前非烧结砖主要有蒸养砖、蒸压砖、碳化砖等，根据生产原材料区分主要有灰砂砖、粉煤灰砖、炉渣砖、混凝土砖等。

1）蒸压灰砂砖

蒸压灰砂砖是以石灰等钙质材料和砂等硅质材料为主要原料，经坯料制备、压制排气成型、高压蒸汽养护而成的实心砖。

蒸压灰砂砖的尺寸规格为240mm×115mm×53mm，其表观密度为1800～1900kg/m$^3$，根据产品的尺寸偏差和外观分为优等品（A）、一等品（B）、合格品（C）三个等级。

根据浸水24h后的抗压和抗折强度，蒸压灰砂砖的强度等级分为MU25、MU20、MU15、MU10。

蒸压灰砂砖主要用于工业与民用建筑的墙体和基础。蒸压灰砂砖不得用于长期受热200℃以上、受急冷、受急热或有酸性介质侵蚀的环境，也不宜用于受流水冲刷的部位。

2）蒸压粉煤灰砖

粉煤灰砖是以石灰、消石灰（如电石渣）或水泥等钙质材料及骨料（砂等）为主要原料，掺加适量石膏，经坯料制备、压制排气成型、高压蒸汽养护而成的实心砖。

粉煤灰砖的尺寸规格为240mm×115mm×53mm，表观密度为1500kg/m$^3$。按抗压强度和抗折强度，粉煤灰砖的强度等级分为MU20、MU15、MU10、MU7.5。按外观质量、强度、抗冻性和干燥收缩分为优等品（A）、一等品（B）、合格品（C）三个产品等级。

蒸压粉煤灰砖可用于工业与民用建筑的基础和墙体，但在易受冻融和干湿交替的部位必须使用优等品或一等品砖。用于易受冻融作用的部位时要进行抗冻性检验，并采取适当措施以提高其耐久性。长期受高于200℃作用，或受冷热交替作用，或有酸性侵蚀的建筑部位不得使用粉煤灰砖。

3）炉渣砖

炉渣砖是以煤燃烧后的残渣为主要原料，配以一定数量的石灰和少量石膏，经加水搅拌混合、压制成型、蒸汽养护而制成的实心砖。

炉渣砖的外形尺寸同普通黏土砖 240mm×115mm×53mm。根据抗压强度和抗折强度，炉渣砖的强度等级分为 MU25、MU20、MU15 和 MU10。质量等级分优等品（A）、一等品（B）、合格品（C）这三个等级。

炉渣砖可用于一般工业与民用建筑的墙体和基础。但用于基础或易受冻融和干湿交替作用的建筑部位必须使用 MU15 及以上强度等级的砖；炉渣砖不得用于长期受热在 200℃以上或受急冷急热或有侵蚀性介质的部位。

4）混凝土砖

混凝土普通砖是以水泥和普通骨料或轻骨料为主要原料，经原料制备、加压或振动加压、养护而制成。其规格与黏土实心砖相同，用于工业与民用建筑基础和承重墙体。混凝土普通砖的强度等级分为 MU30、MU25、MU20 和 MU15。

混凝土多孔砖是以水泥为胶结材料，与砂、石（轻集料）等经加水搅拌、成型和养护而制成的一种具有多排小孔的混凝土制品（图 2-2）。产品主规格尺寸为 240mm×115mm×90mm，砌筑时可配合使用半砖（120mm×115mm×90mm）、七分砖（180mm×115mm×90mm）或与主规格尺寸相同的实心砖等。强度等级分为 MU30、MU25、MU20、MU15。

图 2-2 混凝土多孔砖

## 3. 砌块的分类、主要技术要求及应用

砌块按产品主规格的尺寸，可分为大型砌块（高度大于 980mm）、中型砌块（高度为 380～980mm）和小型砌块（高度大于 115mm、小于 380mm）。按有无孔洞可分为实心砌块和空心砌块。空心砌块的空心率≥25%。

目前在国内推广应用较为普遍的砌块有蒸压加气混凝土砌块、普通混凝土小型空心砌块、石膏砌块等。

（1）蒸压加气混凝土砌块

蒸压加气混凝土砌块是钙质材料（水泥、石灰等）和硅质材料（矿渣和粉煤灰）加入铝粉（作加气剂），经蒸压养护而成的多孔轻质块体材料，简称加气混凝土砌块。

1）技术要求

蒸压加气混凝土砌块的尺寸规格为：长度 600mm，高度 200、240、250、300mm，宽度 100、120、125、150、180、200、240、250、300mm。

蒸压加气混凝土砌块的强度等级分为 A1.0、A2.0、A2.5、A3.5、A5.0、A7.5、A10.0 七级。

按尺寸偏差与外观质量、干密度、抗压强度和抗冻性，蒸压加气混凝土砌块的质量等级分为优等品、合格品。

2）应用

蒸压加气混凝土砌块适用于低层建筑的承重墙，多层建筑和高层建筑的隔离墙、填充墙及工业建筑物的围护墙体和绝热墙体。

（2）普通混凝土小型空心砌块

混凝土小型空心砌块是以水泥为胶凝材料，砂、碎石或卵石、煤矸石、炉渣为骨料，经加水搅拌、振动加压或冲压成型、养护而成的小型砌块。砌块示意图如图 2-3 所示。

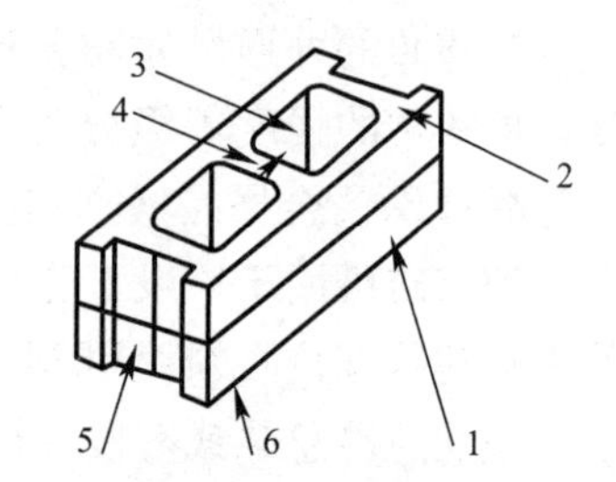


图 2-3 混凝土小型空心砌块各部位名称

1—条面；2—坐浆面（肋厚较小的面）；3—壁；4—肋；5—顶面；6—铺浆面（肋厚较大的面）

混凝土小型空心砌块主规格尺寸为 390mm×190mm×190mm、390mm×240mm×190mm，最小外壁厚不应小于 30mm，最小肋厚不应小于 25mm。

混凝土小型空心砌块的强度等级分为 MU3.5、MU5.0、MU7.5、MU10.0、MU15.0、MU20.0 六级，质量等级分为优等品（A）、一等品（B）、合格品（C）。

混凝土小型空心砌块建筑体系比较灵活，砌筑方便，主要用于建筑的内外墙体。

## （五）金属材料

### 1. 钢材的分类及主要技术性能

钢材的品种繁多，分类方法也很多。主要的分类方法见表 2-10。

**钢材的分类** **表 2-10**

| 分类方法 | 类别 | | 特性 |
|---|---|---|---|
| 按化学成分分类 | 碳素钢 | 低碳钢 | 含碳量<0.25% |
| | | 中碳钢 | 含碳量 0.25%～0.60% |
| | | 高碳钢 | 含碳量>0.60% |
| | 合金钢 | 低合金钢 | 合金元素总含量<5% |
| | | 中合金钢 | 合金元素总含量 5%～10% |
| | | 高合金钢 | 合金元素总含量>10% |
| 按脱氧程度分类 | 沸腾钢 | | 脱氧不完全，硫、磷等杂质偏析较严重，代号为“F” |
| | 镇静钢 | | 脱氧完全，同时去硫，代号为“Z” |
| | 特殊镇静钢 | | 比镇静钢脱氧程度还要充分彻底，代号为“TZ” |
| 按质量分类 | 普通钢 | | 含硫量≤0.055%～0.065%，含磷量≤0.045%～0.085% |
| | 优质钢 | | 含硫量≤0.03%～0.045%，含磷量≤0.035%～0.045% |
| | 高级优质钢 | | 含硫量≤0.02%～0.03%，含磷量≤0.027%～0.035% |

建筑工程中目前常用的钢种是普通碳素结构钢和普通低合金结构钢。

钢材的技术性能主要包括力学性能和工艺性能。

（1）力学性能

力学性能又称机械性能，是钢材最重要的使用性能。

1）抗拉性能

抗拉性能是建筑钢材最重要的技术性质。其技术指标为由拉力试验测定的屈服强度、抗拉强度和伸长率。

将低碳钢拉伸时的应力-应变关系曲线如图 2-4 所示。从图中可以看出，低碳钢从受拉至拉断，经历了四个阶段：弹性阶段（$O$-$A$）、屈服阶段（$A$-$B$）、强化阶段（$B$-$C$）和颈缩阶段（$C$-$D$）。

① 屈服强度。当试件拉力在 $OB$ 范围内时，如卸去拉力，试件能恢复原状，应力与应变的比值为常数，因此，该阶段被称为弹性阶段。当对试件的拉伸进入塑性变形的屈服阶段 $AB$ 时，称屈服下限 $B$ 下所对应的应力为屈服强度或屈服点，记做 $\sigma_s$。

中碳钢与高碳钢（硬钢）的拉伸曲线与低碳钢不同，屈服现象不明显，难以测定屈服点，则规定产生残余变形为原标距长度的 0.2%时所对应的应力值，作为硬钢的屈服强度，也称条件屈服点，用 $\sigma_{0.2}$ 表示，如图 2-5 所示。

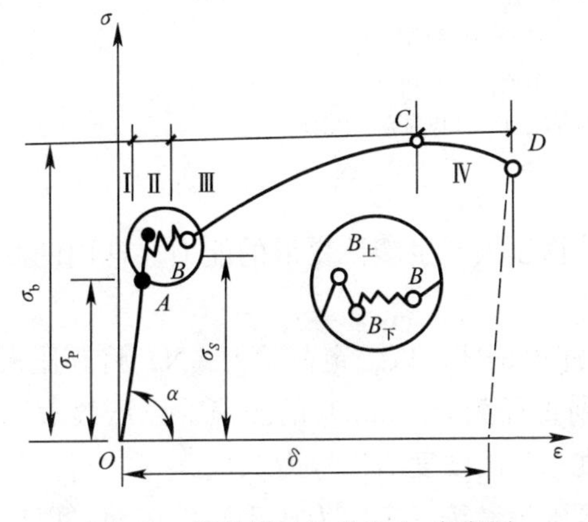

图 2-4　低碳钢受拉的应力-应变图

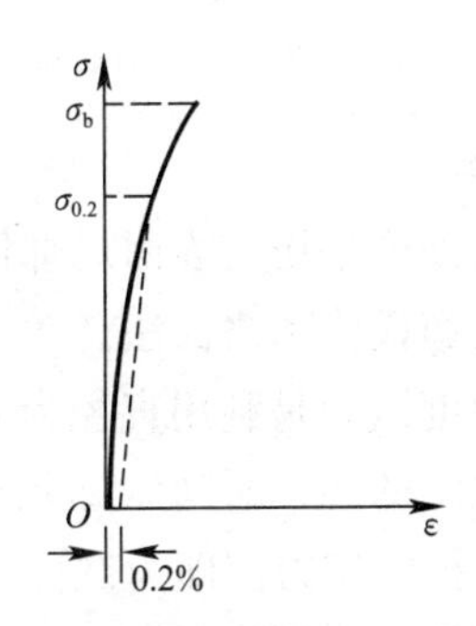

图 2-5　中、高碳钢的应力-应变图

② 抗拉强度。从图 2-5 中 $BC$ 曲线逐步上升可以看出：试件在屈服阶段以后，其抵抗塑性变形的能力又重新提高，称为强化阶段。对应于最高点 $C$ 的应力称为抗拉强度，用 $\sigma_b$ 表示。

③ 伸长率。图 2-5 中当曲线到达 $C$ 点后，试件薄弱处急剧缩小，塑性变形迅速增加，产生“颈缩现象”而断裂。将拉断后的试件拼合起来，测定出标距范围内的长度 $l_1$（mm），其与试件原标距 $l_0$（mm）之差为塑性变形值，塑性变形值与之比 $l_0$ 称为伸长率，用 $\delta$ 表示，如图 2-6 所示。

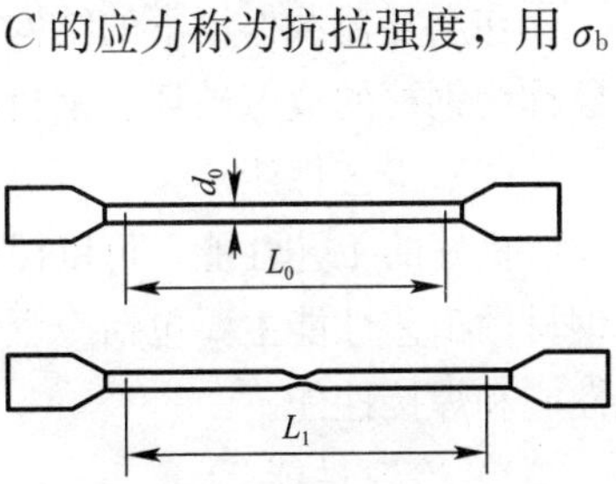

图 2-6　钢材的伸长率

$$\delta = \frac{l_1 - l_0}{l_0} \times 100\% \tag{2-1}$$

伸长率是衡量钢材塑性的一个重要指标，$\delta$ 越大说明钢材的塑性越好。

2）冲击韧性

冲击韧性是指钢材抵抗冲击荷载的能力。冲击韧性指标是通过标准试件的弯曲冲击韧性试验确定的，见图 2-7。以摆锤打击试件，于刻槽处将其打断，试件单位截面积上所消耗的功，即为钢材的冲击韧性指标，用冲击韧性 $a_k$（$J/cm^2$）表示。$a_k$值愈大，冲击韧性愈好。

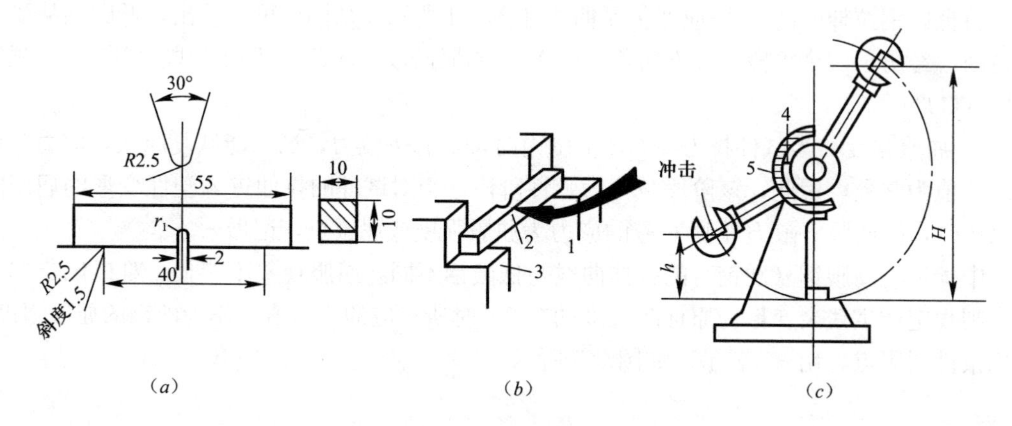


图 2-7　冲击韧性试验示意图

（a）试件尺寸；（b）试验装置；（c）试验机

1—摆锤；2—试件；3—试验台；4—刻转盘；5—指针

3）硬度

钢材的硬度是指其表面局部体积内抵抗外物压入产生塑性变形的能力。常用的测定硬度的方法有布氏法和洛氏法。

布氏硬度试验是利用直径为 $D$（mm）的淬火钢球，以一定荷载 $F$（N）将其压入试件表面，经规定的持续时间后卸除荷载，即得到直径为 $d$（mm）的压痕。以压痕表面积除荷载 $F$，所得的应力值即为试件的布氏硬度值。布氏硬度的代号为 HB。

洛氏硬度试验是将金刚石圆锥体或钢球等压头，按一定压力压入试件表面，以压头压入试件的深度来表示硬度值。洛氏硬度的代号为 HR。

4）耐疲劳性

在反复荷载作用下的结构构件，钢材往往在应力远小于抗拉强度时发生断裂，这种现象称为钢材的疲劳破坏。钢材抵抗疲劳破坏的能力称为耐疲劳性。

（2）工艺性能

良好的工艺性能，可以保证钢材顺利通过各种加工，而使钢材制品的质量不受影响。钢材的工艺性能主要包括冷弯性能、焊接性能、冷拉性能、冷拔性能等，下面只介绍冷弯性能和焊接性能。

1）冷弯性能

冷弯性能是指钢材在常温下承受弯曲变形的能力。钢材的冷弯性能指标是以试件弯曲的角度（$\alpha$）和弯心直径对试件厚度（或直径）的比值（$d/a$）来表示。

钢材的冷弯试验是通过直径（或厚度）为 $a$ 的试件，采用标准规定的弯心直径 $d$（$d=na$），弯曲到规定的弯曲角（180°或 90°）时，试件的弯曲处不发生裂缝、裂断或起层，即认为冷弯性能合格。钢材弯曲时的弯曲角度愈大，弯心直径愈小，则表示其冷弯性能愈好。

图 2-8 为弯曲时不同弯心直径的钢材冷弯试验。

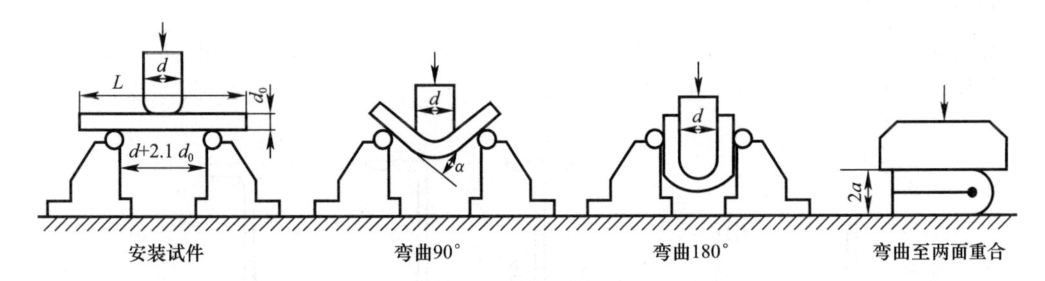


图 2-8 钢材冷弯试验

2）焊接性能

在建筑工程中，各种型钢、钢板、钢筋及预埋件等需用焊接加工。焊接的质量取决于焊接工艺、焊接材料及钢的焊接性能。

钢材的可焊性是指钢材是否适应通常的焊接方法与工艺的性能。可焊性好的钢材指易于用一般焊接方法和工艺施焊，焊口处不易形成裂纹、气孔、夹渣等缺陷；焊接后钢材的力学性能，特别是强度不低于原有钢材，硬脆倾向小。钢材可焊性能的好坏，主要取决于钢的化学成分。含碳量高将增加焊接接头的硬脆性，含碳量小于 0.25%的碳素钢具有良好的可焊性。

## 2. 钢结构用钢材的品种

建筑用钢主要有碳素结构钢和低合金结构钢两种。

（1）钢材的牌号及其表示方法

1）碳素结构钢

碳素结构钢的牌号由字母 Q、屈服点数值、质量等级代号、脱氧方法代号四个部分组成。其中 Q 是“屈”字汉语拼音的首位字母；屈服点数值（以 $N/mm^2$ 为单位）分为 195、215、235、275；质量等级代号有 A、B、C、D，表示质量由低到高；脱氧方法代号有 F、Z、TZ，分别表示沸腾钢、镇静钢、特殊镇静钢，其中代号 Z、TZ 可以省略不写。钢结构一般采用 Q235 钢，分为 A、B、C、D 四级，A、B 两级有沸腾钢和镇静钢，C 级全部为镇静钢，D 级全部为特殊镇静钢。例如 Q235A 代表屈服强度为 $235N/mm^2$，A 级，镇静钢。

2）低合金高强度结构钢

低合金高强度结构钢均为镇静钢或特殊镇静钢，所以它的牌号只有 Q、屈服点数值、质量等级三部分。屈服点数值（以 $N/mm^2$ 为单位）分为 295、345、390、420、460。质量等级有 A 到 E 五个级别。A 级无冲击功要求，B、C、D、E 级均有冲击功要求。不同质量等级对碳、硫、磷、铝等含量的要求也有区别。低合金高强度结构钢的 A、B 级属于镇静钢，C、D、E 级属于特殊镇静钢。例如 Q345E 代表屈服点为 $345N/mm^2$ 的 E 级低合金高强度结构钢。

（2）钢结构用钢材

钢结构所用钢材主要是型钢和钢板。型钢和钢板的成型有热轧和冷轧两种。

1）热轧型钢

热轧型钢主要采用碳素结构钢Q235A，低合金高强度结构钢Q345和Q390热轧成型。常用的热轧型钢有角钢、工字钢、槽钢、T型钢、H型钢、Z型钢等，如图2-9所示。

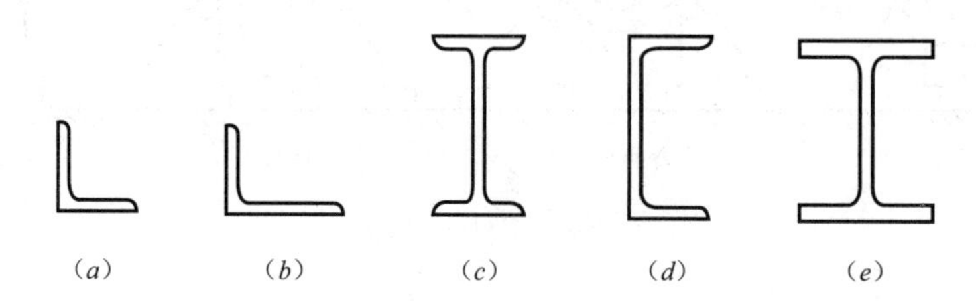

图2-9 热轧型钢

（a）等边角钢；（b）不等边角钢；（c）工字钢；（d）槽钢；（e）H型钢

① 热轧角钢

角钢可分为等边角钢和不等边角钢。

等边角钢的规格以“边宽度×边宽度×厚度”（mm）或“边宽＃”（cm）表示。规格范围为20×20×(3～4)～200×200×(14～24)。

不等边角钢的规格以“长边宽度×短边宽度×厚度”（mm）或“长边宽度/短边宽度”（cm）表示。规格范围为25×16×(3～4)～200×125×(12～18)。

② 热轧普通工字钢

工字钢的规格以“腰高度×腿宽度×腰厚度”（mm）表示，也可用“腰高度＃”（cm）表示；规格范围为10＃～63＃。若同一腰高的工字钢，有几种不同的腿宽和腰厚，则在其后标注a、b、c表示相应规格。

工字钢广泛应用于各种建筑结构和桥梁，主要用于承受横向弯曲（腹板平面内受弯）的杆件，但不易单独用作轴心受压构件或双向弯曲的构件。

③ 热轧普通槽钢

槽钢规格以“腰高度×腿宽度×腰厚度”（mm）或“腰高度＃”（cm）来表示。同一腰高的槽钢，若有几种不同的腿宽和腰厚，则在其后标注a、b、c表示该腰高度下的相应规格。

槽钢主要用于承受轴向力的杆件、承受横向弯曲的梁以及联系杆件，主要用于建筑钢结构、车辆制造等。

④ 热轧H型钢

H型钢由工字型钢发展而来。H型钢的规格型号以“代号　腹板高度×翼板宽度×腹板厚度×翼板厚度”（mm）表示，也可用“代号　腹板高度×翼板宽度”表示。

与工字型钢相比，H型钢优化了截面的分布，具有翼缘宽，侧向刚度大，抗弯能力强，翼缘两表面相互平行、连接构造方便，重量轻、节省钢材等优点。

H 型钢分为宽翼缘（代号为 HW）、中翼缘（代号为 HM）和窄翼缘 H 型钢（HN）以及 H 型钢桩（HP）。宽翼缘和中翼缘 H 型钢适用于钢柱等轴心受压构件，窄翼缘 H 型钢适用于钢梁等受弯构件。

2）冷弯薄壁型钢

冷弯薄壁型钢指用钢板或带钢在常温下弯曲成的各种断面形状的成品钢材。

冷弯薄壁型钢的类型有 C 型钢、U 型钢、Z 型钢、带钢、镀锌带钢、镀锌卷板、镀锌 C 型钢、镀锌 U 型钢、镀锌 Z 型钢。图 2-10 所示为常见形式的冷弯薄壁型钢。冷弯薄壁型钢的表示方法与热轧型钢相同。

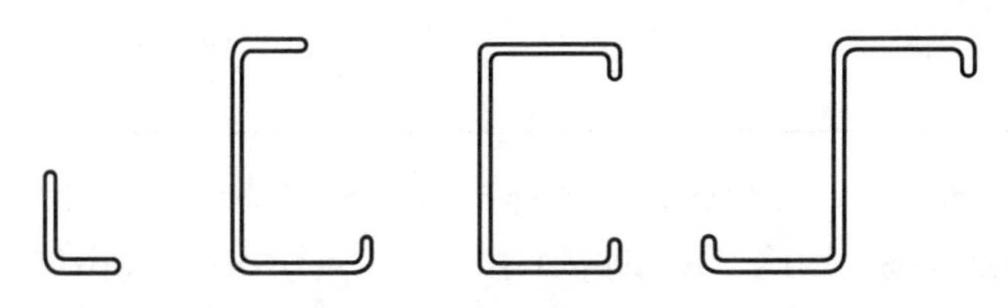

图 2-10 冷弯薄壁型钢

在房屋建筑中，冷弯型钢可用作钢架、桁架、梁、柱等主要承重构件，也被用作屋面檩条、墙架梁柱、龙骨、门窗、屋面板、墙面板、楼板等次要构件和围护结构。

3）钢板

钢板是用碳素结构钢和低合金高强度结构钢经热轧或冷轧生产的扁平钢材。按轧制方式可分为热轧钢板和冷轧钢板。

表示方法：宽度×厚度×长度（mm）。

厚度大于 4mm 的为厚板；厚度小于或等于 4mm 的为薄板。

热轧碳素结构钢厚板，是钢结构的主要用钢材。低合金高强度结构钢厚板，用于重型结构、大跨度桥梁和高压容器等。薄板用于屋面、墙面或轧型板原料等。

### 3. 钢筋混凝土结构用钢材的品种

钢筋混凝土结构用钢材主要是由碳素结构钢和低合金结构钢轧制而成的各种钢筋，其主要品种有热轧钢筋、冷加工钢筋、热处理钢筋、预应力混凝土用钢丝和钢绞线等。常用的是热轧钢筋、预应力混凝土用钢丝和钢绞线。

（1）热轧钢筋

经热轧成型并自然冷却的成品钢筋，称为热轧钢筋。根据表面特征不同，热轧钢筋分为光圆钢筋和带肋钢筋两大类。

① 热轧光圆钢筋

热轧光圆钢筋，横截面为圆形，表面光圆。其牌号由 HPB＋屈服强度特征值构成。其中 HPB 为热轧光圆钢筋的英文缩写，屈服强度值分为 235、300 两个级别。

热轧光圆钢筋的塑性及焊接性能很好，但强度较低，故 HPB300 广泛用于钢筋混凝土结构的构造筋。

② 热轧带肋钢筋

热轧带肋钢筋通常为圆形横截面，且表面通常带有两条纵肋和沿长度方向均匀分布的横肋。

热轧带肋钢筋按屈服强度值分为 335、400、500 三个等级，其牌号的构成及其含义见表 2-11。

**热轧带肋钢筋牌号的构成及其含义**（GB 1499.2）　　**表 2-11**

| 类　别 | 牌　号 | 牌号构成 | 英文字母含义 |
|---|---|---|---|
| 普通热轧钢筋 | HRB335 | HRB+屈服强度特征值 | HRB——热轧带肋钢筋的英文（Hot rolled Ribbed Bars）缩写 |
| | HRB400 | | |
| | HRB500 | | |
| 细晶粒热轧钢筋 | HRBF335 | HRBF+屈服强度特征值 | HRBF——在热轧带肋钢筋的英文缩写后加"细"的英文（Fine）首位字母 |
| | HRBF400 | | |
| | HRBF500 | | |

热轧带肋钢筋的延性、可焊性、机械连接性能和锚固性能均较好，且其 400MPa、500MPa 级钢筋的强度高，因此 HRB400、HRBF400、HRB500、HRBF500 钢筋是混凝土结构的主导钢筋，实际工程中主要用作结构构件中的受力主筋、箍筋等。

（2）预应力混凝土用钢丝

钢丝按加工状态分为冷拉钢丝和消除应力钢丝两类。

冷拉钢丝是用盘条通过拔丝模或轧辊经冷加工而成，以盘卷供货的钢丝。

消除应力钢丝，即钢丝在塑性变形下（轴应变）进行的短时热处理，得到的应是低松弛钢丝；或钢丝通过矫直工序后在适当温度下进行的短时热处理，得到的应是普通松弛钢丝，故消除应力钢丝按松弛性能又分为低松弛级钢丝和普通松弛级钢丝。

钢丝按外形分为光圆钢丝、螺旋肋钢丝、刻痕钢丝三种。螺旋肋钢丝表面沿着长度方向上具有规则间隔的肋条（图 2-11）；刻痕钢丝表面沿着长度方向上具有规则间隔的压痕（图 2-12）。

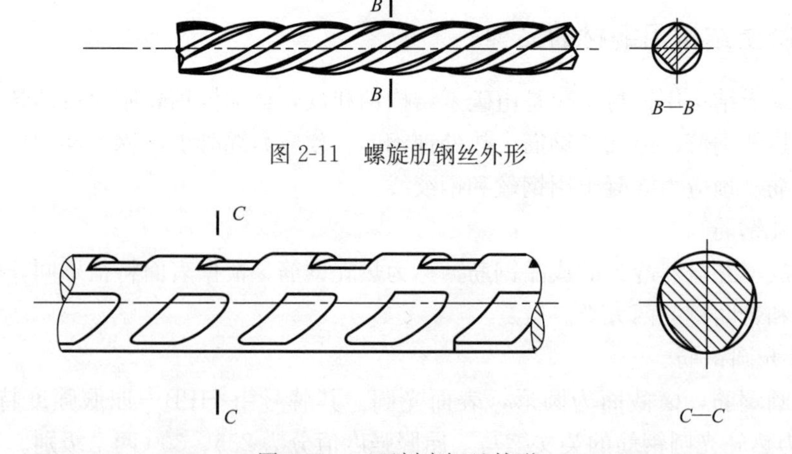


图 2-11　螺旋肋钢丝外形

图 2-12　三面刻痕钢丝外形

预应力钢丝的抗拉强度比钢筋混凝土用热轧光圆钢筋、热轧带肋钢筋高很多，在构件中采用预应力钢丝可节省钢材、减少构件截面和节省混凝土。预应力钢丝主要用于桥梁、吊车梁、大跨度屋架和管桩等预应力钢筋混凝土构件中。

（3）钢绞线

钢绞线是按严格的技术要求，绞捻起来的钢丝束。

预应力钢绞线按捻制结构分为五类：用两根钢丝捻制的钢绞线（代号为1×2）、用三根钢丝捻制的钢绞线（代号为1×3）、用三根刻痕钢丝捻制的钢绞线（代号为1×3I）、用七根钢丝捻制的标准型钢绞线（代号为1×7）、用七根钢丝捻制又经模拔的钢绞线［代号为（1×7）C］。钢绞线外形示意图如图2-13所示。

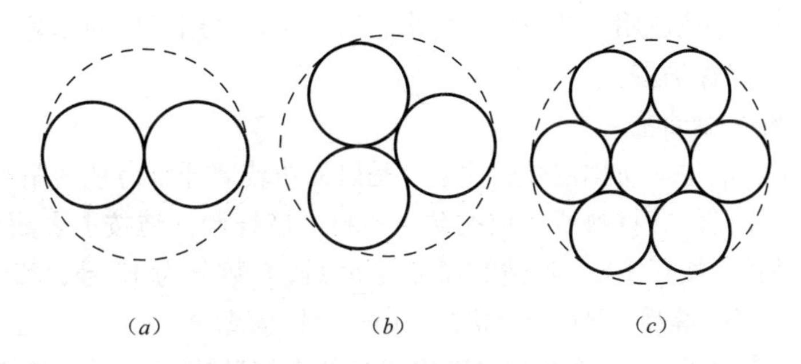


图2-13　钢绞线外形示意图

（*a*）1×2结构钢绞线；（*b*）1×3结构钢绞线；（*c*）1×7结构钢绞线

预应力钢丝和钢绞线具有强度高、柔度好，质量稳定，与混凝土粘结力强，易于锚固，成盘供应不需接头等诸多优点。主要用于大跨度、大负荷的桥梁、电杆、轨枕、屋架、大跨度吊车梁等结构的预应力筋。

## （六）防水材料

### 1. 防水卷材的品种及特性

防水卷材是一种具有一定宽度和厚度的能够卷曲成卷状的带状定型防水材料。防水卷材的品种很多，根据构成防水膜层的主要原料，防水卷材可以分为沥青防水卷材、高聚物改性沥青防水卷材和合成高分子防水卷材三类，后两类防水卷材的综合性能优越，是目前国内大力推广使用的新型防水卷材。

（1）沥青防水卷材

沥青防水卷材是以原纸、织物、纤维毡、塑料膜等材料为胎基，浸涂石油沥青、矿物粉料或塑料膜为隔离材料制成的防水卷材。

沥青防水卷材由于质量轻、价格低廉、防水性能良好、施工方便、能适应一定的温度变化和基层伸缩变形，故多年来在工业与民用建筑的防水工程中得到了广泛应用。

1）石油沥青纸胎防水卷材

凡用低软化点热熔沥青浸渍原纸而制成的防水卷材称油纸；在油纸两面再浸涂软化点较高的沥青，再撒上隔离材料即成油毡。油纸以原纸1$m^2$质量克数划分标号。石油沥青油纸分为200、350两个标号。

油纸主要用于建筑防潮和包装。200号油毡适用于简易防水、临时性建筑防水、建筑防潮及包装等；350号和500号油毡用于屋面、地下、水利等工程的多层防水。

油毡按卷重分为Ⅰ型、Ⅱ型和Ⅲ型，其卷重分别≥17.5kg/卷、22.5kg/卷、28.5kg/卷。

2）沥青玻璃纤维布油毡

沥青玻璃纤维布油毡采用玻璃纤维布为胎基，浸涂石油沥青并在两面涂撒隔离材料所制成的防水卷材。玻璃布油毡幅宽为1000mm。玻璃布油毡按物理性能分为一等品（B）和合格品（C）两个等级。

沥青玻璃纤维布油毡适用于铺设地下防水、防腐层，并用于屋面作防水层及金属管道（热管道除外）的防腐保护层。

3）沥青玻璃纤维胎油毡

沥青玻璃纤维胎油毡（简称玻纤胎油毡）是以无纺玻璃纤维薄毡为胎基，用石油沥青浸涂薄毡两面，并涂撒隔离材料所制成的防水卷材。玻纤胎油毡按上表面材料分为膜面、粉面和砂面三个品种。按每10m² 油毡的标称质量（kg）数分为15号、25号及35号三种标号和优等品（A）、一等品（B）和合格品（C）三个等级。

15号玻纤胎油毡适用于一般工业与民用建筑的多层防水，并用于包扎管道（热管道除外），作防腐保护层；25号和35号玻纤胎油毡适用于屋面、地下、水利等工程的多层防水，其中35号玻纤胎油毡可采用热熔法的多层（或单层）防水。

（2）高聚物改性沥青防水卷材

高聚物改性沥青防水卷材是以高分子聚合物改性石油沥青为涂盖层，聚酯毡、玻纤毡或聚酯玻纤复合为胎基，细砂、矿物粉料或塑料膜为隔离材料制成的防水卷材。

高聚物改性沥青防水卷材具有使用年限长、技术性能好、冷施工、操作简单、污染性低等特点，克服了传统的沥青纸胎油毡低温柔性差、延伸率较低、拉伸强度及耐久性比较差等缺点，通过改善其各项技术性能，有效提高了防水质量。

常见的有SBS改性沥青防水卷材、APP改性沥青防水卷材等。

1）SBS改性沥青防水卷材

SBS改性沥青防水卷材属弹性体改性沥青防水卷材的一种，采用玻纤毡、聚酯毡为胎体，苯乙烯-丁二烯-苯乙烯（SBS）热塑性弹性体做改性剂，涂盖在经沥青浸渍后的胎体两面，上表面撒布矿物质粒、片料或覆盖聚乙烯膜，下表面撒布细砂或覆盖聚乙烯膜所制成的防水卷材。按胎基分为聚酯胎（PY）和、玻纤胎（G）和玻纤增强聚酯毡（PYZ）三类。按上表面隔离材料分为聚乙烯膜（PE）、细砂（S）与矿物粒（片）（M）三种。按物理力学性能分为Ⅰ型和Ⅱ型。

SBS改性沥青防水卷材具有较高的弹性、延伸率、耐疲劳性和低温柔性能。主要用于屋面及地下室防水，尤其适用于寒冷地区。可以冷法施工或热熔铺贴，适于单层铺设或复合使用。

2）APP改性沥青防水卷材

APP改性沥青防水卷材属塑性体改性沥青防水卷材的一种，采用无规聚丙烯（APP）改性沥青浸渍胎基（玻纤或聚氨酯），以砂粒或聚乙烯薄膜为防黏隔离层的防水卷材。按胎基分为聚酯胎（PY）和、玻纤胎（G）和玻纤增强聚酯毡（PYZ）三类。按上表面隔离材料分为聚乙烯膜（PE）、细砂（S）与矿物粒（片）（M）三种。按物理力学性能分为Ⅰ

型和Ⅱ型。

APP改性沥青防水卷材耐热性优异，耐水性、耐腐蚀性较好，低温柔性较好（但不及SBS卷材）。适用于工业与民用建筑的屋面和地下防水工程，及道路、桥梁等建筑物的防水，尤其是适用于较高气温环境的建筑防水。

3）铝箔塑胶改性沥青防水卷材

铝箔塑胶改性沥青防水卷材是以橡胶和聚氯乙烯复合改性石油沥青作为浸渍涂盖材料，聚酯毡、麻布或玻纤维毡为胎体，聚乙烯膜为底面隔离材料，软质银白色铝箔为表面保护层的防水卷材。

铝箔塑胶改性沥青防水卷材对阳光的反射率高，具有一定的抗拉强度和延伸率，弹性好、低温柔性好，在－20℃～80℃温度范围内适应性较强，抗老化能力强，具有装饰功能。该卷材适用于外露防水面层，并且价格较低，是一种中档的新型防水材料。

其他常见的高聚物改性沥青防水卷材还有再生橡胶改性沥青防水卷材、聚氯乙烯（PVC）改性煤焦油防水卷材等。

（3）合成高分子防水卷材

合成高分子防水卷材以合成橡胶、合成树脂或两者共混为基料，加入适量的助剂和填料，经混炼压延或挤出等工序加工而成的防水卷材。

高分子防水卷材具有拉伸强度高、断裂伸长率大、抗撕裂强度高、耐热性能好、低温柔性好、耐腐蚀、耐老化以及可以冷施工等一系列优异性能，是我国大力发展的新型高档防水卷材。

常用的合成高分子防水卷材如三元乙丙橡胶防水卷材、聚氯乙烯（PVC）防水卷材、氯化聚乙烯-橡胶共混防水卷材等。

1）三元乙丙（EPDM）橡胶防水卷材

三元乙丙橡胶防水卷材是以三元乙丙橡胶为主体，掺入适量的丁基橡胶、硫化剂、促进剂、软化剂、补强剂和填充剂等，经配料、密炼、拉片、过滤、挤出（或压延）成型、硫化等工序加工制成的一种高弹性防水材料。

三元乙丙橡胶防水卷材质量轻，耐老化性好，弹性和抗拉伸性能极佳，对基层伸缩变形或开裂的适应性强，耐高低温性能优良，能在严寒和酷热环境中使用。此外，三元乙丙橡胶防水卷材单层冷施工的防水做法，改变了过去多叠层热施工的传统做法，提高了工效，减少了环境污染，改善了劳动条件。三元乙丙橡胶防水卷材是目前国内外普遍采用的高档防水材料，用于防水要求高、耐用年限长的防水工程的屋面、地下建筑、桥梁、隧道等的防水。

2）聚氯乙烯（PVC）防水卷材

聚氯乙烯防水卷材是以聚氯乙烯为主要原料，掺加填充料及适量的改性剂、增塑剂、抗氧化剂和紫外线吸收剂等，经过混炼、压延、冷却、分卷包装等工序制成的防水卷材。

聚氯乙烯防水卷材具有较高的拉伸和撕裂强度，延伸率较大，耐老化性能好，耐腐蚀性强，且其原料丰富，价格便宜，容易粘结。聚氯乙烯防水卷材是我国目前用量较大的一种卷材，适用屋面、地下防水工程和防腐工程，单层或复合使用，可用冷粘法或热风焊接法施工。

3）氯化聚乙烯-橡胶共混防水卷材

氯化聚乙烯-橡胶共混防水卷材是以含氯量为30%～40%的热塑性弹性体氯化聚乙烯与合成橡胶为主体，加入适量的交联剂、稳定剂、填充料等，经混炼、压延或挤出、硫化等工序制成的高弹性防水卷材。

氯化聚乙烯-橡胶共混防水卷材既具有氯化聚乙烯的高强度和优异的耐久性，又具有橡胶的高弹性和高延伸性以及良好的耐低温性能。其性能与三元乙丙橡胶卷材相近，但价格却低得多，属中、高档防水材料，可用于各种建筑、道路、桥梁、水利工程的防水，尤其是适用寒冷地区或变形较大的屋面。

## 2. 防水涂料的品种及特性

防水涂料按成膜物质的主要成分可分为沥青基防水涂料、高聚物改性沥青基防水涂料、合成高分子防水涂料；按液态类型可分为溶剂型、水乳型和反应型三种；按涂层厚度又可分为，薄质防水涂料和厚质防水涂料。

（1）沥青基防水涂料

沥青基防水涂料是以沥青为基料配制而成的水乳型或溶剂型防水涂料。水乳型沥青防水涂料是将石油沥青分散于水中所形成的水分散体。溶剂型沥青涂料是将石油沥青直接溶解于汽油等有机溶剂后制得的溶液。沥青基防水涂料适用于Ⅲ、Ⅳ级防水等级的工业与民用屋面、混凝土地下室和卫生间等的防水工程。

（2）高聚物改性沥青防水涂料

高聚物改性沥青防水涂料是以沥青为基料，用合成高分子聚合物进行改性制而成的水乳型或溶剂型防水涂料。

由于高聚物的改性作用，使得改性沥青防水涂料的柔韧性、抗裂性、拉伸强度、耐高低温性能、使用寿命等方面优于沥青基防水涂料。常用品种有再生橡胶沥青防水涂料、氯丁橡胶沥青防水涂料、丁基橡胶沥青防水涂料等。高聚物改性沥青防水涂料适用于Ⅱ、Ⅲ、Ⅳ级防水等级的屋面、地面、混凝土地下室和卫生间等的防水工程。

（3）合成高分子防水涂料

合成高分子防水涂料是以合成橡胶或合成树脂为主要成膜物质，加入其他辅料而配成的单组分或多组分的防水涂料。这类涂料具有高弹性、高耐久性及优良的耐高低温性能，是目前常用的中高档防水涂料。常用品种有聚氨酯防水涂料、硅橡胶防水涂料、氯磺化聚乙烯橡胶防水涂料和丙烯酸酯防水涂料等。合成高分子防水涂料适用于Ⅰ、Ⅱ、Ⅲ级防水等级的屋面、地下室、水池和卫生间等的防水工程。

防水涂料应具有以下特点：

1）整体防水性好。能满足各类屋面、地面、墙面的防水工程的要求。在基层表面形状复杂的情况下，如管道根部、阴阳角处等，涂刷防水涂料较易满足使用要求。

2）温度适应性强。因为防水涂料的品种多，用户选择余地很大，可以满足不同地区气候环境的需要。

3）操作方便，施工速度快。涂料可喷可刷，节点处理简单，容易操作。可冷施工，不污染环境，比较安全。

4）易于维修。当屋面发生渗漏时，不必完全铲除旧防水层，只需在渗漏部位进行局部修理，或在原防水层上重做一层防水处理。

## （七）建筑节能材料

### 1. 建筑节能的概念

所谓建筑节能，建筑节能是指在建筑材料生产、房屋建筑和构筑物施工及使用过程中，合理使用能源，尽可能降低能耗。

建筑节能的范围和技术内容非常广泛，主要范围如下：①墙体、屋面、地面、隔热保温技术及产品。②具有建筑节能效果的门、窗、幕墙、遮阳或其他附属部件。③太阳能、地热（冷）和生物质能等在建筑节能工程中的应用技术及产品。④提高采暖通风效能的节电体系与产品。⑤采暖、通风与空气调节、空调与采暖系统的冷热源处理。⑥利用工业废物生产的节能建筑材料或部件。⑦配电与照明、监测与控制节能技术及产品。⑧其他建筑节能技术和产品等。

### 2. 常用建筑节能材料的品种、特性及应用

（1）建筑绝热材料

绝热材料（保温、隔热材料）是指对热流具有明显阻抗性的材料或材料复合体。绝热制品（保温、隔热制品）是指将绝热材料加工成至少有一个面与被覆盖表面形状一致的各种绝热制品。

绝热材料具有表观密度小、多孔、疏松、导热系数小的特点。

绝热材料有很多类型，常用的有以下几种：

1）岩棉及其制品

岩棉是以精选的玄武岩或辉绿岩为主要材料，经高温熔制成的人造无机纤维。岩棉制品是在岩棉纤维中加入一定量的胶粘剂、防尘油、憎水剂，经过固化、切割、贴面等工序加工而成，主要有岩棉板、岩棉缝毡、岩棉保温带、岩棉管壳等。

岩棉制品具有良好的保温、隔热、吸声、耐热和不燃等性能和良好的化学稳定性，适用于建筑外墙。应用岩棉时有三种绝热方式：内绝热、中间夹芯绝热和外绝热。

2）矿渣棉及其制品

矿渣棉简称矿棉，是利用工业废料矿渣（高炉矿渣、铜矿渣、铝矿渣等）为主要原料，经熔化，采用高速离心法或喷吹法工艺制成的棉丝状无机纤维。矿渣棉制品是在矿渣棉中加入一定量的胶粘剂、防尘剂、憎水剂等，经固化、切割、烘干等工序加工而成，主要有粒状棉、矿棉板、矿棉缝毡、矿棉保温带、矿棉管壳等。

矿渣棉制品具有表观密度小、导热系数小、吸声、耐腐蚀、防蛀以及化学稳定性好等特点，广泛用于有保温、隔热、隔声要求的房屋建筑、管道、储罐、锅炉等有关部位。

3）玻璃棉及其制品

玻璃棉是以硅砂、石灰石、萤石等矿物为主要原料，经熔化，采用火焰法、离心法或高压载能气体喷吹法将熔融玻璃液制成的无机纤维。玻璃棉制品主要有玻璃棉板、玻璃棉缝毡、玻璃棉保温带、玻璃棉管壳等。

玻璃棉制品具有良好的保温、隔热、吸声、不燃和耐腐蚀等性能，广泛应用于房屋、管道、储罐、锅炉等有关部位的保温、隔热和吸声。

4）膨胀珍珠岩及其制品

膨胀珍珠岩是珍珠岩（黑曜岩、松脂岩）矿石经破碎、筛分、预热、焙烧瞬时急剧加热膨胀而成的多孔颗粒状物质。膨胀珍珠岩制品主要有水泥膨胀珍珠岩制品、水玻璃膨胀珍珠岩制品、沥青膨胀珍珠岩制品、乳化沥青膨胀珍珠岩制品、憎水膨胀珍珠岩制品、纸浆膨胀珍珠岩制品、磷酸盐膨胀珍珠岩制品、膨胀珍珠岩保温芯板等。

膨胀珍珠岩制品具有表观密度小、绝热性能好、使用温度广、化学稳定性强、无毒、无味、不腐、不燃、耐酸、耐碱等特点，可用于各种建筑工程、管道、锅炉等有保温、隔热、隔声要求的部位，可用作墙体内层的松散填充保温隔热材料，可配置珍珠岩砂浆，可用作墙体的保温抹灰和屋面的保温隔热层。

5）膨胀蛭石及其制品

膨胀蛭石是以蛭石为原料，经晾干、破碎、筛选、焙烧膨胀而成的一种金黄色或灰白色颗粒状物料。膨胀蛭石制品主要有水泥膨胀蛭石制品、水玻璃膨胀蛭石制品、沥青膨胀蛭石制品。

膨胀蛭石制品具有表观密度小、导热系数小、防火，抗菌、无毒、无味等特点。用于工业与民用建筑工程、管道、锅炉等有保温、隔热、隔声要求的部位；可用作墙体内层、屋面的松散填充保温隔热材料；可配置蛭石砂浆，做墙体保温抹灰和尾部的保温隔热层。

6）泡沫塑料

泡沫塑料是以各种树脂为基料，加入一定的发泡剂、催化剂、稳定剂等辅助材料，经加热发泡而成的一类质轻、保温、隔热、吸声、防震材料，如聚苯乙烯泡沫塑料、聚乙烯泡沫塑料、聚氯乙烯泡沫塑料、聚氨酯泡沫塑料、脲醛泡沫塑料、酚醛泡沫塑料、环氧树脂泡沫塑料等。

7）微孔硅酸钙制品

微孔硅酸钙是以二氧化硅、石灰和纤维增强材料为主要材料，经搅拌、凝胶、成型、蒸压养护、烘干等工序制成的一种绝热材料。它具有质轻、导热系数小、强度高、使用温度高、质量稳定，以及耐水性好、防火性好、无腐蚀、经久耐用等特点，并且锯、刨、钻、安装方便，适用于内墙、外墙、屋顶的防火覆盖材料，以及热力管道、热工设备、窑炉的保温和隔热。

8）泡沫石棉

泡沫石棉是以石棉纤维为主要材料，经细纤化、发泡精制而成的一种网状结构的孔毡状热绝缘材料。它具有表观密度小、导热系数小、保温、隔热，绝冷、吸声、防震、柔软、不腐蚀金属、不刺激皮肤的性能，并可任意裁减弯曲，施工方便。适用于房屋建筑的保温、隔热、绝冷、吸声、防震等有关部位，以及各种热力管道、热工设备、冷冻设备。

9）铝箔波形纸保温隔热板

铝箔波形纸保温隔热板简称铝箔保温隔热板，是以波形纸板为基层、铝箔为面层，经复合加工而成的。它具有保温、隔热、防潮、吸声和表观密度小等特点。它可放在墙体的空气层间，提高墙体的保温、隔热性能，也可固定在钢筋混凝土屋面板下部或屋架下部，形成保温隔热顶棚。

（2）建筑节能墙体材料

目前运用于节能建筑的新型墙体材料主要有以下几种。

1）蒸压加气混凝土砌块

蒸压加气混凝土砌块的原材料大部分是工业废料，所以在保护环境、节约能源、改革墙体、提高室内环境舒适度的建筑业持续发展战略中起着重要作用。蒸压加气混凝土砌块既能作保温材料又能作墙体材料。

2）混凝土小型空心砌块

混凝土小型空心砌块具有节能、节地的特点，并可以利用工业废渣，因地制宜，工艺简便。一般适用于工业及民用建筑的墙体。

3）陶粒空心砌块

陶粒空心砌块与混凝土小型空心砌块同类，主要是其骨料用膨化的陶粒代替，提高了砌块本身的保温性能，目前在节能建筑中使用较多。

4）多孔砖

多孔砖具有较高的强度、抗腐蚀、耐久性能，并有表观密度小、保温性能好等特点。一般用于工业与民用建筑6层及6层以下的墙体，但防潮层以下不能使用。

（3）节能门窗和节能玻璃

1）节能门窗

目前我国市场主要的节能门窗有：PVC门窗、铝木复合门窗、铝塑复合门窗、玻璃钢门窗等。

2）节能玻璃

就门窗而言，对节能性能影响最大的是玻璃的性能。目前，国内外研究并推广使用的节能玻璃主要有：中空玻璃、真空玻璃和镀膜玻璃等。真空玻璃的节能性能优于中空玻璃，可比中空玻璃节能16％～18％。热反射镀膜玻璃的使用不仅可大量节约能源，有效降低空调的运营费用，还具有装饰效果，可防眩、单面透视和提高舒适度等。

# 三、建筑工程识图

## （一）施工图的基本知识

房屋建筑施工图是指利用正投影的方法把所设计房屋的大小、外部形状、内部布置和室内装修，以及各部分结构、构造、设备等的做法，按照建筑制图国家标准规定绘制的工程图样。它是工程设计阶段的最终成果，同时又是工程施工、监理和计算工程造价的主要依据。

按照内容和作用不同，房屋建筑施工图分为建筑施工图（简称“建施”）、结构施工图（简称“结施”）和设备施工图（简称“设施”）。通常，一套完整的施工图还包括图纸目录、设计总说明（即首页）。

图纸目录列出所有图纸的专业类别、总张数、排列顺序、各张图纸的名称、图样幅面等，以方便翻阅查找。

设计总说明包括施工图设计依据、工程规模、建筑面积、相对标高与总平面图绝对标高的对应关系、室内外的用料和施工要求说明、采用新技术和新材料或有特殊要求的做法说明、选用的标准图以及门窗表等。设计总说明的内容也可在各专业图纸上写成文字说明。

### 1. 房屋建筑施工图的组成及作用

（1）建筑施工图的组成及作用

建筑施工图一般包括建筑设计说明、建筑总平面图、平面图、立面图、剖面图及建筑详图等。

建筑施工图表达的内容主要包括房屋的造型、层数、平面形状与尺寸，房间的布局、形状、尺寸、装修做法，墙体与门窗等构配件的位置、类型、尺寸、做法，室内外装修做法等。建造房屋时，建筑施工图主要作为定位放线、砌筑墙体、安装门窗、装修的依据。

各图样的作用分别是：

建筑设计说明主要说明装修做法和门窗的类型、数量、规格、采用的标准图集等情况。

建筑总平面图也称总图，用以表达建筑物的地理位置和周围环境，是新建房屋及构筑物施工定位，规划设计水、暖、电等专业工程总平面图及施工总平面图设计的依据。

建筑平面图主要用来表达房屋平面布置的情况，包括房屋平面形状、大小、房间布置，墙或柱的位置、大小、厚度和材料，门窗的类型和位置等，是施工备料、放线、砌墙、安装门窗及编制概预算的依据。

建筑立面图主要用来表达房屋的外部造型、门窗位置及形式、外墙面装修、阳台、雨篷等部分的材料和做法等，在施工中是外墙面造型、外墙面装修、工程概预算、备料等的依据。

建筑剖面图主要用来表达房屋内部垂直方向的高度、楼层分层情况及简要的结构形式和构造方式，是施工、编制概预算及备料的重要依据。

因为建筑物体积较大，建筑平面图、立面图、剖面图常采用缩小的比例绘制，所以房屋上许多细部的构造无法表示清楚，为了满足施工的需要，必须分别将这些部位的形状、尺寸、材料、做法等用较大的比例画出，这些图样就是建筑详图。

（2）结构施工图的组成及作用

结构施工图一般包括结构设计说明、结构平面布置图和结构详图三部分，主要用以表示房屋骨架系统的结构类型、构件布置、构件种类、数量、构件的内部构造和外部形状、大小，以及构件间的连接构造。施工放线、开挖基坑（槽），施工承重构件（如梁、板、柱、墙、基础、楼梯等）主要依据结构施工图。

结构设计说明是带全局性的文字说明，它包括设计依据，工程概况，自然条件，选用材料的类型、规格、强度等级，构造要求，施工注意事项，选用标准图集等。主要针对图形不容易表达的内容，利用文字或表格加以说明。

结构平面布置图是表示房屋中各承重构件总体平面布置的图样，一般包括：基础平面布置图、楼层结构布置平面图、屋顶结构平面布置图。

结构详图是为了清楚地表示某些重要构件的结构做法，而采用较大的比例绘制的图样，一般包括：梁、柱、板及基础结构详图，楼梯结构详图，屋架结构详图，其他详图（如天沟、雨篷、过梁等）。

（3）设备施工图的组成及作用

设备施工图可按工种不同再分成给水排水施工图（简称水施图）、采暖通风与空调施工图（简称暖施图）、电气设备施工图（简称电施图）等。水施图、暖施图、电施图一般都包括设计说明、设备的布置平面图、系统图等内容。设备施工图主要表达房屋给水排水、供电照明、采暖通风、空调、燃气等设备的布置和施工要求等。

## 2. 房屋建筑施工图的图示特点

房屋建筑施工图的图示特点主要体现在以下几方面：

（1）施工图中的各图样用正投影法绘制。一般在水平面（$H$ 面）上作平面图，在正立面（$V$ 面）上作正、背立面图，在侧立面（$W$ 面）上作剖面图或侧立面图。平面图、立面图、剖面图是建筑施工图中最基本、最重要的图样，在图纸幅面允许时，最好将其画在同一张图纸上，以便阅读。

（2）由于房屋形体较大，施工图一般都用较小比例绘制，但对于其中需要表达清楚的节点、剖面等部位，则用较大比例的详图来表现。

（3）房屋建筑的构、配件和材料种类繁多，为作图简便，国家标准采用一系列图例来代表建筑构配件、卫生设备、建筑材料等。为方便读图，国家标准还规定了许多标注符号，构件的名称应用代号表示。

## 3. 制图标准相关规定

（1）常用建筑材料图例和常用构件代号

常用建筑材料图例见表 3-1。

常用建筑材料图例 表 3-1

| 序号 | 名称 | 图例 | 备注 |
|---|---|---|---|
| 1 | 自然土壤 | | 包括各种自然土壤 |
| 2 | 夯实土壤 | | |
| 3 | 石材 | | |
| 4 | 毛石 | | |
| 5 | 普通砖 | | 包括实心砖、多孔砖、砌块等砌体。断面较窄不易绘出图例线时，可涂红，并在图纸备注中加注说明，画出该材料图例 |
| 6 | 饰面砖 | | 包括铺地砖、陶瓷锦砖、人造大理石等 |
| 7 | 焦渣、矿渣 | | 包括与水泥、石灰等混合而成的材料 |
| 8 | 混凝土 | | 1. 本图例指能承重的混凝土及钢筋混凝土；<br>2. 包括各种强度等级、骨料、添加剂的混凝土；<br>3. 在剖面图上画出钢筋时，不画图例线；<br>4. 断面图形小时，不易画出图例线时，可涂黑 |
| 9 | 钢筋混凝土 | | |
| 10 | 粉刷材料 | | |

构件代号以构件名称的汉语拼音的第一个字母表示，如 B 表示板，WB 表示屋面板。对预应力混凝土构件，则在构件代号前加注“Y”，如 YKB 表示预应力混凝土空心板。

（2）图线

建筑专业制图、建筑结构专业制图的图线分别见表 3-2。

**建筑制图的线型及其应用** **表 3-2**

| 名称 | | 线型 | 线宽 | 建筑制图中的用途 | 建筑结构制图中的用途 |
|---|---|---|---|---|---|
| 实线 | 粗 | | b | 1. 平、剖面图中被剖切的主要建筑构造（包括构配件）的轮廓线。<br>2. 建筑立面图或室内立面图的外轮廓线。<br>3. 建筑构造详图中被剖切的主要部分的轮廓线。<br>4. 建筑构配件详图中的外轮廓线。<br>5. 平、立、剖面的剖切符号 | 螺栓、钢筋线、结构平面图中的单线结构构件线，钢木支撑及系杆线、图名下横线、剖切线 |
| 实线 | 中粗 | | 0.7b | 1. 平、剖面图中被剖切的次要建筑构造（包括构配件）的轮廓线。<br>2. 建筑平、立、剖面图中建筑构配件的轮廓线。<br>3. 建筑构造详图及建筑构配件详图中的一般轮廓线 | 结构平面图及详图中剖到或可见的墙身轮廓线、基础轮廓线、钢、木结构轮廓线、钢筋线 |
| | 中 | | 0.5b | 小于 0.7b 的图形线、尺寸线、尺寸界线、索引符号、标高符号、详图材料做法引出线、粉刷线、保温层线、地面、墙面的高差分界线等 | 结构平面图及详图中剖到或可见的墙身轮廓线、基础轮廓线、可见的钢筋混凝土构件轮廓线、钢筋线 |
| | 细 | | 0.25b | 图例填充线、家具线、纹样线等 | 标注引出线、标高符号线、索引符号线、尺寸线 |
| 虚线 | 粗 | | b | — | 不可见的钢筋线、螺栓线、结构平面图中不可见的单线结构构件线及钢、木支撑线 |
| | 中粗 | | 0.7b | 1. 建筑构造详图及建筑构配件不可见轮廓线。<br>2. 平面图中起重机（吊车）轮廓线。<br>3. 拟建、扩建建筑物轮廓线 | 结构平面图中的不可见构件、墙身轮廓线及不可见钢、木结构构件线、不可见的钢筋线 |
| | 中 | | 0.5b | 小于 0.5b 的不可见轮廓线、投影线 | 结构平面图中的不可见构件、墙身轮廓线及不可见钢、木结构构件线、不可见的钢筋线 |
| | 细 | | 0.25b | 图例填充线、家具线 | 基础平面图中的管沟轮廓线、不可见的钢筋混凝土构件轮廓线 |
| 单点长画线 | 粗 | | b | 起重机（吊车）轨道线 | 柱间支撑、垂直支撑、设备基础轴线图中的中心线 |
| | 细 | | 0.25b | 中心线、对称线、定位轴线 | 定位轴线、对称线、中心线、中心线 |
| 双点长画线 | 粗 | | b | — | 预应力钢筋线 |
| | 细 | | 0.25b | — | 原有结构轮廓线 |

续表

| 名称 | | 线型 | 线宽 | 建筑制图中的用途 | 建筑结构制图中的用途 |
|---|---|---|---|---|---|
| 折断线 | 细 | | 0.25b | 部分省略表示时的断开界线 | 断开界线 |
| 波浪线 | 细 | | 0.25b | 部分省略表示时的断开界线，曲线形构件断开界线、构造层次的断开界线 | 断开界线 |

注：建筑制图中地平线宽可用 1.4$b$。

(3) 尺寸标注

图样上的尺寸，应包括尺寸界线、尺寸线、尺寸起止符号和尺寸数字四个要素，如图 3-1 所示。

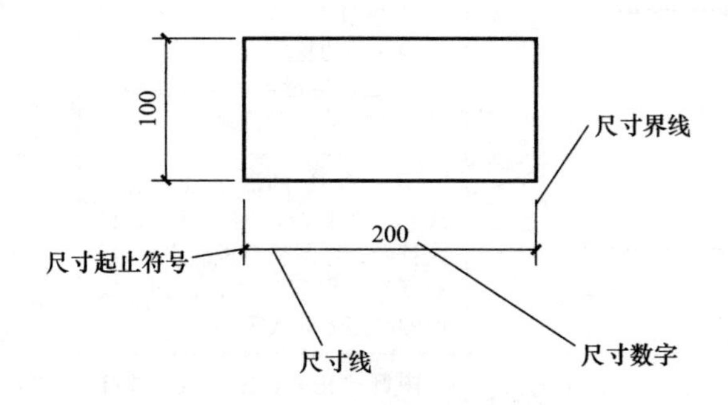


图 3-1 尺寸组成四要素

几种尺寸的标注形式如表 3-3。

**尺寸的标注形式** **表 3-3**

| 注写的内容 | 注法示例 | 说明 |
|---|---|---|
| 半径 | R1200 R1200 R16 R16 R20 R12 R8 | 半圆或小于半圆的圆弧应标注半径，如左下方的例图所示。标注半径的尺寸线应一端从圆心开始，另一端画箭头指向圆弧，半径数字前应加注符号“$R$”。<br>较大圆弧的半径，可按上方两个例图的形式标注；较小圆弧的半径，可按右下方四个例图的形式标注 |
| 直径 | ϕ600 ϕ36 ϕ22 ϕ12 ϕ16 ϕ16 ϕ4 ϕ600 | 圆及大于半圆的圆弧应标注直径，如左侧两个例图所示，并在直径数字前加注符号“$\phi$”。在圆内标注的直径尺寸线应通过圆心，两端画箭头指至圆弧。<br>较小圆的直径尺寸，可标注在圆外，如右侧六个例图所示 |

续表

| 注写的内容 | 注法示例 | 说　明 |
|---|---|---|
| 薄板厚度 | 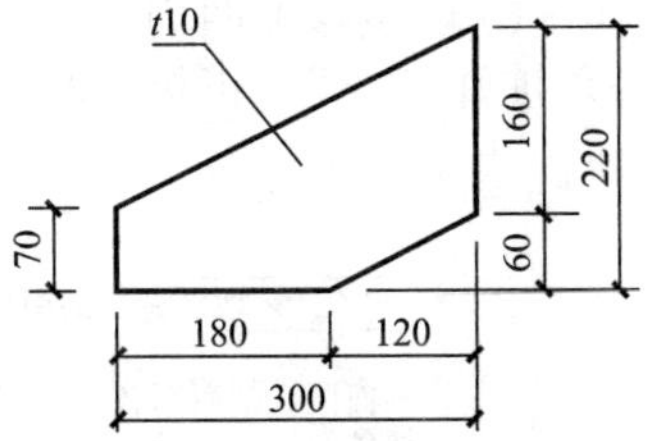 | 应在厚度数字前加注符号“$t$” |
| 正方形 | 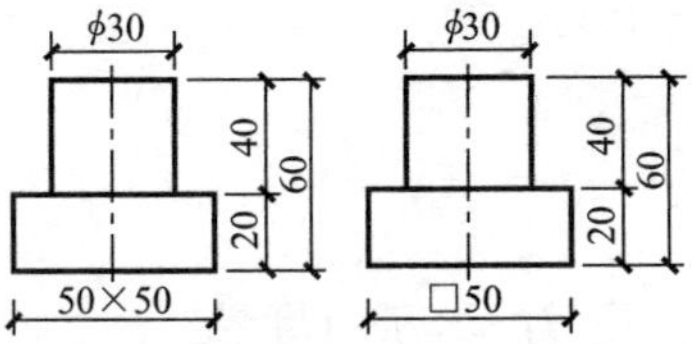 | 在正方形的侧面标注该正方形的尺寸，可用“边长×边长”标注，也可在边长数字前加正方形符号“□” |
| 坡度 | 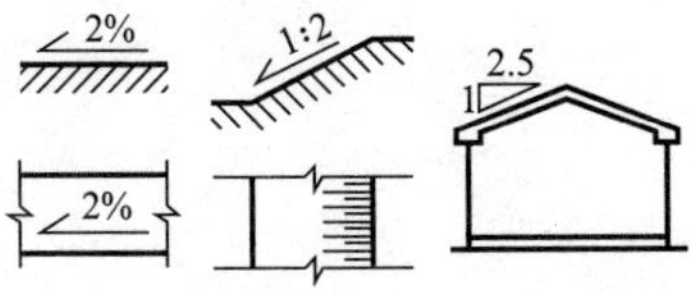 | 标注坡度时，在坡度数字下应加注坡度符号，坡度符号为单面箭头，一般指向下坡方向。<br>坡度也可用直角三角形形式标注，如右侧的例图所示。<br>图中在坡面高的一侧水平边上所画的垂直于水平边的长短相间的等距细实线，称为示坡线，也可用它来表示坡面 |
| 角度、弧长与弦长 | 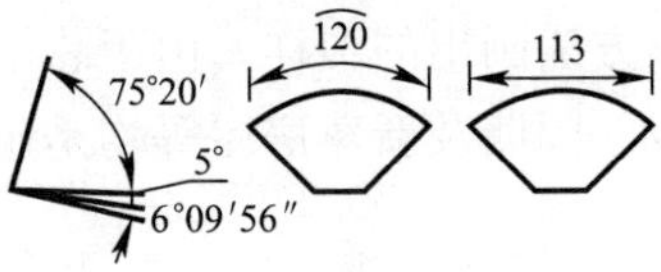 | 如左方的例图所示，角度的尺寸线是圆弧，圆心是角顶，角边是尺寸界线。尺寸起止符号用箭头；如没有足够的位置画箭头，可用圆点代替。角度的数字应水平方向注写。<br>如中间例图所示，标注弧长时，尺寸线为同心圆弧，尺寸界线垂直于该圆弧的弦，起止符号用箭头，弧长数字上方加圆弧符号。<br>如右方的例图所示，圆弧的弦长尺寸线应平行于弦，尺寸界线垂直于弦 |
| 连续排列的等长尺寸 | 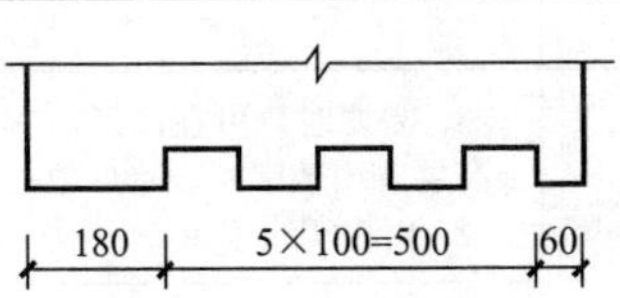 | 可用“个数×等长尺寸＝总长”的形式标注 |
| 相同要素 | 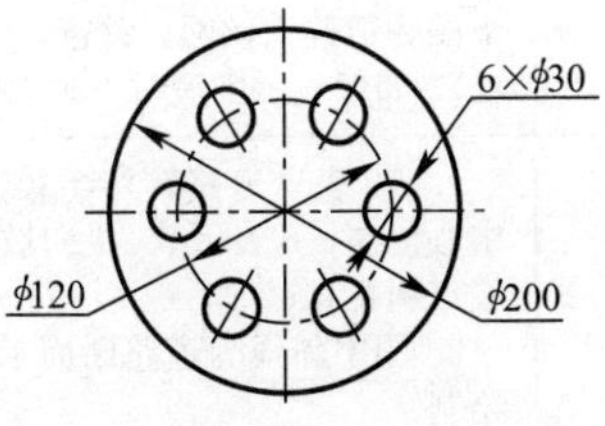 | 当构配件内的构造要素（如孔、槽等）相同时，可仅标注其中一个要素的尺寸及个数 |

（4）标高

标高是表示建筑的地面或某一部位的高度。在房屋建筑中，建筑物的高度用标高表示。标高分为相对标高和绝对标高两种。一般以建筑物底层室内地面作为相对标高的零点；我国把青岛市外的黄海海平面作为零点所测定的高度尺寸称为绝对标高。

各类图上的标高符号如图 3-2 所示。标高符号的尖端应指至被标注的高度，尖端可向下也可向上。在施工图中一般注写到小数点后三位即可；在总平面图中则注写到小数点后二位。零点标高注写成±0.000，负标高数字前必须加注“－”，正标高数字前不写“＋”。标高单位除建筑总平面图以米为单位外，其余一律以毫米为单位。

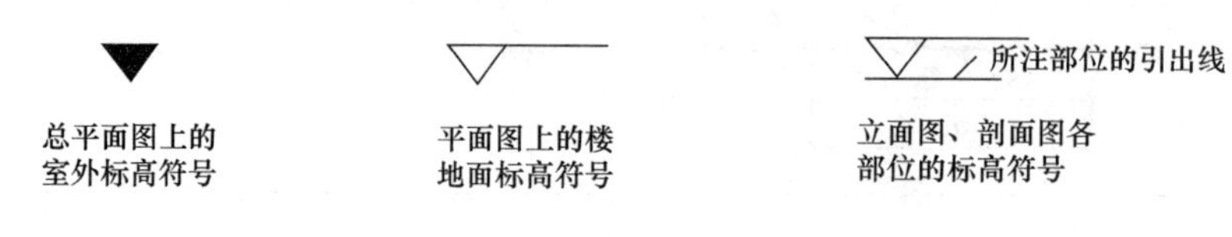


图 3-2 标高符号

在建施图中的标高数字表示其完成面的数值。

## （二）施工图的图示方法及内容

### 1. 建筑施工图的图示方法及内容

（1）建筑总平面图

1）建筑总平面图的图示方法

建筑总平面图是新建房屋所在地域的一定范围内的水平投影图。

建筑总平面图是将拟建工程四周一定范围内的新建、拟建、原有和将拆除的建筑物、构筑物连同其周围的地形地物状况，用水平投影方法画出的图样。由于总平面图绘图比例较小，图中的原有房屋、道路、绿化、桥梁边坡、围墙及新建房屋等均是用图例表示。表 3-4 为总平面图图例示例。

**总平面图的常用图例** **表 3-4**

| 名　称 | 图　例 | 说　明 |
|---|---|---|
| 新建的建筑物 | 6 | 1. 需要时，可在图形内右上角以点数或数字（高层宜用数字）表示层数；<br>2. 用粗实线表示 |
| 围墙及大门 |  | 1. 上图为砖石、混凝土或金属材料的围墙，下图为镀锌铁丝网、篱笆等围墙；<br>2. 如仅表示围墙时不画大门 |
| 新建的道路 | 6 101.00 *R*9 150.00 | 1. *R*9 表示道路转弯半径为 9m，150 为路面中心标高，6 表示 6%纵向坡度，101.00 表示变坡点间距离；<br>2. 图中斜线为道路断面示意，根据实际需要绘制 |

2）总平面图的图示内容

① 新建建筑物的定位

新建建筑物的定位一般采用两种方法，一是按原有建筑物或原有道路定位；二是按坐标定位。采用坐标定位又分为采用测量坐标定位和建筑坐标定位两种（图 3-3）。

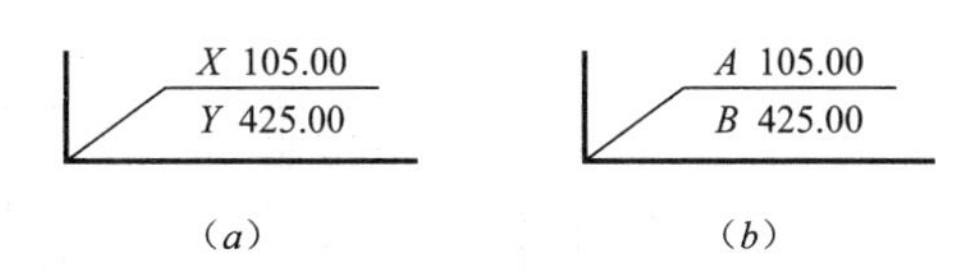


图 3-3 新建建筑物定位方法

（*a*）测量坐标定位；（*b*）建筑坐标定位

A. 测量坐标定位　在地形图上用细实线画成交叉十字线的坐标网，$X$ 为南北方向的轴线，$Y$ 为东西方向的轴线，这样的坐标网称为测量坐标网。

B. 建筑坐标定位　建筑坐标一般在新开发区，房屋朝向与测量坐标方向不一致时采用。

② 标高

在总平面图中，标高以米为单位，并保留至小数点后两位。

③ 指北针或风玫瑰图

指北针用来确定新建房屋的朝向，其符号如图 3-4 所示。

风向频率玫瑰图简称风玫瑰图，是新建房屋所在地区风向情况的示意图（图 3-5）。风向玫瑰图也能表明房屋和地物的朝向情况。

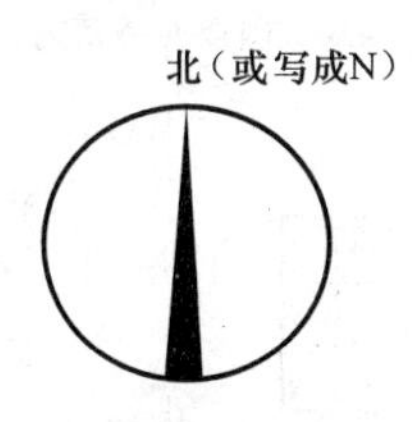


图 3-4 指北针

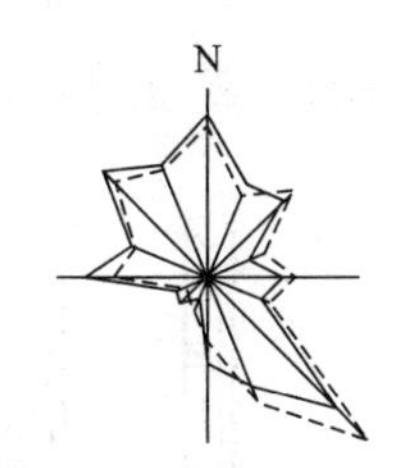


图 3-5 风向频率玫瑰图

④ 建筑红线

各地方国土管理部门提供给建设单位的地形图为蓝图，在蓝图上用红色笔画定的土地使用范围的线称为建筑红线。任何建筑物在设计和施工中均不能超过此线。

⑤ 管道布置与绿化规划

⑥ 附近的地形地物，如等高线、道路、围墙、河流、水沟和池塘等与工程有关的内容。

（2）建筑平面图

1）建筑平面图的图示方法

假想用一个水平剖切平面沿房屋的门窗洞口的位置把房屋切开，移去上部之后，画出的水平剖面图称为建筑平面图，简称平面图。沿底层门窗洞口切开后得到的平面图，称为底层平面图，沿二层门窗洞口切开后得到的平面图，称为二层平面图，依次可以得到三层、四层的平面图。当某些楼层平面相同时，可以只画出其中一个平面图，称其为标准层平面图。房屋屋顶的水平投影图称为屋顶平面图。

凡是被剖切到的墙、柱断面轮廓线用粗实线画出，其余可见的轮廓线用中实线或细实线，尺寸标注和标高符号均用细实线，定位轴线用细单点长画线绘制。砖墙一般不画图例，钢筋混凝土的柱和墙的断面通常涂黑表示。

常用门、窗图例如图 3-6、图 3-7 所示。建筑平面图中常用图例如图 3-8 所示。

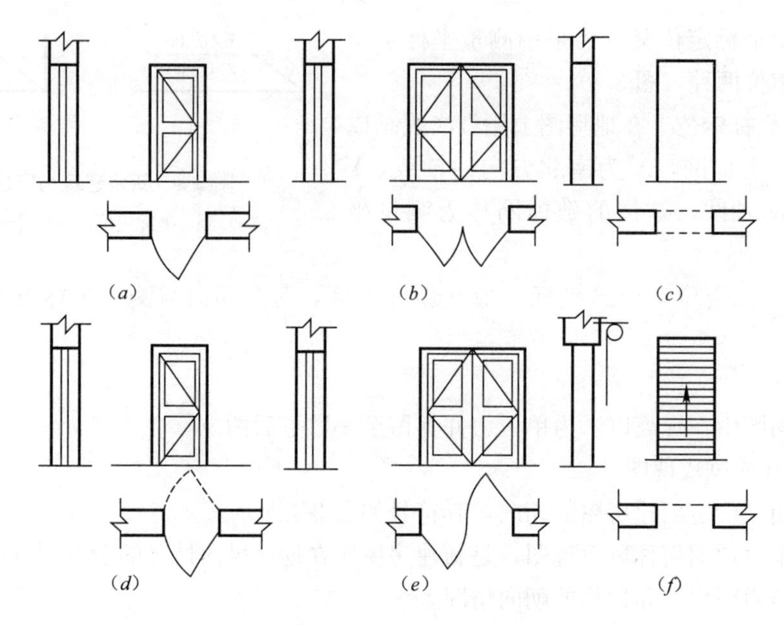


图 3-6　常用门图例

(a) 单扇门；(b) 双扇门；(c) 空门洞；(d) 单扇双面弹簧门；(e) 双扇双面弹簧门；(f) 卷帘门

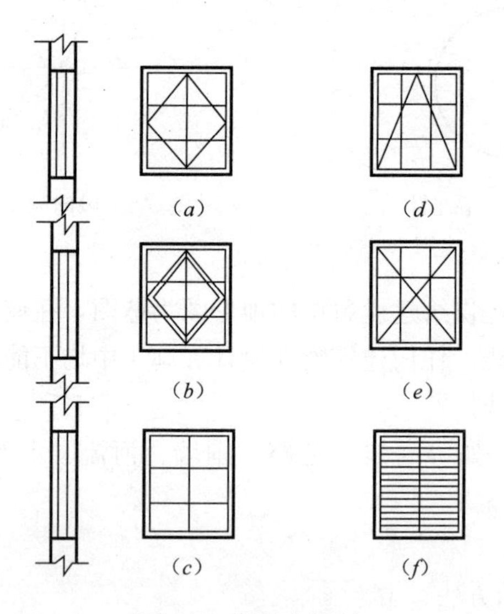


图 3-7　常用窗图例

(a) 单扇外开平开窗；(b) 双扇内外开平开窗；(c) 单扇固定窗；(d) 单扇外开上悬窗；(e) 单扇中悬窗；(f) 百叶窗

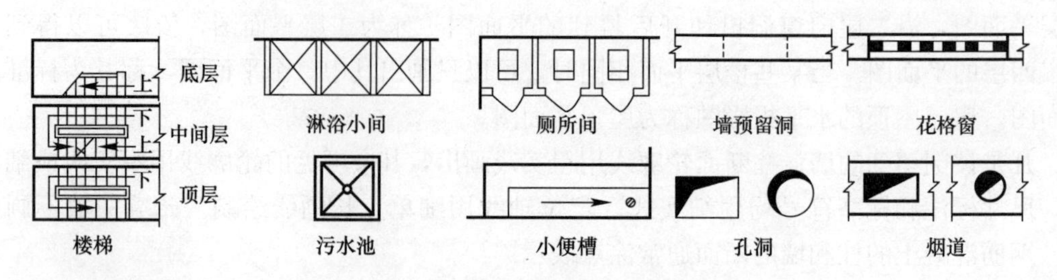


图 3-8　建筑平面图中常用图例

2）建筑平面图的图示内容

① 表示墙、柱，内外门窗位置及编号，房间的名称或编号，轴线编号。

平面图上所用的门窗都应进行编号。门常用“M1”、“M2”或“M-1”、“M-2”等表示，窗常用“C1”、“C2”或“C-1”、“C-2”等表示。在建筑平面图中，定位轴线用来确定房屋的墙、柱、梁等的位置和作为标注定位尺寸的基线。定位轴线的编号宜标注在图样的下方与左侧，横向编号应用阿拉伯数字，从左至右顺序编写，竖向编号应用大写拉丁字母，从下至上顺序编写，拉丁字母中的I、O及Z三个字母不得作轴线编号，以免与数字1、0及2混淆（图3-9）。

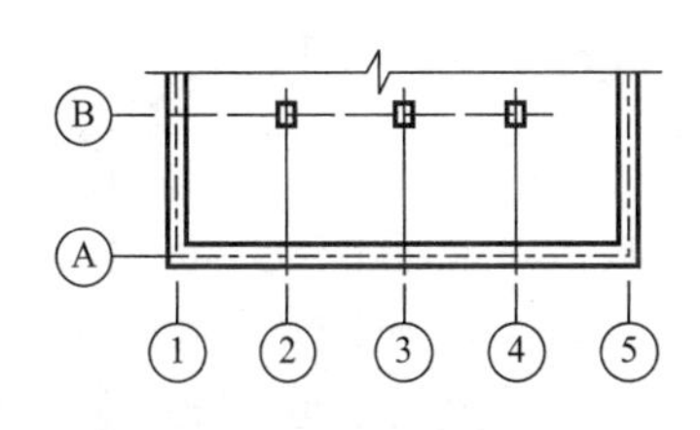

图3-9 定位轴线的编号

② 注出室内外的有关尺寸及室内楼、地面的标高。

建筑平面图中的尺寸有外部尺寸和内部尺寸两种。

A. 外部尺寸。在水平方向和竖直方向各标注三道尺寸，最外一道尺寸标注房屋水平方向的总长、总宽，称为总尺寸；中间一道尺寸标注房屋的开间、进深，称为轴线尺寸（一般情况下两横墙之间的距离称为“开间”；两纵墙之间的距离称为“进深”）。最里边一道尺寸以轴线定位的标注房屋外墙的墙段及门窗洞口尺寸，称为细部尺寸。

B. 内部尺寸。应标注各房间长、宽方向的净空尺寸，墙厚及轴线的关系、柱子截面、房屋内部门窗洞口、门垛等细部尺寸。

在平面图中所标注的标高均为相对标高。底层室内地面的标高一般用±0.000表示。

③ 表示电梯、楼梯的位置及楼梯的上下行方向。

④ 表示阳台、雨篷、踏步、斜坡、通气竖道、管线竖井、烟囱、消防梯、雨水管、散水、排水沟、花池等位置及尺寸。

⑤ 画出卫生器具、水池、工作台、橱、柜、隔断及重要设备位置。

⑥ 表示地下室、地坑、地沟、各种平台、检查孔、墙上留洞、高窗等位置尺寸与标高。对于隐蔽的或者在剖切面以上部位的内容，应以虚线表示。

⑦ 画出剖面图的剖切符号及编号（一般只标注在底层平面图上）。

⑧ 标注有关部位上节点详图的索引符号。

⑨ 在底层平面图附近绘制出指北针。

⑩ 屋面平面图一般内容有：女儿墙、檐沟、屋面坡度、分水线与落水口、变形缝、楼梯间、水箱间、天窗、上人孔、消防梯以及其他构筑物、索引符号等。

图3-10为某住宅楼平面图。

（3）建筑立面图

1）建筑立面图的图示方法

在与房屋的四个主要外墙面平行的投影面上所绘制的正投影图称为建筑立面图，简称立面图。反映建筑物正立面、背立面、侧立面特征的正投影图，分别称为正立面图、背立面图和侧立面图，侧立面图又分左侧立面图和右侧立面图。立面图也可以按房屋的朝向命名，如东立面图、西立面图、南立面图、北立面图。此外，立面图还可以用各立面图的两端轴线编号命名，如①～⑦立面图、Ⓑ～Ⓠ立面图等。

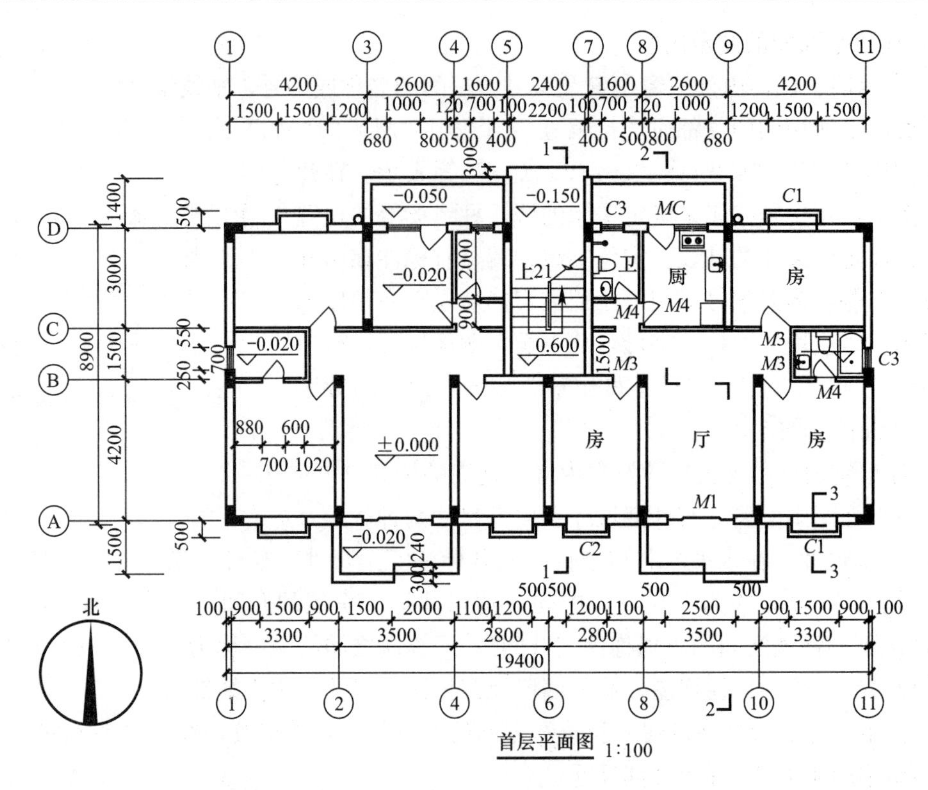


图 3-10 某住宅楼平面图

为使建筑立面图轮廓清晰、层次分明，通常用粗实线表示立面图的最外轮廓线。外形轮廓线以内的细部轮廓，如凸出墙面的雨篷、阳台、柱、窗台、台阶、屋檐的下檐线以及窗洞、门洞等用中粗线画出。其余轮廓如腰线、粉刷线、分格线、落水管以及引出线等均采用细实线画出。地平线用标准粗度的 1.2～1.4 倍的加粗线画出。

2）建筑立面图的图示内容

① 表明建筑物外貌形状、门窗和其他构配件的形状和位置，主要包括室外的地面线、房屋的勒脚、台阶、门窗、阳台、雨篷；室外的楼梯、墙和柱；外墙的预留孔洞、檐口、屋顶、雨水管、墙面修饰构件等。

② 外墙各个主要部位的标高和尺寸

立面图中用标高表示出各主要部位的相对高度，如室内外地面标高、各层楼面标高及檐口标高。相邻两楼面的标高之差即为层高。

立面图中的尺寸是表示建筑物高度方向的尺寸，一般用三道尺寸线表示。最外面一道为建筑物的总高。建筑物的总高是从室外地面到檐口女儿墙的高度。中间一道尺寸线为层高，即下一层楼地面到上一层楼面的高度。最里面一道为门窗洞口的高度及与楼地面的相对位置。

③ 建筑物两端或分段的轴线和编号

在立面图中，一般只绘制两端的轴线及编号，以便和平面图对照确定立面图的观看方向。

④ 标出各个部分的构造、装饰节点详图的索引符号，外墙面的装饰材料和做法。

外墙面装修材料及颜色一般用索引符号表示具体做法。

图 3-11 为某住宅楼立面图。

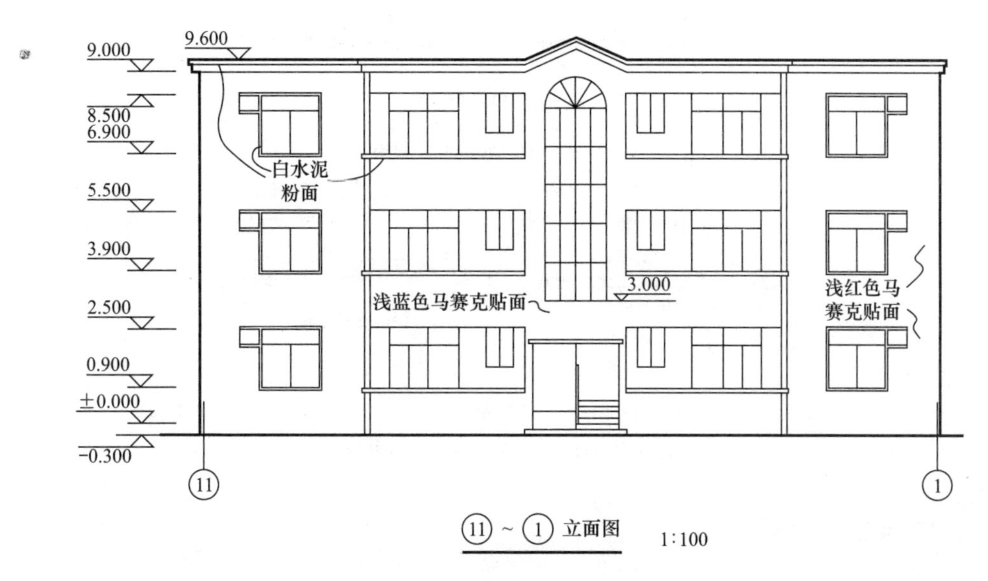


图 3-11 某住宅楼立面图

（4）建筑剖面图

1）建筑剖面图的图示方法

假想用一个或多个垂直于外墙轴线的铅垂剖切平面将房屋剖开，移去靠近观察者的部分，对留下部分所作的正投影图称为建筑剖面图，简称剖面图。

剖面图一般表示房屋在高度方向的结构形式。凡是被剖切到的墙、板、梁等构件的断面轮廓线用粗实线表示，而没有被剖切到的其他构件的轮廓线，则常用中实线或细实线表示。

2）建筑剖面图的图示内容

① 墙、柱及其定位轴线。与建筑立面图一样，剖面图中一般只需画出两端的定位轴线及编号，以便与平面图对照。需要时也可以注出中间轴线。

② 室内底层地面、地沟、各层的楼面、顶棚、屋顶、门窗、楼梯、阳台、雨篷、墙洞、防潮层、室外地面、散水、脚踢板等能看到的内容。

③ 各个部位完成面的标高，包括室内外地面、各层楼面、各层楼梯平台、檐口或女儿墙顶面、楼梯间顶面、电梯间顶面等部位。

④ 各部位的高度尺寸。建筑剖面图中高度方向的尺寸包括外部尺寸和内部尺寸。外部尺寸的标注方法与立面图相同，包括三道尺寸：门、窗洞口的高度，层间高度，总高度。内部尺寸包括地坑深度、隔断、搁板、平台、室内门窗等的高度。

⑤ 楼面和地面的构造。一般采用引出线指向所说明的部位，按照构造的层次顺序，逐层加以文字说明。

⑥ 详图的索引符号。

建筑剖面图中不能详细表示清楚的部位应引出索引符号，另用详图表示。详图索引符号如图 3-12 所示。

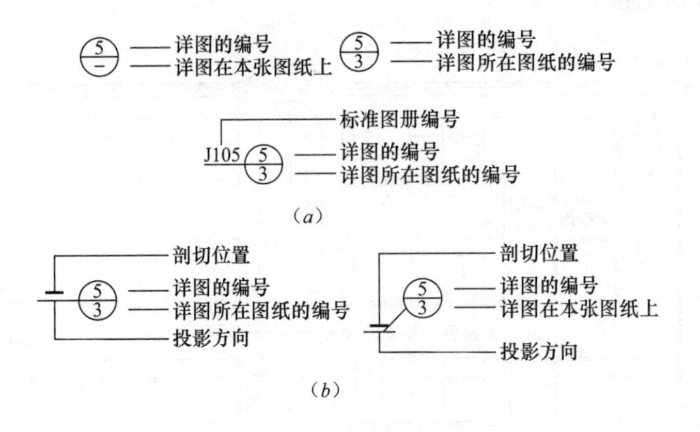


图 3-12　详图索引符号

(a) 详图索引符号；(b) 局部剖切索引符号

图 3-13 为某住宅楼剖面图。

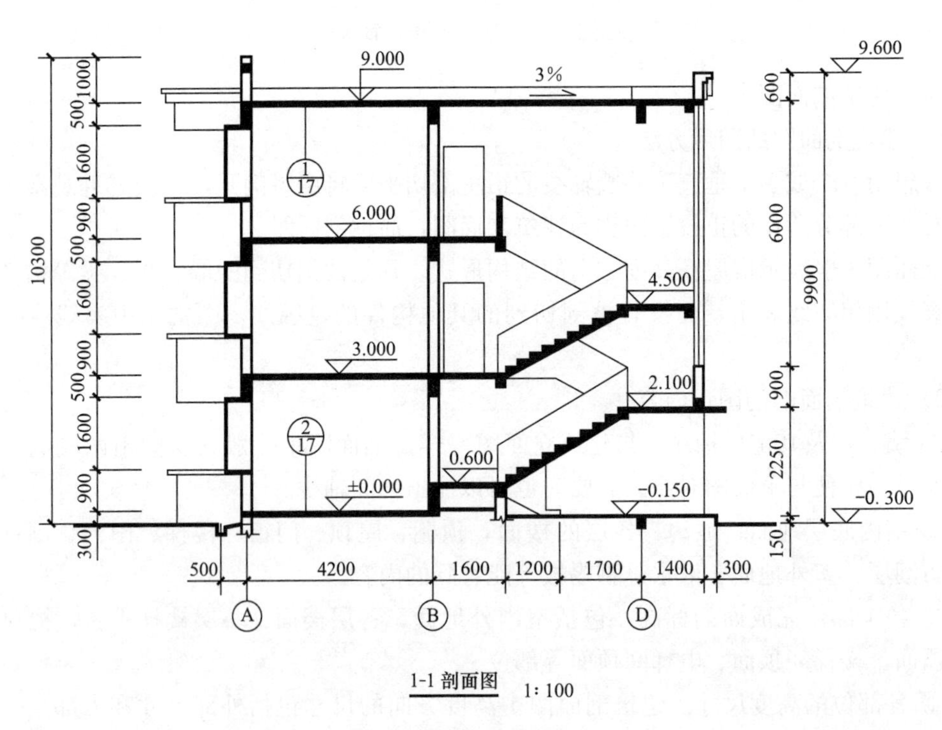


图 3-13　某住宅楼剖面图

(5) 建筑详图

需要绘制详图或局部平面放大图的位置一般包括内外墙节点、楼梯、电梯、厨房、卫生间、门窗、室内外装饰等。

详图符号如图 3-14 所示。

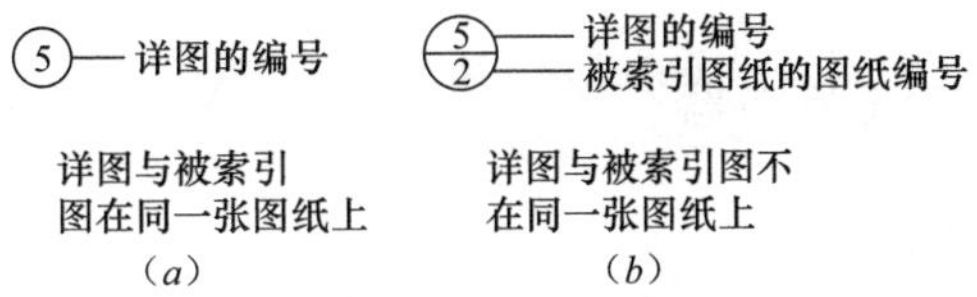

⑤— 详图的编号　　(5/2)— 详图的编号 — 被索引图纸的图纸编号

详图与被索引图在同一张图纸上（a）　　详图与被索引图不在同一张图纸上（b）

图 3-14　详图符号

1）内外墙节点详图

内外墙节点一般用平面和剖面表示。

平面节点详图表示出墙、柱或构造柱的材料和构造关系。

剖面节点详图即外墙身详图。外墙身详图的剖切位置一般设在门窗洞口部位。它实际上是建筑剖面图的局部放大图样，主要表示地面、楼面、屋面与墙体的关系，同时也表示排水沟、散水、勒脚、窗台、窗檐、女儿墙、天沟、排水口等位置及构造做法。外墙身详图可以从室内外地坪、防潮层处开始一直画到女儿墙压顶。实际工程中，为了节省图纸，通常在门窗洞口处断开，或者重点绘制地坪、中间层、屋面处的几个节点，而将中间层重复使用的节点集中到一个详图中表示。

2）楼梯详图

楼梯详图一般包括三部分的内容，即楼梯平面图、楼梯剖面图和节点详图。

① 楼梯平面图

楼梯平面图的形成与建筑平面图一样，即假设用一水平剖切平面在该层往上行的第一个楼梯段中剖切开，移去剖切平面及以上部分，将余下的部分按正投影的原理投射在水平投影面上所得到的图样。因此，楼梯平面图实质上是建筑平面图中楼梯间部分的局部放大。

楼梯平面图必须分层绘制，底层平面图一般剖在上行的第一跑上，因此除表示第一跑的平面外，还能表明楼梯间一层休息平台以下的平面形状。中间相同的几层楼梯，同建筑平面图一样，可用一个图来表示，这个图称为标准层平面图。最上面一层平面图称为顶层平面图，所以，楼梯平面图一般有底层平面图，标准层平面图和顶层平面图三个。

② 楼梯间剖面图

假想用一铅垂剖切平面，通过各层的一个楼梯段，将楼梯剖切开，向另一未剖切到的楼梯段方向进行投影，所绘制的剖面图称为楼梯剖面图。

楼梯间剖面图只需绘制出与楼梯相关的部分，相邻部分可用折断线断开。尺寸需要标注层高、平台、梯段、门窗洞口、栏杆高度等竖向尺寸，并应标注出室内外地坪、平台、平台梁底面的标高。水平方向需要标注定位轴线及编号、轴线间尺寸、平台、梯段尺寸等。梯段尺寸一般用“踏步宽（高）×级数＝梯段宽（高）”的形式表示。

③ 楼梯节点详图

楼梯节点详图一般包括踏步做法详图、栏杆立面做法以及梯段连接、与扶手连接的详图、扶手断面详图等。这些详图是为了弥补楼梯间平、剖面图表达上的不足，而进一步表明楼梯各部位的细部做法。因此，一般采用较大的比例绘制，如1∶1、1∶2、1∶5、1∶10、1∶20等。

## 2. 结构施工图的图示方法及内容

（1）结构施工图的组成

结构施工图一般包括结构设计说明、基础图、结构平面布置图、结构详图等图样。

1）结构设计说明

结构设计说明是带全局性的文字说明，主要针对图形不容易表达的内容，利用文字或表格加以说明。它包括设计依据，工程概况，自然条件，选用材料的类型、规格、强度等级，构造要求，施工注意事项，选用标准图集等。

2）基础图

基础图是建筑物正负零标高以下的结构图，一般包括基础平面图和基础详图。桩基础还包括桩位平面图，工业建筑还包括设备基础布置图。

基础图是施工放线、开挖基槽（坑）、基础施工、计算基础工程量的依据。

3）结构平面布置图

结构平面布置图是房屋承重结构的整体布置图，主要表示结构构件的位置、数量、型号及相互关系。

结构平面布置图包括：

① 楼层结构平面布置图，工业建筑还包括柱网、吊车梁、柱间支撑布置图；

② 屋顶结构平面布置图，工业建筑还包括屋面板、天沟、屋架、屋面支撑系统布置图。

结构平面布置图主要用作预制楼屋盖梁、板安装，现浇楼屋盖现场支模、钢筋绑扎、浇筑混凝土的依据。

4）结构详图

结构详图包括梁、板、柱等构件详图，楼梯详图，屋架详图，模板、支撑、预埋件详图以及构件标准图等。

结构详图主要用作构件制作、安装的依据。

（2）基础图的图示方法及内容

1）基础平面图

① 基础平面图的图示方法

基础平面图是假想用一个水平剖切平面在室内地面处剖切建筑，并移去基础周围的土层，向下投影所得到的图样。

在基础平面图中，只画出基础墙、柱及基础底面的轮廓线，基础的细部轮廓（如大放脚或底板）可省略不画。凡被剖切到的基础墙、柱轮廓线，应画成中实线，基础底面的轮廓线应画成细实线。当基础墙上留有管洞时，应用虚线表示其位置，具体做法及尺寸另用详图表示。当基础中设基础梁和地圈梁时，用粗单点长画线表示其中心线的位置。

凡基础宽度、墙厚、大放脚、基底标高、管沟做法不同时，均以不同的断面图表示。

基础平面图示例如图 3-15 所示。

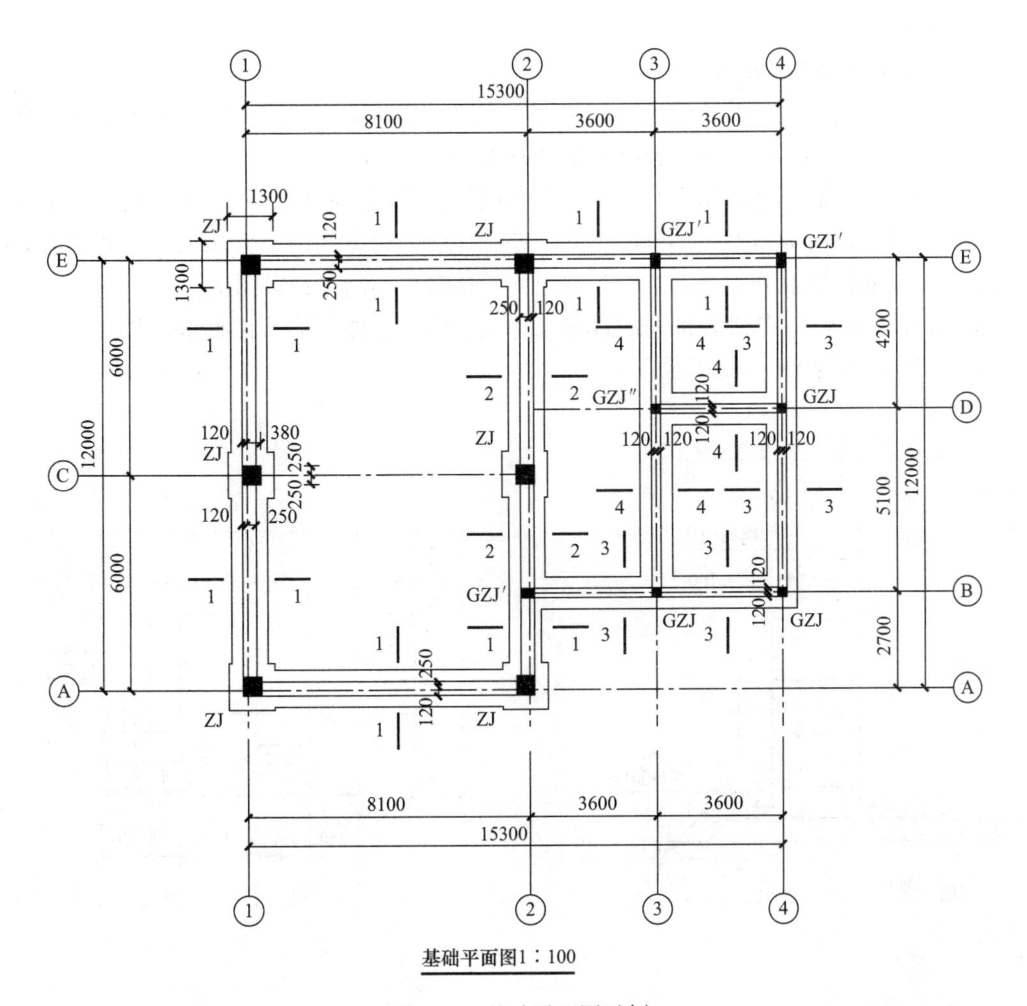


图 3-15　基础平面图示例

② 基础平面图的图示内容

A. 绘出定位轴线、基础构件（包括承台、基础梁等）的位置、尺寸、底标高、构件编号；基础底标高不同时，应绘出放坡示意图；表示施工后浇带的位置及宽度。

基础平面图中的定位轴线网格与建筑平面图中的轴线网格完全相同。

基础平面图的尺寸标注分内部尺寸和外部尺寸两部分。外部尺寸只标注定位轴线的间距和总尺寸。内部尺寸应标注各道墙的厚度、柱的断面尺寸和基础底面的宽度等。

B. 标明砌体结构墙与墙垛、柱的位置与尺寸、编号；混凝土结构可另绘结构墙、柱平面定位图，并注明截面变化关系尺寸。

C. 标明地沟、地坑和已定设备基础的平面位置、尺寸、标高，预留孔与预埋件的位置、尺寸、标高。

D. 采用桩基时，应绘出桩位平面位置、定位尺寸及桩编号。当采用人工复合地基时，应绘出复合地基的处理范围和深度，置换桩的平面布置及其材料和性能要求、构造详图；

注明复合地基的承载力特征值及变形控制值等有关参数和检测要求。

2）基础详图

① 基础详图的图示方法

不同类型的基础，其详图的表示方法有所不同，如条形基础的详图一般为基础的垂直剖面图；独立基础的详图一般应包括平面图和剖面图。

不同构造的基础应分别画出其详图。当基础构造相同，而仅部分尺寸不同时，也可用一个详图表示，但需标出不同部分的尺寸。基础详图的轮廓线用中实线表示，断面内应画出材料图例；对钢筋混凝土基础，则只画出配筋情况，不画出材料图例。

基础详图中需标注基础各部分的详细尺寸及室内、室外、基础底面标高等。

基础详图示例如图 3-16 所示。

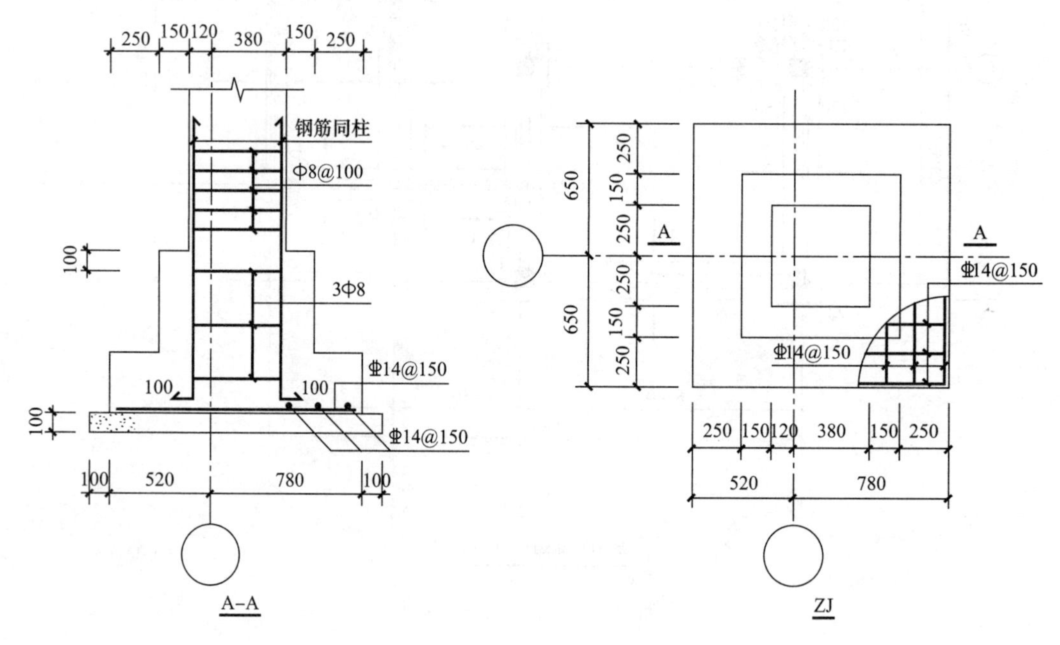


图 3-16　基础详图示例

② 基础详图的图示内容

A. 基础剖面图中轴线及其编号。

B. 基础剖面的形状及详细尺寸。

C. 室内地面及基础底面的标高，外墙基础还需注明室外地坪之相对标高。如有沟槽者尚应标明其构造关系。

D. 钢筋混凝土基础应标注钢筋直径、间距及钢筋编号。现浇基础尚应标注预留插筋、搭接长度与位置及箍筋加密等。

桩基础应绘出桩详图、承台详图及桩与承台的连接构造详图。桩详图包括桩顶标高、桩长、桩身截面尺寸、配筋、预制桩的接头详图。承台详图包括平面、剖面、垫层、配筋，标注总尺寸、分尺寸、标高及定位尺寸。

E. 防潮层的位置及做法，垫层材料等。

（3）结构平面布置图

1）结构平面布置图的图示方法

结构平面布置图是假想沿着楼板面将建筑物水平剖开所作的水平剖面图，主要表示各楼层结构构件（如墙、梁、板、墙、过梁和圈梁等）的平面布置情况，以及现浇楼板、梁的构造与配筋情况及构件之间的结构关系。对于承重构件布置相同的楼层，只画一个结构平面布置图，称为标准层结构平面布置图。

在楼层结构平面图中，外轮廓线用中粗实线表示，被楼板遮挡的墙、柱、梁等用中虚线表示，其他用细实线表示，图中的结构构件用构件代号表示。

结构平面布置图中钢筋混凝土楼板的表达方式，有预制楼板的表达方式和现浇楼板的表达方式两种。

对于预制楼板，用粗实线表示楼层平面轮廓，用细实线表示预制板的铺设，把楼板下不可见墙体用虚线表示。预制楼板平面布置的表达形式如图 3-17 所示。

对于现浇楼板，可以在平面布置图上标出板的名称，然后另外绘制板的配筋图，如图 3-17 中的“B1”；当平面布置图的比例足够大时，也可直接在其上面绘制配筋图。

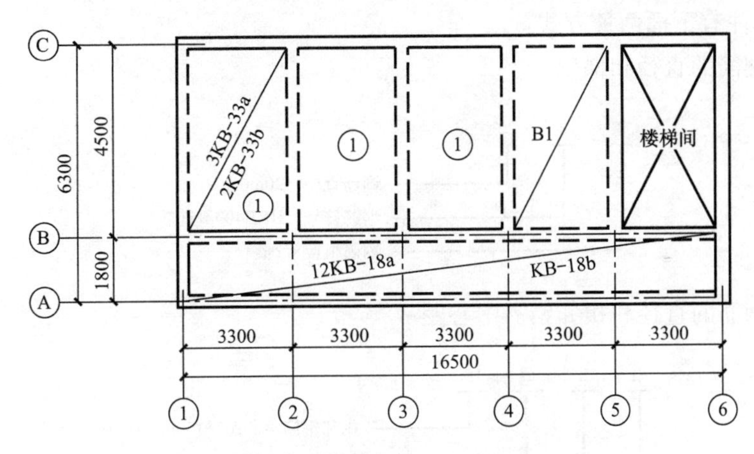


图 3-17　预制楼板平面布置示意图

2）结构平面布置图的图示内容

① 绘出定位轴线及梁、柱、承重墙、抗震构造柱位置及必要的定位尺寸，并注明其编号和楼面结构标高。

② 采用预制板时注明预制板的跨度方向、板号，数量及板底标高，标出预留洞大小及位置；预制梁、洞口过梁的位置和型号、梁底标高。

③ 现浇板应注明板厚、板面标高、配筋（亦可另绘放大的配筋图），有预留孔、埋件、已定设备基础时应示出规格与位置，洞边加强措施，当预留孔、埋件、设备基础复杂时亦可另绘详图；必要时尚应在平面图中表示施工后浇带的位置及宽度；电梯间机房尚应表示吊钩平面位置与详图。

④ 砌体结构有圈梁时应注明位置、编号、标高，可用小比例绘制单线平面示意图。

⑤ 楼梯间可绘斜线注明编号与所在详图号。

⑥ 对屋面结构平面布置图，当结构找坡时应标注屋面板的坡度、坡向、坡向起终点

处的板面标高；当屋面上有预留洞或其他设施时应绘出其位置、尺寸与详图，女儿墙或女儿墙构造柱的位置、编号及详图。

⑦ 当选用标准图中节点或另绘节点构造详图时，应在平面图中注明详图索引号。

（4）结构详图

1）钢筋混凝土构件图

钢筋混凝土构件图主要是配筋图，有时还有模板图和钢筋表。

模板图主要表达构件的外部形状、几何尺寸和预埋件代号及位置。若构件形状简单，模板图可与配筋图画在一起。

钢筋表的设置是为了方便统计材料和识图。其内容一般包括构件名称、数量以及钢筋编号、规格、形状、尺寸、根数、重量等。

配筋图主要表达构件内部的钢筋位置、形状、规格和数量。一般用立面图和剖面图表示。绘制钢筋混凝土构件配筋图时，假想混凝土是透明体，使包含在混凝土中的钢筋“可见”。为了突出钢筋，构件外轮廓线用细实线表示，而主筋用粗实线表示，箍筋用中实线表示，钢筋的截面用小黑圆点涂黑表示。

钢筋的标注有下面两种方式：

① 标注钢筋的直径和根数

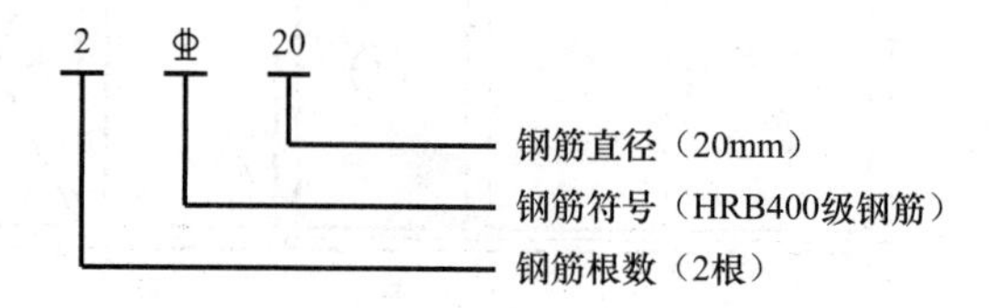


② 标注钢筋的直径和相邻钢筋中心距

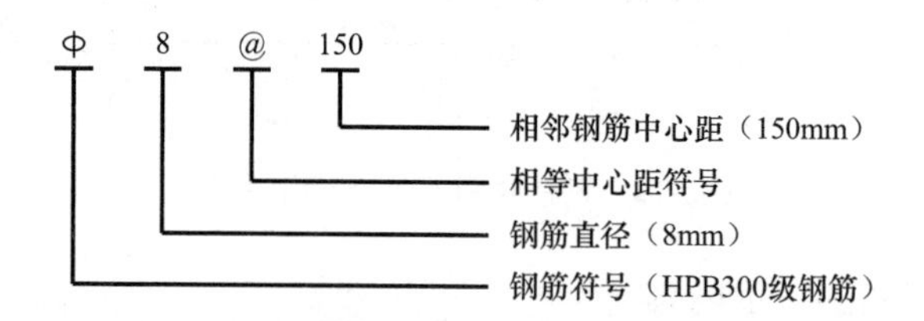


钢筋符号见表 3-5。

**钢筋符号**　　**表 3-5**

| 项　次 | 牌　号 | 符　号 |
|---|---|---|
| 1 | HPB300 | Φ |
| 2 | HRB335<br>HRB400<br>HRB500 | Φ<br>Φ<br>Φ |
| 3 | HRBF335<br>HRBF400<br>HRBF500 | $Φ^F$<br>$Φ^F$<br>$Φ^F$ |
| 4 | RRB400 | $Φ^R$ |

图 3-18 为钢筋混凝土梁配筋图。

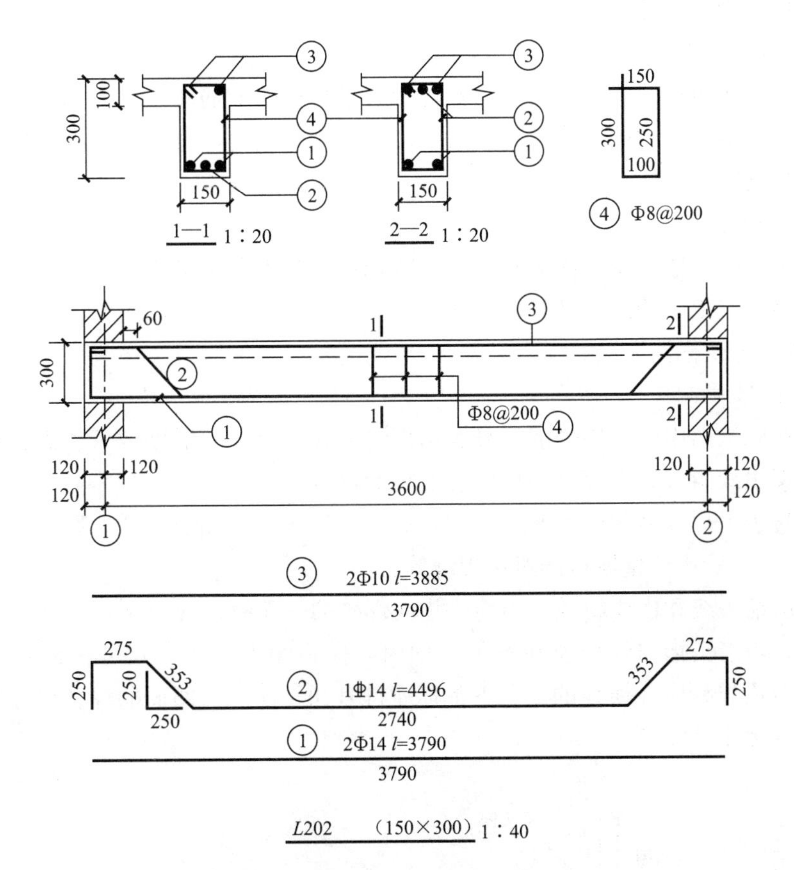


图 3-18 钢筋混凝土梁配筋图示例

2）楼梯结构施工图

楼梯结构施工图包括楼梯结构平面图、楼梯结构剖面图和构件详图。

① 楼梯结构平面图

根据楼梯梁、板、柱的布置变化，楼梯结构平面图包括底层楼梯结构平面图、中间层楼梯结构平面图和顶层楼梯结构平面图。当中间几层的结构布置和构件类型完全相同时，只用一个标准层楼梯结构平面图表示。

在各楼梯结构平面图中，主要反映出楼梯梁、板的平面布置，轴线位置与轴线尺寸，构件代号与编号，细部尺寸及结构标高，同时确定纵剖面图位置。当楼梯结构平面图比例较大时，还可直接绘制出休息平台板的配筋。

钢筋混凝土楼梯的可见轮廓线用细实线表示，不可见轮廓线用细虚线表示，剖切到的砖墙轮廓线用中实线表示，剖切到的钢筋混凝土柱用涂黑表示，钢筋用粗实线表示，钢筋截面用用小黑点表示。

② 楼梯结构剖面图

楼梯结构剖面图是根据楼梯平面图中剖面位置绘出的楼梯剖面模板图。楼梯结构剖面图主要反映楼梯间承重构件梁、板、柱的竖向布置，构造和连接情况；平台板和楼层的标高以及各构件的细部尺寸。

③ 楼梯构件详图

楼梯构件详图包括斜梁、平台梁、梯段板、平台板的配筋图，其表示方法与钢筋混凝土构件施工图表示方法相同。当楼梯结构剖面图比例较大时，也可直接在楼梯结构剖面图上表示梯段板的配筋。

3）现浇板配筋图

现浇板配筋图一般采用平法表示，见本节现浇混凝土有梁楼盖。

（5）钢结构施工图的图例及标注方法

1）焊缝符号及标注方法

① 焊缝符号

在钢结构施工图中，要用焊缝符号表示焊缝形式、尺寸和辅助要求。焊缝符号主要有基本符号和引出线组成，必要时还可以加上辅助符号等。

基本符号表示焊缝横截面的基本形式，如“◿”表示角焊缝；“‖”表示 I 型坡口的对接焊缝；“V”表示 V 型坡口的对接焊缝等。

引出线由箭头线和横线组成。当箭头指向焊缝的一面时，应将图形符号和尺寸标注在横线的上方；当箭头指向焊缝所在的另一面时，应将图形符号和尺寸标注在横线的下方（图 3-19）。双面焊缝应在横线的上、下都标注符号和尺寸；当两面的焊缝尺寸相同时，只需在横线上方标注尺寸。

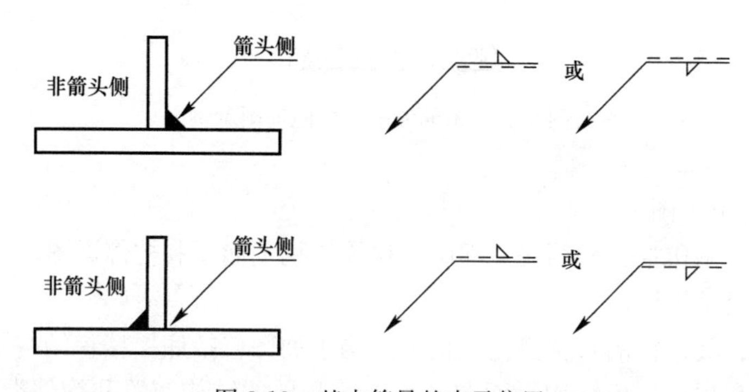


图 3-19　基本符号的表示位置

辅助符号表示对焊缝的辅助要求，如在引出线的转折处绘涂黑的三角形旗号表示现场焊缝，如 K ；在引出线的转折处绘 3/4 圆弧表示相同焊缝；在引出线的转折处绘圆圈表示环绕工作件周围的围焊缝等。

② 焊缝的标注方法

A. 当焊缝分布不规则时，在标注焊缝符号的同时，宜在焊缝处加中粗实线（表示可见焊缝）或加细栅线（表示不可见焊缝），如图 3-20 所示。

B. 在同一张图上，当焊缝的形式、断面尺寸和辅助要求均相同时，可只选择一处标注焊缝的符号和尺寸，并加注“相同焊缝符号”，相同焊缝符号为 3/4 圆弧，绘在引出线的转折处（图 3-21*a*、*b*）。

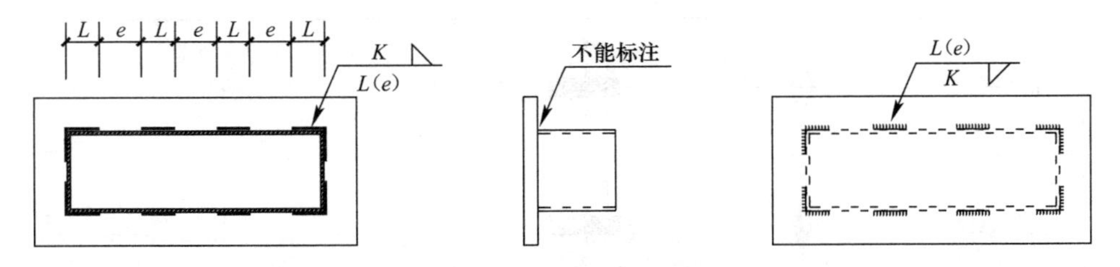


图 3-20 不规则焊缝的标注

同一张图上当有数种相同的焊缝时，可将焊缝分类编号标注。在同一类焊缝中，可选择一处标注焊缝符号和尺寸。分类编号采用大写的拉丁字母（图 3-21*c*）。

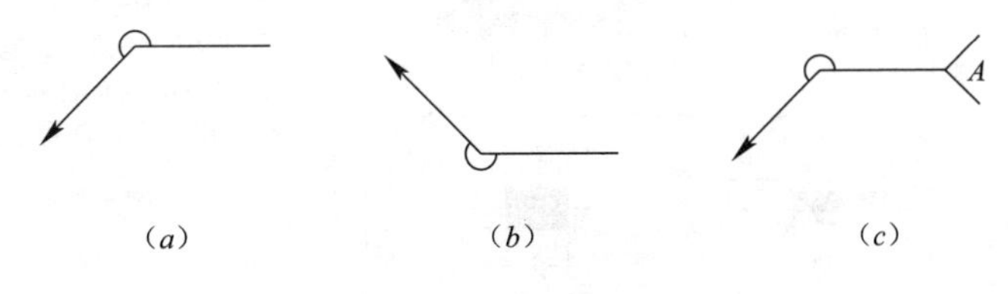


图 3-21 相同焊缝符号

C. 较长的角焊缝，可直接在角焊缝旁标注焊缝尺寸 $K$（图 3-22）。

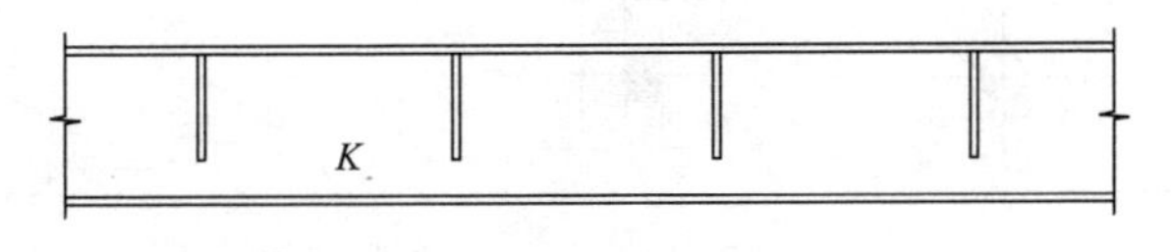


图 3-22 较长角焊缝的标注

D. 局部焊缝的标注方法如图 3-23 所示。

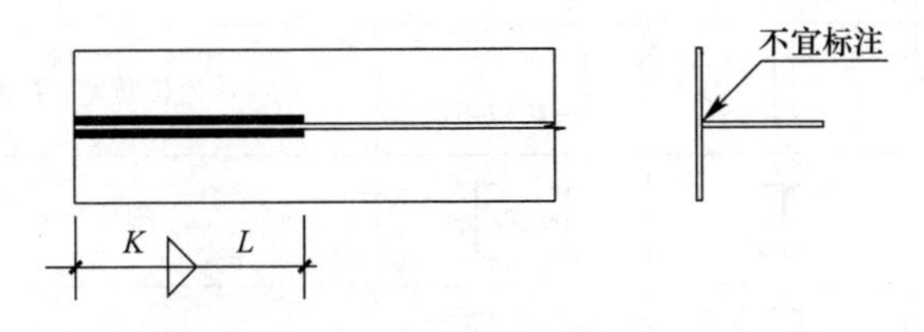


图 3-23 局部焊缝标注方法

2）螺栓连接的图例及标注方法

螺栓、孔、电焊铆钉的图例及标注方法见表 3-6。

3）常见型钢的标注方法

常见型钢的标注方法见表 3-7。

**螺栓、孔、电焊铆钉的图例及标注方法** **表 3-6**

| 序号 | 名称 | 图例 | 说明 |
|---|---|---|---|
| 1 | 永久螺栓 | 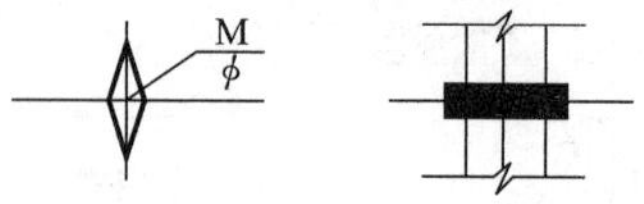 M / $\phi$ | 1. 细"+"线表示定位线；<br>2. M表示螺栓型号；<br>3. $\phi$表示螺栓孔直径；<br>4. $d$表示膨胀螺栓、电焊铆钉直径；<br>5. 采用引出线标注螺栓时，横线上标注螺栓规格，横线下标注螺栓孔直径 |
| 2 | 高强螺栓 | 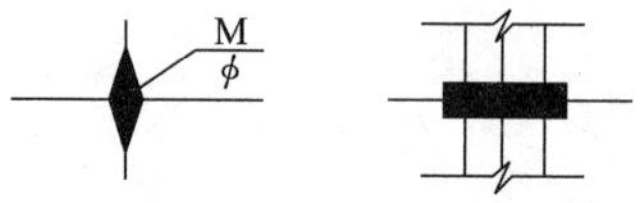 M / $\phi$ | |
| 3 | 安装螺栓 | 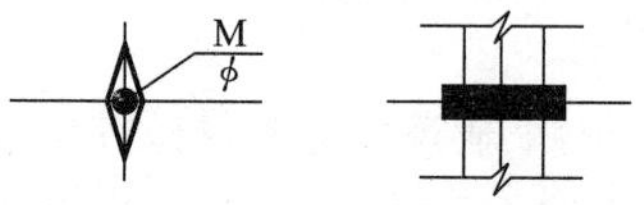 M / $\phi$ | |
| 4 | 胀锚螺栓 | 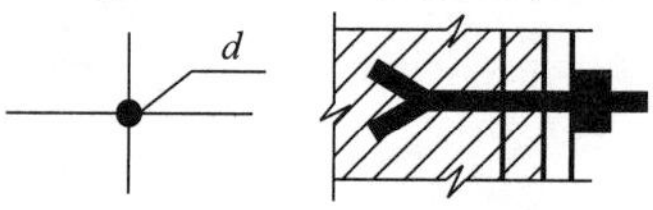 $d$ | |
| 5 | 圆形螺栓孔 | 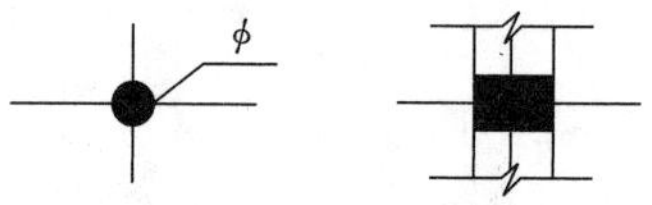 $\phi$ | |
| 6 | 长圆形螺栓孔 | 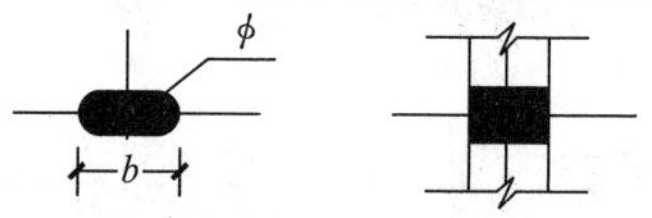 $\phi$, $b$ | |
| 7 | 电焊铆钉 | 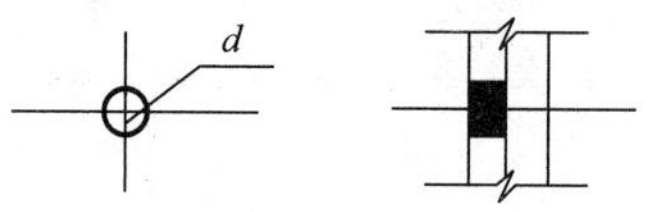 $d$ | |

**常见型钢的标注方法** **表 3-7**

| 序号 | 名称 | 截面 | 标注 | 说明 |
|---|---|---|---|---|
| 1 | 等边角钢 |  | $b\times t$ | $b$为肢宽；<br>$t$为肢厚 |
| 2 | 不等边角钢 |  $B$ | $B\times b\times t$ | $B$为长肢宽；$b$为短肢宽；$t$为肢厚 |
| 3 | 工字钢 |  | N Q N | 轻型工字钢加注Q字，N为工字钢的型号 |
| 4 | 槽钢 | 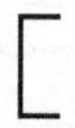 | N Q N | 轻型槽钢加注Q字，N为槽钢的型号 |
| 5 | 方钢 | 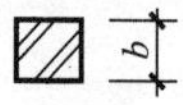 $b$ | $b$ | |
| 6 | 扁钢 | 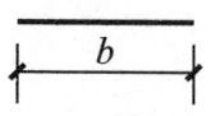 $b$ | $-b\times t$ | |
| 7 | 钢板 | | $\frac{-b\times t}{l}$ | $\frac{宽\times厚}{板长}$ |

续表

| 序　号 | 名　称 | 截　面 | 标　注 | 说　明 |
|---|---|---|---|---|
| 8 | 圆钢 | ⊘ | $\phi\ d$ | |
| 9 | 钢管 | ○ | $DN\times\times$<br>$d\times t$ | 内径<br>外径×壁厚 |

（6）混凝土结构平法施工图的制图规则

混凝土结构施工图平面整体设计方法（简称平法）是将结构构件的尺寸和配筋，按照平面整体表示方法制图规则，整体直接表达在结构平面布置图上，再与标准构造详图配合，即构成一套新型完整的结构设计图纸。

按平面整体设计方法设计的结构施工图通常简称平法施工图。我国关于混凝土结构平法施工图的国家建筑标准设计图集为《混凝土结构施工图平面整体表示方法制图规则和构造详图》G101 系列图集，现行版本为：

① 11 G101-1（现浇混凝土框架、剪力墙、梁、板）；

② 11 G101-2（现浇混凝土板式楼梯）；

③ 11 G101-3（独立基础、条形基础、筏形基础及桩基承台）。

下面只介绍独立基础、柱、梁、有梁楼板和板式楼梯平法施工图的制图规则。

1）独立基础

独立基础平法施工图，有平面注写与截面注写两种表达方式。

① 独立基础的平面注写方式

独立基础的平面注写方式，分为集中标注和原位标注两部分内容。

A. 集中标注

集中标注，系在基础平面图上集中引注：基础编号、截面竖向尺寸、配筋三项必注内容，以及基础底面标高（与基础底面基准标高不同时）和必要的文字注解两项选注内容。

独立基础编号按表 3-8 的规定。

**独立基础编号** **表 3-8**

| 类　型 | 基础底板截面形状 | 代　号 | 序　号 |
|---|---|---|---|
| 普通独立基础 | 阶形 | $DJ_J$ | ×× |
| | 坡形 | $DJ_P$ | ×× |
| 杯形独立基础 | 阶形 | $BJ_J$ | ×× |
| | 坡形 | $BJ_P$ | ×× |

阶形截面普通独立基础竖向尺寸的标注形式为 $h_1/h_2/h_3$（图 3-24）。例如，独立基础 $DJ_J$××的竖向尺寸注写为 300/300/400 时，表示 $h_1=300$、$h_2=300$、$h_3=400$，基础底板总厚度为 1000。

图 3-25 为独立基础底板底部双向配筋示意。图中 B：X⌀16@150，Y⌀16@200；表示基础底板底部配置 HRB335 级钢筋，X 向直径为⌀16，分布间距 150mm；Y 向直径为⌀16，分布间距 200mm。

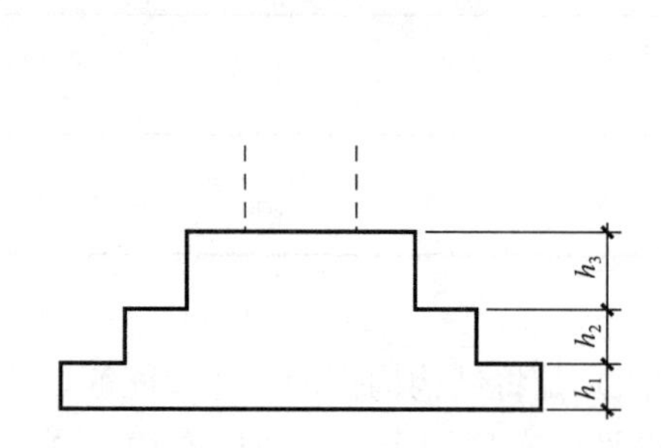


图 3-24　阶形截面普通独立基础竖向尺寸

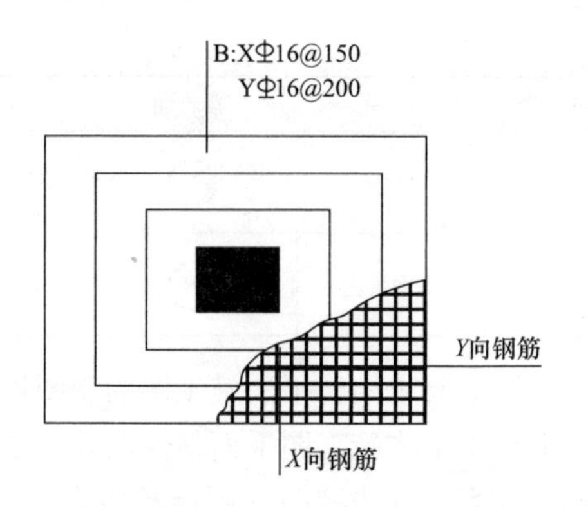


图 3-25　独立基础底板底部双向配筋示意

B. 原位标注

钢筋混凝土和素混凝土独立基础的原位标注，系在基础平面布置图上标注独立基础的平面尺寸。

图 3-26 为阶形截面普通独立基础原位标注。其中，$x$，$y$ 为普通独立基础两向边长，$x_c$、$y_c$为柱截面尺寸，$x_i$、$y_i$ 为阶宽或坡形平面尺寸。

图 3-27 为普通独立基础平面注写方式施工图示例。

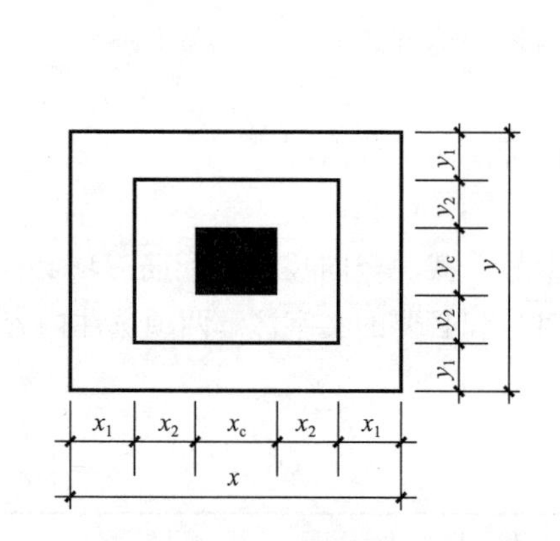


图 3-26　阶形截面普通独立基础原位标注

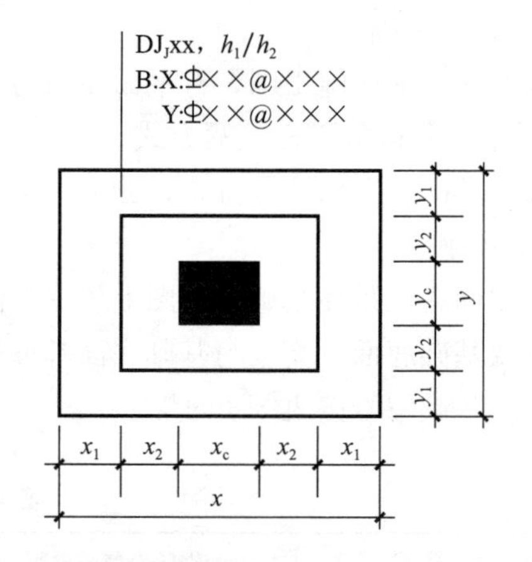


图 3-27　普通独立基础平面注写方式施工图示意

② 独立基础的截面注写方式

独立基础的截面注写方式，可分为截面标注和列表注写（结合截面示意图）两种表达方式。

2）柱

柱平法施工图有两种表示方法，一种是列表注写方式，另一种是截面注写方式。

① 列表注写方式

列表注写方式就是在柱平面布置图上，分别在同一编号的柱中选择一个截面标注几何参数代号，然后在柱表中注写柱号、柱段起止标高、几何尺寸与配筋的具体数值，并配以各种柱截面形状及箍筋类型图的方式，来表达柱平法施工图。

A. 柱编号。柱编号由类型代号和序号组成，见表 3-9。

**柱的编号**　**表 3-9**

| 柱类型 | 代　号 | 序　号 | 柱类型 | 代　号 | 序　号 |
|---|---|---|---|---|---|
| 框架柱 | KZ | ×× | 梁上柱 | LZ | ×× |
| 框支柱 | KZZ | ×× | 剪力墙柱 | QZ | ×× |
| 芯柱 | XZ | ×× | | | |

B. 各段柱的起止标高。自柱根部往上以变截面位置或截面未变但配筋改变处为界分段注写。框架柱和框支柱的根部标高是指基础顶面标高；芯柱的根部标高是指根据结构实际需要而定的起始位置标高；梁上柱的根部标高是指梁顶面标高；剪力墙的根部标高分两种：当柱纵筋锚固在墙顶部时，其根部标高为墙顶面标高；当柱与剪力墙重叠一层时，其根部标高为墙顶面往下一层的结构层楼面标高。

C. 几何尺寸。不仅要标明柱截面尺寸 $b\times h$（圆柱用直径数字前加 $d$ 表示），而且还要标明柱截面与轴线的关系。

当柱的总高、分段截面尺寸和配筋均对应相同，仅仅截面与轴线的关系不同时，仍可将其编为同一柱号，另在图中注明截面与轴线的关系即可。

D. 柱纵筋。当柱纵筋直径相同，各边根数也相同时，将柱纵筋注写在“全部纵筋”一栏中，除此之外，柱纵筋分角筋、截面 $b$ 边中部筋和 $h$ 边中部筋三项分别注写（对称配筋的矩形截面柱，可仅注写一侧中部筋）。

E. 箍筋类型号和箍筋肢数。选择对应的箍筋类型号（在此之前要对绘制的箍筋分类图编号），在类型号后续注写箍筋肢数（注写在括号内）。

F. 柱箍筋。包括钢筋级别、直径与间距。当箍筋分为加密区和非加密区时，用斜线“/”区分柱端箍筋加密区与柱身非加密区长度范围内箍筋的不同间距。当箍筋沿柱高全高为一种间距时，则不使用“/”。当框架节点核芯区内箍筋与柱箍筋设置不同时，在括号内注明核芯区箍筋直径及间距。当圆柱采用螺旋箍筋时，需在箍筋前加“L”。例如：

Φ8@100，表示沿柱全高范围内箍筋为 HPB300 钢筋，直径 8mm，间距 100mm。

Φ8@100/200，表示柱箍筋为 HPB300 钢筋，直径 8mm，加密区间距 100mm，非加密区间距 200mm。

Φ8@100/200（ϕ10@100），表示柱中箍筋为 HPB300 钢筋，直径 8mm，加密区间距 100mm，非加密区间距 200mm；框架节点核芯区箍筋为 HPB300 钢筋，直径 10mm，间距 100mm。

LΦ8@100/200，表示柱箍筋为 HPB300 钢筋，螺旋箍筋，直径 8mm，加密区间距 100mm，非加密区间距 200mm。

图 3-28 为柱列表注写方式示例。

② 截面注写方式

柱截面注写方式，是在柱平面布置图的柱截面上，分别在同一编号的柱中选择一个截面，直接在该截面上注写截面尺寸和配筋具体数值。具体做法如下：

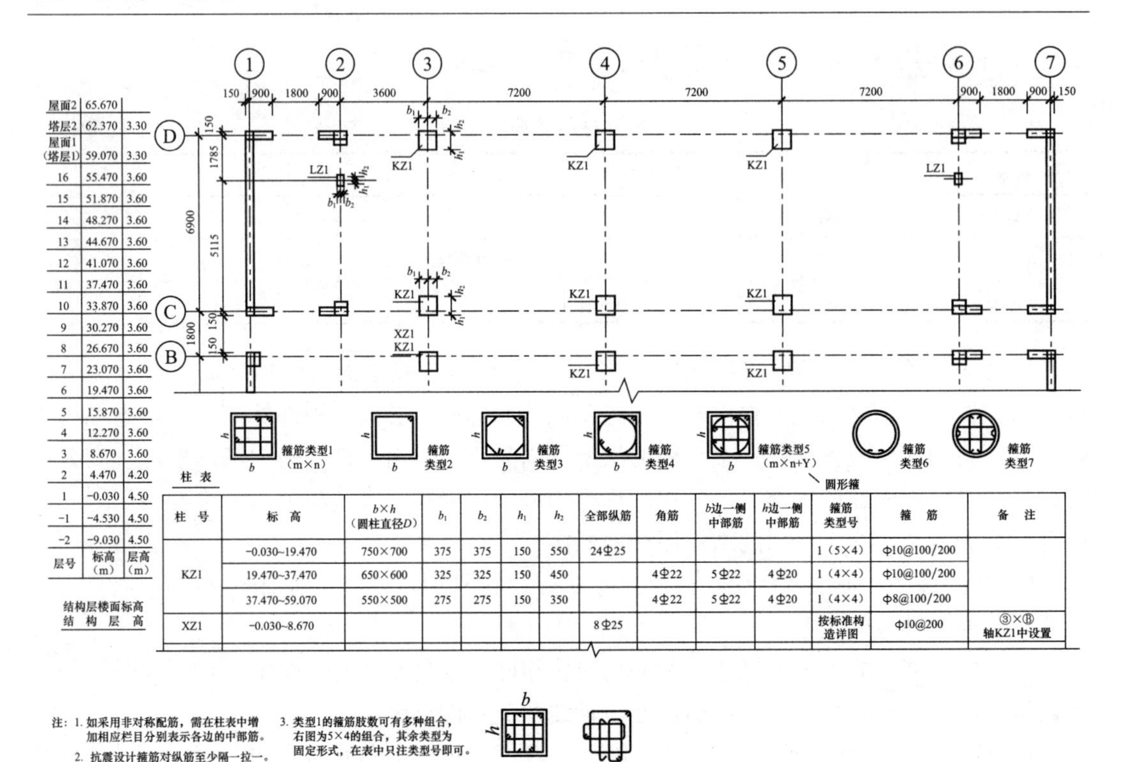

| 层号 | 标高（m） | 层高（m） |
|---|---|---|
| 屋面2 | 65.670 | |
| 塔层2 | 62.370 | 3.30 |
| 屋面1（塔层1） | 59.070 | 3.30 |
| 16 | 55.470 | 3.60 |
| 15 | 51.870 | 3.60 |
| 14 | 48.270 | 3.60 |
| 13 | 44.670 | 3.60 |
| 12 | 41.070 | 3.60 |
| 11 | 37.470 | 3.60 |
| 10 | 33.870 | 3.60 |
| 9 | 30.270 | 3.60 |
| 8 | 26.670 | 3.60 |
| 7 | 23.070 | 3.60 |
| 6 | 19.470 | 3.60 |
| 5 | 15.870 | 3.60 |
| 4 | 12.270 | 3.60 |
| 3 | 8.670 | 3.60 |
| 2 | 4.470 | 4.20 |
| 1 | -0.030 | 4.50 |
| -1 | -4.530 | 4.50 |
| -2 | -9.030 | 4.50 |

结构层楼面标高
结构层高

柱表

| 柱号 | 标高 | $b\times h$（圆柱直径$D$） | $b_1$ | $b_2$ | $h_1$ | $h_2$ | 全部纵筋 | 角筋 | $b$边一侧中部筋 | $h$边一侧中部筋 | 箍筋类型号 | 箍筋 | 备注 |
|---|---|---|---|---|---|---|---|---|---|---|---|---|---|
| KZ1 | -0.030~19.470 | 750×700 | 375 | 375 | 150 | 550 | 24Φ25 | | | | 1（5×4） | Φ10@100/200 | |
| | 19.470~37.470 | 650×600 | 325 | 325 | 150 | 450 | | 4Φ22 | 5Φ22 | 4Φ20 | 1（4×4） | Φ10@100/200 | |
| | 37.470~59.070 | 550×500 | 275 | 275 | 150 | 350 | | 4Φ22 | 5Φ22 | 4Φ20 | 1（4×4） | Φ8@100/200 | |
| XZ1 | -0.030~8.670 | | | | | | 8Φ25 | | | | 按标准构造详图 | Φ10@200 | ③×Ⓑ轴KZ1中设置 |



图 3-28 柱列表注写方式示例

对所有柱编号，从相同编号的柱中选择一个截面，按另一种比例原位放大绘制柱截面配筋图，并在配筋图上依次注明编号、截面尺寸 $b\times h$、角筋或全部纵筋（当纵筋采用一种直径且能够图示清楚时）及箍筋的具体数值。当纵筋采用两种直径时，须再注写截面各边中部筋的具体数值；对称配筋的矩形截面柱，可只在一侧注写中部筋。箍筋注写方式与梁箍筋注写方式相同，如图 3-29 所示。

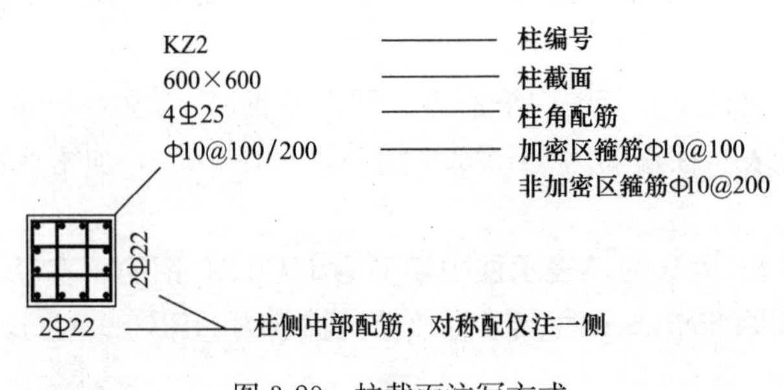


图 3-29 柱截面注写方式

图 3-30 为柱截面注写方式示例。

3）梁

梁平法施工图是在梁平面布置图上采用平面注写方式或截面注写方式表达。

和柱相同，采用平法表示梁的施工图时，需要对梁进行分类与编号，其编号应符合表 3-10 的规定。

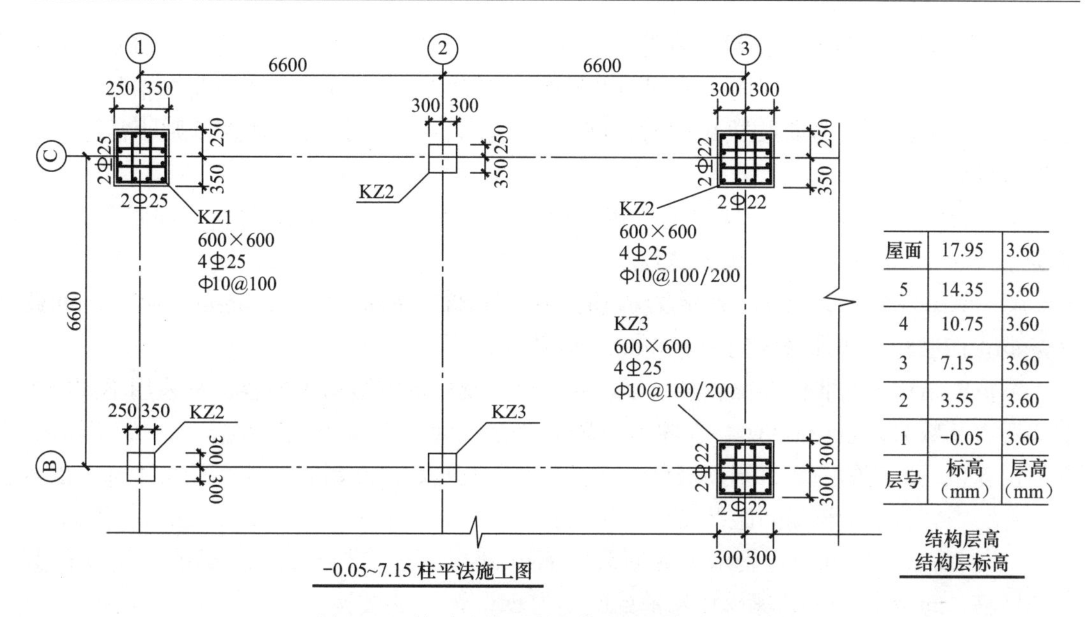


图 3-30 柱平法施工图（截面注写方式）示例

**梁编号** **表 3-10**

| 梁类型 | 代　号 | 序　号 | 跨数及是否带有悬挑 | 备　注 |
|---|---|---|---|---|
| 楼层框架梁 | KL | ×× | (××)、(××A) 或 (××B) | (××A) 为一端悬挑，(××B) 为两端悬挑，悬挑不计入跨数，如 KL7 (5A) 表示 7 号框架梁，5 跨，一端有悬挑 |
| 屋面框架梁 | WKL | ×× | (××)、(××A) 或 (××B) | |
| 框支梁 | KZL | ×× | (××)、(××A) 或 (××B) | |
| 非框架梁 | L | ×× | (××)、(××A) 或 (××B) | |
| 悬挑梁 | XL | ×× | | |
| 井字梁 | JZL | ×× | (××)、(××A) 或 (××B) | |

① 平面注写方式

平面注写方式包括集中标注与原位标注两部分。集中标注表达梁的通用数值，原位标注表达梁的特殊数值。当集中的某项数值不适用于梁的某部位时，则将该项数原位标注，施工时原位标注取值优先。

A. 集中标注

集中标注的形式如图 3-31 所示。

KL-1(3)300×600 —— 梁编号(跨数)截面宽×高

Φ8@100/200(2) —— 箍筋直径、加密区间距/非加密区间距(箍筋肢数)

2Φ25 —— 通长筋根数、直径

G2Φ12 —— 构造钢筋根数、直径

(−0.05) —— 梁顶标高与结构层标高的差值，负号表示低于结构层标高

图 3-31 集中注写的形式

a. 梁截面标注规则。当梁为等截面时，用 $b\times h$ 表示。

b. 箍筋的标注规则。梁箍筋标注内容包括钢筋级别、直径、加密区与非加密区间距及肢数。加密区与非加密区的不同间距及肢数，用斜线“/”分隔，肢数写在括号内；当加密区与非加密区的箍筋肢数相同时，则将肢数注写一次；如果无加密区则不需用斜线“/”。例如：

Φ8@100/200(4)，表示梁箍筋采用 HPB300 钢筋，直径 8mm，加密区间距 100mm，非加密区间距 200mm，全部为 4 肢箍。

Φ8@100(4)/150(2)，表示梁箍筋采用 HPB300 钢筋，直径 8mm；加密区间距 100mm，四肢箍；非加密区间距 150mm，双肢箍。

当抗震结构中的非框架梁、悬挑梁、井字梁，及非抗震结构中的各类梁采用不同的箍筋间距和肢数时，也用斜线“/”将其分隔开表示。注写时，先注写梁支座端部的箍筋，注写内容包括箍筋的箍数、钢筋级别、直径、间距及肢数；在斜线后注写梁跨中部分的箍筋，注写内容包括为箍筋间距及肢数。例如：

13Φ8@150/200(4)，表示梁箍筋采用 HPB300 钢筋，直径 8mm；梁的两端各有 13 个四肢箍，间距 150mm；梁跨中箍筋的间距为 200mm，四肢箍。

13Φ8@150(4)/150(2)，表示梁箍筋采用 HPB300 钢筋，直径 8mm；梁两端各有 13 个Φ8 的四肢箍，间距 150mm；梁跨中箍筋为双肢箍，间距为 150mm。

c. 梁上部通长钢筋或架立筋标注规则。在梁上部既有通长钢筋又有架立筋时，用“+”号相连标注，并将角部纵筋写在“+”号前面，架立筋写在“+”号后面并加括号。若梁上部仅有架立筋而无通长钢筋，则全部写入括号内。例如 2Φ22+(2Φ12)，表示 2Φ22 为通长筋，2Φ12 为架立钢筋。

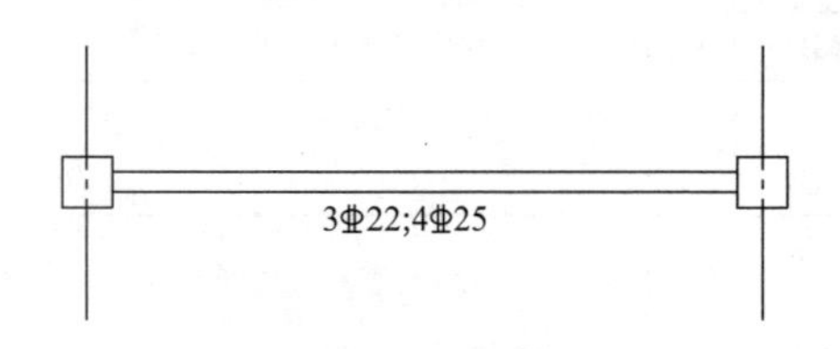


图 3-32　上部、下部纵筋均为通长筋的表示

当梁的上部纵向钢筋和下部纵向钢筋均为通长筋，且多数跨配筋相同时，此项可加注下部纵筋的配筋值。其方法是，用分号“;”将上部纵筋和下部纵筋隔开，上部纵筋写在“;”前面。当少数跨不同时，则将该项数值原位标注。图 3-32 表示梁上部为 3Φ22 通长筋，梁下部为 4Φ25 通长筋。

d. 梁侧钢筋的标注规则。梁侧钢筋分为梁侧纵向构造钢筋（即腰筋）和受扭纵筋。构造钢筋用大写字母 G 打头，接着标注梁两侧的总配筋量，且对称配置。例如 G4ϕ12，表示在梁的两侧各配 2ϕ12 构造钢筋。受扭纵筋用 N 打头。例如 N6Φ18，表示梁的两侧各配置 3Φ18 的纵向受扭钢筋。

e. 梁顶标高高差的标注规则。梁顶标高高差是指梁顶相对于结构层楼面标高的高差值，对于位于结构夹层的梁，则指相对于结构夹层楼面标高的高差。若梁顶与结构层存在高差时，则将高差值标入括号内，梁顶高于结构层时标为正值，反之为负值。当梁顶与相应的结构层标高一致时，则不标此项。例如（－0.05）表示梁顶低于结构层 0.05m，(0.05) 表示梁顶高于结构层 0.05m。

B. 原位标注

a. 梁支座上部纵筋

该部位标注包括梁上部的所有纵筋，即包括通长筋在内。

当梁上部纵筋不止一排时用斜线“/”将各排纵筋从上自下分开。如 6⏀25（4/2），表示共有钢筋 6⏀25，上一排 4⏀25，下一排 2⏀25。

当同排纵筋有两种直径时，用加号“＋”将两种规格的纵筋相连表示，并将角部钢筋写在“＋”号前面。例如 2⏀25＋2⏀22 表示共有 4 根钢筋，2⏀25 放在角部，2⏀22 放在中部。

当梁中间支座两边的上部纵筋不同时，须在支座两边分别标注；当梁中间支座两边的上部纵筋相同时，可仅在支座一边标注，另一边可省略标注。

b. 梁下部纵向钢筋

当梁下部纵向钢筋多于一排时，用“/”号将各排纵向钢筋自上而下分开。当同排纵筋有两种直径时，用“＋”号相连，角筋写在“＋”前面。当梁下部纵向钢筋不全部伸入支座时，将梁支座下部纵筋减少的数量写在括号内。

例如梁下部注写为 6⏀25（2/4）表示梁下部纵向钢筋为两排，上排为 2⏀25，下排为 4⏀25，全部钢筋伸入支座。

例如梁下部注写为 6⏀25 2（−2）/4 表示梁下部为双排配筋，其中上排 2⏀25 不伸入支座，下排 4⏀25 全部伸入支座。

当梁上部和下部均为通长钢筋，而在集中标注时已经注明，则不需在梁下部重复做原位标注。

c. 附加箍筋或吊筋

附加箍筋和吊筋的标注，将其直接画在平面图的主梁上，用引出线标注总配筋值（附加箍筋的肢数注在括号内），如图 3-33 所示。当多数附加箍筋和吊筋相同时，可在梁平法施工图上统一注明，少数与统一注明值不同时，再原位引注。

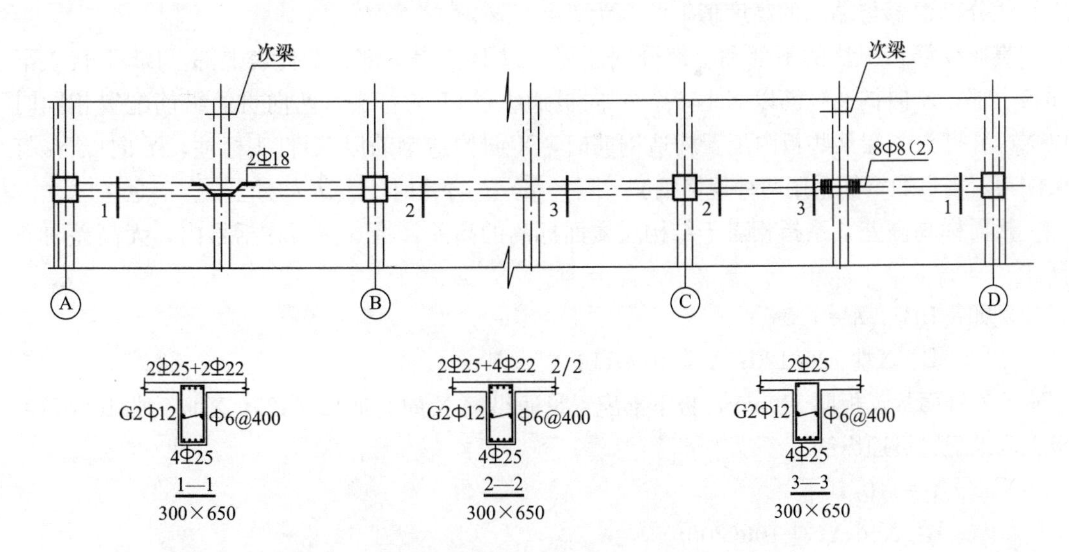


图 3-33 梁附加箍筋和吊筋的标注及截面注写方式

d. 当在梁上集中标注的内容不适用于某跨时，则采用原位标注的方法标注此跨内容，施工时原位标注优先采用。

② 截面注写方式

梁的截面注写方式是在分标准层绘制的梁平面布置图上，分别在不同编号的梁中各选择一根梁用剖面号引出配筋图，并在剖面上注写截面尺寸和配筋的具体数值的方式。这种表达方式适用于表达异形截面梁的尺寸与配筋，或平面图上梁距较密的情况，如图 3-34 所示。

截面注写方式可以单独使用，也可以与平面注写方式结合使用。当然当梁距较密时也可以将较密的部分按比例放大采用平面注写方式。

4）现浇混凝土有梁楼盖板

板平面注写主要包括：板块集中标注和板支座原位标注。

① 板块集中标注

板块集中标注的内容为：板块编号、板厚、贯通纵筋、当板面标高不同时的标高高差。

板块编号按表 3-11 的规定。

**板块编号** **表 3-11**

| 板类型 | 代　号 | 序　号 |
|---|---|---|
| 楼面板 | LB | ×× |
| 屋面板 | WB | ×× |
| 延伸纯悬挑板 | YXB | ×× |
| 悬挑板 | XB | ×× |

注：延伸悬挑板的上部受力钢筋应与相邻跨内板的上部纵筋连通配置。

板厚注写为 $h$=×××（为垂直于板面的厚度）；当悬挑板的端部改变截面厚度时，用斜线分隔根部与端部的高度值，注写为 $h$=×××/×××。

贯通纵筋按板块的下部和上部分别注写，以 B 代表下部、T 代表上部，B&T 代表下部与上部；X 向贯通纵筋以 X 打头，Y 向贯通纵筋以 Y 打头，两向贯通纵筋配置相同时以 X&Y 打头。在某些板内配置构造钢筋时，X 向构造钢筋以 $X_C$ 打头标注，Y 向以 $Y_C$ 打头注写。当贯通钢筋采用两种规格钢筋“隔一布一”方式时，表达为 ϕ××/××@×××。

板面标高高差，系指相对于结构层楼面标高的高差，将其注写在括号内，无高差时不标注。

例如　LB5　$h$=110

　　　　B：X⏀12@120；Y⏀10@110

表示 5 号楼面板，板厚 110mm，板下部配置贯通纵筋 X 向为⏀12@120，Y 向为⏀10@110，板上部未配置贯通纵筋。

XB5　$h$=110/70

　　　　B：Xc&Yc⏀10@200

表示 5 号悬挑板，根部厚 110mm，端部厚 70mm，板下部双向均配置构造钢筋⏀10@200。

② 板支座原位标注

板支座原位标注的内容为：板支座上部非贯通纵筋和悬挑板上部受力钢筋。

如图 3-34 所示，图中以一段适宜长度、垂直于板支座的中粗实线代表支座上部非贯通纵筋，线段上方注写钢筋编号、配筋值及横向连续布置的跨数（注写在括号内，当为一跨时可不注），以及是否横向布置到梁的悬挑端。板支座上部非贯通筋自支座中线向跨内的延伸长度，注写在线段的下方。若中间支座上部非贯通纵筋向支座两侧对称延伸时，可仅在支座一侧线段下方标注延伸长度，如图 3-34（*a*）；若为向支座两侧非对称延伸时，应分别在支座两侧线段下方注写延伸长度，如图 3-34（*b*）；贯通全跨或延伸至全悬挑一侧的长度值不注，只注明非贯通筋另一侧的延伸长度值，如图 3-34（*c*）、（*d*）所示。

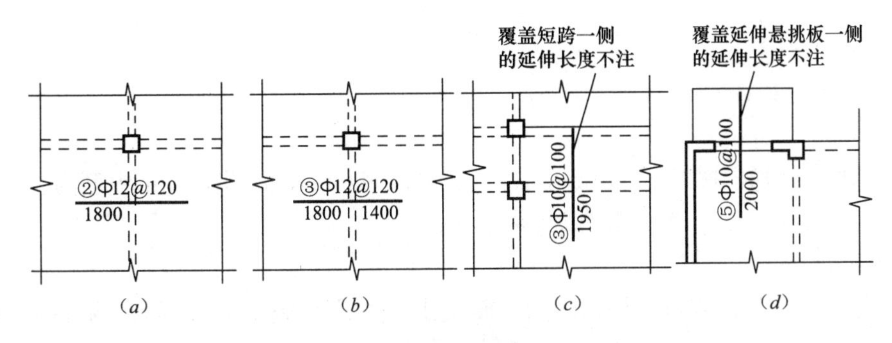


图 3-34 板支座原位标注

5）现浇混凝土板式楼梯

现浇混凝土板式楼梯平法施工图有平面注写、剖面注写和列表注写三种表达方式。

① 梯段板的类型

G101-2 图集中包含 11 种类型的楼梯，梯板类型代号依次为 AT、BT、CT、DT、ET、FT、GT、HT、Ata、ATb、ATc，常用的三种类型如图 3-35 所示。

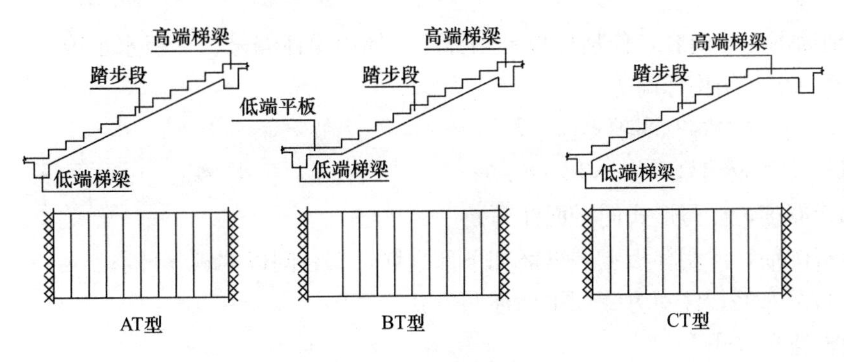


图 3-35 AT、BT、CT 型梯段板的形状及支座位置

② 平面注写方式

平面注写方式，是在楼梯平面布置图上注写截面尺寸和配筋具体数值的方式来表达楼梯施工图。包括集中标注和外围标注。

A. 集中标注

集中标注的内容及注写方式如下：

a. 梯板类型代号与序号，如 AT××；

b. 梯板厚度，注写为 $h$=×××。当为带平板的梯板，且梯段板厚度与平板厚度不同时，可在梯段板厚度后面括号内以字母 $P$ 打头注写平板厚度。例如 $h$=100（$P$=120），表示梯段板厚 100mm，梯板平板段厚 110mm。

c. 踏步段总高度和踏步级数，二者间以“/”分隔；

d. 梯板支座上部纵筋和下部纵筋，二者间以“；”分隔；

e. 梯板分布筋，以 F 打头注写分布钢筋具体数值。该项可以在图中统一说明，此处不注。

例如

AT3，$h$=100

1800/12

⌀10@200；⌀12@150

F⌀8@250

表示 3 号 AT 型楼梯，梯板厚 100mm，踏步段高度 1800mm，12 步，上部纵筋为⌀10@200，下部纵筋为⌀12@150，梯板分布筋为⌀8@250。

B. 外围标注

楼梯外围标注的内容包括楼梯间的平面尺寸、楼层结构标高、层间结构标高、楼梯的上下方向、梯板的平面几何尺寸，以及平台板、梯梁、梯柱的配筋。

③ 剖面注写方式

剖面注写方式需在楼梯平法施工图中绘制楼梯平面布置图和剖面图，注写方式分平面注写、剖面注写两部分。

楼梯平面布置图注写内容，包括楼梯间的平面尺寸、楼层结构标高、层间结构标高、楼梯的上下方向、梯板的平面几何尺寸、梯板类型及编号，以及平台板、梯梁、梯柱的配筋等。

楼梯剖面图注写内容，包括梯板集中标注、梯梁梯柱编号、梯板水平及竖向尺寸、楼层结构标高、层间结构标高等。

梯板集中标注内容有四项：

A. 梯板类型及编号，如 AT××；

B. 梯板厚度，注写形式同平面注写；

C. 梯板配筋，注明梯板上部纵筋和下部纵筋，二者间以“；”分隔；

D. 梯板分布筋，注写方式同平面注写方式。

④ 列表注写方式

列表注写方式，是用列表方式注写梯板截面尺寸、配筋具体数值的方式来表达楼梯施工图。

列表注写方式的具体要求与剖面注写方式相同，只需将梯板配筋改为列表注写即可。梯板列表格式见表 3-12。

**梯板几何尺寸和配筋** **表 3-12**

| 梯板编号 | 踏步段总高度/踏步级数 | 板厚 $h$ | 上部纵向钢筋 | 下部纵向钢筋 | 分布筋 |
|---|---|---|---|---|---|
| | | | | | |
| | | | | | |

AT 型楼梯的平面注写方式如图 3-36 所示。

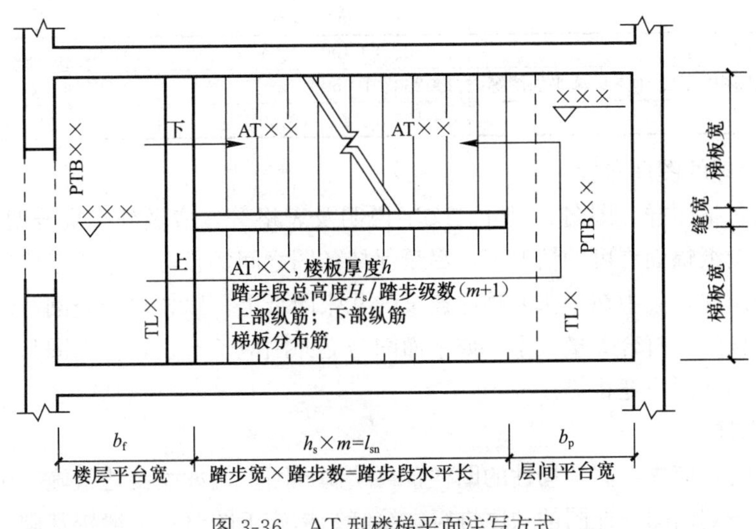


图 3-36 AT 型楼梯平面注写方式

# （三）施工图的绘制与识读

## 1. 建筑施工图、结构施工图的绘制步骤与方法

（1）施工图绘制的一般步骤与方法

对于不同的项目，其施工图绘制步骤与方法并不完全相同，但其总的规律是：先整体、后局部，即先画全局性的图纸，再画详图；先骨架、后细部，即一张图纸先画整体骨架，再画细部；先底稿、后加深，即先打底稿，经反复核查无误后，再正式出图；先画图、后标注，即绘图时一般先把图画完，然后再注写数字和文字。一般而言，建筑施工图、结构施工图可按下列步骤与方法绘制。

1）确定绘制图样的数量

根据房屋的形状、平面布置和构造的复杂程度，以及施工的具体要求，决定绘制哪些图样。对施工图的内容和数量要作全面的安排，防止重复和遗漏。

2）选择合适的比例

在保证图样能清楚表达其内容的情况下，根据不同图样的不同要求选用不同的比例。建筑制图、结构制图中选用的各种比例，宜符合表 3-13、表 3-14 的规定。

**建筑制图中比例的规定** **表 3-13**

| 图　名 | 比　例 |
| --- | --- |
| 建筑物或构筑物的平面图、立面图、剖面图 | 1∶50、1∶100、1∶150、1∶200、1∶300 |
| 建筑物或构筑物的局部放大图 | 1∶10、1∶20、1∶25、1∶30、1∶50 |
| 配件及构造详图 | 1∶1、1∶2、1∶5、1∶10、1∶15、1∶20、1∶25、1∶30、1∶50 |

建筑结构制图中比例的规定 表 3-14

| 图 名 | 常用比例 | 可用比例 |
| --- | --- | --- |
| 结构平面图、基础平面图 | 1∶50、1∶100、1∶150、 | 1∶60、1∶200 |
| 圈梁平面图、总图中管沟、地下设施平面图等 | 1∶200、1∶500 | 1∶300 |
| 详图 | 1∶10、1∶20、1∶50 | 1∶5、1∶30、1∶25 |

3）进行合理的图面布置

图面布置包括图样、图名、尺寸、文字说明及表格等，应做到主次分明、排列适当、表达清晰。在图纸幅面许可的情况下，尽量保持各图之间的投影关系，或将同类型的、内容关系密切的图样，集中在一张或顺序连续的几张图纸上，以便对照查阅。若画在同一张图纸时，各图样间应符合等量关系，如平面图与立面图应长对正，立面图与剖面图应高平齐，平面图与剖面图应宽相等。

4）绘制图样

绘制图样时，应先绘制全局性的图样，再绘制详图。例如绘制建筑施工图，一般按平面图→立面图→剖面图→详图的顺序进行；绘制结构施工图时，一般按基础平面图→基础详图→结构平面布置图→结构详图的顺序进行。

（2）主要图样的画法步骤

1）建筑平面图

① 选比例和布图，画轴线。

② 画墙、柱、门、窗。

③ 画细部，如入口台阶、散水、门的开启方向等。

④ 画剖切位置线、尺寸线，安排注字位置。

⑤ 标注局部详图索引符号。

⑥ 注写尺寸、文字。

2）建筑剖面图

① 画室内外地坪线、墙身轴线、轮廓线、屋面线。

② 画被剖切的轮廓线，如地面、门窗洞口、楼面、屋面的轮廓线等。

③ 画细部，如楼地面、屋面的做法、散水的做法等。

④ 按国家制图标准画断面的材料符号。

⑤ 注写尺寸、文字。

3）建筑立面图

① 从平面图中引出立面的长度，从剖面图中量出立面的高度及各部位的相应位置。

② 画室外地坪线、外墙轮廓线、屋顶线。

③ 定门窗位置、细部位置，如门窗洞口、阳台、雨篷、雨水管等。

④ 注写尺寸、文字。

4）结构平面图

① 选比例和布图，画出两向轴线。

② 定墙、柱、梁、板的大小及位置。用中实线表示剖到或可见的构件轮廓线，用中虚线表示不可见构件的轮廓线，门窗洞一般不画出。

③ 画板的钢筋详图。主要画出受力筋的形状和配置情况，并注明其编号、规格、直径、间距或数量等。每种规格的钢筋只画一根，按其立面形状画在钢筋安放的位置上。当图中钢筋布置表示不清时，可在图外画出钢筋详图。在结构平面图中，分布筋不必画出。配筋相同的板，只需画出其中一块的配筋情况。

④ 画圈梁、过梁等。在其中心位置用粗点划线画出。

⑤ 标注轴线编号。

⑥ 注写尺寸、文字。

## 2. 房屋建筑施工图识读的步骤与方法

（1）施工图识读方法

1）总揽全局。识读施工图前，先阅读建筑施工图，建立起建筑物的轮廓概念，了解和明确建筑施工图平面、立面、剖面的情况。在此基础上，阅读结构施工图目录，对图样数量和类型做到心中有数。阅读结构设计说明，了解工程概况及所采用的标准图等。粗读结构平面图，了解构件类型、数量和位置。

2）循序渐进。根据投影关系、构造特点和图纸顺序，从前往后、从上往下、从左往右、由外向内、由大到小、由粗到细反复阅读。

3）相互对照。识读施工图时，应当图样与说明对照看，建施图、结施图、设施图对照看，基本图与详图对照看。

4）重点细读。以不同工种身份，有重点地细读施工图，掌握施工必需的重要信息。

（2）施工图识读步骤

识读施工图的一般顺序如下：

1）阅读图纸目录

根据目录对照检查全套图纸是否齐全，标准图和重复利用的旧图是否配齐，图纸有无缺损。

2）阅读设计总说明

了解本工程的名称、建筑规模、建筑面积、工程性质以及采用的材料和特殊要求等。对本工程有一个完整的概念。

3）通读图纸

按建施图、结施图、设施图的顺序对图纸进行初步阅读，也可根据技术分工的不同进行分读。读图时，按照先整体后局部，先文字说明后图样，先图形后尺寸的顺序进行。

4）精读图纸

在对图纸分类的基础上，对图纸及该图的剖面图、详图进行对照、精细阅读，对图样上的每个线面、每个尺寸都务必认清看懂，并掌握它与其他图的关系。

# 四、建筑施工技术

建筑施工是指工程建设实施阶段的生产活动，是各类建筑物的建造过程，也是把设计图纸上的各种线条，在指定的地点变成实物的过程。

建筑工程由地基与基础工程、主体结构工程、建筑屋面工程、装饰装修工程等分部工程组成。能否按照设计要求，依据技术规范，结合工程条件，选择合理的施工方案和操作工艺，建成满足使用功能的、综合效益好的建筑物、构筑物，是决定建筑物的质量能否符合人们居住或生产使用要求的关键。

## （一）地基与基础工程

### 1. 土的工程分类

在建筑施工中，按照施工开挖的难易程度将土分为八类，见表4-1，其中，一至四类为土，五到八类为岩石。

**土的工程分类** **表4-1**

| 类别 | 土的名称 | 现场鉴别方法 | 可松性系数 | |
|---|---|---|---|---|
| | | | $K_s$ | $K'_s$ |
| 第一类（松软土） | 砂，粉土，冲积砂土层，种植土，泥炭（淤泥） | 用锹挖掘 | 1.08～1.17 | 1.01～1.04 |
| 第二类（普通土） | 粉质黏土，潮湿的黄土，夹有碎石、卵石的砂，种植土，填筑土和粉土 | 用锄头挖掘 | 1.14～1.28 | 1.02～1.07 |
| 第三类（坚土） | 软及中等密实黏土，重粉质、粉质黏土，粗砾石，干黄土及含碎石、卵石的黄土、压实填土 | 用镐挖掘 | 1.24～1.30 | 1.04～1.07 |
| 第四类（砂砾坚土） | 重黏土及含碎石、卵石的黏土，粗卵石，密实的黄土，天然级配砂石，软泥灰岩及蛋白石 | 用镐挖掘吃力，冒火星 | 1.26～1.37 | 1.06～1.09 |
| 第五类（软石） | 硬石炭纪黏土，中等密实白垩土，胶结不紧的砾岩，软的石灰岩的页岩、泥灰岩 | 用风镐、大锤等 | 1.30～1.45 | 1.10～1.20 |
| 第六类（次坚石） | 泥岩，砂岩，砾岩，坚实的页岩、泥灰岩，密实的石灰石，风化花岗石、片麻岩 | 用爆破，部分用风镐 | 1.30～1.45 | 1.10～1.20 |
| 第七类（坚石） | 大理石，辉绿岩，玢岩，粗、中粒花岗石，坚实的白云岩、砂岩、砾岩、片麻岩、石灰石 | 用爆破方法 | 1.30～1.45 | 1.10～1.20 |
| 第八类（特坚石） | 安山岩，玄武岩，花岗片麻石，坚实细粒花岗岩、闪长岩、石英岩、辉长岩、辉绿岩，玢岩 | 用爆破方法 | 1.45～1.50 | 1.20～1.30 |

## 2. 常用人工地基处理方法

常用的人工地基处理方法有换土垫层法、重锤表层夯实、强夯、振冲、砂桩挤密、深层搅拌、堆载预压、化学加固等方法。

(1) 换土垫层法

适用于地下水位较低，基槽经常处于较干燥状态下的一般黏性土地基的加固。

1) 灰土垫层

适用于地下水位较低，基槽经常处于较干燥状态下的一般黏性土地基的加固。

2) 砂垫层和砂石垫层

砂垫层和砂石垫层是将基础下面一定厚度软弱土层挖除，然后用强度较高的砂或碎石等回填，并经分层夯实至密实，作为地基的持力层，以起到提高地基承载力、减少沉降、加速软弱土层排水固结、防止冻胀和消除膨胀土的胀缩等作用。

(2) 夯实地基法

1) 重锤夯实法

适用于处理高于地下水位 0.8m 以上稍湿的黏性土、砂土、湿陷性黄土、杂填土和分层填土地基的加固处理。

2) 强夯法

适用于处理碎石土、砂土、低饱和度的黏性土、粉土、湿陷性黄土及填土地基等的深层加固。

(3) 挤密桩施工法

1) 灰土挤密桩

适用于处理地下水位以上、天然含水量 12%～25%、厚度 5～15m 的素填土、杂填土、湿陷性黄土以及含水率较大的软弱地基等。

2) 砂石桩

砂桩和砂石桩统称砂石桩，适用于挤密松散砂土、素填土和杂填土等地基，起到挤密周围土层、增加地基承载力的作用。

3) 水泥粉煤灰碎石桩

水泥粉煤灰碎石桩是近年发展起来的处理软弱地基的一种新方法。

(4) 深层密实法

1) 振冲桩

振冲桩适用于加固松散的砂土地基。

2) 深层搅拌法

深层搅拌法适于加固较深、较厚的淤泥、淤泥质土、粉土和承载力不大于 0.12MPa 的饱和黏土和软黏土、沼泽地带的泥炭土等地基。

(5) 预压法

砂井堆载预压法：适用于处理深厚软土和冲填土地基，多用于处理机场跑道、水工结构、道路、路堤、码头、岸坡等工程地基，对于泥炭等有机质沉积地基则不适用。

### 3. 基坑（槽）开挖、支护及回填方法

（1）基坑（槽）开挖

1）施工工艺流程

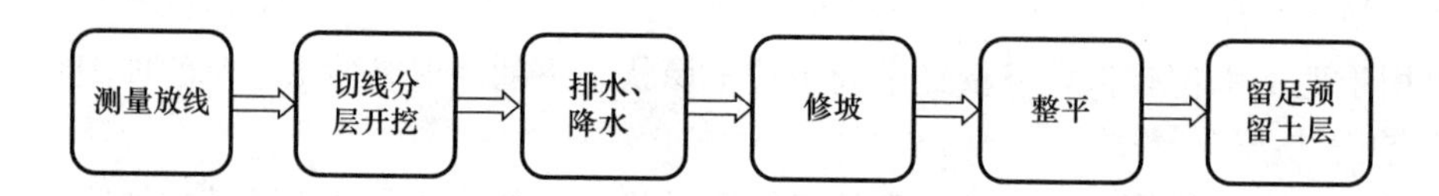


2）施工要点

① 浅基坑（槽）开挖，应先进行测量定位，抄平放线，定出开挖长度。

② 按放线分块（段）分层挖土。根据土质和水文情况，采取在四侧或两侧直立开挖或放坡，以保证施工操作安全。

③ 在地下水位以下挖土。应在基坑（槽）四侧或两侧挖好临时排水沟和集水井，或采用井点降水，将水位降低至坑、槽底以下 500mm，以利土方开挖。降水工作应持续到基础（包括地下水位下回填土）施工完成。雨期施工时，基坑（槽）应分段开挖，挖好一段浇筑一段垫层，并在基槽两侧围以土堤或挖排水沟，以防地面雨水流入基坑槽，同时应经常检查边坡和支撑情况，以防止坑壁受水浸泡造成塌方。

④ 基坑开挖应尽量防止对地基土的扰动。当基坑挖好后不能立即进行下道工序时，应预留 15～30cm 一层土不挖，待下道工序开始再挖至设计标高。采用机械开挖基坑时，为避免破坏基底土，应在基底标高以上预留 15～30cm 的土层由人工挖掘修整。

⑤ 基坑开挖时，应对平面控制桩、水准点、基坑平面位置、水平标高、边坡坡度等经常复测检查。

⑥ 基坑挖完后应进行验槽，做好记录，当发现地基土质与地质勘探报告、设计要求不符时，应及时与有关人员研究处理。

（2）深基坑土方开挖方案

1）放坡挖土

放坡开挖是最经济的挖土方案。当基坑开挖深度不大（软土地区挖深不超过 4m；地下水位低的土质较好地区挖深亦可较大）周围环境又允许时，均可采用放坡开挖，放坡坡度经计算确定。其步骤为：测量放线、分层开挖、排水降水、修坡、整平（留足预留土层）、验槽。

2）中心岛（墩）式挖土

中心岛（墩）式挖土，宜用于大型基坑，支护结构的支撑形式为角撑、环梁式或边桁（框）架式，中间具有较大空间情况下。此时可利用中间的土墩作为支点搭设栈桥。挖土机可利用栈桥下到基坑挖土，运土的汽车亦可利用栈桥进入基坑运土。这样可以加快挖土和运土的速度。其步骤为：测量放线；开挖第一层土；施工第一层支撑并搭设运土栈桥；开挖第二层土；施工第二层支撑；开挖第三、四层土，施工第三、四层支撑；挖除中心墩；将全部挖土机械吊出基坑退场。

3）盆式挖土

盆式挖土是先开挖基坑中间部分的土，周围四边留土坡，土坡最后挖除。其步骤为：测量放线；施工围护墙；开挖基坑中间部分的土，周围四边留土坡；开挖四边土坡；将全部挖土机械吊出基坑，退场。

（3）基坑支护施工

1）护坡桩施工

护坡桩支护结构是在基坑开挖前沿基坑边沿施工成排的深度超过坑底的桩。它包括钢板桩支护、H型钢（工字钢）桩加挡板支护、灌注桩排桩支护等。

钢板桩支护具有施工速度快，可重复使用的特点。常用的钢板桩有U型和Z型，还有直腹板式、H型和组合式钢板桩。常用的钢板桩施工机械有自由落锤、气动锤、柴油锤、振动锤，使用较多的是振动锤。

2）护坡桩加内支撑支护

对深度较大，面积不大、地基土质较差的基坑，为使围护排桩受力合理和受力后变形小，常在基坑内沿围护排桩（墙，下同），竖向设置一定支承点组成内支撑式基坑支护体系，以减少排桩的无支长度，提高侧向刚度，减小变形。

3）土钉墙支护

土钉墙支护技术是一种原位土体加固技术，是由原位土体、设置在土体中土钉与坡面上的喷射混凝土面层三部分组成。土钉墙通过对原位土体的加固，弥补了天然土体自身强度的不足，提高了土体的整体刚度和稳定性，与其他支护方法比较，具有施工操作简便、设备简单、噪声小、工期短、费用低的特点。适用于地下水位低于土坡开挖层或经过人工降水以后使地下水位低于土坡开挖层的人工填土、黏性土和微黏性砂土，开挖深度不超过5m，如措施得当，还可以再加深，但是设计与施工要有足够的经验，适用的土钉墙墙面坡度不应大于1∶0.1，在条件许可的时候，应尽可能的降低坡面坡度。

4）水泥土桩墙施工

深层搅拌水泥土桩墙，是采用水泥作为固化剂，通过特制的深层搅拌机械。在地基深处就地将软土和水泥强制搅拌形成水泥土，利用水泥和软土之间所产生的一系列物理-化学反应，使软土硬化成整体性的并有一定强度的挡土、防渗墙。

5）地下连续墙施工

地下连续墙施工工艺：用特制的挖槽机械，在泥浆护壁下开挖一个单元槽段的沟槽，清底后放入钢筋笼，用导管浇筑混凝土至设计标高，一个单元槽段即施工完毕。各单元槽段间由特制的接头连接，形成连续的钢筋混凝土墙体。工程开挖土方时. 地下连续墙可用作支护结构，既挡土又挡水，地下连续墙还可同时用作建筑物的承重结构。

（4）基坑排水与降水

1）地面水排除

排除地面水目的是防止地面水流入基坑。一般采用排水沟、截水沟、挡水土坝等。临时性排水设施应尽量与永久性排水设施相结合。排水沟的设置应利用自然地形特征，使水直接排至场外或流向低洼处再用水泵抽走。主排水沟最好设置在施工区域的边缘或道路的两旁，其横断面和纵向坡度应根据当地气象资料，按照施工期内最大流量确定。但排水沟的横断面不应小于 0.5m×0.5m，纵坡不应小于 2‰。出水口处应设置在远离建筑物或构筑物的低洼地点，并应保证排水畅通。

2）基坑排水

开挖基坑或沟槽时，土的含水层被切断，地下水会不断地渗入基坑。雨期施工时，雨水也会流入基坑。为了保证施工的正常进行，防止边坡塌方和地基承载力下降，在基坑开挖过程中，必须做好基坑排水工作。基坑排水方法，可采用明排水法。

基坑四周的排水沟及集水井必须设置在基础范围以外，地下水流的上游。

3）基坑降水

井点降水，就是在基坑开挖前，预先在基坑四周埋设一定数量的滤水管，利用抽水设备从中抽水，在基坑开挖前和开挖过程中，不断抽出地下水，使地下水位降落在坑底以下，直至施工结束为止。这样，可使所挖的土始终保持干燥状态，改善施工条件等。

人工降低地下水位的方法有：轻型井点、喷射井点、电渗井点、管井井点及深井泵等。

(5) 土方回填压实施工工艺与施工要点

1）施工工艺流程

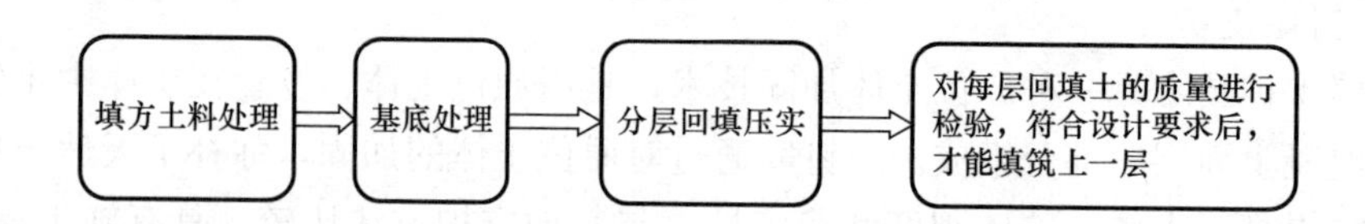


2）施工要点

① 土料要求与含水量控制

填方土料应符合设计要求，以保证填方的强度和稳定性。当设计无要求时，应符合以下规定：

A. 碎石类土、砂土和爆破石渣（粒径不大于每层铺土厚的 2/3），可作为表层下的填料；

B. 含水量符合压实要求的黏性土，可作各层填料；

C. 淤泥和淤泥质土一般不能用作填料。

土料含水量一般以手握成团，落地开花为适宜。含水量过大，应采取翻松、晾干、风干、换土回填、掺入干土或其他吸水性材料等措施；当含水量小时，则应预先洒水润湿。亦可采取增加压实遍数或使用大功率压实机械等措施。

② 基底处理

场地回填应先清除基底上垃圾、草皮、树根，排除坑穴中积水、淤泥和杂物，并应采取措施防止地表清水流入填方区，浸泡地基，造成地基土下陷。

③ 填土压实要求

铺土应分层进行，每次铺土厚度不大于 30～50cm（视所用压实机械的要求而定）。

④ 填土的压实密实度要求

填方的密实度要求和质量指标通常以压密系数 $\lambda_c$ 表示，密实度要求一般由设计根据工程结构性质、使用要求以及土的性质确定，如未作规定，可参考表 4-2 确定。

压实填土的质量控制 表 4-2

| 结构类型 | 填土部位 | 压实系数 $\lambda_c$ | 控制含水量 |
| --- | --- | --- | --- |
| 砌体承重结构和框架结构 | 在地基主要受力层范围内 | ≥0.97 | $w\pm2$ |
| | 在地基主要受力层范围以下 | ≥0.95 | |
| 排架结构 | 在地基主要受力层范围内 | ≥0.96 | $w_{op}\pm2$ |
| | 在地基主要受力层范围以下 | ≥0.94 | |
| 地坪垫层以下及基础底面标高以上的压实填土，压实系数不应小于 0.94 | | | |

A. 人工填土要求：

填土应从场地最低部分开始，由一端向另一端自下而上分层铺填。每层虚铺厚度，用人工木夯夯实时不大于 20cm，用打夯机械夯实时不大于 25cm。深浅坑（槽）相连时，应先填深坑（槽），填平后与浅坑全面分层填夯。如采取分段填筑，交接处应填成阶梯形。墙基及管道回填应在两侧用细土同时均匀回填、夯实，防止墙基及管道中心线位移。

夯填土应按次序进行，一夯压半夯。较大面积人工回填用打夯机夯实。两机平行时其间距不得小于 3m。在同一夯打路线上，前后间距不得小于 10m。

B. 机械填土要求：

铺土应分层进行，每次铺土厚度不大于 30～50cm（视所用压实机械的要求而定）。每层铺土后，利用填土机械将地表面刮平。填土程序一般尽量采取横向或纵向分层卸土，以利行驶时初步压实。

⑤ 质量检查

A. 填土施工过程中应检查排水措施，每层填筑厚度、含水量控制和压实程序。

B. 对有密实度要求的填方，在夯实或压实之后，要对每层回填土的质量进行检验，一般采用环刀法（或灌砂法）取样测定。或用小轻便触探仪直接通过锤击数来检验干密度和密实度，符合设计要求后．才能填筑上层。

C. 基坑和室内填土，每层按 100～500$m^2$ 取样 1 组；场地平整填方，每层按 400～900$m^2$ 取样 1 组；基坑和管沟回填每 20～50$m^2$ 取样 1 组，但每层均不少于 1 组，取样部位在每层压实后的下半部。用灌砂法取样应为每层压实后的全部深度。

D. 填方施工结束后应检查标高、边坡坡度、压实程度等。

## 4. 混凝土基础施工工艺

（1）钢筋混凝土扩展基础

系指柱下钢筋混凝土独立基础和墙下钢筋混凝土条形基础。

1）施工工艺流程

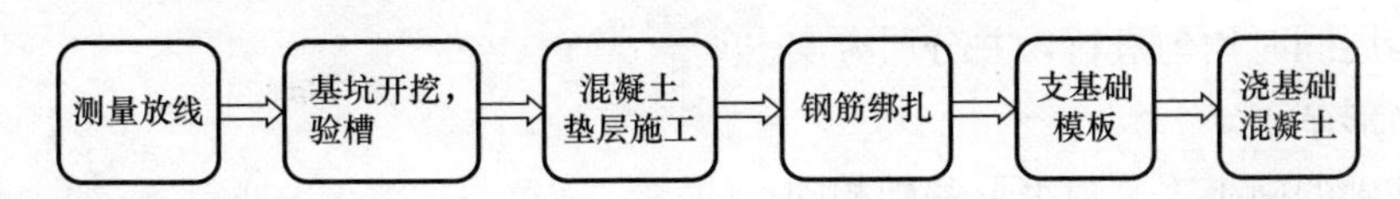


2）施工要点

① 混凝土浇筑前应先行验槽，基坑尺寸及轴线定位应符合设计要求、对局部软弱土层应挖去，用灰土或砂砾回填夯实与基底相平。

② 在地基或基土上浇筑混凝土时，应清除淤泥和杂物，并应有排水和防水措施。对干燥的黏性土，应用水湿润；对未风化的岩石，应用水清洗，但其表面不得留有积水。

③ 垫层混凝土在验槽后应立即浇筑，以保护地基。

④ 钢筋绑扎时，钢筋上的泥土、油污。模板内的垃圾、杂物应清除干净。木模板应浇水湿润，缝隙应堵严，基坑积水应排除干净。

⑤ 混凝土自高处倾落时，其自由倾落高度不宜超过 2m，如高度超过 2m，应设料斗、漏斗、串筒、斜槽、溜管，以防止混凝土产生分层离析。

⑥ 混凝土宜分段分层浇筑，每层厚度不超过 500mm。各段各层间应互相衔接，每段长 2～3m，使逐段逐层呈阶梯形推进，并注意先使混凝土充满模板边角，然后浇筑中间部分。混凝土应连续浇筑，以保证结构良好的整体性。混凝土自高处倾落时，其自由倾落高度不宜超过 2m，如高度超过 2m，应设料斗、漏斗、串筒、斜槽、溜管，以防止混凝土产生分层离析。

（2）筏形基础

筏形基础分为梁板式和平板式两种类型，梁板式又分正向梁板式和反向梁板式。

1）施工工艺流程

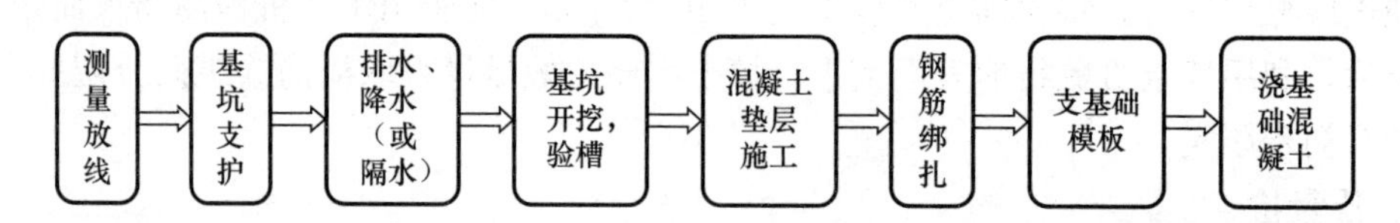


2）施工要点

① 基坑支护结构应安全，当基坑开挖危及邻近建、构筑物、道路及地下管线的安全与使用时，开挖也应采取支护措施。

② 当地下水位影响基坑施工时，应采取人工降低地下水位或隔水措施。

③ 当采用机械开挖时，应保留 200～300mm 土层由人工挖除。

④ 基坑开挖完成并经验收后，应立即进行基础施工，防止暴晒和雨水浸泡造成基土破坏。

⑤ 基础长度超过 40m 时，宜设置施工缝，缝宽不宜小于 80cm。在施工缝处，钢筋必须贯通；当主楼与裙房采用整体基础，且主楼基础与裙房基础之间采用后浇带时，后浇带的处理方法应与施工缝相同。

⑥ 基础混凝土应采用同一品种水泥、掺合料、外加剂和同一配合比。大体积混凝土可采用掺合料和外加剂改善混凝土和易性，减少水泥用量，降低水化热。

⑦ 基础施工完毕后，基坑应及时回填。回填前应清除基坑中的杂物；回填应在相对的两侧或四周同时均匀进行，并分层夯实。

（3）箱形基础

箱形基础的施工工艺与筏形基础相同。

## 5. 砖基础施工工艺

砖基础用普通黏土砖与水泥混合砂浆砌成。砖基础多砌成台阶形状，称为“大放脚”。

在大放脚的下面一般做垫层。垫层材料可用C15混凝土。

(1) 施工工艺流程

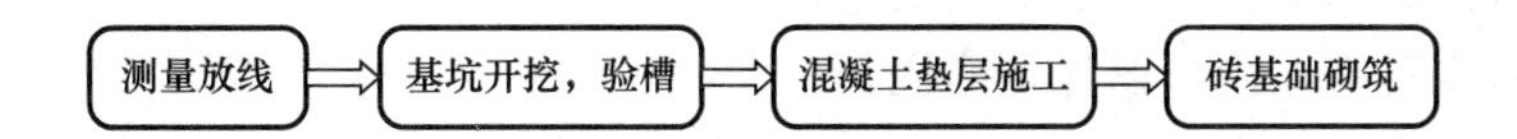


(2) 施工要点

1) 基槽尺寸及轴线定位应符合设计要求、对局部软弱土层应挖去，用灰土或砂砾回填夯实与基底相平。

2) 基槽开挖后需验槽，病应有排水和防水措施。对干燥的黏性土，应用水湿润；对未风化的岩石，应用水清洗，但其表面不得留有积水。

3) 垫层混凝土在验槽后应随即浇灌，以保护地基。

4) 基础砌筑前，应先检查垫层施工是否符合质量要求，再清扫垫层表面，将浮土及垃圾清除干净。然后从龙门板上基础大放脚线处拉上准线，在各准线交点处挂下线锤，锤尖在垫层面上接触，依此点在垫层面上弹上墨线，即成为基础大放脚边线。在垫层转角、交接及高低踏步处预先立好基础皮数杆，控制基础的砌筑高度，并根据施工图标高，在皮数杆上划出每皮砖及灰缝尺寸，然后依照皮数杆逐皮砌筑大放脚。大放脚的最下一皮和每个台阶的上面一皮应以丁砖为主，这样传力较好，砌筑及回填时，也不易碰坏。砖基础中的灰缝宽度应控制在10mm左右。有高低台的砖基础，应从低台砌起，并由高台向低台搭接，搭接长度不小于基础大放脚的高度。砖基础中的洞口、管道、沟槽等，应在砌筑时正确留出，宽度超过500mm的洞口上方应砌筑平拱或设置过梁。抹防潮层前应将基础墙顶面清扫干净，浇水湿润，随即抹平防水砂浆。

## 6. 桩基础施工工艺

(1) 预制桩施工

常见的预制桩类型有钢筋混凝土预制桩、预应力管桩、钢管桩和H型桩及其他异型钢桩。根据预制桩入土受力方式又分为打入式和静力压桩式两种。在城市施工时，一般多采用静力桩。

静力压桩

1) 静力压桩的特点

静力压桩施工无噪声、无振动、无污染，压桩力能自动记录，可预估和验证单桩承载力，施工安全可靠。特别适合在建筑稠密及危房附近、环境保护要求严格的地区沉桩。不宜用于地下有较多孤石、障碍物或有4m以上硬隔离层的情况。

2) 施工工艺流程

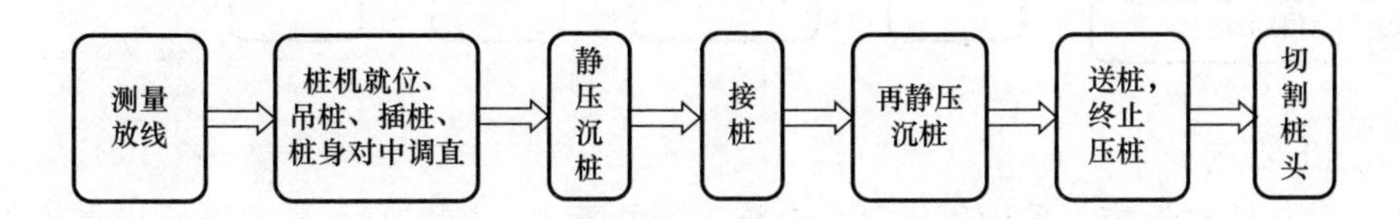

3）施工要点

① 依据符合设计要求测量放线确定桩位。

② 桩机就位、吊桩、插桩、桩身对中调直。

③ 接桩时需对中，而且需保证牢固。

④ 压桩过程中要认真记录桩入土深度和压力表读数的关系，以判断桩的质量及承载力，当压力表读数突然上升或下降时，要停机分析原因。压桩时应连续进行。送桩时可不采用送桩器，只需用一节长度超过要求送桩深度的桩放在被送桩顶上便可以送桩，送桩深度不宜超过 8m。

⑤ 切割桩头时需注意不能让桩身受到损坏。

（2）钻、挖、冲孔灌注桩施工

① 施工工艺流程

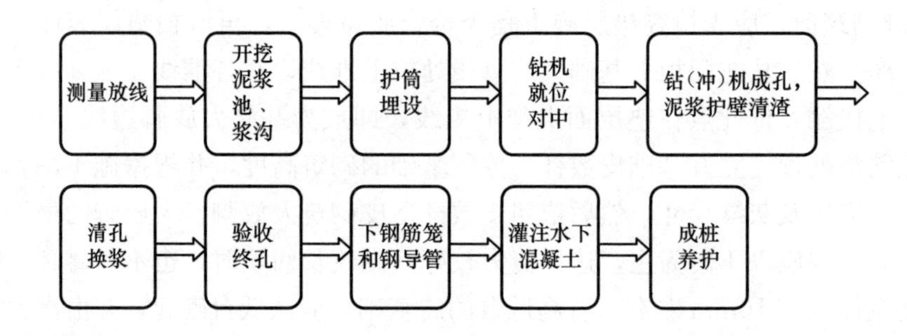


② 施工要点

钻（冲）孔时，应随时测定和控制泥浆密度，对于较好的黏土层，可采用自成泥浆护壁。成孔后孔底沉渣要清除干净。沉渣厚度要小于 100mm，清孔验收合格后，要立即放入钢筋笼，并固定在孔口钢护筒上，钢筋笼检查无误后要马上浇筑混凝土，间隔时间不能超过 4 小时。用导管开始浇筑混凝土时，管口至孔底的距离为 300～500mm，第一次浇筑时，导管要埋入混凝土下 0.8m 以上，以后浇捣时，导管埋深宜为 2～6m。

（3）人工挖孔扩底灌注桩施工

① 施工工艺流程

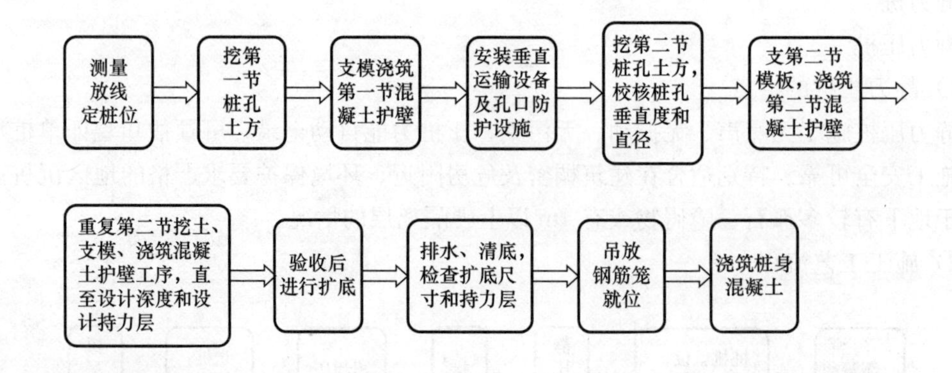


② 施工要点

做好井口防护设施，采用班组制配合施工，井下工人施工时，井口要有操作人员控制提升设备，并做好井口防护。每日开工前必须检测井下的有毒有害气体，当桩孔开挖深度超过 10m 时，要有专门向井下送风的设备，并做好井下的排水工作。浇筑混凝土时必须采用溜槽，当落距超过 2m 时，应采用串筒，串筒末端距孔底高度不大于 2m，随浇随捣，也可采用导管泵送。混凝土要分层振捣密实。

# （二）砌体工程

## 1. 常见脚手架搭设施工工艺

脚手架是使用杆件、构件和配件所搭设的，用于施工要求的各种临设性构件。脚手架种类按所用材料分为木、竹和金属脚手架；按支固方式分为落地式与非落地式等。

（1）常用落地式脚手架

其构件有钢管、扣件、脚手板、底座、安全网。并由立杆、纵向水平杆、横向水平杆、剪刀撑、水平斜拉杆、纵横向水平扫地杆构造而成。

1）施工工艺流程

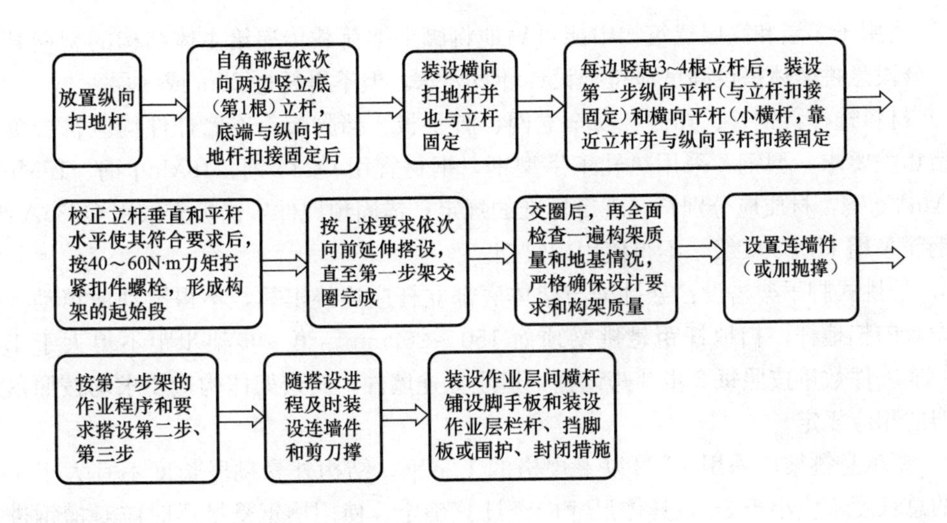


2）施工要点

① 严禁 $\phi48$ 和 $\phi51$ 钢管及其相应扣件混用。

② 底立杆应接立杆接长要求选择不同长度的钢管交错设置，至少应有两种适合的不同长度的钢管作立杆。

③ 在设置第一排连墙件前，应约每隔 6 跨设一道抛撑，以确保架子稳定。

④ 一定要采取先搭设起始段而后向前延伸的方式，当两组作业时，可分别从相对角开始搭设。

⑤ 连墙件和剪刀撑应及时设置，不得滞后超过 2 步。

⑥ 杆件端部伸出扣件之外的长度不得小于 100mm。

⑦ 在顶排连墙件之上的架高（以纵向平杆计）不得多于 3 步，否则应每隔 6 跨加设 1

道撑拉措施。

⑧ 剪刀撑的斜杆与基本构架结构杆件之间至少有 3 道连接，其中，斜杆的对接或搭接接头部位至少有 1 道连接。

⑨ 周边脚手架的纵向平杆必须在角部交圈并与立杆连接固定。因此，东西两面和南北两面的作业层（步）有一交汇搭接固定所形成的小错台，铺板时应处理好交接处的构造。当要求周边铺板高度一致时，角部应增设立杆和纵向平杆（至少与 3 根立杆连接）。

⑩ 对接平板脚手板时，对接处的两侧必须设置间横杆，作业层的栏杆和挡脚板一般应设在立杆的内侧。栏杆接长亦应符合对接或搭接的相应规定。

（2）常用非落地式脚手架

非落地式脚手架包括附着升降脚手架、悬挑式脚手架、吊篮和挂脚手架，即采用附着、挑、吊、挂方式设置的悬空脚手架。它们由于避免了落地式脚手架用材多、搭设量大的缺点，因而特别适合高层建筑施工使用，以及各种不便或不必搭设落地式脚手架的情况。其中以型钢悬挑式脚手架较为常用。型钢悬挑式脚手架施工工艺除支撑上部脚手架的悬挑型钢的固定外，其他步骤与落地式脚手架相同。悬挑型钢的固定施工要点如下：

1）适用于多层和高层建筑物中能可靠地将脚手架荷载传递给主体结构的型钢悬挑脚手架。分段悬挑架体搭设高度应符合设计计算要求，但不得超过 25m 或 8 层。

2）材料选择：钢管、扣件、安全立网、脚手板、挡脚板、连墙杆件均应符合落地式脚手架相关要求。型钢：采用热轧工字型钢，钢材宜用 Q235 钢、16Mnq 钢、15MnV 钢或 15MnVq 钢，材质应分别符合现行标准的规定；锚固预埋件：锚板宜采用 Q235A 级钢，锚固钢筋采用 HPB300 级，不得使用螺纹钢。

3）悬挑式脚手架搭设：悬挑梁与架体底部立杆应连接牢靠，不得滑动或窜动。架体底部设双向扫地杆，扫地杆距悬挑梁顶面 150～200mm。第一步架步距不得大于 1.5m，架体的连墙件数量按照每 2 步 3 跨设置一道刚性连墙件，其余架体构造要求均按照落地式脚手架的相应规定。

4）型钢悬挑架应采用 16 号以上规格的工字钢，结构外悬挑段长度不宜大于 1.4m，型钢的总长度不应小于 3m，具体尺寸应经计算确定。使用槽钢悬挑梁时应对槽钢进行抗扭计算。

5）固端倒 U 型环钢筋预埋在当层梁板混凝土内，倒 U 型环两肢应与梁板底筋焊牢。如钢筋 U 型环处楼板无面层钢筋，则应在该处楼板表面处增加一层 $\phi$6，长度 1000mm×1000mm 的加强筋网片，间距 150mm。

6）悬挑分载：分载采用 $\phi$16 双股钢芯钢丝绳穿过型钢悬挑端部进行分载，在型钢上钢丝绳穿越位置以及立杆底部位置预焊 $\phi$25HPB300 短钢筋，以防止钢丝绳和钢管滑动或窜动。

7）斜挑防护：每隔 12m 搭设一道长斜挑防护棚满铺板，并牢固固定。挑出外架宽度 1500～2000mm，倾斜度 30°～60°。操作层及往下每 10m 满铺一道竹架板，并在防护板下满铺密目安全网。

## 2. 砌体施工工艺

（1）施工工艺流程

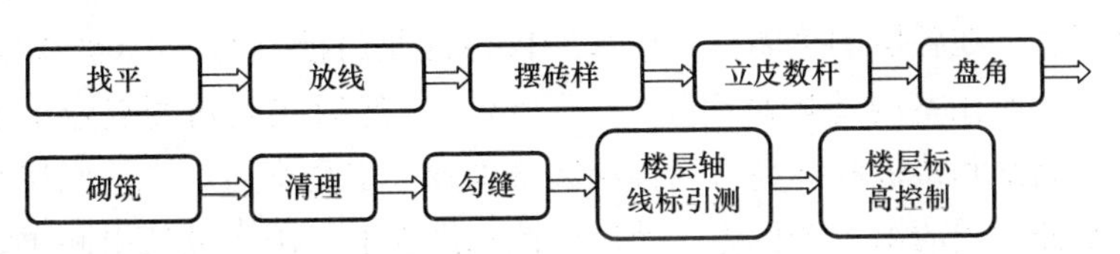


（2）施工要点

① 找平、放线：砌筑前，在基础防潮层或楼面上先用水泥砂浆或细石混凝土找平，然后在龙门板上以定位钉为标志，弹出墙的轴线、边线，定出门窗洞口位置，如图4-1所示。

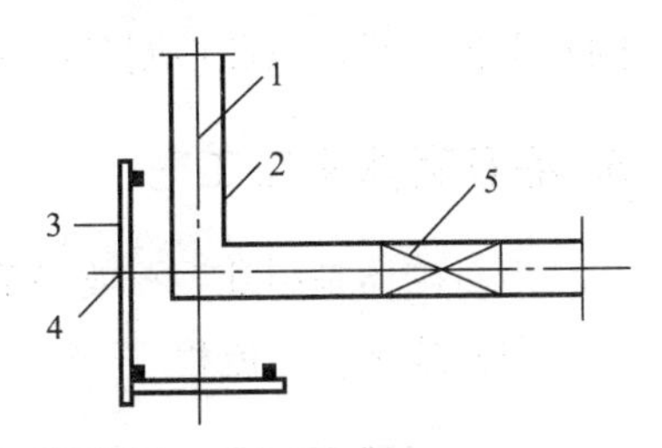


图4-1　墙身放线

1—墙轴线；2—墙边线；3—龙门板；4—墙轴线标志；5—门洞位置标志

② 摆砖：是指在放线的基面上按选定的组砌形式用于砖试摆。一般在房屋外纵墙方向摆顺砖，在山墙方向摆丁砖，摆砖由一个大角摆到另一个大角，砖与砖留10mm缝隙。摆砖的目的是为了校对放出的墨线在门窗洞口、附墙垛等处是否符合砖的模数，以尽可能减少砍砖，并使砌体灰缝均匀，组砌得当。

③ 立皮数杆：是指在其上划有每皮砖和灰缝厚度，以及门窗洞口、过梁、楼板、梁底、预埋件等标高位置的一种木制标杆，如图4-2所示。它是砌筑时控制每皮砖的竖向尺寸，并使铺灰、砌砖的厚度均匀，洞口及构件位置留设正确，同时还可以保证砌体的垂直度。

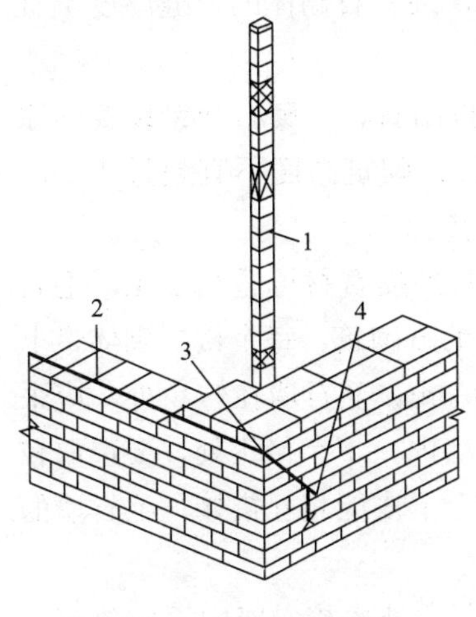


图4-2　皮数杆示意图

1—皮数杆；2—准线；3—竹片；4—圆铁钉

皮数杆一般立于房屋的四大角、内外墙交接处、楼梯间以及洞口多的地方。一般可每隔10～15m立一根。皮数杆的设立，应有两个方向斜撑或锚钉加以固定，以保证其固定和垂直。一般每次开始砌砖前应用水准仪校正标高，并检查一遍皮数杆的垂直度和牢固程度。

④ 盘角、砌筑：砌筑时应先盘角，盘角是确定墙身两面横平竖直的主要依据，盘角时主要大角不宜超过5皮砖，且应随砌随盘，做到“三皮一吊，五皮一靠”，对照皮数杆检查无误后，才能挂线砌筑中间墙体。为了保证灰缝平直，要挂线砌筑。一般一砖墙单面挂线，一砖半以上砖墙则宜双面挂线。

⑤ 清理、勾缝：当该层该施工面墙体砌筑完成后，应及时对墙面和落地灰进行清理。

勾缝是清水砖墙的最后的一道工序，具有保护墙面和增加墙面美观的作用。墙面勾缝有采用砌筑砂浆随砌随勾缝的原浆勾缝和加浆勾缝，加浆勾缝系指在砌筑几皮砖以后，先在灰缝处划出1cm深的灰槽。待砌完整个墙体以后，再用细砂拌制1∶1.5水泥砂浆勾缝，勾缝完的墙面应及时清扫。

⑥ 楼层轴线引测：为了保证各层墙身轴线的重合和施工方便，在弹墙身线时，应根

据龙门板上标注的轴线位置将轴线引测到房屋的外墙基上，二层以上各层墙的轴线，可用经纬仪或锤球引测到楼层上去，同时还须根据图上轴线尺寸用钢尺进行校核。

⑦楼层标高的控制：各层标高除立皮数杆控制外，还可弹出室内水平线进行控制。底层砌到一定高度后，在各层的里墙身，用水准仪根据龙门板上的±0.000标高，引出统一标高的测量点（一般比室内地坪高出200～500mm），然后在墙角两点弹出水平线，依次控制底层过梁、圈梁和楼板底标高。当楼层墙身砌到一定高度后，先从底层水平线用钢尺往上量各层水平控制线的第一个标志，然后以此标志为准，用水准仪引测再定出各层墙面的水平控制线，以此控制各层标高。

### 3. 毛石砌体施工工艺

毛石砌体是用乱毛石或平毛石和砂浆砌筑而成。

（1）施工工艺流程

（2）施工要点

1）砂浆用水泥砂浆或水泥混合砂浆，一般用铺浆法砌筑，灰缝厚度应符合要求，且砂浆饱满。毛料石和粗料石砌体的灰缝厚度不宜大于20mm，细料石砌体的灰缝厚度不宜大于5mm。

2）毛石砌体宜分皮卧砌，且按内外搭接，上下错缝，拉结石、丁砌石交错设置的原则组砌，不得采用外面侧立石块，中间填心的砌筑方法。每日砌筑高度不宜超过1.2m，在转角处及交接处应同时砌筑，如不能同时砌筑时，应留斜槎。

3）毛石墙一般灰缝不规则，对外观要求整齐的墙面，其外皮石材可适当加工。毛石墙的第一皮及转角、交接处和洞口处，应用料石或较大的平毛石砌筑，每个楼层砌体最上一皮，应选用较大的毛石砌筑。墙角部分纵横宽度至少为0.8m。毛石墙在转角处，应采用有直角边的石料砌在墙角一面，据长短形状纵横搭接砌入墙内，丁字接头处，要选取较为平整的长方形石块，长短纵横砌入墙内，使其在纵横墙中上下皮能相互搭接；毛石墙的第一皮石块及最上一皮石块应选用较大的。

4）平毛石砌筑，第一皮大面向下，以后各皮上下错缝，内外搭接，墙中不应放铲口石和全部对合石，毛石墙必须设置拉结石，拉结石应均匀分布，相互错开，一般每0.7m$^2$墙面至少设置一块，且同皮内的中距不大于2m。拉结石长度，如墙厚等于或小于400mm，应等于墙厚。墙厚大于400mm，可用两块拉结石内外搭接，搭接长度不小于150mm，且其中一块长度不小于墙厚的2/3。

5）毛石挡土墙一般按3～4皮为一个分层高度砌筑，每砌一个分层高度应找平一次；毛石挡土墙外露面灰缝厚度不得大于40mm，两个分层高度间分层处的错缝不得小于80mm；对于中间毛石砌筑的料石挡土墙，丁砌料石应深入中间毛石部分的长度不应小于200mm；挡土墙的泄水孔应按设计施工，若无设计规定时，应按每米高度上间隔2m左右设置一个泄水孔。

### 4. 砌块砌体施工工艺

（1）施工工艺流程

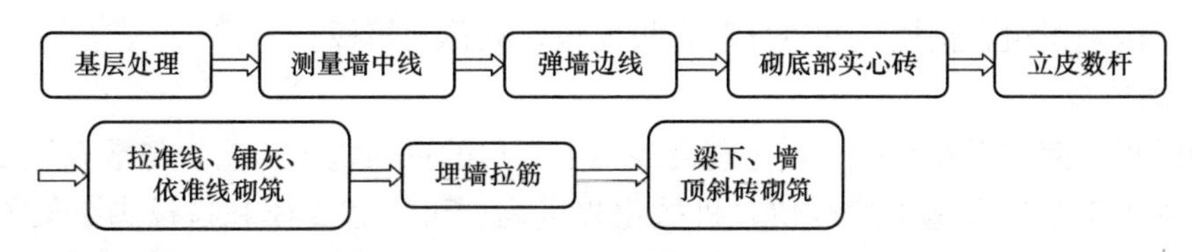


（2）施工要点

1）基层处理：将砌筑加气砖墙体根部的混凝土梁、柱的表面清扫干净，用砂浆找平，拉线，用水平尺检查其平整度。

2）砌底部实心砖：在墙体底部，在砌第一皮加气砖前，应用实心砖砌筑，其高度宜不小于200mm。

3）拉准线、铺灰、依准线砌筑：为保证墙体垂直度、水平度，采取分段拉准线砌筑，铺浆要厚薄均匀，每一块砖全长上铺满砂浆，浆面平整，保证灰缝厚度，灰缝厚度宜为15mm，灰缝要求横平竖直，水平灰缝应饱满，竖缝采用挤浆和加浆方法，不得出现透明缝，严禁用水冲洗灌缝。铺浆后立即放置砌块，要求一次摆正找平。如铺浆后不立即放置砌块，砂浆凝固了，须铲去砂浆，重新砌筑。

4）埋墙拉筋：与钢筋混凝土柱（墙）的连接，采取在混凝土柱（墙）上打入2$\phi$6@500的膨胀螺栓，然后在膨胀螺栓上焊接$\phi$6的钢筋，长可埋入加气砖墙体内1000mm。

5）梁下、墙顶斜砖砌筑：与梁的接触处待加气砖砌完一星期后采用灰砂砖斜砌顶紧。

## （三）钢筋混凝土工程

### 1. 常见模板的种类、特性及安装拆除施工要点

（1）常见的模板种类、特性

1）组合式模板

组合式模板是在现代模板技术中具有通用性强、装拆方便、周转使用次数多的一种新型模板，用它进行现浇混凝土结构施工。可事先按设计要求组拼成梁、柱、墙、楼板的大型模板，整体吊装就位，也可采用散支散拆方法。

① 55型组合钢模板

组合钢模板由钢模板和配件两大部分组成。配件又由连接件和支承件组成。钢模板主要包括平面模板、阴角模板、阳角模板、连接角模板等。

② 钢框木（竹）胶合板模板

钢框木（竹）胶合板模板，是以热轧异型钢为钢框架，以覆面胶合板作板面，并加焊若干钢筋承托面板的一种组合式模板。面板有木、竹胶合板，单片木面竹芯胶合板等。

2）工具式模板

工具式模板，是针对工程结构构件的特点，研制开发的可持续周转使用的专用性模

板。包括大模板、滑动模板、爬升模板、飞模、模壳等。

① 大模板

模板是大型模板或大块模板的简称。它的单块模板面积大，通常是以一面现浇墙使用一块模板，区别于组合钢模板和钢框胶合板模板，故称大模板。

② 滑动模板

滑动模板（简称滑模）施工，是现浇混凝土工程的一项施工工艺，与常规施工方法相比，这种施工工艺具有施工速度快、机械化程度高、可节省支模和搭设脚手架所需的工料、能较方便地将模板进行拆散和灵活组装并可重复使用。

③ 爬升模板

爬升模板是综合大模板与滑动模板工艺和特点的一种模板工艺，具有大模板和滑动模板共同的优点。尤其适用于超高层建筑施工。爬升模板（即爬模），是一种适用于现浇钢筋混凝土竖向（或倾斜）结构的模板工艺，如墙体、电梯井、桥梁、塔柱等。

④ 飞模

飞模是一种大型工具式模板，因其外形如桌，故又称桌模或台模。由于它可以借助起重机械从已浇筑完混凝土的楼板下吊运飞出转移到上层重复使用，故称飞模。

飞模主要由平台板、支撑系统（包括梁、支架、支撑、支腿等）和其他配件（如升降和行走机构等）组成。适用于大开间、大柱网、大进深的现浇钢筋混凝土楼盖施工，尤其适用于现浇板柱结构（无柱帽）楼盖的施工。

除上述几种常用模板外，还有密肋楼板模壳、压型钢板模板、预应力混凝土薄板模板等。

（2）模板的安装与拆除

1）模板安装的施工要求

模板安装时，应符合下列要求：

① 同一条拼缝上的U形卡，不宜向同一方向卡紧。

② 墙模板的对拉螺栓孔应平直相对，穿插螺栓不得斜拉硬顶。钻孔应采用机具，严禁采用电、气焊灼孔。

③ 钢楞宜采用整根杆件，接头应错开设置，搭接长度不应少于200mm。

2）模板安装应注意的事项

模板的支设方法基本上有两种，即单块就位组拼（散装）和预组拼，其中预组拼又可分为分片组拼和整体组拼两种。采用预组拼方法，可以加快施工速度，提高工效和模板的安装质量，但必须具备相适应的吊装设备和有较大的拼装场地。

3）模板拆除的安全要求

模板的拆除时，应符合以下安全要求：

① 拆模前应制定拆模程序、拆模方法及安全措施。

② 模板拆除的顺序和方法，应按照配板设计的规定进行，遵循先支后拆，先非承重部位，后承重部位以及自上而下的原则。拆模时，严禁用大锤和撬棍硬砸硬撬。

③ 先拆除侧面模板（混凝土强度大于$1N/mm^2$），再拆除承重模板。

④ 组合大模板宜大块整体拆除。

⑤ 支承件和连接件应逐件拆卸，模板应逐块拆卸传递，拆除时不得损伤模板和混凝土。

⑥ 拆下的模板和配件均应分类堆放整齐，附件应放在工具箱内。

## 2. 钢筋工程施工工艺

（1）钢筋加工

1）钢筋除锈

钢筋的表面应洁净。油渍、漆污和用锤敲击时能剥落的浮皮、铁锈等应在使用前清除干净。在焊接前，焊点处的水锈应清除干净。

钢筋的除锈，一般可通过以下两个途径：一是在钢筋冷拉或钢丝调直过程中除锈，对大量钢筋的除锈较为经济省力；二是用机械方法除锈。如采用电动除锈机除锈，对钢筋的局部除锈较为方便。还可采用手工除锈（用钢丝刷、砂盘）、喷砂和酸洗除锈等。

2）钢筋调直

钢筋的调直是在钢筋加工成型之前，对热轧钢筋进行矫正，使钢筋成为直线的一道工序。钢筋调直的方法分为机械调直和人工调直。以盘圆供应的钢筋在使用前需要进行调直，调直应优先采用机械方法调直，以保证调直钢筋的质量。

3）钢筋切断

断丝钳切断法：主要用于切断直径较小的钢筋，如钢丝网片、分布钢筋等。

手动切断法：主要用于切断直径在 16mm 以下的钢筋。其手柄长度可根据切断钢筋直径的大小来调，以达到切断时省力的目的。

液压切断器切断法：切断直径在 16mm 以上的钢筋。

4）钢筋弯曲成型

① 受力钢筋

A. HPB300 级钢筋末端应做 180°弯钩，其弯弧内直径不应小于钢筋直径的 2.5 倍，弯钩的弯后平直部分长度不应小于钢筋直径的 3 倍；

B. 当设计要求钢筋末端需做 135°弯钩时，钢筋的弯弧内直径 $D$ 不应小于钢筋直径的 4 倍，弯钩的弯后平直部分长度应符合设计要求；

C. 钢筋做不大于 90°的弯折时，弯折处的弯弧内直径不应小于钢筋直径的 5 倍。

② 箍筋

除焊接封闭环式箍筋外，箍筋的末端应做弯钩。弯钩形式应符合设计要求。

（2）钢筋的连接

钢筋的连接可分为三类：绑扎搭接、焊接和机械连接。当受拉钢筋的直径 $d>25$mm 及受压钢筋的直径 $d>28$mm 时，不宜采用绑扎搭接接头。

1）钢筋绑扎搭接连接

同一构件中相邻纵向受力钢筋的绑扎搭接接头宜相互错开。

在任何情况下，纵向受拉钢筋绑扎搭接接头的搭接长度不应小于 300mm，纵向受压钢筋的搭接长度不应小于 200mm。

2）钢筋焊接连接

① 钢筋闪光对焊

钢筋闪光对焊是将两根钢筋安放成对接形式，利用焊接电流通过两根钢筋的接触点产生的电阻热，使接触点金属熔化，产生强烈飞溅，形成闪光，迅速施加顶锻力完成的一种压焊方法。

② 钢筋电阻点焊

钢筋电阻点焊是将两根钢筋安放成交叉叠接形式，压紧于两电极之间，利用电阻热熔化母材金属，加压形成焊点的一种压焊方法。

③ 钢筋电弧焊

钢筋电弧焊是以焊条作为一极、钢筋为另一极，利用焊接电流通过产生的电弧热进行焊接的一种熔焊方法。

④ 钢筋电渣压力焊

钢筋电渣压力焊是将两根钢筋安放成竖向对接形成，利用焊接电流通过两根钢筋端面间隙，在焊剂层下形成电弧过程和电渣过程，产生电弧热和电阻热，熔化钢筋，加压完成的一种压焊方法。

3）钢筋机械连接

① 钢筋套筒挤压连接

带肋钢筋套筒挤压连接是将两根待接钢筋插入钢套筒，用挤压连接设备沿径向挤压钢套筒，使之产生塑性变形，依靠变形后的钢套筒与被连接钢筋纵、横肋产生的机械咬合成为整体的钢筋连接方法。

② 钢筋锥螺纹套筒连接

钢筋锥螺纹套筒连接是将两根待接钢筋端头用套丝机做出锥形外丝，然后用带锥形内丝的套筒将钢筋两端拧紧的钢筋连接方法。

③ 钢筋镦粗直螺纹套筒连接

钢筋墩粗直螺纹套筒连接是先将钢筋端头镦粗，再切削成直螺纹，然后用带直螺纹的套筒将钢筋两端拧紧的钢筋连接方法。

④ 钢筋滚压直螺纹套筒连接

钢筋滚压直螺纹套筒连接是利用金属材料塑性变形后冷作硬化增强金属材料强度的特性，使接头与母材等强的连接方法。根据滚压直螺纹成型方式，又可分为直接滚压螺纹、压肋滚压螺纹、剥肋滚压螺纹三种类型。

（3）钢筋安装

1）钢筋现场绑扎

① 核对成品钢筋的钢号、直径、形状、尺寸和数量等是否与料单料牌相符。如有错漏，应纠正增补。

② 准备绑扎用的钢丝、绑扎工具（如钢筋钩、带扳口的小撬棍），绑扎架等。钢筋绑扎用的钢丝，可采用20～22号钢丝，其中22号钢丝只用于绑扎直径12mm以下的钢筋。

③ 准备控制混凝土保护层用的水泥砂浆垫块或塑料卡。水泥砂浆垫块的厚度，应等于保护层厚度。垫块的平面尺寸：当保护层厚度等于或小于20mm时为30mm×30mm，

大于 20mm 时 50mm×50mm。当在垂直方向使用垫块时，可在垫块中埋入 20 号钢丝。

④ 划出钢筋位置线。平板或墙板的钢筋，在模板上划线；柱的箍筋，在两根对角线主筋上划点；梁的箍筋，则在架立筋上划点；基础的钢筋，在两向各取一根钢筋划点或在垫层上划线。

⑤ 绑扎形式复杂的结构部位时，应先研究逐根钢筋穿插就位的顺序，并与模板工联系讨论支模和绑扎钢筋的先后次序，以减少绑扎困难。

2）基础钢筋绑扎

① 施工工艺流程

② 施工要点

A. 钢筋网的绑扎。四周两行钢筋交叉点应每点扎牢。中间部分交叉点可相隔交错扎牢，但必须保证受力钢筋不位移。双向主筋的钢筋网，则须将全部钢筋相交点扎牢。绑扎时应注意相邻绑扎点的铁丝扣要成八字形，以免网片歪斜变形。

B. 基础底板采用双层钢筋网时，在上层钢筋网下面应设置钢筋撑脚或混凝土撑脚。以保证钢筋位置正确。

钢筋撑脚每隔 lm 放置一个。其直径选用：当板厚 $h \leqslant 30$cm 时为 8～10mm；当板厚 $h=30 \sim 50$mm 时为 12～14mm；当板厚 $h>50$cm 时为 16～18mm。

C. 钢筋的弯钩应朝上。不要倒向一边；但双层钢筋网的上层钢筋弯钩应朝下。

D. 独立柱基础为双向弯曲，其底面短边的钢筋应放在长边钢筋的上面。

E. 现浇柱与基础连接用的插筋，其箍筋应比柱的箍筋缩小一个柱筋直径，以便连接。插筋位置一定要固定牢靠，以免造成柱轴线偏移。

F. 对厚片筏上部钢筋网片，可采用钢管临时支撑体系。

3）柱钢筋绑扎

① 施工工艺流程

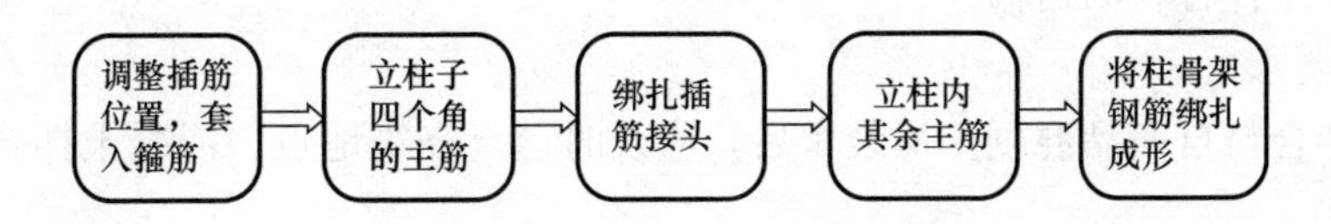


② 施工要点

A. 柱中的竖向钢筋搭接时，角部钢筋的弯钩应与模板成 45°（多边形柱为模板内角的平分角，圆形柱应与模板切线垂直）。中间钢筋的弯钩应与模板成 90°。如果用插入式振捣器浇筑小型截面柱时，弯钩与模板的角度不得小于 15°。

B. 箍筋的接头（弯钩叠合处）应交错布置在四角纵向钢筋上；箍筋转角与纵向钢筋交叉点均应扎牢（箍筋平直部分与纵向钢筋交叉点可间隔扎牢）。绑扎箍筋时绑扣相互间应成八字形。

C. 下层柱的钢筋露出楼面部分，宜用工具式柱箍将其收进一个柱筋直径，以利上层柱的钢筋搭接。当柱截面有变化时，其下层柱钢筋的露出部分，必须在绑扎梁的钢筋之前先行收缩准确。

D. 框架梁、牛腿及柱帽等钢筋，应放在柱的纵向钢筋内侧。

E. 柱钢筋的绑扎，应在模板安装前进行。

4）板钢筋绑扎

① 施工工艺流程

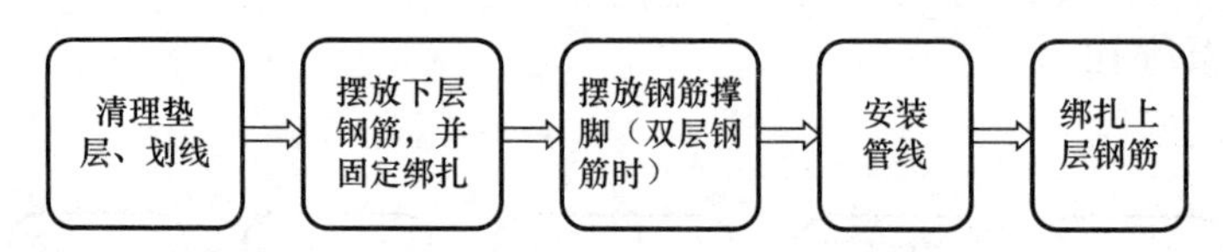


② 施工要点

A. 现浇楼板钢筋的绑扎是在梁钢筋骨架放下之后进行的。在现浇楼板钢筋铺设时，对于单向受力板，应先铺设平行于短边方向的受力钢筋，后铺设平行于长边方向分布钢筋；对于双向受力板，应先铺设平行于短边方向的受力钢筋，后铺设平行于长边方向的受力钢筋。且须特别注意，板上部的负筋、主筋与分布钢筋的相交点必须全部绑扎，并垫上保护层垫块。如楼板为双层钢筋时，两层钢筋之间应设撑铁，以确保两层钢筋之间的有效高度，管线应在负筋没有绑扎前预埋好，以免施工人员施工时过多地踩倒负筋。

B. 板、次梁与主梁交叉处，板的钢筋在上，次梁的钢筋居中。主梁的钢筋在下；当有圈梁或垫梁时，主梁的钢筋在上。

C. 板的钢筋网绑扎与基础相同。但应注意板上部的负筋。要防止被踩下；特别是雨篷、挑檐、阳台等悬臂板。要严格控制负筋位置，以免拆模后断裂。

## 3. 混凝土工程施工工艺

混凝土工程施工包括混凝土拌合料的制备、运输、浇筑、振捣、养护等工艺过程，传统的混凝土拌合料是在混凝土配合比确定后在施工现场进行配料和拌制，近年来，混凝土拌合料的制备实现了工业化生产，大多数城市实现了混凝土集中预拌，商品化供应混凝土拌合料，施工现场的混凝土工程施工工艺减少了制备过程。

（1）混凝土拌合料的运输

1）运输要求

混凝土拌合料自商品混凝土厂装车后，应及时运至浇筑地点。混凝土拌合料运输过程中一般要求：

① 保持其均匀性，不离析、不漏浆；

② 运到浇筑地点时应具有设计配合比所规定的坍落度；

③ 应在混凝土初凝前浇入模板并捣实完毕；

④ 保证混凝土浇筑能连续进行。

2）运输时间

混凝土从搅拌机卸出到浇筑进模后时间间隔不得超过表 4-3 中所列的数值。若使用快硬水泥或掺有促凝剂的混凝土，其运输时间由试验确定，轻骨料混凝土的运输、浇筑延续时间应适当缩短。

**混凝土从搅拌机中卸出到浇筑完毕的延续时间**（单位：min） **表 4-3**

| 混凝土强度等级 | 气温低于 25℃ | 气温高于 25℃ |
| --- | --- | --- |
| C30 及 C30 以下 | 120 | 90 |
| 高于 C30 | 90 | 60 |

3）运输方案及运输设备

混凝土拌合料自搅拌站运至工地，多采用混凝土搅拌运输车，在工地内，混凝土运输目前可以选择的组合方案有：①“泵送”方案；②“塔式起重机＋料斗”方案。

（2）混凝土浇筑

混凝土浇筑就是将混凝土放入已安装好的模板内并振捣密实以形成符合要求的结构或构件的施工过程，包括布料、振捣、抹平等工序。

1）混凝土浇筑的基本要求：

① 混凝土应分层浇筑，分层捣实，但两层混凝土浇捣时间间隔不超过规范规定；

② 浇筑应连续作业，在竖向结构中如浇筑高度超过 3m 时，应采用溜槽或串筒下料；

③ 在浇筑竖向结构混凝土前，应先在浇筑处底部填入 50～100mm 厚与混凝土内砂浆成分相同的水泥浆或水泥砂浆（接浆处理）。

④ 浇筑过程应经常观察模板及其支架、钢筋、埋设件和预留孔洞的情况，当发现有变形或位移时，应立即快速处理。

2）施工缝的留设和处理

施工缝是新浇筑混凝土与已凝结或已硬化混凝土的结合面。由于新旧混凝土的结合力较差，故施工缝处是构件中的薄弱环节。为保证结构的整体性，混凝土的浇筑应连续进行，尽量缩短间歇时间。如因施工组织或技术上的原因不能连续浇筑，混凝土运输、浇筑及中间的间歇时间超过混凝土的凝结时间，则应留置施工缝。

留置施工缝的位置应事先确定，施工缝应留在结构受剪力较小且便于施工的部位。柱子应留水平缝，梁、板和墙应留垂直缝。

施工缝的处理：在施工缝处继续浇筑混凝土时，应待浇筑的混凝土抗压强度不小于 1.2MPa 方可进行，以抵抗继续浇筑混凝土的扰动，而且应对施工缝进行处理。一般是将混凝土表面凿毛、清洗、清除水泥浆膜和松动石子或软弱混凝土层，再满铺一层厚 10～15mm 的水泥浆或与混凝土同水灰比的水泥砂浆，方可继续浇筑混凝土。施工缝处混凝土应细致捣实，使新旧混凝土紧密结合。

3）混凝土振捣

在浇筑过程中，必须使用振捣工具振捣混凝土，尽快将拌合物中的空气振出，将混凝土拌合料中的空气赶出来，因为空气含量太多的混凝土会降低强度。用于振捣密实混凝土拌合物的机械，按其作业方式可分为：插入式振动器、表面振动器、附着式振动器和振动台。

（3）混凝土养护

养护方法有：自然养护、蒸汽养护、蓄热养护等。

对混凝土进行自然养护，是指在平均气温高于＋5℃的条件下于一定时间内使混凝土保持湿润状态。自然养护又可分为洒水养护和喷洒塑料薄膜养生液养护等。

洒水养护是用吸水保温能力较强的材料（如草帘、芦席、麻袋、锯末等）将混凝土覆盖，经常洒水使其保持湿润。养护时间长短取决于水泥品种，硅酸盐水泥、普通硅酸盐水泥和矿渣硅酸盐水泥拌制的混凝土，不少于7d；火山灰质硅酸盐水泥和粉煤灰硅酸盐水泥拌制的混凝土不少于14d；有抗渗要求的混凝土不少于14d。洒水次数以能保持混凝土具有足够的润湿状态为宜。养护初期和气温较高时应增加洒水次数。

喷洒塑料薄膜养生液养护适用于不易洒水养护的高耸构筑物和大面积、不规则外形混凝土结构及缺水地区。

对于表面积大的构件（如地坪、楼板、屋面、路面等），也可用湿土、湿砂覆盖，或沿构件周边用黏土等围住，在构件中间蓄水进行养护。

混凝土必须养护至其强度达到1.2MPa以上，才准在上面行人和架设支架、安装模板，且不得冲击混凝土，以免振动和破坏正在硬化过程中的混凝土的内部结构。

## （四）钢结构工程

### 1. 钢结构连接方法

（1）焊接

钢结构工程常用的焊接方法有：药皮焊条手工电弧焊、自动（半自动）埋弧焊、气体保护焊。

1）药皮焊条手工电弧焊：原理是在涂有药皮的金属电极与焊件之间施加电压，由于电极强烈放电导致气体电离，产生焊接电弧，高温下致使焊条和焊件局部熔化，形成气体、熔渣、熔池，气体和熔渣对熔池起保护作用，同时，熔渣与熔池金属产生冶炼反应后凝固成焊渣，冷却凝成焊缝，固态焊渣覆盖于焊缝金属表面后成型。

2）埋弧焊：是当今生产效率较高的机械化焊接方法之一，又称焊剂层下自动电弧焊。焊丝与母材之间施加电压并相互接触放弧后使焊丝端部及电弧区周围的焊剂及母材熔化，形成金属熔滴、熔池及熔渣。金属熔池受到浮于表面的熔渣和焊剂蒸气的保护，不与空气接触，避免有害气体侵入。自动埋弧焊设备由交流或直流焊接电源、焊接小车、控制盒、电缆等附件组成。

3）气体保护焊：包括钨极氩弧焊（TIG）、熔化极气体保护焊（GMAW）。目前应用较多的是$CO_2$气体保护焊。$CO_2$气体保护焊是采用喷枪喷出$CO_2$气体作为电弧焊的保护介质，使熔化金属与空气隔绝，保护焊接过程的稳定。

（2）螺栓连接

1）普通螺栓连接

建筑钢结构中常用的普通螺栓牌号为Q235，很少采用其他牌号的钢材制作。普通螺栓强度等级低，一般为4.4级、4.8级、5.6级和8.8级。例如4.8S，“S”表示级，“4”表示栓杆抗拉强度为400MPa，0.8表示屈强比，则屈服强度为400×0.8＝320MPa。建筑钢结构中使用的普通螺栓，一般为六角头螺栓，常用规格有M8、M10、M12、M16、M20、M24、M30、M36、M42、M48、M56、M64等。普通螺栓质量等级按加工制作质量及精度分为A、B、C三个等级，A级加工精度最高，C级最差，A

级螺栓为精制螺栓，B级螺栓为半精制螺栓，A、B级适用于拆装式结构或连接部位需传递较大剪力的重要结构中，C级螺栓为粗制螺栓，由圆钢压制而成，适用于钢结构安装中的临时固定，或用于承受静载的次要连接。普通螺栓可重复使用，建筑结构主结构螺栓连接，一般应选用高强螺栓，高强螺栓不可重复使用，属于永久连接的预应力螺栓。

2）高强度螺栓连接

高强度螺栓按形状不同分为：大六角头型高强度螺栓和扭剪型高强度螺栓。大六角头高强度螺栓一般采用指针式扭力（测力）扳手或预置式扭力（定力）扳手施加预应力，目前使用较多的是电动扭矩扳手，按拧紧力矩的50%进行初拧，然后按100%拧紧力矩进行终拧，大型节点初拧后，按初拧力矩进行复拧，最后终拧。扭剪型高强度螺栓的螺栓头为盘头，栓杆端部有一个承受拧紧反力矩的十二角体（梅花头），和一个能在规定力矩下剪断的断颈槽。扭剪型高强度螺栓通过特制的电动扳手，拧紧时对螺母施加顺时针力矩，对梅花头施加逆时针力矩，终拧至栓杆端部断颈拧掉梅花头为止。

（3）自攻螺钉连接

自攻螺钉多用于薄金属板间的连接，连接时先对被连接板制出螺纹底孔，再将自攻螺钉拧入被连接件螺纹底孔中，由于自攻螺钉螺纹表面具有较高硬度（≥HRC45），其螺纹具有弧形三角截面普通螺纹，螺纹表面也具有较高硬度，可在被连接板的螺纹底孔中攻出内螺纹，从而形成连接。

（4）铆钉连接

铆钉连接按照铆接应用情况，可以分为活动铆接、固定铆接、密封铆接。铆接在建筑工程中一般不使用。

## 2. 钢结构安装施工工艺

（1）安装工艺流程

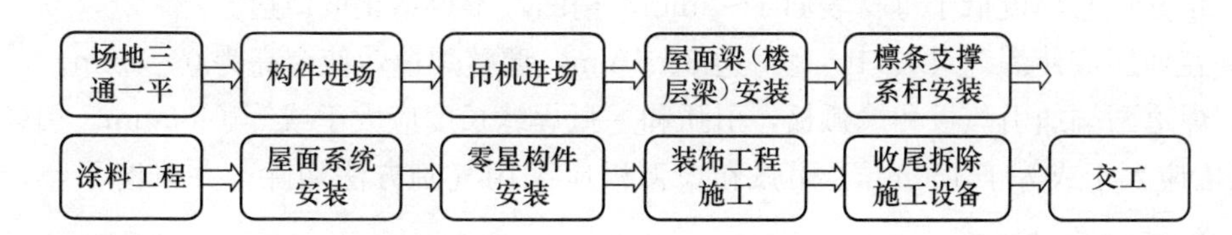


（2）安装施工要点

1）吊装施工

① 吊点采用四点绑扎，绑扎点应用软材料垫至其中以防钢构件受损。

② 起吊时先将钢构件吊离地面50cm左右，使钢构件中心对准安装位置中心，然后徐徐升钩，将钢构件吊至需连接位置即刹车对准预留螺栓孔，并将螺栓穿入孔内，初拧作临进固定，同时进行垂直度校正和最后固定，经校正后，并终拧螺栓作最后固定。

2）钢构件连接要点

① 钢构件螺栓连接要点

A. 钢构件拼装前应检查清除飞边、毛刺、焊接飞溅物等，摩擦面应保持干燥、整洁，不得在雨中作业。

B. 高强度螺栓在大六角头上部有规格和螺栓号，安装时其规格和螺栓号要与设计图上要求相同，螺栓应能自由穿入孔内，不得强行敲打，并不得气割扩孔，穿放方向符合设计图纸的要求。

C. 从构件组装到螺栓拧紧，一般要经过一段时间，为防止高强度螺栓连接副的扭矩系数、标高偏差、预拉力和变异系数发生变化，高强度螺栓不得兼作安装螺栓。

D. 为使被连接板叠密贴，应从螺栓群中央顺序向外施拧，即从节点中刚变大的中央按顺序向下受约束的边缘施拧。为防止高强度螺栓连接副的表面处理涂层发生变化影响预拉力，应在当天终拧完毕，为了减少先拧与后拧的高强度螺栓预拉力的差别，其拧紧必须分为初拧和终拧两步进行，对于大型节点，螺栓数量较多，则需要增加一道复拧工序，复拧扭矩仍等于初拧的扭矩，以保证螺栓均达到初拧值。

E. 高强度六角头螺栓施拧采用的扭矩扳手和检查采用的扭矩手在班前和班后均应进行扭矩校正。其扭矩误差应分别为使用扭矩的±5％和±3％。

F. 高强度螺栓上、下接触面处加有 1/20 以上斜度时应采用垫圈垫平。高强度螺栓孔必须是钻成的，孔边应无飞边、毛刺，中心线倾斜度不得大于 2mm。

② 钢构件焊接连接要点

A. 焊接区表面及其周围 20mm 范围内，应用钢丝刷、砂轮、氧乙炔火焰等工具，彻底清除待焊处表面的氧化皮、锈、油污、水分等污物。施焊前，焊工应复核焊接件的接头质量和焊接区域的坡口、间隙、钝边等的处理情况。当发现有不符合要求时，应修整合格后方可施焊。

B. 厚度 12mm 以下板材，可不开坡口，采用双面焊，正面焊电流稍大，熔深达 65％～70％，反面达 40％～55％。厚度大于 12～20mm 的板材，单面焊后，背面清根，再进行焊接。厚度较大板，开坡口焊，一般采用手工打底焊。

C. 多层焊时，一般每层焊高为 4～5mm，多道焊时，焊丝离坡口面 3～4mm 处焊。

D. 填充层总厚度低于母材表面 1～2mm，稍凹，不得熔化坡口边。

E. 盖面层应使焊缝对坡口熔宽每边 3±1mm，调整焊速，使余高为 0～3mm。

F. 焊道两端加引弧板和熄弧板，引弧和熄弧焊缝长度应大于或等于 80mm。引弧和熄弧板长度应大于或等于 150mm。引弧和熄弧板应采用气割方法切除，并修磨平整，不得用锤击落。

G. 埋弧焊每道焊缝熔敷金属横截面的成型系数（宽度：深度）应大于 1。

H. 不应在焊缝以外的母材上打火引弧。

## （五）防水工程

### 1. 砂浆、混凝土防水施工工艺

（1）防水砂浆施工工艺

水、砂浆防水通常称为刚性防水，是依靠增加防水层厚度和提高砂浆层的密实性来达到防水要求。

1）刚性多层抹面砂浆防水施工

刚性多层抹面砂浆防水工程是利用一定配合比成分的水泥浆和水泥砂浆（称防水砂浆）分层分次施工，相互交替抹压密实，充分切断各层次毛细孔网，形成一多层防渗的封闭防水整体。

① 施工工艺流程

② 施工要点

A. 防水砂浆防水层的背水面基层的防水层采用四层做法（“二素二浆”），迎水面基层的防水层采用五层做法（“三素二浆”）。素浆和水泥浆的配合比按表 4-4 选用。

**普通水泥砂浆防水层的配合比　　表 4-4**

| 名　称 | 配合比（质量比） | | 水灰比 | 适用范围 |
|---|---|---|---|---|
| | 水泥 | 砂 | | |
| 素浆 | 1 | — | 0.55～0.60 | 水泥砂浆防水层的第一层 |
| 素浆 | 1 | — | 0.37～0.40 | 水泥砂浆防水层的第三、五层 |
| 砂浆 | 1 | 1.5～2.0 | 0.40～0.50 | 水泥砂浆防水层的第二、四层 |

B. 施工前要进行基层处理，清理干净表面、浇水湿润、补平表面蜂窝孔洞，使基层表面平整、坚实、粗糙，以增加防水层与基层间的粘结力。

C. 防水层每层应连续施工，素灰层与砂浆层应在同一天内施工完毕。为了保证防水层抹压密实，防水层各层间及防水层与基层间粘结牢固，必须作好素灰抹面、水泥砂浆揉浆和收压等施工关键工序。素灰层要求薄而均匀，抹面后不宜干撒水泥粉。揉浆是使水泥砂浆素灰相互渗透结合牢固，既保护素灰层又起防水作用，揉浆时严禁加水，以免引起防水层开裂、起粉、起砂。

D. 防水砂浆防水层完工并待其强度达到要求后，应进行检查，以防水层不渗水为合格。

2）掺防水剂水泥砂浆防水施工

掺防水剂的水泥砂浆是在水泥砂浆中掺入占水泥重量 3%～5%的各种防水剂配制而成，常用的防水剂有氯化物金属盐类防水剂和金属皂类防水剂。

① 施工工艺流程

② 施工要点

在未加防水剂水泥砂浆防水层施工要点的基础上，需增加：

A. 防水层施工时的环境温度为 5～35℃，必须在结构变形或沉降趋于稳定后进行。为防止裂缝产生，可在防水层内增设金属网片。

B. 当施工采用抹压法时，先在基层涂刷一层 1∶0.4 的水泥浆（重量比），随后分层铺抹防水砂浆，每层厚度为 5～10mm，总厚度不小于 20mm。每层应抹压密实，待下一层养护凝固后再铺抹上一层。采用扫浆法时，施工先在基层薄涂一层防水净浆，随后分层铺刷防水砂浆，第一层防水砂浆经养护凝固后铺刷第二层，每层厚度为 10mm，相邻两层防水砂浆铺刷方向互相垂相，最后将防水砂浆表面扫出条纹。

C. 氯化铁防水砂浆施工。先在基层涂刷一层防水净浆，然后抹底层防水砂浆，其厚 12mm 分两遍抹压，第一遍砂浆阴干后，抹压第二遍砂浆；底层防水砂浆抹完 12h 后，抹压面层防水砂浆，其厚 13mm 分两遍抹压，操作要求同底层防水砂浆。

（2）防水混凝土施工工艺

防水混凝土是通过采用较小的水灰比，适当增加水泥用量和砂率，提高灰砂比，采用较小的骨料粒径，严格控制施工质量等措施，从材料和施工两方面抑制和减少混凝土内部孔隙的形成，特别是抑制孔隙间的连通，堵塞渗透水通道，靠混凝土本身的密实性和抗渗性来达到防水要求的混凝土。

1）施工工艺流程

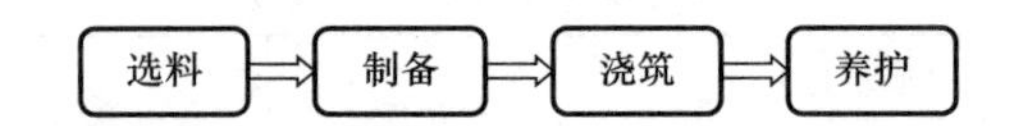


2）施工要点

① 选料：水泥选用强度等级不低于 42.5 级，水化热低，抗水（软水）性好，泌水性小（即保水性好），有一定的抗侵蚀性的水泥。粗骨料选用级配良好、粒径 5～30mm 的碎石。细骨料选用级配良好、平均粒径 0.4mm 的中砂。

② 制备：在保证能振捣密实的前提下水灰比尽可能小，一般不大于 0.6，坍落度不大于 50mm，水泥用量为 320～400kg/m$^3$，砂率取 35%～40%。

③ 防水混凝土浇筑与养护

A. 模板：防水混凝土所用模板，除满足一般要求外，应特别注意模板拼缝严密，保证不漏浆。对于贯穿墙体的对拉螺栓，要加止水片，做法是在对拉螺栓中部焊一块 2～3mm 厚，80mm×80mm 的钢板，止水片与螺栓必须满焊严密，拆模后沿混凝土结构边缘将螺栓割断，也可以使用膨胀橡胶止水片，做法是将膨胀橡胶止水片紧套于对拉螺栓中部即可。

B. 钢筋：为了有效地保护钢筋和阻止钢筋的引水作用，迎水面防水混凝土的钢筋保护层厚度不得小于 50mm。留设保护层，应以相同配合比的细石混凝土或水泥砂浆制成垫块，将钢筋垫起，严禁以钢筋垫钢筋。钢筋以及绑扎钢丝均不得接触模板。若采用铁马凳架设钢筋时，在不能取掉的情况下，应在铁马凳上加焊止水环，防止水沿铁马凳渗入混凝土结构。

C. 混凝土：在浇筑过程中，应严格分层连续浇筑，每层厚度不宜超过 300～400mm，机械振捣密实。浇筑防水混凝土的自由落下高度不得超过 1.5m。在常温下，混凝土终凝后（一般浇筑后 4～6h），应在其表面覆盖草袋，并经常浇水养护，保持湿润，由于抗渗强度等级发展慢，养护时间比普通混凝土要长，故防水混凝土养护时间不少于 14d。

D. 施工缝：底板混凝土应连续浇灌，不得留施工缝。墙体一般只允许留水平施工缝，其位置一般宜留在高出底板上表面不小于 500mm 的墙身上，如必须留设垂直施工缝时，则应留在结构的变形缝处。

## 2. 涂料防水施工工艺

防水涂料防水层属于柔性防水层。涂料防水层是用防水涂料涂刷于结构表面所形成的表面防水层。一般采用外防外涂和外防内涂施工方法。常用的防水涂料有橡胶沥青类防水涂料、聚氨酯防水涂料、硅橡胶防水涂料、丙烯酸酯防水涂料、沥青类防水涂料等。

（1）施工工艺流程

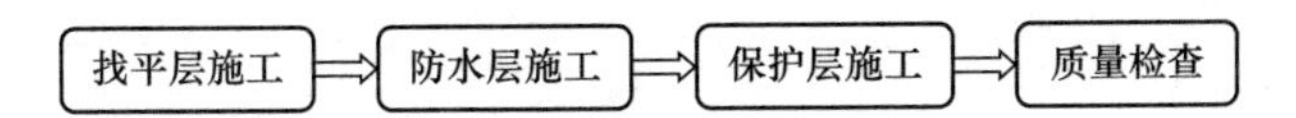


（2）施工要点

1）找平层施工

找平层有水泥砂浆找平层、沥青砂浆找平层、细石混凝土找平层三种，施工要求密实平整，并找好坡度。找平层的种类及施工要求见表 4-5。

**找平层的种类及施工要求　　表 4-5**

| 找平层类别 | 施工要点 | 施工注意事项 |
| --- | --- | --- |
| 水泥砂浆找平层 | （1）砂浆配合比要称量准确，搅拌均匀。砂浆铺设应按由远到近、由高到低的程序进行，在每一分格内最好一次连续抹成，并用 2m 左右的直尺找平，严格掌握坡度。<br>（2）待砂浆稍收水后，用抹子抹平压实压光。终凝前，轻轻取出嵌缝木条。<br>（3）铺设找平层 12h 后，需洒水养护或喷冷底子油养护。<br>（4）找平层硬化后，应用密封材料嵌填分格缝 | （1）注意气候变化，如气温在 0℃以下，或终凝前可能下雨时．不宜施工。<br>（2）底层为塑料薄膜隔离层、防水层或不吸水保温层时，宜在砂浆中加减水剂并严格控制稠度。<br>（3）完工后表面少踩踏。砂浆表面不允许撒干水泥或水泥浆压光。<br>（4）屋面结构为装配式钢筋混凝土屋面板时，应用细石混凝土嵌缝，嵌缝的细石混凝土宜掺微膨胀剂，强度等级不应小于 C20。当板缝宽度大于 40mm 或上窄下宽时，板缝内应设置构造钢筋。灌缝高度应与板平齐，板端应用密封材料嵌缝 |
| 沥青砂浆找平层 | （1）基层必须干燥，然后满涂冷底子油 1～2 道，涂刷要薄而均匀，不得有气泡和空白，涂刷后表面保持清洁。<br>（2）待冷底子油干燥后可铺设沥青砂浆，其虚铺厚度约为压实后厚度的 1.30～1.40 倍。<br>（3）待砂浆刮平后，即用火滚进行滚压（夏天温度较高时。筒内可不生火），滚压至平整、密实、表面没有蜂窝、不出现压痕为止。滚筒应保持清洁，表面可涂刷柴油。滚压不到之处可用烙铁烫压平整，施工完毕后避免在上面踩踏。<br>（4）施工缝应留成斜槎，继续施工时接槎处应清理干净并刷热沥青一遍，然后铺沥青砂浆，用火滚或烙铁烫平 | （1）检查屋面板等基层安装牢固程度。不得有松动之处。屋面应平整、找好坡度并清扫干净。<br>（2）雾、雨、雪天不得施工。一般不宜在气温 0℃以下施工。如在严寒地区必须在气温 0℃以下施工时应采取相应的技术措施（如分层分段流水施工及采取保温措施等） |
| 细石混凝土找平层 | （1）细石混凝土宜采用机械搅拌和机械振捣。浇筑时混凝土的坍落度应控制在 10mm，浇捣密实。灌缝高度应低于板面 10～20mm。表面不宜压光。<br>（2）浇筑完板缝混凝土后，应及时覆盖并浇水养护 7d，待混凝土强度等级达到 C15 时，方可继续施工 | 施工前用细石混凝土对管壁四周处稳固堵严并进行密封处理，施工时节点处应清洗干净予以湿润，吊模后振捣密实。沿管的周边划出 8～10mm 沟槽，采用防水类卷材、涂料或油膏裹住立管、套管和地漏的沟槽内，以防止楼面的水有可能顺管道接缝处出现渗漏现象 |

2）防水层施工

① 涂刷基层处理剂

基层处理剂涂刷时应用刷子用力薄涂，使涂料尽量刷进基层表面的毛细孔，并将基层可能留下来的少量灰尘等无机杂质，像填充料一样混入基层处理剂中，使之与基层牢固结合。这样即使屋面上灰尘不能完全清扫干净，也不会影响涂层与基层的牢固粘结。特别在较为干燥的屋面上进行溶剂型防水涂料施工时，使用基层处理剂打底后再进行防水涂料涂刷，效果相当明显。

② 涂刷防水涂料

厚质涂料宜采用铁抹子或胶皮板刮涂施工；薄质涂料可采用棕刷、长柄刷、圆滚刷等进行人工涂刷，也可采用机械喷涂。涂料涂刷应分条或按顺序进行，分条进行时，每条宽度应与胎体增强材料宽度相一致，以避免操作人员踩踏刚涂好的涂层。流平性差的涂料，为便于抹压，加快施工进度，可以采用分条间隔施工的方法，条带宽 800～1000mm。

③ 铺设胎体增强材料

在涂刷第二遍涂料时，或第三遍涂料涂刷前，即可加铺胎体增强材料。胎体增强材料可采用湿铺法或干铺法铺贴。

A. 湿铺法：是在第二遍涂料涂刷时，边倒料、边涂刷、边铺贴的操作方法。

B. 干铺法：是在上道涂层干燥后，边干铺胎体增强材料，边在已展平的表面上用刮板均匀满刮一道涂料，也可将胎体增强材料按要求在已干燥的涂层上展平后，用涂料将边缘部位点粘固定. 然后再在上面满刮一道涂料，使涂料浸入网眼渗透到已固化的涂膜上。

胎体增强材料可以是单一品种的，也可以采用玻璃纤维布和聚酯纤维布混合使用。混合使用时，一般下层采用聚酯纤维布，上层采用玻璃纤维布。

④ 收头处理

为了防止收头部位出现翘边现象，所有收头均应用密封材料压边，压边宽度不得小于10mm，收头处的胎体增强材料应裁剪整齐，如有凹槽时应压入凹槽内，不得出现翘边、皱折、露白等现象，否则应进行处理后再涂封密封材料。

3）保护层施工

保护层的种类有水泥砂浆、泡沫塑料、细石混凝土与砖墙四种，施工要求不得损坏防水层。保护层的种类及施工要求见表 4-6。

**保护层的种类及施工要求** **表 4-6**

| 保护层类别 | 施工要点 | 施工注意事项 |
|---|---|---|
| 细石混凝土保护层 | 适宜顶板和底板使用。先以氯丁系胶粘剂（如404 胶等）花粘虚铺一层石油沥青纸胎油毡作保护隔离层，再在油毡隔离层上浇筑细石混凝土，用于顶板保护层时厚度不应小于 70mm。用于底板时厚度不应小于 50mm | 浇筑混凝土时不得损坏油毡隔离层和卷材防水层，如有损坏应及时用卷材接缝胶粘剂补粘一块卷材修补牢固。再继续浇筑细石混凝土 |
| 水泥砂浆保护层 | 适宜立面使用。在三元乙丙等高分子卷材防水层表面涂刷胶粘剂，以胶粘剂撒粘一层细砂，并用压辊轻轻滚压使细砂粘牢在防水层表面，然后再抹水泥砂浆保护层。使之与防水层能粘结牢固，起到保护立面卷材防水层的作用 | |

续表

| 保护层类别 | 施工要点 | 施工注意事项 |
|---|---|---|
| 泡沫塑料保护层 | 适用于立面。在立面卷材防水层外侧用氯丁系胶粘剂直接粘贴 5～6mm 厚的聚乙烯泡沫塑料板做保护层。也可以用聚醋酸乙烯乳液粘贴 40mm 厚的聚苯泡沫塑料做保护层 | 这种保护层为轻质材料．故在施工及使用过程中不会损坏卷材防水层 |
| 砖墙保护层 | 适用于立面。在卷材防水层外侧砌筑永久保护墙，并在转角处及每隔 5～6m 处断开，断开的缝中填以卷材条或沥青麻丝；保护墙与卷材防水层之间的空隙应随时以砌筑砂浆填实 | 要注意在砌砖保护墙时，切勿损坏已完工的卷材防水层 |

### 3. 卷材防水施工工艺

卷材防水应采用沥青防水卷材或高聚物改性沥青防水卷材，所选用的基层处理剂、胶粘剂应与卷材配套。防水卷材及配套材料应有产品合格证书和性能检测报告，材料的品种、规格、性能等应符合现行国家产品标准和设计要求。

（1）施工工艺流程

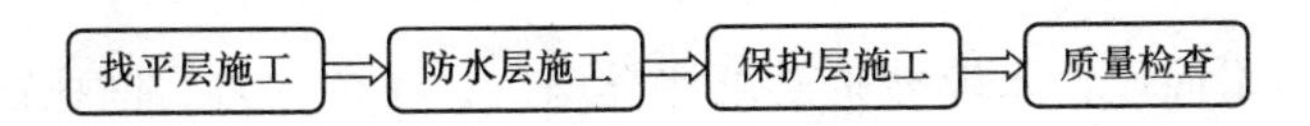


（2）施工要点

1）找平层、保护层施工要求与涂料防水层施工要求基本相同。

2）防水层施工要点

① 找平层表面应坚固、洁净、干燥。铺设防水卷材前应涂刷基层处理剂，基层处理剂应采用与卷材性能配套（相容）的材料，或采用同类涂料的底子油；

② 要使用该品种高分子防水卷材的专用粘结剂，不得错用或混用；

③ 必须根据所用胶粘剂的使用说明和要求，控制胶粘剂涂刷与粘合的间隔时间，间隔时间受胶粘剂本身性能、气温湿度影响，要根据试验、经验确定；

④ 铺贴高分子防水卷材时，切忌拉伸过紧，以免使卷材长期处在受拉应力状态，易加速卷材老化；

⑤ 卷材搭接缝结合面应清洗干净，均匀涂刷胶粘剂后，要控制好胶粘剂涂刷与粘合间隔时间，粘合时要排净接缝间的空气，辊压粘牢。接缝口应采用宽度不小于 10mm 的密封材料封严，以确保防水层的整体防水性能。

## （六）装饰装修工程

### 1. 楼地面工程施工工艺

（1）水泥砂浆地面施工

一般常用的材料：强度等级不小于 32.5 级的通用硅酸盐水泥；中粗砂（含泥量不大于 3%）。

1）工艺流程

2）施工要点

① 基层处理：水泥砂浆面层多铺抹在楼地面混凝土垫层上，基层处理是防止水泥砂浆面层空鼓、裂纹、起砂等质量通病的关键工序。表面比较光滑的基层，应进行凿毛，并用清水冲洗干净，冲洗后的基层，最好不要上人。在现浇混凝土或水泥砂浆垫层、找平层上做水泥砂浆地面面层时，其抗压强度达到1.2MPa，才能铺设面层。

② 弹线找规矩：地面抹灰前，应先在四周墙上弹出一道水平基准线，作为确定水泥砂浆面层标高的依据。做法是以设计地面标高为依据，在四周墙上弹出500mm或1000mm作为水平基准线。

③ 根据水平线在地面四周做灰饼，并做好地面标筋（纵横标筋间距为1500～2000mm）。在有坡度要求的地面，要找好坡度；有地漏的房间，要在地漏四周做出坡度不小于5%的泛水。对于面积比较大的地面，用水准仪测出面层的平均厚度，然后边测标高边做灰饼。

④ 铺设水泥砂浆面层：水泥砂浆要求拌合均匀，颜色一致。铺抹前，先将基层浇水湿润，刷一道素水泥浆结合层，并随刷随抹。操作时，先在标筋之间均匀铺上砂浆，比标筋面略高，然后用刮尺以标筋为准刮平、拍实。待表面水分稍干后，用木抹子打磨，将砂眼、凹坑、脚印等打磨掉，在操作半径打磨完后，用纯水泥浆均匀涂抹在面上，再用铁抹子抹光。

⑤ 养护与保护：水泥砂浆面层施工完毕后，要及时进行浇水养护，必要时可蓄水养护，养护时间不少于7d，强度等级应不小于15MPa。

（2）陶瓷地砖楼地面施工

1）工艺流程

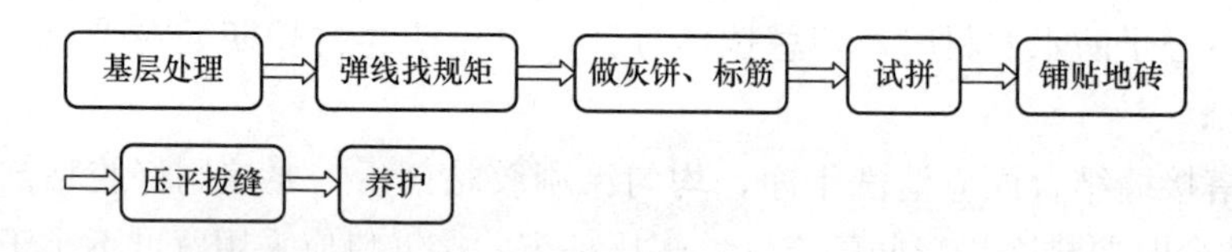


2）施工要点

① 基层处理、弹线找规矩、做灰饼、标筋与水泥砂浆地面施工相同。

② 试拼：铺贴前根据分格线确定地砖的铺贴顺序和标准块的位置，并进行试拼，检查图案、颜色及纹理的方向及效果。试拼后按顺序排列，编号，浸水备用。

③ 铺贴地砖：根据其尺寸大小分湿贴法和干贴法两种。

A. 湿贴法：此方法主要适用于小尺寸地砖（400mm×400mm以下）的铺贴。

用1∶2水泥砂浆摊在地砖背面，将其镶贴在找平层上。同时用橡胶槌轻轻敲击地砖表面，使其与地面粘贴牢固，以防止出现空鼓与裂缝。

铺贴时，如室内地面的整体水平标高相差超过40mm，需用1∶2的半硬性水泥砂浆铺找平层，边铺边用木方刮平、拍实，以保证地面的平整度。然后按地面纵横十字标筋在找平层上通贴一行地砖作为基准板，再沿基准板的两边进行大面积铺贴。

B. 干贴法：此方法主要适用于大尺寸地砖（500mm×500mm以上）的铺贴。

首先在地面上用1∶3的干硬性水泥砂浆铺一层厚度为20～50mm的垫层。干硬性水泥砂浆密度大，干缩性小，以手捏成团，松手即散为好。找平层的砂浆应采用虚铺方式，即把干硬性水泥砂浆均匀铺在地面上，不可压实。然后将纯水泥浆刮在地砖背面，按地面纵横十字筋通铺一行地砖于硬性水泥砂浆上作为基准板，再沿基准板的两边进行大面积铺贴。

④ 压平、拔缝：镶贴时，应边铺贴边用水平尺检查地砖平整度，同时拉线检查缝格的平直度，如超出规定应立即修整，将缝拔直，并用橡皮锤拍实，使纵横线之间的宽窄一致、笔直通顺，板面也应平整一致。

⑤ 养护：铺完砖24h后洒水养护，时间不少于7d。待地砖完全凝固硬化后，可在墙面与地砖交接处安装踢脚板。踢脚板一般采用与地面块材同品种、同颜色的材料。踢脚板的立缝应与地面缝对齐，厚度和高度应符合设计要求。

（3）石材楼地面铺设施工

石材地面是指采用天然大理石、花岗石、预制水磨石板块、碎拼大理石板块以及新型人造石板块等装饰材料作饰面层的楼地面。天然大理石组织细密、坚实，色泽鲜明光亮。庄重大方，高贵豪华。天然花岗石质地坚硬、耐磨，不易风化变质，色泽自然庄重、典雅气派。常用于高级装饰工程，如宾馆、饭店、酒楼、写字楼的大厅地面、楼厅走廊、踢脚线等部位。

1）施工工艺流程

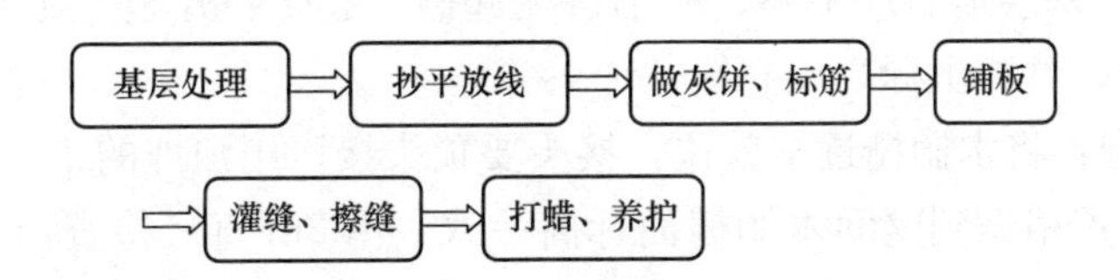


2）施工要点

基层处理、抄平放线、做灰饼、标筋找平等做法与地砖楼地面铺贴方法相同。

① 选板试拼：天然石材的颜色、纹理、厚薄不完全一致，因此在铺装前，应根据施工大样图进行选板、试拼、编号，以保证板与板之间的色彩、纹理协调自然。按编号顺序在石材的正面、背面以及四条侧边，同时涂刷防剂（保新剂），这样可使石材在铺装时和以后的使用过程中，防止污渍、油污浸入石材内部，而使石材保持持久的光洁。

② 铺找平层：根据地面标筋铺找平层，找平层起到控制标高和粘结面层的作用。按设计要求用1∶1～1∶3干硬性水泥砂浆，在地面均匀铺一层厚度为20～50mm的干硬性水泥砂浆。因石材的厚度不均匀，在处理找平层时可把干硬性水泥砂浆的厚度适当增加，但不可压实。

③ 铺板：在找平层上接通线，随线铺设一行基准板，再从基准板的两边进行大面积铺贴。铺装方法是将素水泥浆均匀地刮在选好的石材背面，随即将石材镶铺在找平层上，

边铺贴边用水平尺检查石材表面平整度，同时调整石材之间的缝隙，并用橡胶槌敲击石材表面，使其与结合层粘结牢固。

④ 灌缝、擦缝：铺装完毕后，用棉纱将板面上的灰浆擦拭干净，并养护 1～2d，进行踢脚板的安装，然后用与石材颜色相同的勾缝剂进行抹缝处理。

打蜡、养护：最后用草酸清洗板面，再打蜡、抛光。

（4）木地板楼地面施工

木地板的施工方法可分为实铺式、空铺式和浮铺式（也称悬浮式）。

实铺式是指木地板通过木搁栅与基层相连或用胶粘剂直接粘贴于基层上，实铺式一般用于 2 层以上的干燥楼面。

空铺式是指木地板通过地垄墙或砖墩等架空再安装，一般用于平房、底层房屋或较潮湿地面以及地面敷设管道需要将木地板架空等情况。

浮铺式是新型木地板的铺设方式，由于产品本身具有较精密的槽榫企口边及配套的胶粘剂、卡子和缓冲底垫等，铺设时仅在板块企口咬接处施以胶粘或采用配件卡接即可连接牢固，整体地铺覆于建筑地面基层。

目前，家庭或办公室铺设木地板大多采用实铺式。

1）实铺式木地板施工工艺流程

① 搁栅式。基层处理→安装木搁栅→钉毛地板→弹线、铺钉硬木地板→钉踢脚板→刨光、打磨→油漆。

② 粘贴式。基层清理→弹线定位→涂胶→粘贴地板→刨光、打磨→油漆。

2）实铺式木地板施工要点

① 搁栅式实铺地板

A. 基层处理：基层地面应平整、光洁、无起砂、起壳、开裂。在混凝土基层上弹出木搁栅中心位置线，并弹出标高控制线，

B. 安装木搁栅：将木搁栅逐根就位，接头要顶头接。用预埋的 ϕ4 钢筋或 8 号铁丝将木搁栅固定牢。要严格做到整间木搁栅面标高一致，用 2m 直尺检查，空隙不大于 3mm。木搁栅与墙间应留出不小于 30mm 的缝隙。

C. 钉毛地板。毛地板条与木搁栅成 30°或 45°斜角方向铺钉，板间缝隙不大于 3mm，板长不应小于两档木搁栅，接头要错开，要在毛地板企口凸榫处斜着钉暗钉，钉子钉入木搁栅内长度为板厚的 2.5 倍，钉头送入板中 2mm 左右，每块板不少于 2 个钉，毛地板与墙之间应留 10～20mm 的缝隙。

D. 铺钉硬木地板、踢脚板：铺钉硬木地板先由中央向两边进行，后铺镶边，直条硬木地板相邻接头要错开 200mm 以上，钉子长度为板厚的 2.5 倍，相邻两块地板边缘高差不大于 1.0mm，木板与墙之间应留 10～20mm 的缝隙，并用踢脚板封盖。

E. 刨平、刨光、磨光硬木地板。硬木地板铺钉完后，即可用刨地板机先斜着木纹，后顺着木纹将表面刨光、刨平，再用木工细刨刨光，达到无刨刀痕迹，然后用磨砂皮机将地板表面磨光。

F. 刷涂料、打蜡。一般做清漆罩面，涂刷完毕后养护 3～5d 后打蜡，蜡要涂得薄而匀，再用打蜡机擦亮隔 1d 后就可上人使用。

② 粘贴式实铺地板

A. 基层清理：基层地面应平整、光洁、无起砂、起壳、开裂。凡遇凹陷部位应用砂浆找平。

B. 在混凝土基层上弹出木搁栅中心位置线，并弹出标高控制线。

C. 涂胶粘剂：按配合比拌制好备用配制胶粘剂，配料的数量应根据需要随拌随用。成品粘结剂按使用说明使用。胶粘剂要成浆糊状，“PAA”、“801”、“831 I”用锯齿形白皮或塑料刮板涂刮成 3mm 厚楞状，SN-2 型粘结剂用抹子刮抹。

D. 粘贴地板。随刮胶粘剂随铺地板，人员随铺随往后退，要用力推紧、压平，并随即用砂袋等物压 6～24h，对于板缝中挤出的胶粘剂要及时揩除，PAA 粘结剂可用质量分数为 95％的酒精擦去，SN-2 型粘结剂可用揩布揩净。操作人员要穿软底鞋。

刨光、打磨→油漆工序要点与搁栅式实铺地板施工相同。地板粘贴后自然养护 3～5d。

## 2. 一般抹灰工程施工工艺

一般抹灰按等级可分为：普通抹灰和高级抹灰。

（1）施工工艺流程

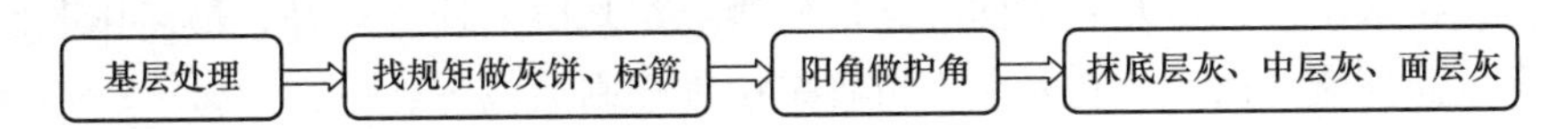


（2）施工要点

一般抹灰施工的施工顺序应遵循“先室外后室内、先上后下、先顶棚后墙地”的原则，重点作以下几个方面。

1）基层处理

① 抹灰前基层表面的灰尘、污垢和油渍等应清除干净，并洒水湿润。针对不同的墙体材料，选择不同的湿润措施。

② 对表面光滑的基层应进行“毛化处理”。常规做法是，在浇水湿润后，用 1∶1 水泥细砂浆（内掺 20％108 胶）喷洒或用扫帚将砂浆甩在墙面上，甩点要均匀，终凝后洒水养护，直到水泥砂浆疙瘩全部粘满光滑表面，并有较高强度，用手掰不动为宜。

2）找规矩、做灰饼、标筋

① 对内墙找规矩，即在室内抹灰前，为了控制房间的方正，先在地面弹出十字线，再由十字线向四周放出地面 20 线，然后依据墙面的实际平整度和垂直度及抹灰总厚度规定，与找方线进行比较，决定抹灰的厚度，从而找到一个抹灰的假想平面。将此平面与相邻墙面的交线弹于相邻的墙面上，以作此墙面抹灰的基准线，并以此为标志作为标筋的厚度标准。

② 外墙抹灰找规矩的方法与内墙的基本相同，但要在相邻两个抹灰面相交处挂垂线。由于一般外墙抹灰面积大，另外还有门窗、阳台、明柱等。因此外墙抹灰找规矩比内墙面更重要，要在四角先挂好自上而下的垂直线（多层及高层楼房应用钢丝线垂下），然后根据抹灰的厚度弹上控制线，再拉水平通线，并弹出水平线做标志块，然后做标筋。

3）阳角做护角

室内外墙角、柱角和门窗洞口的阳角抹灰要线条清晰、挺直，并应防止碰撞损坏。因此，凡是与人、物经常接触的阳角部位，不论设计有无规定，都需要做护角，并用水泥浆捋出小圆角。无设计要求时，采用 1∶2 水泥砂浆做暗护角，其高度不应低于 2m，每侧宽度不应小于 50mm。

4）抹底层灰、中层灰、面层灰

抹灰工程应分层进行。一般抹灰一般分为三层。

待标筋达到一定强度后（刮尺操作不致损坏或七至八成干）即可抹底层灰。抹底层灰可用托灰板盛砂浆，用力将砂浆推抹到墙面上，一般应从上而下进行。

底层灰 6～7 成干（用手指按压有指印但不软）时即可抹中层灰。操作时一般按自上而下、从左向右的顺序进行。

## 3. 涂饰工程施工工艺

（1）常用施涂方法

常用的施涂方法有：刷涂、滚涂、喷涂、抹涂、刮涂，选择时应根据涂料的性质、基层情况、涂饰效果等而定。一般常用的三种方法为：

滚涂法：将蘸取漆液的毛辊先按 W 方式运动将涂料大致涂在基层上，然后用不蘸取漆液的毛辊紧贴基层上下、左右来回滚动，使漆液在基层上均匀展开，最后用蘸取漆液的毛辊按一定方向满滚一遍。阴角及上下口宜采用排笔刷涂找齐。

喷涂法：喷枪压力宜控制在 0.4～0.8MPa 范围内。喷涂时喷枪与墙面应保持垂直，距离宜在 500mm 左右，匀速平行移动。两行重叠宽度宜控制在喷涂宽度的 1/3。

刷涂法：用毛刷、排笔等工具在物体表面涂饰涂料，直按先左后右、先上后下、先难后易、先边后面的顺序进行。

滚涂法比刷涂法功效快，又比喷涂法环保，三种施涂方法中，滚涂法最为常用。

（2）滚涂法施工工艺

1）工艺流程

2）施工要点

① 基层处理：混凝土和抹灰表面在施涂前应将基体或基层的缺棱掉角处、孔洞用 1∶3 的水泥砂浆（或聚合物水泥砂浆）修补；表面麻面、接缝错位处及凹凸不平处先凿平或用砂轮机磨平，清洗干净，然后用水泥聚合物刮腻子或聚合物水泥砂浆抹平；缝隙用腻子填补齐平；对于酥松、起皮、起砂等硬化不良或分离脱壳部分必须铲除重做。基层表面上的灰尘、污垢、溅沫和砂浆流痕应清除干净。施涂溶剂型涂料，基体或基层含水率不得大于 8%；施涂水性和乳液型涂料，含水率不得大于 10%，一般抹灰基层养护 14～21d，混凝土基层养护 21～28d，可达到要求。

② 打底、批刮腻子：待水泥砂浆抹面干燥后，将其表面的孔洞、裂缝及凹坑等用外墙抗裂弹性腻子修补、填平，轻微的地方用刮刀嵌入腻子补齐，严重的地方用刮铲填充腻子找平。待腻子干燥后，用中号砂纸将其表现打磨平整，并及时清除粉尘。待修补完成后，将抹灰面满刮外墙抗裂弹性腻子一遍，腻子批刮厚度为 0.2～0.5mm，同一方向往返

刮。干燥后应用中号砂纸将刮痕打磨平整光滑，将粉尘清除干净，以保证墙面装饰效果。腻子施工适宜温度为5℃以上，腻子应放在干燥、通风阴凉外，粉状料绝对避免受潮，胶液应避免日光暴晒。

③ 面层施涂

A. 滚涂前，应注意基层的干湿程度，抹面含水率小于10%，pH值小于10后方可施工，以防止涂层出现起泡、掉粉、失光、涂面出现拉毛等现象。腻子要干燥坚硬、长短要一致，以保持涂层厚度均匀。滚涂过程中若有气泡出现，待稍微吸水以后，用短辊蘸少量的外墙乳胶漆复压一次，就可使气泡消除。涂料的工作黏度或稠度，必须加以控制，使其在涂料施涂时不流坠、不显刷纹。施涂过程中得任意稀释。滚涂大面时，用长度为18～24cm的长辊，以利于提高工效；滚涂小面和阴阳角时，用长度为12cm的短辊，以利于局部处理。

B. 滚涂成活时，上下接槎要严，一面墙要一气呵成，以防止色泽不一致。同一墙面应用同一批号的外墙乳胶漆，以防止饰面颜色不一致。

C. 滚涂间断或分段施工时，涂层接槎应留在分格缝、墙的阴角处或水落管背后等不明显部位，以确保同一墙面无明显接槎。

D. 滚涂前和滚涂过程中，底漆和乳胶漆均应搅拌均匀，不可掺加异物，以防止其技术性能被破坏。底漆和乳胶漆施工适宜温度为5℃以上，未用完的底乳胶漆应加盖密封，并存放在阴凉通风处。

④ 修理：滚涂时随时检查质量，发现问题要查明原因，并及时妥善处理，以防止由于时间差造成二次滚涂留下明显痕迹。分格缝应按设计要求进行勾缝，并用专业工具对其阳角进行细致处理，使其清晰、顺直、方正。

## 4. 门窗工程施工工艺

建筑装饰工程中所用的门窗部件很多，一般由窗（门）框、窗（门）扇、玻璃、五金配件等部件组合而成。门窗的分类，按材质分为木门窗、钢制门窗、铝合金门窗、塑料门窗等；按结构形式可分为平开门窗、推拉门窗、自动门窗等；按功能可分为普通门窗、保温门窗、隔声门窗、防火门窗、防爆门窗等。本节主要介绍木门窗、塑料门窗的安装工艺。

（1）木门窗的施工

① 施工工艺流程

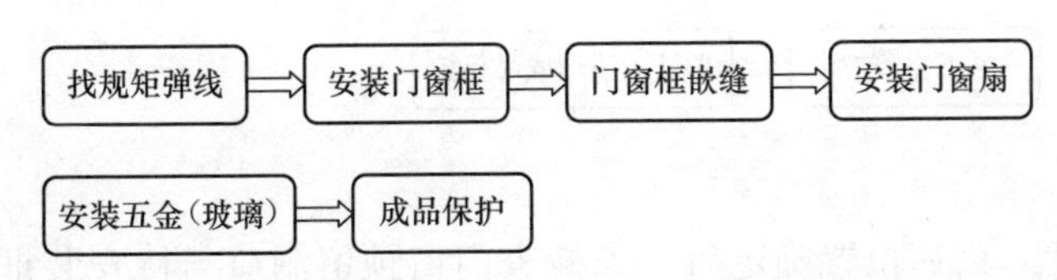


② 操作要点

A. 找规矩、弹线：门窗安装前，应在离楼地面500mm高的墙面上测弹一条水平控制线，再按门窗安装标高、尺寸和开启方向，在墙体预留洞口四周弹出门窗落位线。若工程为多层或高层建筑时，以顶层门窗落位线为主，可用线锤从顶层分出门窗线重吊下来，每层按此垂线弹好引线，并弹好垂线。

B. 安装门窗框：门窗框安装应在地面和墙面抹灰施工前完成。根据门窗的规格，按规范要求，确定固定点数量。门窗框安装时，以弹好的控制线为准，先用木锲将框临时固定于门窗洞内，用水平尺、线坠、方尺调平、找垂直、找方正，在保证门窗框的水平度、垂直度和开启方向无误后，再将门窗框与墙体固定。

C. 门窗框嵌缝：内门窗通常在墙面抹灰前，用与墙面抹灰相同的砂浆将门窗与洞口的缝隙塞实，外门窗一般采用保湿砂浆或发泡胶将门窗框与洞口的缝隙塞实。

D. 安装门窗扇

a. 安装前检查门窗扇的型号、规格、质量是否合乎要求 。

b. 安装前先量好门窗框的高低、宽窄尺寸，然后在相应的扇边上画出高低宽窄的线，双扇门要打叠（自由门除外），先在中间缝处画出中线，再画出边线，并保证梃宽一致，上下冒头处要画线刨直。

c. 画好高低、宽窄线后，用粗刨刨去线外部分，再用细刨刨至光滑平直，使其合乎设计尺寸要求。

d. 将扇放入框中试装合格后，按扇高的1/8～1/10，在框上按合页大小画线，并剔出合页槽，槽深一定要与合页厚度相适应，槽底要平。

e. 门窗扇安装的留缝宽度，应符合有关标准的规定。

E. 木门窗五金的安装要点

a. 有木节处或已填补的木节处，均不得安装小五金。

b. 安装合页、插销、L铁、T铁等小五金时，先用锤将木螺钉打入长度1/3，然后用改锥将木螺钉拧紧、拧平，不得歪扭、倾斜。

c. 合页距门窗上、下端宜取立梃高度的1/10，并避开上、下冒头。

d. 门锁不宜安装在中冒头与立梃的结合处，以防伤榫。

e. 门窗扇嵌L铁、T铁时应加以隐蔽，作凹槽，安完后应低于表面1mm左右。

f. 上、下插销要安在梃宽的中间，如采用暗插销，则应在外梃上剔槽。

F. 成品保护：木门窗安装完毕，要用薄膜包好，以免弄脏损坏。

（2）塑料门窗安装

① 安装工艺流程

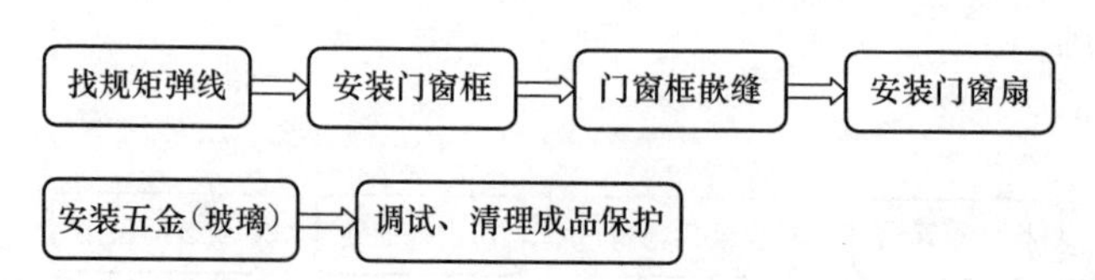


② 操作要点

A. 弹线找规矩：门窗位置确定后，先检查门窗预留洞口与待安装框的间隙是否符合要求，否则先进行剔凿处理。

B. 立框。根据弹线、找方的位置将门窗框准确就位，检测校正门窗框的水平度、垂直度，用木锲临时固定。门窗框连接件与墙体，应分别采用相应的固定方法。混凝土墙体宜采用射钉或塑料膨胀螺栓，砖墙或其他砌体墙，门窗框连接件直接与墙上预埋件固定。

连接件与门窗框和墙体应固定牢固，防止门窗框松动。

C. 门窗框与墙体缝隙处理。门窗框固定后，要注意各螺栓的松紧程度，使其基本一致，不应有过松、过紧现象。外墙装饰面施工完后，框与墙体之间的缝隙一般采用泡沫塑料条或单组分发泡胶进行嵌缝，门窗框四周的内外接缝应采用密封膏嵌填收口。对保湿、隔声要求高的工程，外门窗框与洞口的缝隙应采用聚氨酯发泡密封胶等隔热隔声材料。门窗框周围间隙填塞软质材料时，应填塞松紧适度，以免门窗框受挤变形。

D. 安装门窗扇。塑料门窗通常采用推拉、平开、翻转等方式开启。安装推拉门窗的滑轨时，将专用配套的轨道与塑料门窗扣紧卡牢，把门窗扇放入卡槽即可。安装平开门窗时，把专用配套合页用自攻螺钉安装到塑料门窗框和扇上。合页安装位置应距端头150～200mm，合页之间距离应不大于1000mm。

E. 安装五金配件。按产品说明书要求，安装牢固，动作灵活，满足使用功能要求。

F. 调试、清理。塑料门窗安装完毕后，要逐个进行启闭调试，保证开关灵活，性能良好，关闭严密，表面平整。玻璃及框周边注入的密封胶要平整、饱满。玻璃、框表面要清理、擦拭干净。在交付业主前，要对成品进行妥善保护，以免弄脏损坏。

# 五、施工项目管理

## （一）施工项目管理概述

### 1. 项目与施工项目的概念

项目是指为达到符合规定要求的目标，按限定时间、限定资源和限定质量标准等约束条件完成的，由一系列相互协调的受控活动组成的特定过程。

施工项目是指建筑企业自施工投标开始到保修期满为止的全部过程中完成的项目。应当注意的是，只有建设项目、单项工程、单位工程的施工活动过程才称得上是施工项目，而分部工程、分项工程不是建筑企业的最终产品，因此它们的活动过程不能称为施工项目，而是施工项目的组成部分。

施工项目具有以下特征：

（1）施工项目是建设项目或其中的单项工程、单位工程的施工活动过程；

（2）建筑企业是施工项目的管理主体；

（3）施工项目的任务范围是由施工合同界定的；

（4）建筑产品具有多样性、固定性、体积庞大的特点。

### 2. 项目管理与施工项目管理的概念

（1）项目管理

项目管理是指项目管理者为达到项目的目标，运用系统理论和方法对项目进行的策划（规划、计划）、组织、控制、协调等活动过程的总称。

项目管理的对象是项目。项目管理者是项目中各项活动的主体，项目管理的职能同所有管理的职能均是相同的。由于项目的特殊性，要求运用系统的理论和方法进行科学管理，以保证项目目标的实现。

（2）施工项目管理

施工项目管理是指建筑企业运用系统的观点、理论和方法对施工项目进行的决策、计划、组织、控制、协调等全过程的全面管理。

施工项目管理具有如下特点：

1）施工项目管理的主体是建筑企业。其他单位都不进行施工项目管理，例如建设单位对项目的管理称为建设项目管理，设计单位对项目的管理称为设计项目管理。

2）施工项目管理的对象是施工项目。施工项目管理周期包括工程投标、签订施工合同、施工准备、施工竣工验收、保修等。施工项目具有多样性、固定性和体型庞大等特点，因此施工项目管理具有先有交易活动，后有“生产成品”，生产活动和交易活动很难分开等特殊性。

3）施工项目管理的内容是按阶段变化的。由于施工项目各阶段管理内容差异大，因此要求管理者必须进行有针对性的动态管理，要使资源优化组合，以提高施工效率和效益。

4）施工项目管理要求强化组织协调工作。由于施工项目生产活动具有独特性（单件性）、流动性、露天作业、工期长、需要资源多，且施工活动涉及的经济关系、技术关系、法律关系、行政关系和人际关系复杂等特点，因此，必须通过强化组织协调工作才能保证施工活动的顺利进行。主要强化办法是优选项目经理，建立调度机构，配备称职的调度人员，努力使调度工作科学化、信息化，建立起动态的控制体系。

### 3. 施工项目管理程序

（1）投标、签订合同阶段

投标、签订合同阶段的目标是力求中标并签订工程承包合同。该阶段的主要工作包括：①由企业决策层或企业管理层按企业的经营战略，对工程项目作出是否投标及争取承包的决策；②决定投标后收集掌握企业本身、相关单位、市场、现场诸多方面的信息；③编制《施工项目管理规划大纲》；④编制投标书，并在投标截止日期前发出投标函；⑤如果中标，则与招标方谈判，依法签订工程承包合同。

（2）施工准备阶段

施工准备阶段的目标是使工程具备开工和连续施工的基本条件。该阶段的主要工作包括：①企业管理层委派项目经理，由项目经理组建项目经理部，根据工程项目管理需要建立健全管理机构，配备管理人员；②企业管理层与项目经理协商签订《施工项目管理目标责任书》，明确项目经理应承担的责任目标及各项管理任务；③由项目经理组织编制《施工项目管理实施规划》；④项目经理部抓紧做好施工各项准备工作，达到开工要求；⑤由项目经理部编写开工报告，上报，获得批准后开工。

（3）施工阶段

施工阶段的目标是完成合同规定的全部施工任务，达到交工验收条件。该阶段的主要工作由项目经理部实施。其主要工作包括：①做好动态控制工作，保证质量、进度、成本、安全目标的全面实现；②管理施工现场，实现文明施工；③严格履行合同，协调好与建设单位、监理单位、设计单位等相关单位的关系；④处理好合同变更及索赔；⑤做好记录、检查、分析和改进工作。

（4）验收交工与结算阶段

验收交工与结算阶段的目标是对项目成果进行总结、评价，对外结清债权债务，结束交易关系。该阶段的主要工作包括：①由项目经理部组织进行工程收尾；②进行试运转；③接受工程正式验收；④验收合格后整理移交竣工的文件，进行工程款结算；⑤项目经理部总结工作，编制竣工报告，办理工程交接手续，签订《工程质量保修书》；⑥项目经理部解体。

（5）用后服务阶段

用后服务阶段的目标是保证用户正确使用，使建筑产品发挥应有功能，反馈信息，改进工作，提高企业信誉。这一阶段的工作由企业管理层执行。该阶段的主要工作包括：①根据《工程质量保修书》的约定做好保修工作；②为保证正常使用提供必要的技术咨询和服务；③进行工程回访，听取用户意见，总结经验教训，发现问题，及时维修和保养；④配合科研等需要，进行沉陷、抗震性能观察。

## （二）施工项目管理的内容及组织

### 1. 施工项目管理的内容

施工项目管理包括以下八方面内容。

（1）建立施工项目管理组织

由企业法定代表人采用适当方式选聘称职的施工项目经理；根据施工项目管理组织原则，结合工程规模、特点，选择合适的组织形式，建立施工项目管理机构，明确各部门、各岗位的责任、权限和利益；在符合企业规章制度的前提下，根据施工项目管理的需要，制定施工项目经理部管理制度。

（2）编制施工项目管理规划

在工程投标前，由企业管理层编制施工项目管理大纲，对施工项目管理从投标到保修期满进行全面的纲要性规划。施工项目管理大纲可以用施工组织设计替代。

在工程开工前，由项目经理组织编制施工项目管理实施规划，对施工项目管理从开工到交工验收进行全面的指导性规划。当承包人以施工组织设计代替项目管理规划时，施工组织设计应满足项目管理规划的要求。

（3）施工项目的目标控制

在施工项目实施的全过程中，应对项目质量、进度、成本和安全目标进行控制，以实现项目的各项约束性目标。控制的基本过程是：确定各项目标控制标准；在实施过程中，通过检查、对比，衡量目标的完成情况；将衡量结果与标准进行比较，若有偏差，分析原因，采取相应的措施以保证目标的实现。

（4）施工项目的生产要素管理

施工项目的生产要素主要包括劳动力、材料、设备、技术和资金。管理生产要素的内容有：分析各生产要素的特点；按一定的原则、方法，对施工项目的生产要素进行优化配置并评价；对施工项目各生产要素进行动态管理。

（5）施工项目的合同管理

为了确保施工项目管理及工程施工的技术组织效果和目标实现，从工程投标开始，都要加强工程承包合同的策划、签订、履行和管理。同时，还应做好索赔工作，讲究索赔的方法和技巧。

（6）施工项目的信息管理

进行施工项目管理和施工项目目标控制、动态管理，必须在项目实施的全过程中，充分利用计算机对项目有关的各类信息进行收集、整理、储存和使用，提高项目管理的科学性和有效性。

（7）施工现场的管理

在施工项目实施过程中，应对施工现场进行科学有效的管理，以达到文明施工、保护环境、塑造良好的企业形象、提高施工管理水平的目的。

（8）组织协调

协调和控制都是计划目标实现的保证，在施工项目实施过程中，应进行组织协调，沟通和处理好内部及外部的各种关系，排除各种干扰和障碍。

## 2. 施工项目管理的组织机构

（1）施工项目管理组织的主要形式

施工项目管理组织的形式是指在施工项目管理组织中处理管理层次、管理跨度、部门设置和上下级关系的组织结构的类型。主要的管理组织形式有工作队式、部门控制式、矩阵制式、事业部制式等。

1）工作队式项目组织

如图 5-1 所示，工作队式项目组织是指主要由企业中有关部门抽出管理力量组成施工项目经理部的方式，企业职能部门处于服务地位。

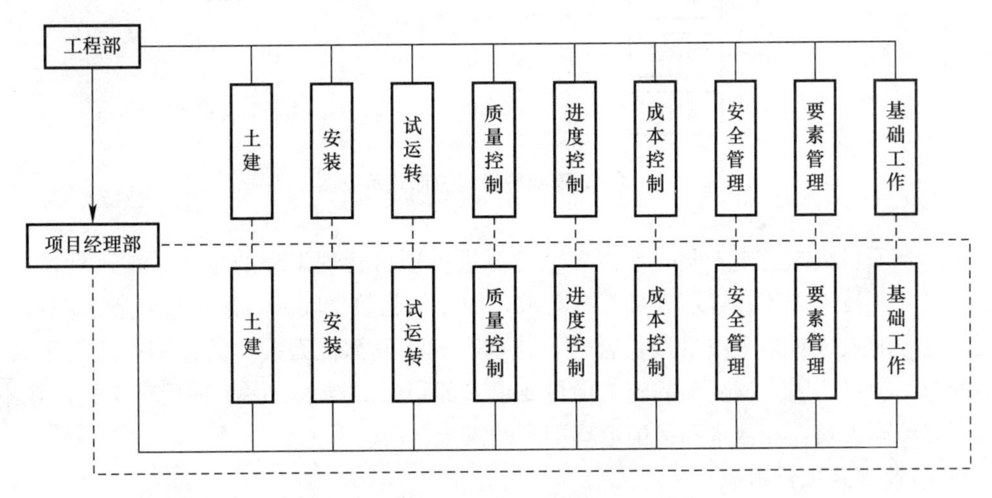


图 5-1 工作队式项目组织形式示意图

工作队式项目组织适用于大型项目，工期要求紧，要求多工种、多部门密切配合的项目。

2）部门控制式项目组织

部门控制式并不打乱企业的现行建制，把项目委托给企业某一专业部门或某一施工队，由被委托的单位负责组织项目实施，其形式如图 5-2 所示。

部门控制式项目组织一般适用于小型的、专业性较强、不需涉及众多部门的施工项目。

3）矩阵制项目组织

矩阵制项目组织是指结构形式呈矩阵状的组织，其项目管理人员由企业有关职能部门派出并进行业务指导，接受项目经理的直接领导，其形式如图 5-3 所示。

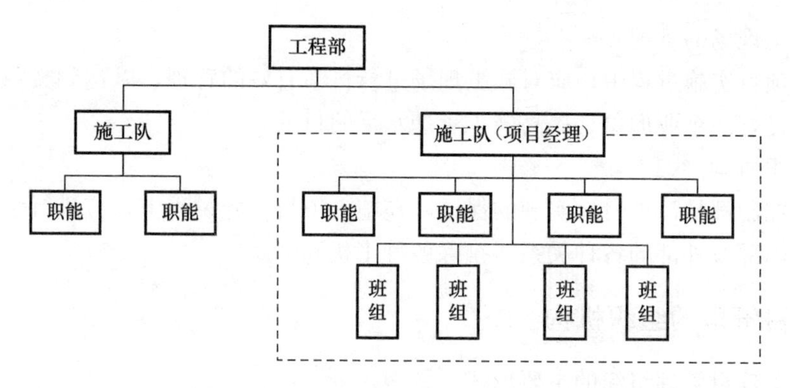


图 5-2 部门控制式项目组织形式示意图

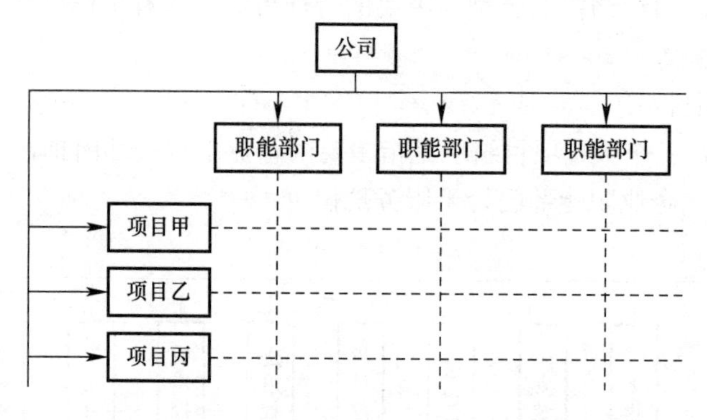


图 5-3 矩阵制项目组织形式示意图

矩阵制项目组织适用于同时承担多个需要进行项目管理工程的企业。在这种情况下，各项目对专业技术人才和管理人员都有需求，加在一起数量较大，采用矩阵制组织可以充分利用有限的人才对多个项目进行管理，特别有利于发挥优秀人才的作用；适用于大型、复杂的施工项目。因大型复杂的施工项目要求多部门、多技术、多工种配合实施，在不同阶段，对不同人员，在数量和搭配上有不同的需求。

4）事业部式项目组织

企业成立事业部，事业部对企业来说是职能部门，对外界来说享有相对独立的经营权，是一个独立单位。事业部可以按地区设置，也可以按工程类型或经营内容设置，其形式如图 5-4 所示。

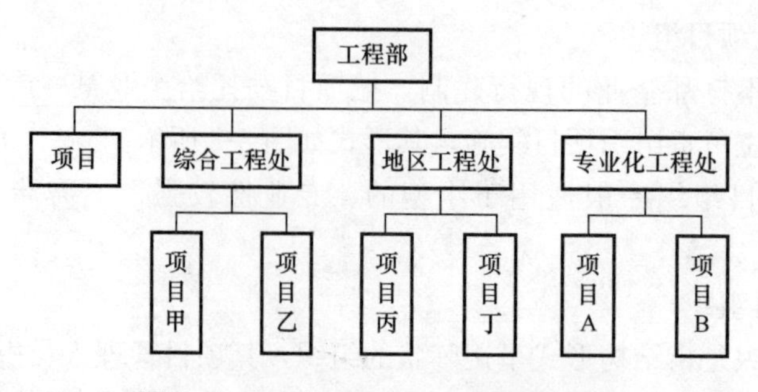


图 5-4 事业部式项目组织形式示意图

在事业部下边设置项目经理部。项目经理由事业部选派，一般对事业部负责，有的可以直接对业主负责，这是根据其授权程度决定的。

事业部式适用于大型经营性企业的工程承包，特别是适用于远离公司本部的工程承包。需要注意的是，一个地区只有一个项目，没有后续工程时，不宜设立地区事业部，也就是说它适用于在一个地区内有长期市场或一个企业有多种专业化施工力量时采用。在这种情况下，事业部与地区市场同寿命，地区没有项目时，该事业部应撤销。

（2）施工项目经理部

施工项目经理部是由企业授权，在施工项目经理的领导下建立的项目管理组织机构，是施工项目的管理层，其职能是对施工项目实施阶段进行综合管理。

1）项目经理部的性质

施工项目经理部的性质可以归纳为以下三方面：

① 相对独立性。施工项目经理部的相对独立性主要是指它与企业存在着双重关系。一方面，它作为企业的下属单位，同企业存在着行政隶属关系，要绝对服从企业的全面领导；另一方面，它又是一个施工项目独立利益的代表，存在着独立的利益，同企业形成一种经济承包或其他形式的经济责任关系。

② 综合性。施工项目经理部的综合性主要表现在以下几方面：

A. 施工项目经理部是企业所属的经济组织，主要职责是管理施工项目的各种经济活动。

B. 施工项目经理部的管理职能是综合的，包括计划、组织、控制、协调、指挥等多方面。

C. 施工项目经理部的管理业务是综合的，从横向看包括人、财、物、生产和经营活动，从纵向看包括施工项目寿命周期的主要过程。

③ 临时性。施工项目经理部是企业中一个施工项目的责任单位，随着项目的开工而成立，随着项目的竣工而解体。

2）项目经理部的作用

① 负责施工项目从开工到竣工的全过程施工生产经营的管理，对作业层负有管理与服务的双重责任；

② 为项目经理决策提供信息依据，执行项目经理的决策意图，由项目经理全面负责；

③ 项目经理部作为项目团队，应具有团队精神，完成企业所赋予的基本任务——项目管理；凝聚管理人员的力量；协调部门之间、管理人员之间的关系；影响和改变管理人员的观念和行为，沟通部门之间、项目经理部与作业队之间、与公司之间、与环境之间的关系。

④ 项目经理部是代表企业履行工程承包合同的主体，对项目产品和建设单位负责。

3）建立施工项目经理部的基本原则

① 根据所设计的项目组织形式设置。因为项目组织形式与项目的管理方式有关，与企业对项目经理部的授权有关。不同的组织形式对项目经理部的管理力量和管理职责提出了不同要求，提供了不同的管理环境。

② 根据施工项目的规模、复杂程度和专业特点设置。例如，大型项目经理部可以设

职能部、处；中型项目经理部可以设处、科；小型项目经理部一般只需设职能人员即可。如果项目的专业性强，便可设置专业性强的职能部门，如水电处、安装处、打桩处等。

③ 根据施工工程任务需要调整。项目经理部是一个具有弹性的一次性管理组织，随着工程项目的开工而组建，随着工程项目的竣工而解体，不应搞成一级固定性组织。项目经理部不应有固定的作业队伍，而是根据施工的不同阶段、不同生产对象随时对人员进行调整，甚至由企业（或授权给项目经理部）在社会市场吸收人员，进行优化组合和动态管理。

④ 适应现场施工的需要。项目经理部的人员配置应面向现场，满足现场的计划与调度、技术与质量、成本与核算、劳务与物资、安全与文明施工的需要。而不应设置专营经营与咨询、研究与发展、政工与人事等与项目施工关系较少的非生产性管理部门。

4）施工项目的劳动组织

施工项目的劳动力来源于社会的劳务市场，应从以下三方面进行组织和管理：

① 劳务输入。坚持“计划管理、定向输入、市场调节、双向选择、统一调配、合理流动”的方针。

② 劳动力组织。劳务队伍均要以整建制进入施工项目，由项目经理部和劳务分公司配合，双方协商共同组建栋号（作业）承包队，栋号（作业）承包队的组建要注意打破工种界限，实行混合编组，提倡一专多能、一岗多职。

③ 项目经理部对劳务队伍的管理。对于施工劳务分包公司组建的现场施工作业队，除配备专职的栋号负责人外，还要实行“三员”管理岗位责任制：即由项目经理派出专职质量员、安全员、材料员，实行一线职工操作全过程的监控、检查、考核和严格管理。

5）项目经理部部门设置

目前国家对项目经理部的设置规模尚无具体规定。结合有关企业推行施工项目管理的实际，一般按项目的使用性质和规模分类。只有当施工项目的规模达到以下要求时才实行施工项目管理：1 万 $m^2$ 以上的公共建筑、工业建筑、住宅建设小区及其他工程项目投资在 500 万元以上的，均实行项目管理。

一般项目经理部可设置以下 5 个部门：

① 经营核算部门。主要负责工程预结算、合同与索赔、资金收支、成本核算、工资分配等工作。

② 技术管理部门。主要负责生产调度、文明施工、劳动管理、技术管理、施工组织设计、计划统计等工作。

③ 物资设备供应部门。主要负责材料的询价、采购、计划供应、管理、运输、工具管理、机械设备的租赁配套使用等工作。

④ 质量安全监控管理部门。主要负责工程质量、安全管理、消防保卫、环境保护等工作。

⑤ 测试计量部门。主要负责计量、测量、试验等工作。

6）项目部岗位设置及职责

① 岗位设置

根据项目大小不同，人员安排不同，项目部领导层从上往下设置项目经理、项目技术负责人等；项目部设置最基本的六大岗位：施工员、质量员、安全员、资料员、造价员、测量员，其他还有材料员、标准员、机械员、劳务员等。

图 5-5 为某项目部组织机构框图。

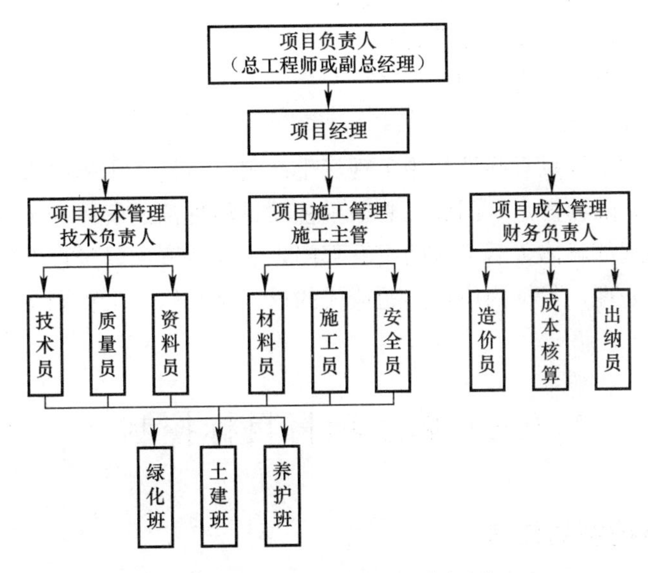


图 5-5 某项目部组织机构框图

② 岗位职责

在现代施工企业的项目管理中，施工项目经理是施工项目的最高责任人和组织者，是决定施工项目盈亏的关键性角色。

一般说来，人们习惯于将项目经理定位于企业的中层管理者或中层干部，然而由于项目管理及项目环境的特殊性，在实践中的项目经理所行使的管理职权与企业职能部门的中层干部往往是有所不同的。前者体现在决策职能的增强上，着重于目标管理；而后者则主要表现为控制职能的强化，强调和讲究的是过程管理。实际上，项目经理应该是职业经理式的人物，是复合型人才，是通才。他应该懂法律、善管理、会经营、敢负责、能公关等，具有各方面的较为丰富的经验和知识，而职能部门的负责人则往往是专才，是某一技术专业领域的专家。对项目经理的素质和技能要求在实践中往往是同企业中的总经理完全相同的。

项目技术负责人是在项目经理的领导下，负责项目部施工生产、工程质量、安全生产和机械设备管理工作。

施工员、质量员、安全员、资料员、造价员、测量员、材料员、标准员、机械员、劳务员都是项目的专业人员，是施工现场的管理者。其主要工作职责可以概略描述如下：

施工员主要从事项目施工组织和进度控制；

质量员主要从事项目施工质量管理；

安全员主要从事项目施工安全管理；

资料员主要从事项目施工资料管理；

造价员主要从事项目造价管理；

测量员主要从事项目施工测量管理；

材料员主要从事项目施工材料管理；

标准员主要从事项目工程建设标准管理；

机械员主要从事项目施工机械管理；

劳务员主要从事项目劳务管理。

7）项目经理部的解体

项目经理部是一次性具有弹性的施工现场生产组织机构，工程临近结尾时，业务管理人员乃至项目经理要陆续撤走，因此，必须重视项目经理部的解体和善后工作。企业工程管理部门是项目经理部解体善后工作的主管部门，主要负责项目经理部的解体后工程项目在保修期间问题的处理，包括因质量问题造成的返（维）修、工程剩余价款的结算以及回收等。

## （三）施工项目目标控制

### 1. 施工项目目标控制的任务

（1）施工项目目标控制的概念

所谓控制，是指为了实现组织的计划目标而对组织活动进行监视并纠偏矫正，以确保组织计划与实际运行状况动态适应的行为。

施工项目目标控制问题的要素包括：施工项目、控制目标、控制主体、实施计划、实施信息、偏差数据、纠偏措施、纠偏行为。

施工项目控制的目的是排除干扰、实现合同目标。因此，可以说施工项目目标控制是实现施工目标的手段。如果没有施工项目的目标控制，就谈不上施工项目管理，也不会有目标的实现。

1）施工项目进度控制

施工项目进度控制指在既定的工期内，编制出最优的施工进度计划，在执行该计划的施工中，经常检查施工实际进度情况，并将其与计划进度相比较，若出现偏差，便要分析产生的原因和对工期的影响程度，找出必要的调整措施，修改原计划，不断地如此循环，直至工程竣工验收。施工项目进度控制的总目标是确保施工项目的合同工期的实现，或者在保证施工质量和不因此而增加施工实际成本的条件下，适当缩短工期。

2）施工项目质量控制

施工项目质量是指工程满足业主需要的，符合国家法律、法规、技术规范标准、设计文件及合同规定的综合特性。施工项目质量的特性主要表现在以下六个方面：

① 适用性，即功能，是指工程满足使用目的的各种性能，包括理化性能、结构性能、使用性能。

② 耐久性，即寿命，是指工程在规定的条件下，满足规定功能要求使用的年限，也就是工程竣工后的合理使用寿命周期。由于建筑物本身结构类型不同、质量要求不同、施

工方法不同、使用性能不同的个性特点，目前国家对建设工程的合理使用寿命周期还缺乏统一的规定，仅在少数技术标准中提出了明确的要求。如民用建筑主体结构耐用年限分为四级（15～30 年，30～50 年，50～100 年，100 年以上）。

③ 安全性，是指工程建成后在使用过程中保证结构安全、保证人身和环境免受危害的程度。建设工程产品的结构安全度、抗震、耐火及防火能力等是否达到特定的要求，都是安全性的重要标志。工程交付使用之后，必须保证人身财产和工程整体都有能力免遭工程结构破坏及外来危害的伤害。工程组成部件，如楼梯栏杆等，也要保证使用者的安全。

④ 可靠性，是指工程在规定的时间和规定的条件下完成规定功能的能力。工程不仅要求在交工验收时要达到规定的指标，而且在一定的使用时期内要保持应有的正常功能，如工业生产用的管道防“跑、冒、滴、漏”等，都属可靠性的范畴。

⑤ 经济性，是指工程从规划、勘察、设计、施工到整个产品使用周期内成本和消耗的费用。工程经济性具体表现为设计成本、施工成本和使用成本三者之和，包括从征地、拆迁、勘察、设计、施工、配套设施等建设全过程的总投资和工程使用阶段的能耗、维护、保养等。通过分析比较，可判断工程是否符合经济性要求。

⑥ 环境的协调性，是指工程与其周围生态环境协调、与所在地区经济环境协调以及与周围已建工程相协调，以适应可持续发展的要求。

施工项目质量控制是指对项目的实施情况进行监督、检查和测量，并将项目实施结果与事先制定的质量标准进行比较，判断其是否符合质量标准，找出存在的偏差，分析偏差形成原因的一系列活动。项目质量控制贯穿于项目实施的全过程。

3）施工项目成本控制

施工项目成本控制指在成本形成过程中，根据事先制定的成本目标，对企业经常发生的各项生产经营活动按照一定的原则，采用专门的控制方法，进行指导、调节、限制和监督，将各项生产费用控制在原来所规定的标准和预算之内。如果发生偏差或问题，应及时进行分析研究，查明原因，并及时采取有效措施，不断降低成本，以保证实现规定的成本目标。

4）施工项目安全控制

施工项目安全控制指经营管理者对施工生产过程中的安全生产工作进行的策划、组织、指挥、协调、控制和改进的一系列活动，其目的是保证在施工生产经营活动中的人身安全、资产安全，促进生产的发展，保持社会的稳定。安全管理的对象是生产中一切人、物、环境、管理状态，安全管理是一种动态管理。

（2）施工项目目标控制的任务

施工项目目标控制的任务是进行以项目进度控制、质量控制、成本控制和安全控制为主要内容的四大控制。这四项控制是施工项目的约束条件，也是施工效益的象征。其中前三项控制是指施工项目成果，而安全控制则是指施工过程中人和物的状态。也就是说，安全既指人身安全，又指财产安全。所以，安全控制既要克服人的不安全行为，又要克服物的不安全状态。

施工项目目标控制的任务见表 5-1。

施工项目目标控制的任务 表 5-1

| 控制目标 | 具体控制任务 |
| --- | --- |
| 进度控制 | 使施工顺序合理，衔接关系适当，连续、均衡、有节奏地施工，实现计划工期，提前完成合同工期 |
| 质量控制 | 使分部分项工程达到质量检验评定标准的要求，实现施工组织设计中保证施工质量的技术组织措施和质量等级，保证合同质量目标等级的实现 |
| 成本控制 | 实现施工组织设计的降低成本措施，降低每个分项工程的直接成本，实现项目经理部盈利目标，实现公司利润目标及合同造价 |
| 安全控制 | 实现施工组织设计的安全设计和措施，控制劳动者、劳动手段和劳动对象，控制环境，实现安全目标，使人的行为安全，物的状态安全，断绝环境危险源 |
| 施工现场控制 | 科学组织施工，使场容场貌、料具堆放与管理、消防保卫、环境保护及职工生活均符合规定要求 |

## 2. 施工项目目标控制的措施

(1) 施工项目进度控制的措施

施工项目进度控制的措施主要有组织措施、技术措施、合同措施、经济措施和信息管理措施等。

组织措施主要是指落实各级进度控制的人员及其具体任务和工作责任，建立进度控制的组织系统；按照施工项目的结构、施工阶段或合同结构的层次进行项目分解，确定各分项进度控制的工期目标，建立进度控制的工期目标体系；建立进度控制的工作制度，如定期检查的时间、方法，召开协调会议的时间、参加人员等，并对影响施工实际进度的主要因素进行分析和预测，制定调整施工实际进度的组织措施。

技术措施主要是指应尽可能采用先进的施工技术、方法和新材料、新工艺、新技术，保证进度目标实现；落实施工方案，在发生问题时，能适时调整工作之间的逻辑关系，加快施工进度。

合同措施是指以合同形式保证工期进度的实现，即保持总进度控制目标与合同总工期相一致；分包合同的工期与总包合同的工期相一致；供货、供电、运输、构件加工等合同规定的提供服务时间与有关的进度控制目标相一致。

经济措施是指要制定切实可行的实现施工计划进度所必需的资金保证措施，包括落实实现进度目标的保证资金；签订并实施关于工期和进度的经济承包责任制；建立并实施关于工期和进度的奖惩制度。

信息管理措施是指建立完善的工程统计管理体系和统计制度，详细、准确、定时地收集有关工程实际进度情况的资料和信息，并进行整理统计，得出工程施工实际进度完成情况的各项指标，将其与施工计划进度的各项指标进行比较，定期地向建设单位提供施工进度比较报告。

(2) 施工项目质量控制的措施

1) 提高管理、施工及操作人员自身素质

管理、施工及操作人员素质的高低对工程质量起决定性的作用。首先，应提高所有参与工程施工人员的质量意识，让他们树立五大观念，即质量第一的观念、预控为主的观念、为用户服务的观念、用数据说话的观念以及社会效益与企业效益相结合的综合效益观念。其次，要搞好人员培训，提高员工素质。要对现场施工人员进行质量知识、施工技术、安全知识等方面的教育和培训，提高施工人员的综合素质。

2）建立完善的质量保证体系

工程项目质量保证体系是指现场施工管理组织的施工质量自控系统或管理系统，即施工单位为保证工程项目的质量管理和目标控制，以现场施工管理组织机构为基础，通过质量目标的确定和分解，管理人员和资源的配置，质量管理制度的建立和完善，形成具有质量控制和质量保证能力的工作系统。

施工项目质量保证体系的内容应根据施工管理的需要并结合工程特点进行设置，具体如下：

① 施工项目质量控制的目标体系；

② 施工项目质量控制的工作分工；

③ 施工项目质量控制的基本制度；

④ 施工项目质量控制的工作流程；

⑤ 施工项目质量计划或施工组织设计；

⑥ 施工项目质量控制点的设置和控制措施的制定；

⑦ 施工项目质量控制关系网络设置及运行措施。

3）加强原材料质量控制

一是提高采购人员的政治素质和质量鉴定水平，使那些有一定专业知识又忠于事业的人担任该项工作。二是采购材料要广开门路，综合比较，择优进货。三是施工现场材料人员要会同工地负责人、甲方等有关人员对现场设备及进场材料进行检查验收。特殊材料要有说明书和试验报告、生产许可证，对钢材、水泥、防水材料、混凝土外加剂等必须进行复试和见证取样试验。

4）提高施工的质量管理水平

每项工程有总体施工方案，每一分项工程施工之前也要做到方案先行，并且施工方案必须实行分级审批制度，方案审完后还要做出样板，反复对样板中存在的问题进行修改，直至达到设计要求方可执行。在工程实施过程中，根据出现的新问题、新情况，及时对施工方案进行修改。

5）确保施工工序的质量

工程项目的施工过程，是由一系列相互关联、相互制约的工序所构成，工序质量是构成工程质量的最基本的单元，上道工序存在质量缺陷或隐患，不仅使本工序质量达不到标准的要求，而且直接影响下道工序及后续工程的质量与安全，进而影响最终成品的质量。因此，在施工中要建立严格的交接班检查制度，在每一道工序进行中，必须坚持自检、互检。如监理人员在检查时发现质量问题，应分析产生问题的原因，要求承包人采取合适的措施进行修整或返工。处理完毕，合格后方可进行下一道工序施工。

6）加强施工项目的过程控制

施工人员的控制。施工项目管理人员由项目经理统一指挥，各自按照岗位标准进行工作，公司随时对项目管理人员的工作状态进行考核，并如实记录考查结果存入工程档案之中，依据考核结果，奖优罚劣。

施工材料的控制。施工材料的选购，必须是经过考查后合格的、信誉好的材料供应商，在材料进场前必须先报验，经检测部门合格后的材料方能使用，从而保证质量，又能节约成本。

施工工艺的控制。施工工艺的控制是决定工程质量好坏的关键。为了保证工艺的先进性、合理性，公司工程部针对分项分部工程编制作业指导书，并下发各基层项目部技术人员，施工前做好技术交底，合理安排创造良好的施工环境，保证工程质量。

加强专项检查，开展自检、专检、互检活动，及时解决问题。各工序完工后由班组长组织质检员对本工序进行自检、互检。自检时，严格执行技术交底及现行规程、规范，在自检中发现问题由班组自行处理并填写自检记录，班组自检记录填写完善，自检的问题已确实修正后，方可由项目专职质检员进行验收。

（3）施工项目安全控制的措施

1）安全制度措施

项目经理部必须执行国家、行业、地区安全法规、标准，并以此制定本项目的安全管理制度，主要包括：

① 行政管理方面：安全生产责任制度；安全生产例会制度；安全生产教育制度；安全生产检查制度；伤亡事故管理制度；劳保用品发放及使用管理制度；安全生产奖惩制度；工程开竣工的安全制度；施工现场安全管理制度；安全技术措施计划管理制度；特殊作业安全管理制度；环境保护、工业卫生工作管理制度；锅炉、压力容器安全管理制度；场区交通安全管理制度；防火安全管理制度；意外伤害保险制度；安全检举和控告制度等。

② 技术管理方面：关于施工现场安全技术要求的规定；各专业工种安全技术操作规程；设备维护检修制度等。

2）安全组织措施

① 建立施工项目安全组织系统。

② 建立与项目安全组织系统相配套的各专业、各部门、各生产岗位的安全责任系统。

③ 建立项目经理的安全生产职责及项目班子成员的安全生产职责。

④ 作业人员安全纪律。现场作业人员与施工安全生产关系最为密切，他们遵守安全生产纪律和操作规程是安全控制的关键。

3）安全技术措施

施工准备阶段的安全技术措施见表 5-2，施工阶段的安全技术措施见表 5-3。

**施工准备阶段的安全技术措施** **表 5-2**

| 施工准备阶段 | 内容 |
|---|---|
| 技术准备 | ① 了解工程设计对安全施工的要求；<br>② 调查工程的自然环境（水文、地质、气候、洪水、雷击等）和施工环境（地下设施、管道及电缆的分布与走向、粉尘、噪声等）对施工安全的影响，及施工时对周围环境安全的影响；<br>③ 当改扩建工程施工与建设单位使用或生产发生交叉可能造成双方伤害时，双方应签订安全施工协议，搞好施工与生产的协议，以明确双方责任，共同遵守安全事项；<br>④ 在施工组织设计中，编制切实可行、行之有效的安全技术措施，并严格履行审批手续，送安全部门备案 |

续表

| 施工准备阶段 | 内 容 |
| --- | --- |
| 物资准备 | ① 及时供应质量合格的安全防护用品（安全帽、安全带、安全网等）满足施工需要；<br>② 保证特殊工种（电工、焊工、爆破工、起重工等）使用的工具器械质量合格，技术性能良好；<br>③ 施工机具、设备（起重机、卷扬机、电锯、平面刨、电气设备）、车辆等需经安全技术性能检测，鉴定合格，防护装置齐全，制动装置可靠，方可进场使用；<br>④ 施工周转材料（脚手杆、扣件、跳板等）须经认真挑选，不符合安全要求的禁止使用 |
| 施工现场准备 | ① 按施工总平面图要求做好现场施工准备；<br>② 现场各种临时设施和库房的布置，特别是炸药库、油库的布置，易燃易爆品的存放都必须符合安全规定和消防要求，并经公安消防部门批准；<br>③ 电气线路、配电设备应符合安全要求，有安全用电防护措施；<br>④ 场内道路应通畅，设交通标志，危险地带设危险信号及禁止通行标志，以保证行人和车辆通行安全；<br>⑤ 现场周围和陡坡及沟坑处设好围栏、防护板，现场入口处设“无关人员禁止入内”的标志及警示标志；<br>⑥ 塔吊等起重设备安置应与输电线路、永久的或临设的工程间要有足够的安全距离、避免碰撞，以保证搭设脚手架、安全网的施工距离；<br>⑦ 现场设消防栓，应有足够有效的灭火器材 |
| 施工队伍准备 | ① 新工人、特殊工种工人须经岗位技术培训与安全教育后，持合格证上岗；<br>② 高险难作业工人须经身体检查合格后，方可施工作业；<br>③ 施工负责人在开工前，应向全体施工人员进行入场前的安全技术交底，并逐级签发“安全交底任务单” |

**施工阶段的安全技术措施** **表 5-3**

| 施工阶段 | 内 容 |
| --- | --- |
| 一般施工 | ① 单项工程、单位工程均有安全技术措施，分部分项工程有安全技术具体措施，施工前由技术负责人向有关人员进行安全技术交底；<br>② 安全技术应与施工生产技术相统一，各项安全技术措施必须在相应的工序施工前做好；<br>③ 操作者严格遵守相应的操作规程，实行标准化作业；<br>④ 施工现场的危险地段应设有防护、保险、信号装置及危险警示标志；<br>⑤ 针对采用的新工艺、新技术、新设备、新结构制定专门的施工安全技术措施；<br>⑥ 有预防自然灾害（防台风、雷击、防洪排水、防暑降温、防寒、防冻、防滑等）的专门安全技术措施；<br>⑦ 在明火作业（焊接、切割、熬沥青等）现场应有防火、防爆安全技术措施；<br>⑧ 有特殊工程、特殊作业的专业安全技术措施，如土石方施工安全技术、爆破安全技术、脚手架安全技术、起重吊装安全技术、电气安全技术、高处作业及主体交叉作业安全技术、焊割安全技术、防火安全技术、交通运输安全技术、安装工程安全技术、烟囱及筒仓安全技术等 |
| 拆除工程 | ① 详细调查拆除工程结构特点和强度、电线线路、管道设施等现状，制定可靠的安全技术方案；<br>② 拆除建筑物之前，在建筑物周围划定危险警戒区域，设立安全围栏，禁止无关人员进入作业现场；<br>③ 拆除工作开始前，先切断被拆除建筑物的电线、供水、供热、供煤气的通道；<br>④ 拆除工作应按自上而下顺序进行，禁止数层同时拆除，必要时要对底层或下部结构进行加固；<br>⑤ 栏杆、楼梯、平台应与主体拆除程度配合进行，不能先行拆除；<br>⑥ 拆除作业工人应站在脚手架上或稳固的结构部分操作，拆除承重梁和柱之前应先拆除其承重的全部结构，并防止其他部分坍塌；<br>⑦ 拆下的材料要及时清理运走，不得在旧楼板上集中堆放，以免超负荷；<br>⑧ 被拆除的建筑物内需要保留的部分或需保留的设备要事先搭好防护棚；<br>⑨ 一般不采用推倒方法拆除建筑物，必须采用推倒方法的应采取特殊安全措施 |

（4）施工项目成本控制的措施

1）组织措施

在施工项目上应从组织项目部人员和协作部门入手，设置一个强有力的工程项目部和协作网络，保证工程项目的各项管理措施得以顺利实施。首先，项目经理是企业法人在项目上的全权代表，对所负责的项目拥有与公司经理相同的责任和权力，是项目成本管理的第一责任人。因此，选择经验丰富、能力强的项目经理，及时掌握和分析项目的盈亏状况，并迅速采取有效的管理措施是做好成本管理的第一步。其次，技术部门是整个工程项目施工技术和施工进度的负责部门。使用专业知识丰富、责任心强、有一定施工经验的工程师作为工程项目的技术负责人，可以确保技术部门在保证质量、按期完成任务的前提下，尽可能地采用先进的施工技术和施工方案，以求提高工程施工的效率，最大限度地降低工程成本。第三，经营部门主管合同实施和合同管理工作。配置外向型的工程师或懂技术的人员负责工程进度款的申报和催款工作，处理施工赔偿问题，加强合同预算管理，增加工程项目的合同外收入。经营部门的有效运作可以保证工程项目的增收节支。第四，财务部门应随时分析项目的财务收支情况，及时为项目经理提供项目部的资金状况，合理调度资金，减少资金使用和其他不必要的费用支出。项目部的其他部门和班组也要相应地精心设置和组织，力求工程施工中的每个环节和部门都能为项目管理的实施提供保证，为增收节支尽责尽职。

2）技术措施

采取先进的技术措施，走技术与经济相结合的道路，确定科学合理的施工方案和工艺技术，以技术优势来取得经济效益是降低项目成本的关键。首先，制定先进合理的施工方案和施工工艺，合理布置施工现场，不断提高工程施工工业化、现代化水平，以达到缩短工期、提高质量、降低成本的目的。其次，在施工过程中大力推广各种降低消耗、提高工效的新工艺、新技术、新材料、新设备和其他能降低成本的技术革新措施，提高经济效益。最后，加强施工过程中的技术质量检验制度和力度，严把质量关，提高工程质量，杜绝返工现象和损失，减少浪费。

3）经济措施

① 控制人工费用。控制人工费的根本途径是提高劳动生产率，改善劳动组织结构，减少窝工浪费；实行合理的奖惩制度和激励办法，提高员工的劳动积极性和工作效率；加强劳动纪律，加强技术教育和培训工作；压缩非生产用工和辅助用工，严格控制非生产人员比例。

② 控制材料费。材料费用占工程成本的比例很大，因此，降低成本的潜力最大。降低材料费用的主要措施是制定好材料采购的计划，包括品种、数量和采购时间，减少仓储量，避免出现完料不尽，垃圾堆里有“黄金”的现象，节约采购费用；改进材料的采购、运输、收发、保管等方面的工作，减少各个环节的损耗；合理堆放现场材料，避免和减少二次搬运和摊销损耗；严格材料进场验收和限额领料控制制度，减少浪费；建立结构材料消耗台账，时时监控材料的使用和消耗情况，制定并贯彻节约材料的各种相应措施，合理使用材料，建立材料回收台账，注意工地余料的回收和再利用。另外，在施工过程中，要随时注意发现新产品、新材料的出现，及时向建设单位和设计院提出采用代用材料的合理

建议，在保证工程质量的同时，最大限度地做好增收节支。

③ 控制机械费用。在控制机械使用费方面，最主要的是加强机械设备的使用和管理力度，正确选配和合理利用机械设备，提高机械使用率和机械效率。要提高机械效率必须提高机械设备的完好率和利用率。机械利用率的提高靠人，完好率的提高在于保养和维护。因此，在机械设备的使用和维护方面要尽量做到人机固定，落实机械使用、保养责任制，实行操作员、驾驶员经培训持证上岗，保证机械设备被合理规范的使用，并保证机械设备的使用安全，同时应建立机械设备档案制度，定期对机械设备进行保养维护。另外，要注意机械设备的综合利用，尽量做到一机多用，提高利用率，从而加快施工进度、增加产量、降低机械设备的综合使用费。

④ 控制间接费及其他直接费。间接费是项目管理人员和企业的其他职能部门为该工程项目所发生的全部费用。这一项费用的控制主要应通过精简管理机构，合理确定管理幅度与管理层次，业务管理部门的费用通过实行节约承包来落实，同时对涉及管理部门的多个项目实行清晰分账，落实谁受益谁负担，多受益多负担，少受益少负担，不受益不负担的原则。其他直接费包括临时设施费、工地二次搬运费、生产工具用具使用费、检验试验费和场地清理费等，应本着合理计划、节约为主的原则进行严格监控。

## （四）施工资源与现场管理

### 1. 施工资源管理的任务和内容

（1）施工项目资源管理的概念

施工项目资源，也称施工项目生产要素，是指生产力作用于施工项目的有关要素，即投入施工项目的劳动力、材料、机械设备、技术和资金等要素。施工项目生产要素是施工项目管理的基本要素，施工项目管理实际上就是根据施工项目的目标、特点和施工条件，通过对生产要素的有效和有序地组织和管理项目，并实现最终目标。施工项目的计划和控制的各项工作最终都要落实到生产要素管理上。生产要素的管理对施工项目的质量、成本、进度和安全都有重要影响。

（2）施工项目资源管理的内容

1）劳动力。当前，我国在建筑业企业中设置劳务分包企业序列，施工总承包企业和专业承包企业的作业人员按合同由劳务分包公司提供。劳动力管理主要依靠劳务分包公司，项目经理部协助管理。施工项目中的劳动力，关键在使用，使用的关键在提高效率，提高效率的关键是如何调动职工的积极性，调动积极性的最好办法是加强思想政治工作和利用行为科学，从劳动力个人的需要与行为的关系的观点出发，进行恰当的激励。

2）材料。建筑材料按在生产中的作用可分为主要材料、辅助材料和其他材料。其中主要材料指在施工中被直接加工，构成工程实体的各种材料，如钢材、水泥、木材、砂、石等。辅助材料指在施工中有助于产品的形成，但不构成实体的材料，如促凝剂、隔离剂、润滑物等。其他材料指不构成工程实体，但又是施工中必需的材料，如燃料、油料、砂纸、棉纱等。另外，还有周转材料（如脚手架材、模板材等）、工具、预制构配件、机械零配件等。建筑材料还可以按其自然属性分类，包括金属材料、硅酸盐材料、电器材料、化工材料等。施工项目材料管理的重点在现场、在使用、在节约和核算。

3）机械设备。施工项目的机械设备，主要是指作为大型工具使用的大、中、小型机械，既是固定资产，又是劳动手段。施工项目机械设备管理的环节包括选择、使用、保养、维修、改造、更新。其关键在使用，使用的关键是提高机械效率，提高机械效率必须提高利用率和完好率。利用率的提高靠人，完好率的提高在于保养与维修。

4）技术。施工项目技术管理，是对各项技术工作要素和技术活动过程的管理。技术工作要素包括技术人才、技术装备、技术规程、技术资料等。技术活动过程指技术计划、技术运用、技术评价等。技术作用的发挥，除决定于技术本身的水平外，极大程度上还依赖于技术管理水平。没有完善的技术管理，先进的技术是难以发挥作用的。施工项目技术管理的任务有四项：①正确贯彻国家和行政主管部门的技术政策，贯彻上级对技术工作的指示与决定；②研究、认识和利用技术规律，科学地组织各项技术工作，充分发挥技术的作用；③确立正常的生产技术秩序，进行文明施工，以技术保证工程质量；④努力提高技术工作的经济效果，使技术与经济有机地结合。

5）资金。施工项目的资金，是一种特殊的资源，是获取其他资源的基础，是所有项目活动的基础。资金管理主要有以下环节：编制资金计划、筹集资金、投入资金（施工项目经理部收入），资金使用（支出），资金核算与分析。施工项目资金管理的重点是收入与支出问题，收支之差涉及核算、筹资、贷款、利息、利润、税收等问题。

（3）施工资源管理的任务

1）确定资源类型及数量。具体包括：①确定项目施工所需的各层次管理人员和各工种工人的数量；②确定项目施工所需的各种物资资源的品种、类型、规格和相应的数量；③确定项目施工所需的各种施工设施的定量需求；④确定项目施工所需的各种来源的资金的数量。

2）确定资源的分配计划。包括编制人员需求分配计划、编制物资需求分配计划、编制施工设备和设施需求分配计划、编制资金需求分配计划。在各项计划中，明确各种施工资源的需求在时间上的分配，以及在相应的子项目或工程部位上的分配。

3）编制资源进度计划。资源进度计划是资源按时间的供应计划，应视项目对施工资源的需用情况和施工资源的供应条件而确定编制哪种资源进度计划。编制资源进度计划能合理地考虑施工资源的运用，这将有利于提高施工质量，降低施工成本和加快施工进度。

4）施工资源进度计划的执行和动态调整。施工项目的资源管理不能仅停留于确定和编制上述计划，在施工开始前和在施工过程中应落实和执行所编的有关资源管理的计划，并视需要对其进行动态的调整。

### 2. 施工现场管理的任务和内容

施工现场是指从事工程施工活动经批准占用的施工场地。它既包括红线以内占用的建筑用地和施工用地，又包括红线以外现场附近经批准占用的临时施工用地。施工现场管理就是运用科学的思想、组织、方法和手段，对施工现场的人、设备、材料、工艺、资金等生产要素，进行有计划的组织、控制、协调、激励，来保证预定目标的实现。

（1）施工现场管理的任务

建筑施工现场管理的任务，具体可以归纳为以下几点：

1）全面完成生产计划规定的任务，含产量、产值、质量、工期、资金、成本、利润和安全等。

2）按施工规律组织生产，优化生产要素的配置，实现高效率和高效益。

3）搞好劳动组织和班组建设，不断提高施工现场人员的思想和技术素质。

4）加强定额管理，降低物料和能源的消耗，减少生产储备和资金占用，不断降低生产成本。

5）优化专业管理，建立完善管理体系，有效地控制施工现场的投入和产出。

6）加强施工现场的标准化管理，使人流、物流高效有序。

7）治理施工现场环境，改变“脏、乱、差”的状况，注意保护施工环境，做到施工不扰民。

（2）施工项目现场管理的内容

1）规划及报批施工用地。根据施工项目及建筑用地的特点科学规划，充分、合理使用施工现场场内占地；当场内空间不足时，应同发包人按规定向城市规划部门、公安交通部门申请，经批准后，方可使用场外施工临时用地。

2）设计施工现场平面图。根据建筑总平面图、单位工程施工图、拟订的施工方案、现场地理位置和环境及政府部门的管理标准，充分考虑现场布置的科学性、合理性、可行性，设计施工总平面图、单位工程施工平面图；单位工程施工平面图应根据施工内容和分包单位的变化，设计出阶段性施工平面图，并在阶段性进度目标开始实施前，通过施工协调会议确认后实施。

3）建立施工现场管理组织。一是项目经理全面负责施工过程中的现场管理，并建立施工项目经理部体系。二是项目经理部应由主管生产的副经理、主任工程师、生产、技术、质量、安全、保卫、消防、材料、环保、卫生等管理人员组成。三是建立施工项目现场管理规章制度、管理标准、实施措施、监督办法和奖惩制度。四是根据工程规模、技术复杂程度和施工现场的具体情况，遵循“谁生产、谁负责”的原则，建立按专业、岗位、区片划分的施工现场管理责任制，并组织实施。五是建立现场管理例会和协调制度，通过调度工作实施的动态管理，做到经常化、制度化。

4）建立文明施工现场。一是按照国务院及地方建设行政主管部门颁布的施工现场管理法规和规章，认真管理施工现场。二是按审核批准的施工总平面图布置管理施工现场，规范场容。三是项目经理部应对施工现场场容、文明形象管理作出总体策划和部署，分包人应在项目经理部指导和协调下，按照分区划块原则做好分包人施工用地场容、文明形象管理的规划。四是经常检查施工项目现场管理的落实情况，听取社会公众、近邻单位的意见，发现问题及时处理，不留隐患，避免再度发生，并实施奖惩。五是接受政府住房和城乡建设行政主管部门的考评和企业对建设工程施工现场管理的定期抽查、日常检查、考评和指导。六是加强施工现场文明建设，展示和宣传企业文化，塑造企业及项目经理部的良好形象。

5）及时清场转移。施工结束后，应及时组织清场，向新工地转移。同时，组织剩余物资退场，拆除临时设施，清除建筑垃圾，按市容管理要求恢复临时占用土地。

# 下篇 基础知识

# 六、建筑力学

本部分主要介绍力的基本性质、力矩与力偶、平面一般力系的平衡方程及其应用、变形固体及其假设和几何图形的性质。要求掌握几种常见约束的约束反力，受力图的画法，平面力系的平衡方程及其应用；理解力的性质和投影、力矩的计算、力偶的概念；了解变形固体及其假设，强度、刚度、稳定性的概念，平面几何图形的性质。

## （一）平面力系

### 1. 力的基本性质

（1）力的基本概念

力是物体之间相互的机械作用，这种作用的效果是使物体的运动状态发生改变，或者使物体发生变形。力不可能脱离物体而单独存在。有受力物体，必定有施力物体。

1）力的三要素

力的三个要素是：力的大小、力的方向和力的作用点。

力是一个既有大小又有方向的物理量，所以力是矢量。力用一段带箭头的线段来表示。线段的长度表示力的大小；线段与某定直线的夹角表示力的方位，箭头表示力的指向；线段的起点或终点表示力的作用点。在国际单位制中，力的单位为牛顿（N）或千牛顿（kN）。1kN＝1000N。

2）静力学公理

① 作用力与反作用力公理：两个物体之间的作用力和反作用力，总是大小相等，方向相反，沿同一直线，并分别作用在这两个物体上。

作用力与反作用力的性质应相同。

② 二力平衡公理：作用在同一物体上的两个力，使物体平衡的必要和充分条件是，这两个力大小相等，方向相反，且作用在同一直线上。

③ 加减平衡力系公理：作用于刚体的任意力系中，加上或减去任意平衡力系，并不改变原力系的作用效应。

同时力具有可传递性。作用在刚体上的力可沿其作用线移动到刚体内的任意点，而不改变原力对刚体的作用效应。根据力的可传性原理，力对刚体的作用效应与力的作用点在作用线的位置无关。加减平衡力系公理和力的可传性原理都只适用于刚体。

（2）约束与约束反力

1）约束与约束反力的概念

一个物体的运动受到周围物体的限制时，这些周围物体就称为该物体的约束。

2）力的分类

物体受到的力一般可以分为两类：一类是使物体运动或使物体有运动趋势，称为主动力，如重力、水压力等，主动力在工程上称为荷载；另一类是对物体的运动或运动趋势起限制作用的力，称为被动力。

约束对物体运动的限制作用是通过约束对物体的作用力实现的，通常将约束对物体的作用力称为约束反力，简称反力，约束反力的方向总是与约束所能限制的运动方向相反。

通常主动力是已知的，约束反力是未知的。

（3）受力分析

1）物体受力分析及受力图的概念

在受力分析时，当约束被人为地解除时，必须在接触点上用一个相应的约束反力来代替。

在物体的受力分析中，通常把被研究的物体的约束全部解除后单独画出，称为脱离体。把全部主动力和约束反力用力的图示表示在分离体上，这样得到的图形，称为受力图。

画受力图的步骤如下：

① 明确分析对象，画出分析对象的分离简图；

② 在分离体上画出全部主动力；

③ 在分离体上画出全部的约束反力，并注意约束反力与约束应一一对应。

2）力的平行四边形法则

作用于物体上的同一点的两个力，可以合成为一个合力，合力的大小和方向由这两个力为边所构成的平行四边形的对角线来表示（图 6-1）。

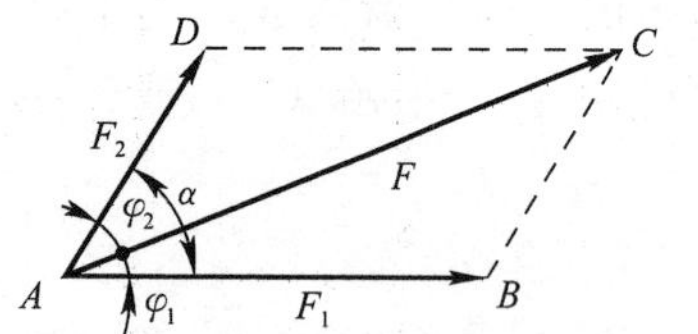

图 6-1　力平行四边形

一刚体受共面不平行的三个力作用而平衡时，这三个力的作用线必汇交于一点，即满足三力平衡汇交定理。

（4）计算简图

在对实际结构进行力学分析和计算之前必须加以简化。用一个简化图形（结构计算简图）来代替实际结构，省略掉次要细节，重点显示其基本特点，作为力学计算的基础。简化原则如下：

1）结构整体的简化

除了具有明显空间特征的结构外，在多数情况下，把实际的空间结构（忽略次要的空间约束）分解为平面结构。对于延长方向结构的横截面保持不变的结构，如隧洞、水管、厂房结构，可作两相邻横截面截取平面结构（切片）计算。对于多跨多层的空间钢架，根据纵横向刚度和荷载（风载、地震力、重力等），截取纵向或横向的平面刚架来分析。若空间结构是由几种不同类型的平面结构组成（如框剪结构），在一定条件下可以把各类平面结构合成一个总的平面结构，并算出每类平面结构所分配的荷载，再分别计算。

2）杆件的简化

除了短杆深梁外，杆件用其轴线表示，杆件之间的连接区域用结点表示，并由此组成杆件系统（杆系内部结构）。杆长用结点间的距离表示，并将荷载作用点转移到杆件的轴线上。

3）杆件间连接的简化

杆件间的连接区简化为杆轴线的汇交点（称结点），杆件连接理想化为铰结点、刚结点和组合结点。各杆在铰结点处互不分离，但可以相互转动（如木屋架的结点）；各杆在刚结点处既不能相对移动，也不能相对转动，因此相互间的作用除了力以外还有力偶（如现浇钢筋混凝土结点）。组合结点即部分杆件之间属铰结点，另外部分杆件之间属刚结点（有时也称半铰结点或半刚结点）。

4）约束形式的简化图

① 柔体约束：由柔软的绳子、链条或胶带所构成的约束称为柔体约束。由于柔体约束只能限制物体沿柔体约束的中心线离开约束的运动，所以柔体约束的约束反力必然沿柔体的中心线而背离物体，即拉力，通常用 $F_T$ 表示。如图 6-2（*a*）所示的起重装置中，桅杆和重物一起所受绳子的拉力分别是 $F_{T1}$、$F_{T2}$ 和 $F_{T3}$（图 6-2*b*），而重物单独受绳子的拉力则为 $F_{T4}$（图 6-2*c*）。

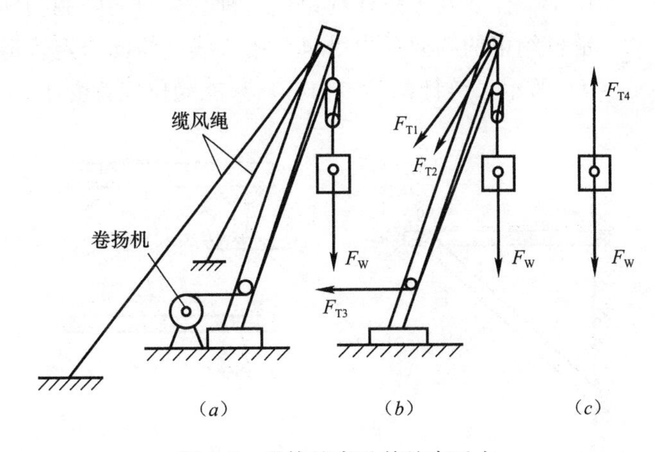


图 6-2 柔体约束及其约束反力

② 光滑接触面约束：当两个物体直接接触，而接触面处的摩擦力可以忽略不计时，两物体彼此的约束称为光滑接触面约束。光滑接触面对物体的约束反力一定通过接触点，沿该点的公法线方向指向被约束物体，即为压力或支持力，通常用 $F_N$ 表示（图 6-3）。

③ 圆柱铰链约束：圆柱铰链约束是由圆柱形销钉插入两个物体的圆孔构成，如图 6-4（*a*）、（*b*）所示，且认为销钉与圆孔的表面是完全光滑的，这种约束通常如图 6-4（*c*）所示。圆柱铰链约束只能限制物体在垂直于销钉轴线平面内的任何移动，而不能限制物体绕销钉轴线的转动，如图 6-5 所示。

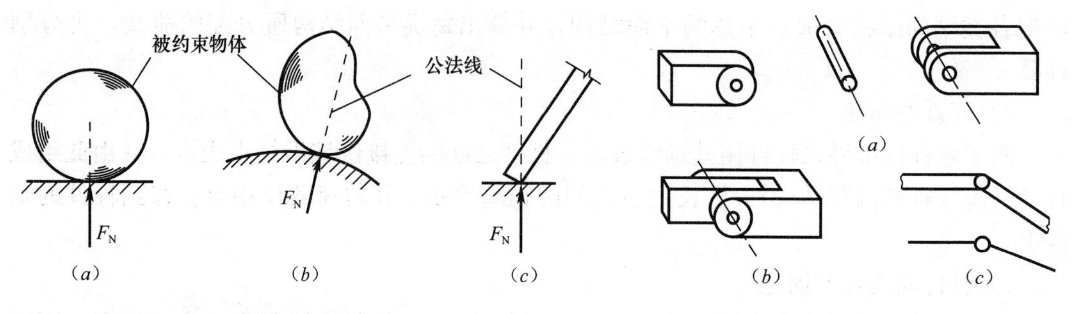


图 6-3 光滑接触面约束及其约束反力　　图 6-4 圆柱铰链约束

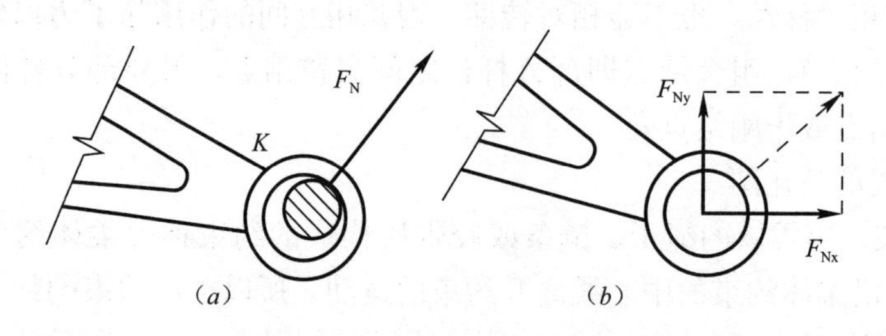


图 6-5 圆柱铰链约束的约束反力

④ 链杆约束：两端用铰链与不同的两个物体分别相连且中间不受力的直杆称为链杆，图 6-6（*a*）、（*b*）中 *AB*、*BC* 杆都属于链杆约束。这种约束只能限制物体沿链杆中心线趋向或离开链杆的运动。链杆约束的约束反力沿链杆中心线，指向未定。链杆约束的简图及其反力如图 6-6（*c*）、（*d*）所示。链杆都是二力杆，只能受拉或者受压。

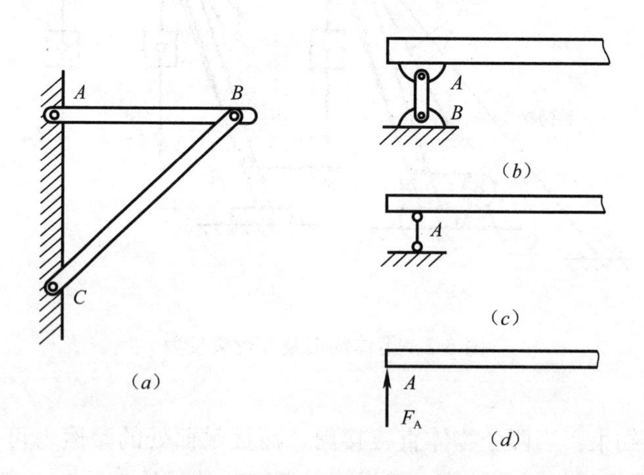


图 6-6 链杆约束及其约束反力

⑤ 固定铰支座：用光滑圆柱铰链将物体与支承面或固定机架连接起来，称为固定铰支座，如图 6-7（*a*）所示，计算简图如图 6-7（*b*）所示。其约束反力在垂直于铰链轴线的平面内，过销钉中心，方向不定，如图 6-7*a* 所示。一般情况下可用图 6-7（*c*）所示的两个正交分力表示。

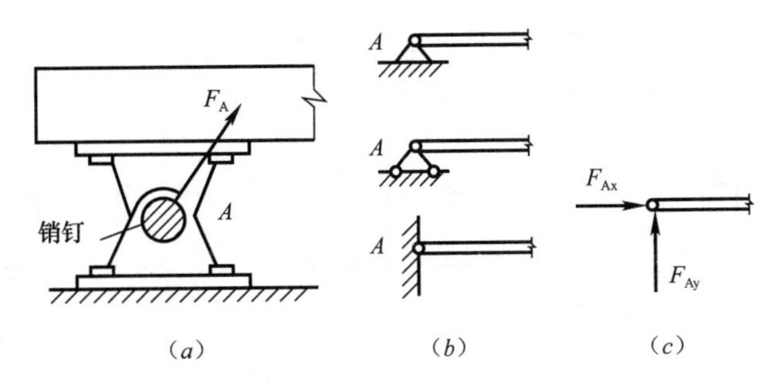


图 6-7 固定铰支座及其约束反力

⑥ 可动铰支座：在固定铰支座的座体与支承面之间加辊轴就成为可动铰支座，其简图可用图 6-8（$a$）、（$b$）表示，其约束反力必垂直于支承面，如图 6-8（$c$）所示。在房屋建筑中，梁通过混凝土垫块支承在砖柱上，如图 6-8（$d$）所示，不计摩擦时可视为可动铰支座。

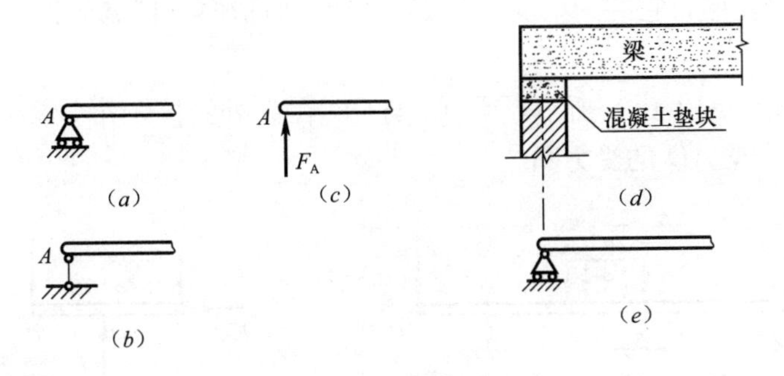


图 6-8 可动铰支座及其约束反力

⑦ 固定端支座：构件一端嵌入墙里（图 6-9$a$），墙对梁的约束既限制它沿任何方向移动，同时又限制它的转动，这种约束称为固定端支座。其简图可用图 6-9（$b$）表示，它除了产生水平和竖直方向的约束反力外，还有一个阻止转动的约束反力偶，如图 6-9（$c$）所示。

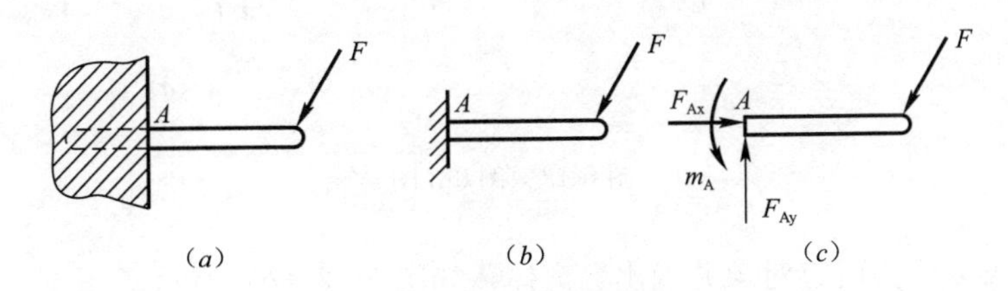


图 6-9 固定端支座及其约束反力

物体的受力图举例：

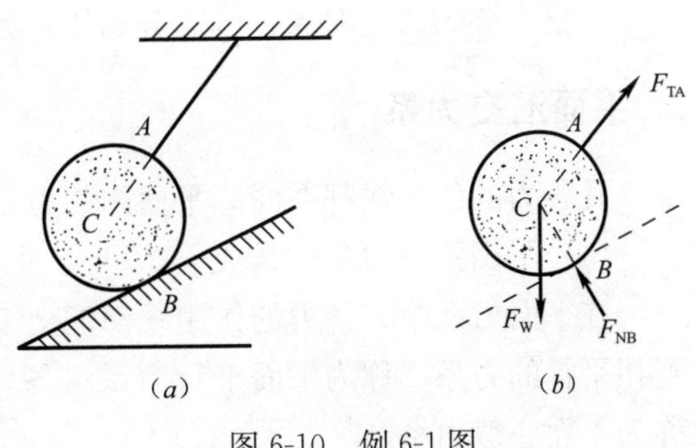


图 6-10 例 6-1 图

**【例 6-1】** 重量为 $F_W$ 的小球放置在光滑的斜面上，并用绳子拉住，如图 6-10（$a$）所示。画出此球的受力图。

**【解】** 以小球为研究对象，解除小球的约束，画出分离体，小球受重力（主动力）$F_W$、绳子的约束反力（拉力）$F_{TA}$ 和斜面的约束反力（支持力）$F_{NB}$（图 6-10$b$）的共同作用。

**【例 6-2】** 水平梁 $AB$ 受已知力 $F$ 作用，$A$ 端为固定铰支座，$B$ 端为移动铰支座，如图 6-11（$a$）所示。梁的自重不计，画出梁 $AB$ 的受力图。

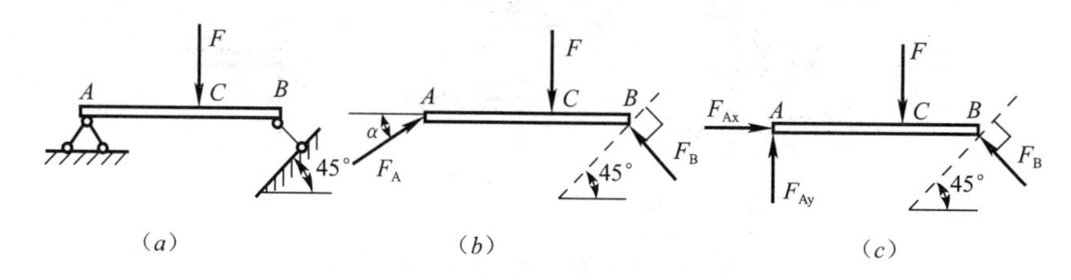


图 6-11　例 6-2 图

**【解】** 取梁为研究对象，解除约束，画出分离体，画主动力 $F$；$A$ 端为固定铰支座，它的反力可用方向、大小都未知的力 $F_A$，或者用水平和竖直的两个未知力 $F_{Ax}$ 和 $F_{Ay}$ 表示；$B$ 端为移动铰支座，它的约束反力用 $F_B$ 表示，但指向可任意假设，受力图如图 6-11（$b$）、（$c$）所示。

**【例 6-3】** 如图 6-12（$a$）所示，梁 $AC$ 与 $CD$ 在 $C$ 处铰接，并支承在三个支座上，画出梁 $AC$、$CD$ 及全梁 $AD$ 的受力图。

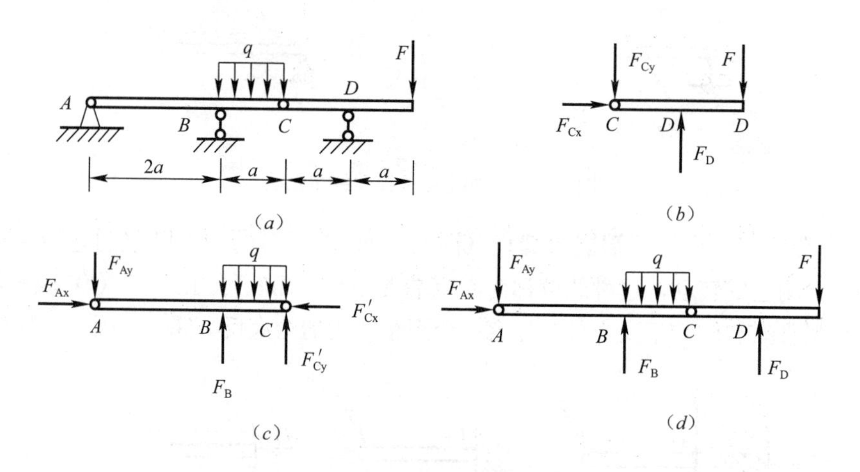


图 6-12　例 6-3 图

**【解】** 取梁 $CD$ 为研究对象并画出分离体，如图 6-12（$b$）所示。

取梁 $AC$ 为研究对象并画出分离体，如图 6-12（$c$）所示。

以整个梁为研究对象，画出分离体，如图 6-12（$d$）所示。

## 2. 平面汇交力系

凡各力的作用线都在同一平面内的力系称为平面力系。

（1）平面汇交力系的合成

在平面力系中，各力的作用线都汇交于一点的力系，称为平面汇交力系；各力作用线互相平行的力系，称为平面平行力系；各力的作用线既不完全平行又不完全汇交的力系，称为平面一般力系。

1）力在坐标轴上的投影

如图 6-13（$a$）所示，设力 $F$ 作用在物体上的 $A$ 点，在力 $F$ 作用的平面内取直角坐标系 $xOy$，从力 $F$ 的两端 $A$ 和 $B$ 分别向 $x$ 轴作垂线，垂足分别为 $a$ 和 $b$，线段 $ab$ 称为力 $F$ 在坐标轴 $x$ 上的投影，用 $F_x$ 表示。同理，从 $A$ 和 $B$ 分别向 $y$ 轴作垂线，垂足分别为 $a'$ 和 $b'$，线段 $a'b'$ 称为力 $F$ 在坐标轴 $y$ 上的投影，用 $F_y$ 表示。

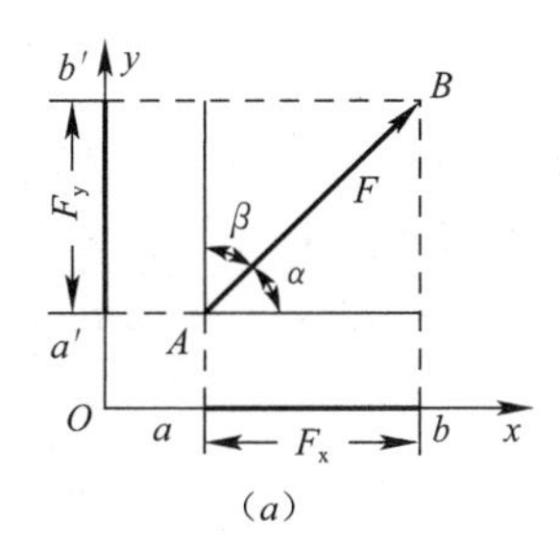


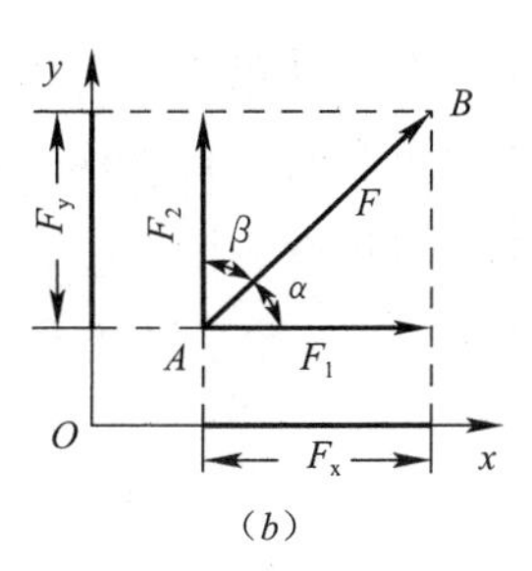


图 6-13　力在坐标轴上的投影

力的正负号规定如下：力的投影从开始端到末端的指向，与坐标轴正向相同为正；反之，为负。

若已知力的大小为 $F$，它与 $x$ 轴的夹角为 $\alpha$，则力在坐标轴的投影的绝对值为：

$$F_x = F\cos\alpha \qquad (6\text{-}1)$$

$$F_y = F\sin\alpha \qquad (6\text{-}2)$$

投影的正负号由力的指向确定。

反过来，当已知力的投影 $F_x$ 和 $F_y$，则力的大小 $F$ 和它与 $x$ 轴的夹角 $\alpha$ 分别为：

$$F = \sqrt{F_x^2 + F_y^2} \qquad \alpha = \arctan\left|\frac{F_y}{F_X}\right| \qquad (6\text{-}3)$$

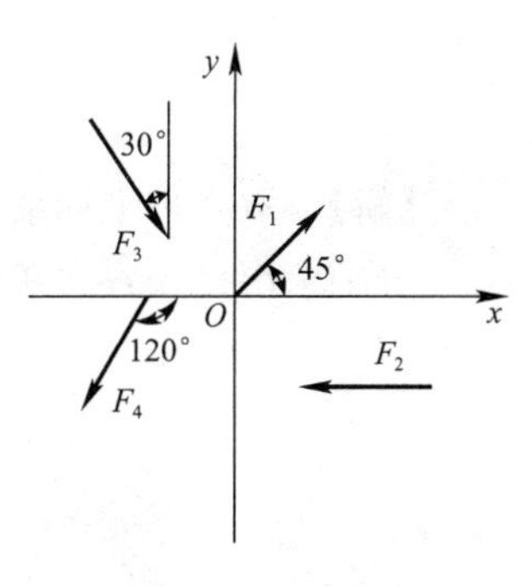


图 6-14　例 6-4 图

**【例 6-4】** 图 6-14 中各力的大小均为 100N，求各力在 x、y 轴上的投影。

**【解】** 利用投影的定义分别求出各力的投影：

$$F_{1x} = F_1\cos45° = 100 \times \sqrt{2}/2 = 70.7\text{N}$$

$$F_{1y} = F_1\sin45° = 100 \times \sqrt{2}/2 = 70.7\text{N}$$

$$F_{2x} = -F_2 \times \cos0° = -100\text{N}$$

$$F_{2y} = F_2\sin0° = 0$$

$$F_{3x} = F_3\sin30° = 100 \times 1/2 = 50\text{N}$$

$$F_{3y} = -F_3\cos30° = -100 \times \sqrt{3}/2 = -86.6\text{N}$$

$$F_{4x} = -F_4\cos60° = -100 \times 1/2 = -50\text{N}$$

$$F_{4y} = -F_4\sin60° = -100 \times \sqrt{3}/2 = -86.6\text{N}$$

2）平面汇交力系合成的解析法

合力投影定理：合力在任意轴上的投影等于各分力在同一轴上投影的代数和。

数学式子表示为：

如果

$$F = F_1 + F_2 + \cdots + F_n \tag{6-4}$$

则

$$F_x = F_{1x} + F_{2x} + \cdots + F_{nx} = \sum F_x \tag{6-5}$$

$$F_y = F_{1y} + F_{2y} + \cdots + F_{ny} = \sum F_y \tag{6-6}$$

平面汇交力系的合成结果为一合力。

当平面汇交力系已知时，首先选定直角坐标系，求出各力在 $x$、$y$ 轴上的投影，然后利用合力投影定理计算出合力的投影，最后根据投影的关系求出合力的大小和方向。

**【例 6-5】** 如图 6-15 所示，已知 $F_1 = F_2 = 100\text{N}$，$F_3 = 150\text{N}$，$F_4 = 200\text{N}$，试求其合力。

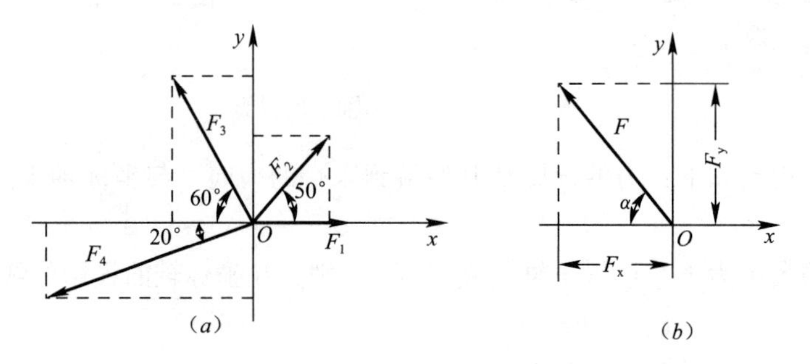


图 6-15　例 6-5 图

**【解】** 取直角坐标系 $xOy$。

分别求出已知各力在两个坐标轴上投影的代数和为：

$$\begin{aligned} F_x &= \sum F_x = F_1 + F_2\cos50° - F_3\cos60° - F_4\cos20° \\ &= 100 + 100 \times 0.6428 - 150 \times 0.5 - 200 \times 0.9397 \\ &= -98.66\text{N} \end{aligned}$$

$$\begin{aligned} F_y &= \sum F_y = F_2\sin50° + F_3\sin60° - F_4\sin20° \\ &= 100 \times 0.766 + 150 \times 0.866 - 200 \times 0.342 \\ &= 138.1\text{N} \end{aligned}$$

于是可得合力的大小以及与 $x$ 轴的夹角 $\alpha$：

$$\begin{aligned} F &= \sqrt{F_x^2 + F_y^2} \\ &= \sqrt{(-98.66)^2 + 138.1^2} \\ &= 169.7\text{N} \end{aligned}$$

$$\alpha = \arctan\left|\frac{F_y}{F_x}\right| = \alpha = \arctan1.4 = 54°28'$$

因为 $F_x$ 为负值，而 $F_y$ 为正值，所以合力在第二象限，指向左上方（图 6-15*b*）。

3）力的分解

利用四边形法则可以进行力的分解，如图 6-16（*a*）所示。通常情况下将力分解为相互垂直的两个分力 $F_1$ 和 $F_2$，如图 6-16（*b*）所示，则两个分力的大小为：

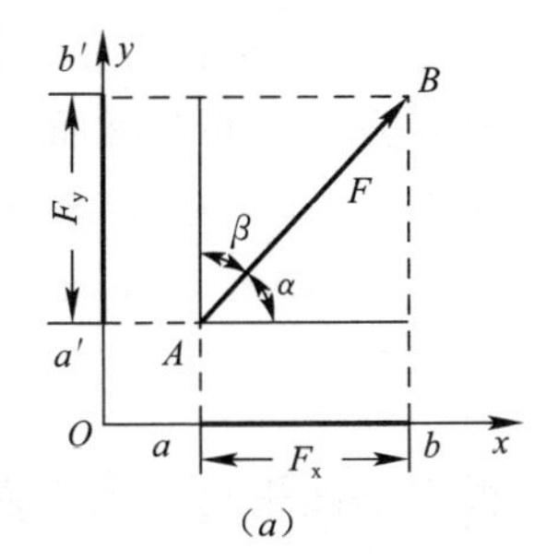


(a)

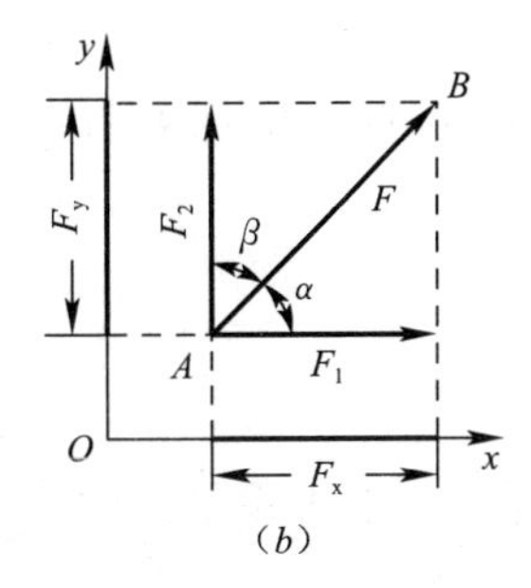


(b)

图 6-16 力在坐标轴上的投影

$$F_1 = F\cos\alpha \tag{6-7}$$

$$F_2 = F\sin\alpha \tag{6-8}$$

力的分解和力的投影既有根本的区别又有密切联系。分力是矢量，而投影为代数量；分力 $F_1$ 和 $F_2$ 的大小等于该力在坐标轴上投影 $F_x$ 和 $F_y$ 的绝对值，投影的正负号反映了分力的指向。

(2) 平面汇交力系的平衡

1) 平面一般力系的平衡条件：平面一般力系中各力在两个任选的直角坐标轴上的投影的代数和分别等于零，各力对任意一点之矩的代数和也等于零。用数学式子表达为：

$$\sum F_x = 0$$

$$\sum F_y = 0$$

$$\sum m_O(F) = 0 \tag{6-9}$$

此外，平面一般力系的平衡方程还可以表示为二矩式和三力矩式。二矩式为：

$$\sum F_x = 0$$

$$\sum m_A(F) = 0$$

$$\sum m_B(F) = 0 \tag{6-10}$$

三力矩式为：

$$\sum m_A(F) = 0$$

$$\sum m_B(F) = 0$$

$$\sum m_C(F) = 0 \tag{6-11}$$

2) 平面力系平衡的特例

① 平面汇交力系：如果平面汇交力系中的各力作用线都汇交于一点 $O$，则式中 $\sum M_O(F)=0$，即平面汇交力系的平衡条件为力系的合力为零，其平衡方程为：

$$\sum F_x = 0 \tag{6-12a}$$

$$\sum F_y = 0 \tag{6-12b}$$

平面汇交力系有两个独立的方程，可以求解两个未知数。

② 平面平行力系：力系中各力在同一平面内，且彼此平行的力系称为平面平行力系。

设有作用在物体上的一个平面平行力系，取 $x$ 轴与各力垂直，则各力在 $x$ 轴上的投影恒等于零，即 $\sum F_x \equiv 0$。因此，根据平面一般力系的平衡方程可以得出平面平行力系的平衡方程：

$$\sum F_y = 0 \qquad (6\text{-}13a)$$

$$\sum M_O(\mathrm{F}) = 0 \qquad (6\text{-}13b)$$

同理，利用平面一般力系平衡的二矩式，可以得出平面平行力系平衡方程的又一种形式：

$$\sum M_A(F) = 0 \qquad (6\text{-}14a)$$

$$\sum M_B(F) = 0 \qquad (6\text{-}14b)$$

注意，式中 $A$、$B$ 连线不能与力平行。平面平行力系有两个独立的方程，所以也只能求解两个未知数。

③ 平面力偶系：在物体的某一平面内同时作用有两个或者两个以上的力偶时，这群力偶就称为平面力偶系。由于力偶在坐标轴上的投影恒等于零，因此平面力偶系的平衡条件为：平面力偶系中各个力偶的代数和等于零，即：

$$\sum M = 0 \qquad (6\text{-}15)$$

**【例 6-6】** 求图 6-17（*a*）所示简支桁架的支座反力。

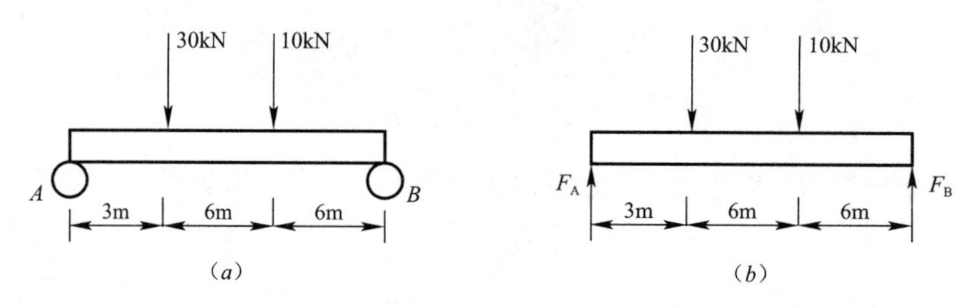


图 6-17 例 6-6 图

**【解】**

（1）取整个桁架为研究对象。

（2）画受力图（图 6-17*b*）。桁架上有集中荷载及支座 $A$、$B$ 处的反力 $F_A$、$F_B$，它们组成平面平行力系。

（3）选取坐标系，列方程求解：

$$\sum M_B = 0$$

$$= 30 \times 12 + 10 \times 6 - F_A \times 15 = 0$$

$$F_A = (360 + 60)/15 = 28\text{kN}(\uparrow)$$

$$\sum F_y = 0$$

$$F_A + F_B - 30 - 10 = 0$$

$$F_B = 40 - 28 = 12\text{kN}(\uparrow)$$

校核：$\sum M_A = F_B \times 15 - 30 \times 3 - 10 \times 9 = 12 \times 15 - 90 - 90 = 0$

物体实际发生相互作用时，其作用力是连续分布作用在一定体积和面积上的，这种力称为分布力，也叫分布荷载。单位长度上分布的线荷载大小称为荷载集度，其单位为牛顿/米（N/m），如果荷载集度为常量，即称为均匀分布荷载，简称均布荷载。对于均布荷载可以进行简化计算：认为其合力的大小为 $F_q=qa$，$a$ 为分布荷载作用的长度，合力作用于受载长度的中点。

**【例 6-7】** 求图 6-18（$a$）所示梁支座的反力。

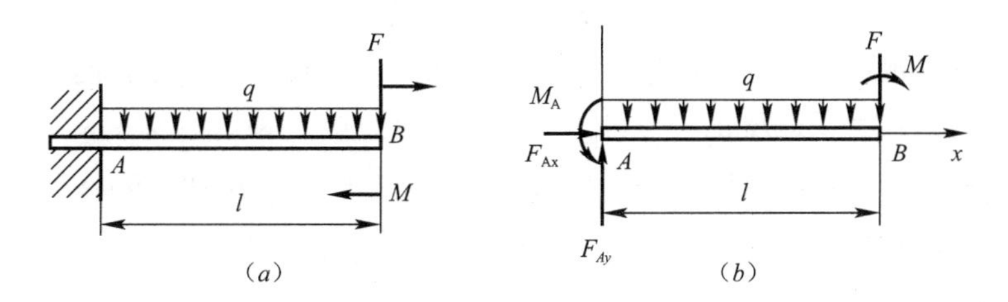


图 6-18　例 6-7 图

**【解】**

（1）取梁 $AB$ 为研究对象。

（2）画出受力图（图 6-18$b$）。梁上有集中荷载 $F$、均布荷载 $q$ 和力偶 $M$ 以及支座 $A$、$B$ 处的反力 $F_{Ax}$、$F_{Ay}$ 和 $M$。

（3）选取坐标系，列方程求解：

$$\sum F_x = 0 \quad F_{Ax} = 0$$

$$\sum M_A = 0 \quad M_A - M - Fl - ql \cdot l/2 = 0$$

$$M_A = M + Fl + 1/2ql^2$$

$$\sum F_y = 0 \quad F_{Ay} - ql - F = 0$$

$$F_{Ay} = F + ql$$

以整体为研究对象，校核计算结果：

$$\sum M_B = F_{Ay}l + M - M_A - 1/2ql^2 = 0$$

说明计算无误。

总结例 6-6、例 6-7，可归纳出物体平衡问题的解题步骤如下：

A. 选取研究对象；

B. 画出受力图；

C. 依照受力图的特点选取坐标系，注意投影为零和力矩为零的应用，列方程求解；

D. 校核计算结果。

## 3. 力偶、力矩的特性及应用

（1）力偶和力偶系

1）力偶

① 力偶的概念：把作用在同一物体上大小相等、方向相反但不共线的一对平行力组

成的力系称为力偶，记为（$F$，$F'$）。力偶中两个力的作用线间的距离 $d$ 称为力偶臂。两个力所在的平面称为力偶的作用面。

在实际生活和生产中，物体受力偶作用而转动的现象十分常见，例如，司机两手转动方向盘，工人师傅用螺纹锥攻螺纹，所施加的都是力偶。

② 力偶矩：用力和力偶臂的乘积再加上适当的正负号所得的物理量称之为力偶，记作 $M$（$F$，$F'$）或 $M$，即

$$M(F,F')=\pm Fd \tag{6-16}$$

力偶正负号的规定：力偶正负号表示力偶的转向，其规定与力矩相同。若力偶使物体逆时针转动，则力偶为正；反之，为负。

力偶矩的单位与力矩的单位相同。力偶对物体的作用效应取决于力偶的三要素，即力偶矩的大小、转向和力偶的作用面的方位。

③ 力偶的性质

A. 力偶无合力，不能与一个力平衡和等效，力偶只能用力偶来平衡。力偶在任意轴上的投影等于零。

B. 力偶对其平面内任意点之矩，恒等于其力偶矩，而与矩心的位置无关。

实践证明，凡是三要素相同的力偶，彼此相同，可以互相代替。如图 6-19 所示。

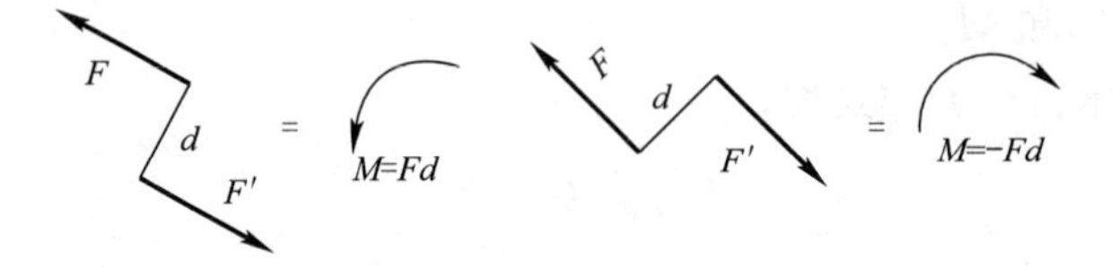


图 6-19　力偶

2）力偶系

作用在同一物体上的若干个力偶组成一个力偶系，若力偶系的各力偶均作用在同一平面，则称为平面力偶系。

力偶对物体的作用效应只有转动效应，而转动效应由力偶的大小和转向来度量，因此，力偶系的作用效果也只能是产生转动，其转动效应的大小等于各力偶转动效应的总和。可以证明，平面力偶系合成的结果为一合力偶，其合力偶矩等于各分力偶矩的代数和。即：

$$M=M_1+M_2+\cdots+M_n=\sum M_i \tag{6-17}$$

（2）力矩

1）力矩的概念

从实践中知道，力可使物体移动，又可使物体转动，例如当我们拧螺母时（图 6-20），在扳手上施加一力 $F$，扳手将绕螺母中心 $O$ 转动，力越大或者 $O$ 点到力 $F$ 作用线的垂直距离 $d$ 越大，螺母将容易被拧紧。

将 $O$ 点到力 $F$ 作用线的垂直距离 $d$ 称为力臂，将力 $F$ 与 $O$ 点到力 $F$ 作用线的垂直距离 $d$ 的乘积 $Fd$ 并加上表示转动方向的正负号称为力 $F$ 对 $O$ 点的力矩，用 $M_O$（$F$）表示，即

$$M_O(F)=\pm Fd \tag{6-18}$$

$O$ 点称为力矩中心，简称矩心。

正负号的规定：力使物体绕矩心逆时针转动时，力矩为正；反之，为负。

力矩的单位：牛·米（N·m）或者千牛·米（kN·m）

2）合力矩定理

可以证明：合力对平面内任意一点之矩，等于所有分力对同一点之矩的代数和。即：若

$$F = F_1 + F_2 + \cdots + F_n \tag{6-19}$$

则

$$M_O(F) = M_O(F_1) + M_O(F_2) + \cdots + M_O(F_n) \tag{6-20}$$

该定理不仅适用于平面汇交力系，而且可以推广到任意力系。

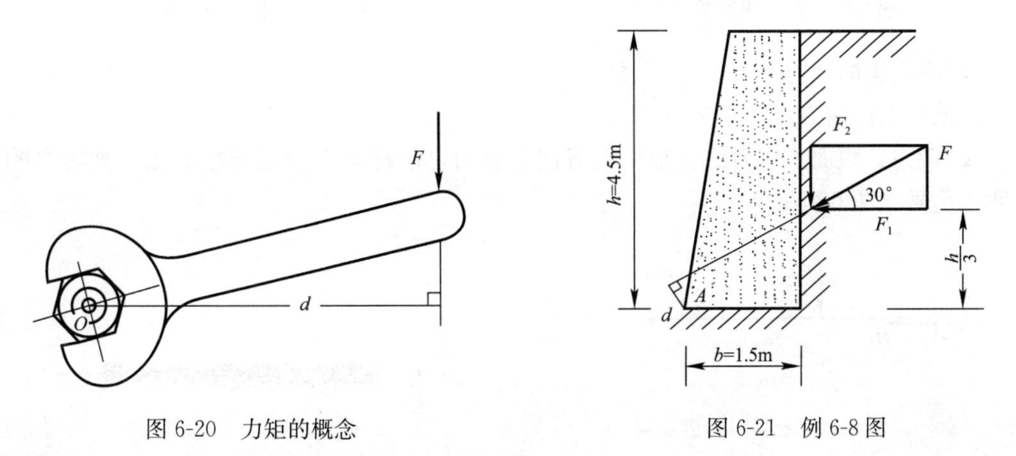


图 6-20 力矩的概念　　图 6-21 例 6-8 图

**【例 6-8】** 图 6-21 所示每 1m 长挡土墙所受的压力的合力为 $F$，它的大小为 160kN，方向如图所示。求土压力 $F$ 使墙倾覆的力矩。

**【解】** 土压力 $F$ 可使墙绕点 $A$ 倾覆，故求 $F$ 对点 $A$ 的力矩。

采用合力矩定理进行计算比较方便。

$$\begin{aligned} M_A(F) &= M_A(F_1) + M_A(F_2) = F_1 \times h/3 - F_2 b \\ &= 160 \times \cos 30° \times 4.5/3 - 160 \times \sin 30° \times 1.5 \\ &= 87\text{kN} \cdot \text{m} \end{aligned}$$

## （二）杆件的内力

### 1. 单跨静定梁的内力

（1）静定梁的受力

静定结构只在荷载作用下才产生反力、内力；反力和内力只与结构的尺寸、几何形状有关，而与构件截面尺寸、形状、材料无关，且支座沉陷、温度变化、制造误差等均不会产生内力，只产生位移。

静定结构在几何特性上无多余联系的几何不变体系。

在静力特征上仅由静力平衡条件可求全部反力内力。

1）单跨静定梁的形式

以轴线变弯为主要特征的变形形式称为弯曲变形或简称弯曲。以弯曲为主要变形的杆件称为梁。

单跨静定梁的常见形式有三种：简支（图 6-22）、伸臂（见图 6-23）、悬臂（图 6-24）。

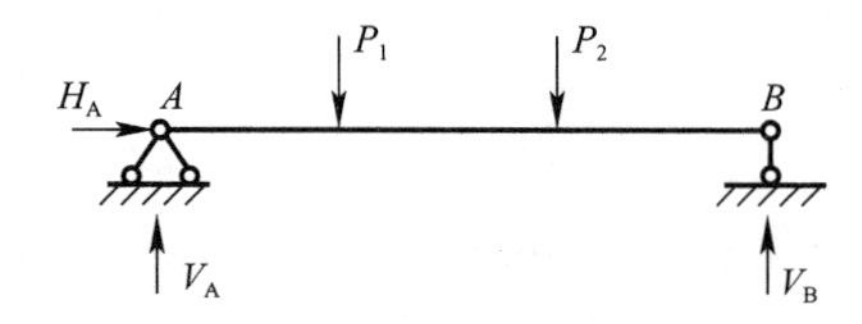


图 6-22　简支单跨静定梁

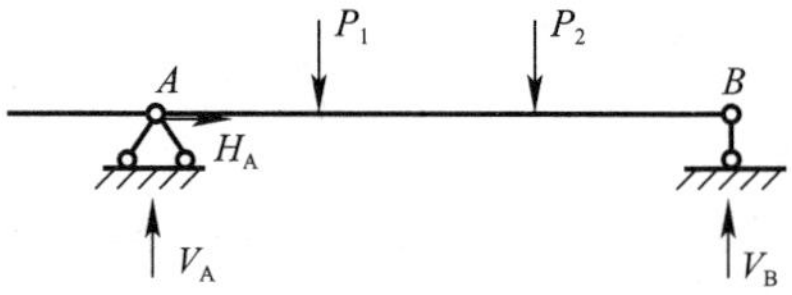

图 6-23　伸臂单跨静定梁

2）静定梁的受力

横截面上的内力：

A. 轴力：截面上应力沿杆轴切线方向的合力，使杆产生伸长变形为正，画轴力图要注明正负号（图 6-25）。

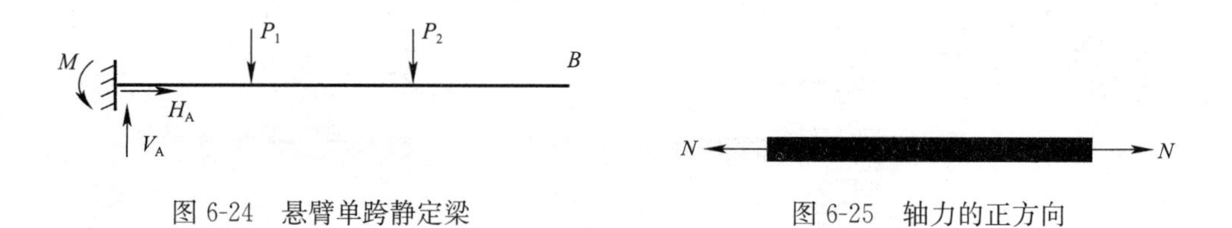


图 6-24　悬臂单跨静定梁

图 6-25　轴力的正方向

B. 剪力：截面上应力沿杆轴法线方向的合力，使杆微段有顺时针方向转动趋势的为正，画剪力图要注明正负号；由力的性质可知：在刚体内，力沿其作用线滑移，其作用效应不改变。如果将力的作用线平行移动到另一位置，其作用效应将发生改变，其原因是力的转动效应与力的位置有直接的关系（图 6-26）。

C. 弯矩：截面上应力对截面形心的力矩之和，不规定正负号。弯矩图画在杆件受拉一侧，不注符号（图 6-27）。

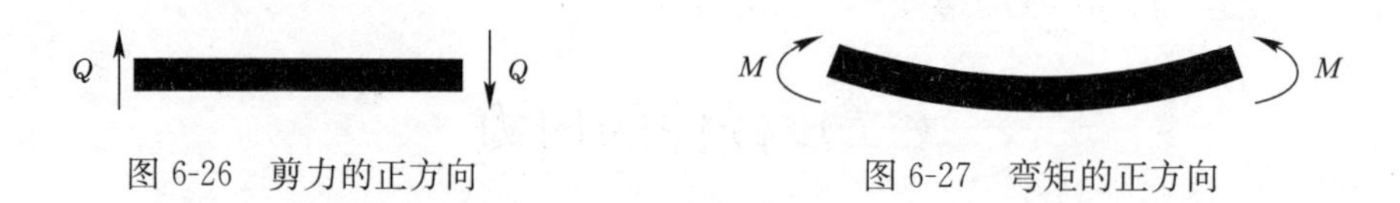


图 6-26　剪力的正方向

图 6-27　弯矩的正方向

（2）用截面法计算单跨静定梁

计算单跨静定梁常用截面法，即截取隔离体（一个结点、一根杆或结构的一部分），建立平衡方程求内力。

截面一侧上外力表达的方式：

$\Sigma F_x$ ＝截面一侧所有外力在杆轴平行方向上投影的代数和。

$\Sigma F_y$ ＝截面一侧所有外力在杆轴垂直方向上投影的代数和。

$\Sigma M$ ＝截面一侧所有外力对截面形心力矩代数和，使隔离体下侧受拉为正。为便于判断哪边受拉，可假想该脱离体在截面处固定为悬臂梁。

**【例 6-9】** 求图 6-28 所示单跨梁跨中截面内力。

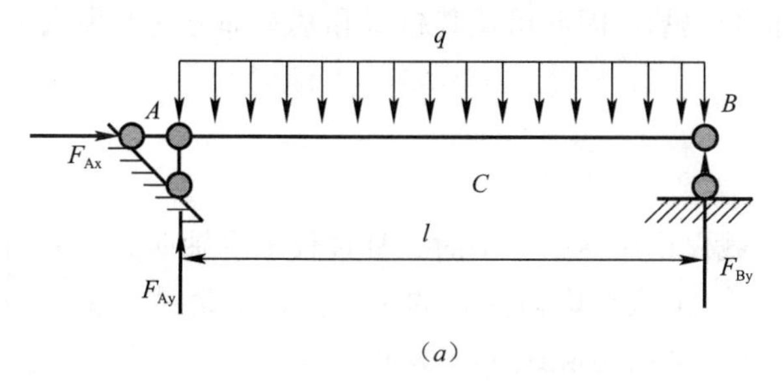


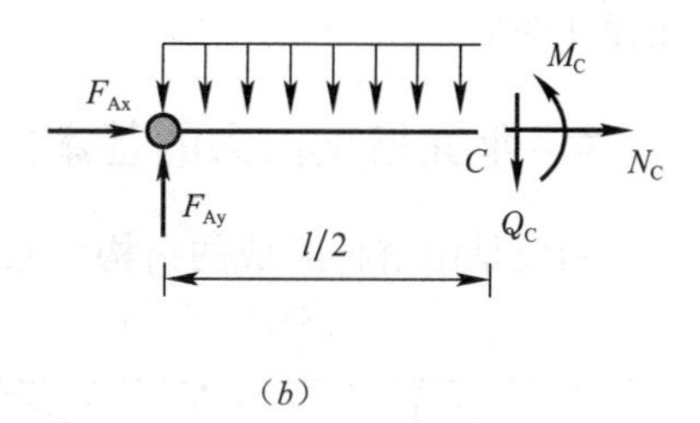


图 6-28　例 6-9 图

**【解】** 单跨梁的支座反力如图 6-28（$a$）所示：

$$F_{Ax}=0, F_{Ay}=ql/2(\uparrow),$$

$$F_{By}=ql/2(\uparrow)$$

利用截面法截取跨中截面，如图 6-28（$b$）所示：

$$N_C=\sum F_x=0$$

$$Q_C=\sum F_y=\frac{ql}{2}-\frac{ql}{2}=0$$

$$M_C=\sum m_c=\frac{ql}{2}\times\frac{1}{2}-\frac{ql}{2}\times\frac{1}{4}=\frac{ql^2}{8}$$

## 2. 多跨静定梁内力的基本概念

多跨静定梁是指由若干根梁用铰相连，并用若干支座与基础相连而组成的静定结构。

多跨静定梁的受力分析遵循先附属部分，后基本部分的分析计算顺序。即首先确定全部反力（包括基本部分反力及连接基本部分与附属部分的铰处的约束反力），作出层叠图；然后将多跨静定梁折成几个单跨静定梁，按先附属部分后基本部分的顺序绘内力图。

如图 6-29 所示梁，其中 $AC$ 部分不依赖于其他部分，独立地与大地组成一个几何不变部分，称它为基本部分；而 $CE$ 部分就需要依靠基本部分 $AC$ 才能保证它的几何不变性，相对于 $AC$ 部分来说就称它为附属部分。

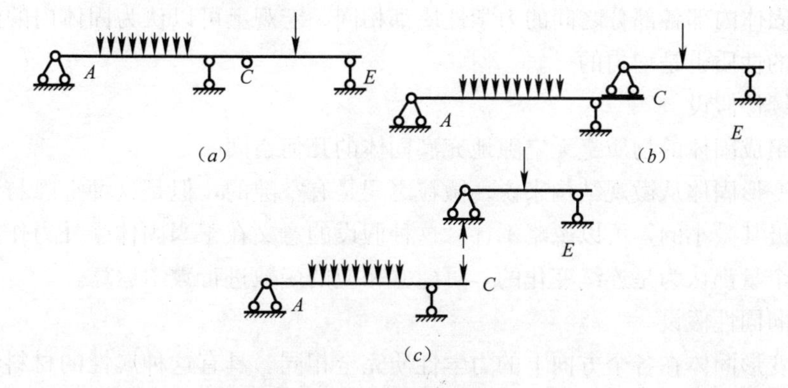


图 6-29　多跨静定梁的受力分析

从受力和变形方面看：基本部分上的荷载通过支座直接传于地基，不向它支持的附属部分传递力，因此仅能在其自身上产生内力和弹性变形；而附属部分上的荷载要先传给支持它的基本部分，通过基本部分的支座传给地基，因此可使其自身和基本部分均产生内力和弹性变形。

### 3. 静定平面桁架内力的基本概念

桁架是由链杆组成的格构体系，当荷载仅作用在结点上时，杆件仅承受轴向力，截面上只有均匀分布的正应力，这是最理想的一种结构形式（图 6-30）。

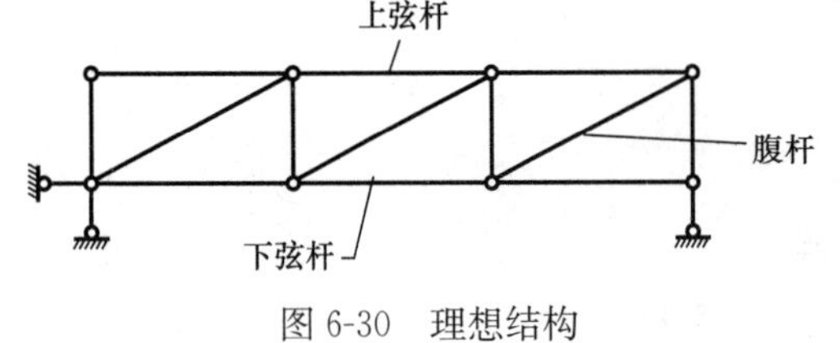


图 6-30　理想结构

一般平面桁架内力分析利用截面法，由于杆件仅承受轴向力，因此可利用的平衡关系式求解内力。

$$\begin{aligned} \sum X &= 0 \\ \sum Y &= 0 \\ \sum M &= 0 \end{aligned} \tag{6-21}$$

## （三）杆件强度、刚度和稳定的基本概念

### 1. 变形固体基本概念及基本假设

构件是由固体材料制成的，在外力作用下，固体将发生变形，故称为变形固体。

在进行静力分析和计算时，构件的微小变形对其结果影响可以忽略不计，因而将构件视为刚体，但是在进行构件的强度、刚度、稳定性计算和分析时，必须考虑构件的变形。

构件的变形与构件的组成和材料有直接的关系，为了使计算工作简化，把变形固体的某些性质进行抽象化和理想化，做一些必要的假设，同时又不影响计算和分析结果。对变形固体的基本假设主要有：

（1）均匀性假设

即假设固体内部各部分之间的力学性质都相同。宏观上可以认为固体内的微粒均匀分布，各部分的性质也是均匀的。

（2）连续性假设

即假设组成固体的物质毫无空隙地充满固体的几何空间。

实际的变形固体从微观结构来说，微粒之间是有空隙的，但是这种空隙与固体的实际尺寸相比是极其微小的，可以忽略不计。这种假设的意义在于当固体受外力作用时，度量其效应的各个量都认为是连续变化的，可建立相应的函数进行数学运算。

（3）各向同性假设

即假设变形固体在各个方向上的力学性质完全相同。具有这种属性的材料称为各向同性材料。铸铁、玻璃、混凝土、钢材等都可以认为是各向同性材料。

（4）小变形假设

固体因外力作用而引起的变形与原始尺寸相比是微小的，这样的变形称为小变形。由于变形比较小，在固体分析、建立平衡方程、计算个体的变形时，都以原始的尺寸进行计算。

对于变形固体来讲，受到外力作用发生变形，而变形发生在一定的限度内，当外力解除后，随外力的解除而变形也随之消失的变形，称为弹性变形。但是也有部分变形随外力的解除而变形不随之消失，这种变形称为塑性变形。

## 2. 杆件的基本受力形式

（1）杆件

在工程实际中，构件的形状可以是各种各样的，但经过适当的简化，一般可以归纳为四类，即：杆、板、壳和块。所谓杆件，是指长度远大于其他两个方向尺寸的构件。杆件的形状和尺寸可由杆的横截面和轴线两个主要几何元素来描述。杆的各个截面的形心的连线叫轴线，垂直于轴线的截面叫横截面。

轴线为直线、横截面相同的杆称为等值杆。

（2）杆件的基本受力形式及变形

杆件受力有各种情况，相应的变形就有各种形式。在工程结构中，杆件的基本变形有以下四种：

1）轴向拉伸与压缩（图 6-31*a*、*b*）

这种变形是在一对大小相等、方向相反、作用线与杆轴线重合的外力作用下，杆件产生长度的改变（伸长与缩短）。

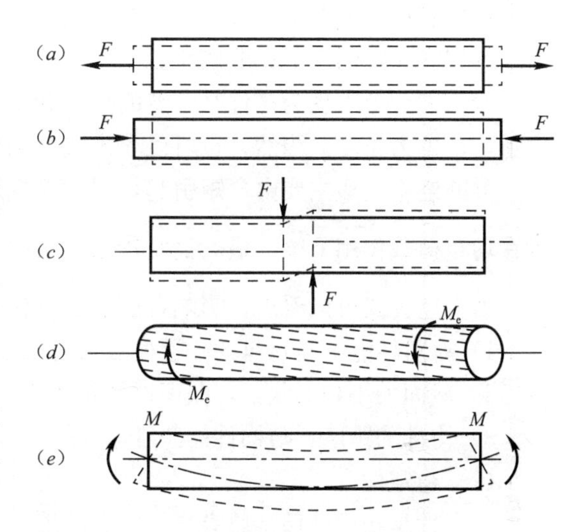

图 6-31 杆件变形的基本形式

2）剪切（图 6-31*c*）

这种变形是在一对相距很近、大小相等、方向相反、作用线垂直于杆轴线的外力作用下，杆件的横截面沿外力方向发生的错动。

3）扭转（图 6-31*d*）

这种变形是在一对大小相等、方向相反、位于垂直于杆轴线的平面内的力偶作用下，杆的任意两横截面发生的相对转动。

4）弯曲（图 6-31*e*）

这种变形是在横向力或一对大小相等、方向相反、位于杆的纵向平面内的力偶作用下，杆的轴线由直线弯曲成曲线。

## 3. 杆件强度的概念

构件应有足够的强度。所谓强度，就是构件在外力作用下抵抗破坏的能力。对杆件来讲，就是结构杆件在规定的荷载作用下，保证不因材料强度发生破坏的要求，称为强度要求。即必须保证杆件内的工作应力不超过杆件的许用应力，满足公式：

$$\sigma = N/A \leqslant [\sigma] \tag{6-22}$$

## 4. 杆件刚度和稳定的基本概念

（1）刚度

所谓刚度，就是构件抵抗变形的能力。

结构杆件在规定的荷载作用下，虽有足够的强度，但其变形不能过大，超过了允许的范围，也会影响正常的使用，限制过大变形的要求即为刚度要求，即必须保证杆件的工作变形不超过许用变形，满足公式：

$$f \leqslant [f] \tag{6-23}$$

拉伸和压缩的变形表现为杆件的伸长和缩短，用 $\Delta L$ 表示，单位为长度。

剪切和扭矩的变形一般较小。

弯矩的变形表现为杆件某一点的挠度和转角，挠度用 $f$ 表示，单位为长度，转角用 $\theta$ 表示，单位为角度。当然，也可以求出整个构件的挠度曲线。

梁的挠度变形主要由弯矩引起，叫弯曲变形，通常我们都是计算梁的最大挠度，简支梁在均布荷载作用下梁的最大挠度作用在梁中，且 $f_{max}=\frac{5qL^4}{384EI}$。

由上述公式可以看出，影响弯曲变形（位移）的因素为：

1）材料性能：与材料的弹性模量 $E$ 成反比；

2）截面大小和形状：与截面惯性矩 $I$ 成反比；

3）构件的跨度：与构件的跨度 $L$ 的 2、3 或 4 次方成正比，该因素影响最大；

（2）稳定性

稳定性是指构件保持原有平衡状态的能力。

平衡状态一般分为稳定平衡和不稳定平衡，如图 6-32 所示：

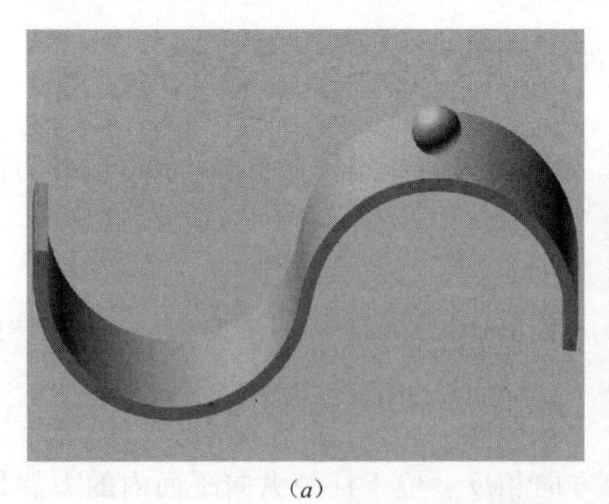

(a)

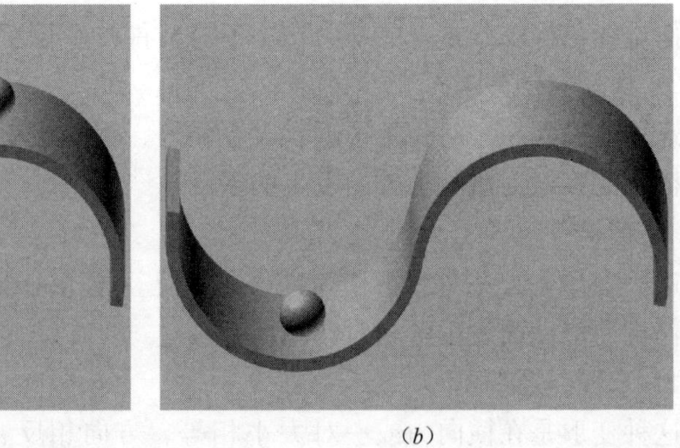

(b)

图 6-32 平衡状态分类

(a) 不稳定平衡；(b) 稳定平衡

两种平衡状态的转变关系如图 6-33 所示：

因此对于受压杆件，要保持稳定的平衡状态，就要满足所受最大压力 $F_{max}$ 小于临界压力 $F_{cr}$。临界力 $F_{cr}$ 计算公式如下：

$$F_{cr}=\frac{\pi^2 EI_{min}}{L^2} \tag{6-24}$$

公式（6-24）的应用条件：

1）理想压杆，即材料绝对理想；轴线绝对直；压力绝对沿轴线作用；

2）线弹性范围内；

3）两端为球铰支座。

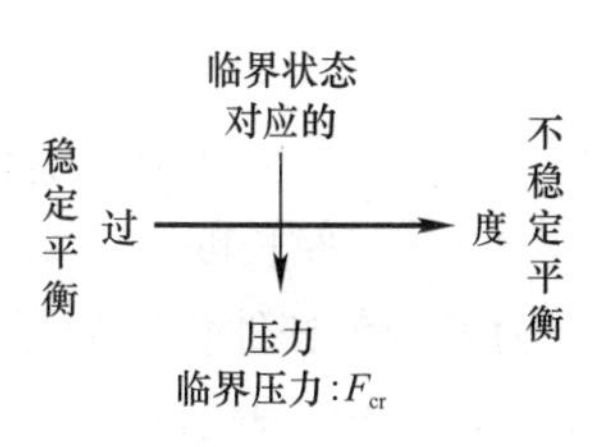


图 6-33 两种平衡状态的转变关系

## 5. 应力、应变的基本概念

（1）内力、应力的概念

1）内力的概念

构件内各粒子间都存在着相互作用力。当构件受到外力作用时，形状和尺寸将发生变化，构件内各个截面之间的相互作用力也将发生变化，这种因为杆件受力而引起的截面之间相互作用力的变化称为内力。

内力与构件的强度（破坏与否的问题）、刚度（变形大小的问题）紧密相连。要保证构件的承载必须控制构件的内力。

2）应力的概念

内力表示的是整个截面的受力情况。在不同粗细的两根绳子上分别悬挂重量相同的物体，则细绳将可能被拉断，而粗绳不会被拉断，这说明构件是否破坏不仅仅与内力的大小有关，而且与内力在整个截面的分布情况有关，而内力的分布通常用单位面积上的内力大小来表示，我们将单位面积上的内力称为应力。它是内力在某一点的分布集度。

应力根据其与截面之间的关系和对变形的影响，可分为正应力和切应力两种。

垂直于截面的应力称为正应力，用 $\sigma$ 表示；相切于截面的应力称为切应力，用 $\tau$ 表示。在国际单位制中，应力的单位是帕斯卡，简称帕（Pa）。

$$1Pa = 1N/m^2$$

工程实际中应力的数值较大，常以千帕（kPa）、兆帕（MPa）或吉帕（GPa）为单位。

3）应变的概念

① 线应变：杆件在轴向拉力或压力作用下，沿杆轴线方向会伸长或缩短，这种变形称为纵向变形；同时，杆的横向尺寸将减小或增大，这种变形称为横向变形。如图 6-34（*a*）、（*b*）所示，其纵向变形为：

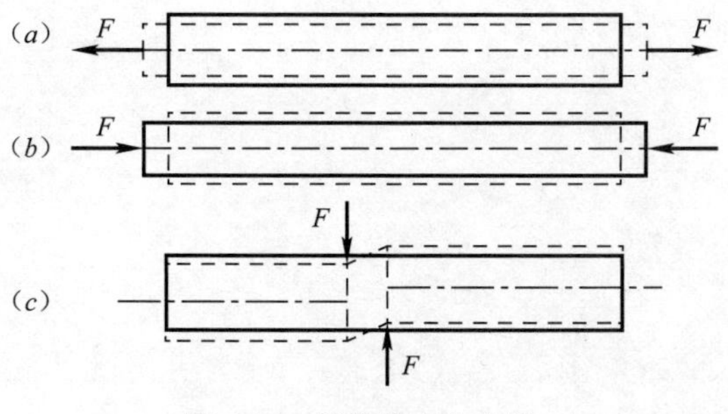


图 6-34 杆件的应变变形

$$\Delta l = l_1 - l \tag{6-25}$$

式中　$l_1$——受力变形后沿杆轴线方向长度；

$l$——原长度。

为了避免杆件长度的影响，用单位长度的变形量反映变形的程度，称为线应变。纵向线应变用符号 $\varepsilon$ 表示。

$$\varepsilon = \Delta l / l = (l_1 - l)/l \tag{6-26}$$

② 切应变：图 6-34（$c$）为一矩形截面的构件，在一对剪切力的作用下，截面将产生相互错动，形状变为平行四边形，这种由于角度的变化而引起的变形称为剪切变形。直角的改变量称为切应变，用符号 $\gamma$ 表示。切应变 $\gamma$ 的单位为弧度。

（2）虎克定律

实验表明，应力和应变之间存在着一定的物理关系，在一定条件下，应力与应变成正比，这就是虎克定律。

用数学公式表达为：

$$\sigma = E\varepsilon \tag{6-27}$$

式中比例系数 $E$ 称为材料的弹性模量，它与构件的材料有关，可以通过试验得出。

# 七、建筑构造与建筑结构

## （一）建筑构造

### 1. 民用建筑的基本构造组成

民用建筑主要由基础、墙体（柱）、屋顶、门与窗、地坪、楼板层、楼梯七个主要构造部分组成（图 7-1），它们的使用功效既直接影响到建筑功能，也关系到建筑的安全。建筑除了上述的七个主要构造组成部分之外，往往还有其他的次要构造，如阳台、雨篷、台阶、散水、通风道等。它们的作用虽然没有主要构造重要，但是对建筑的正常使用、特别是舒适性有相当的影响，也必须给予足够的重视。

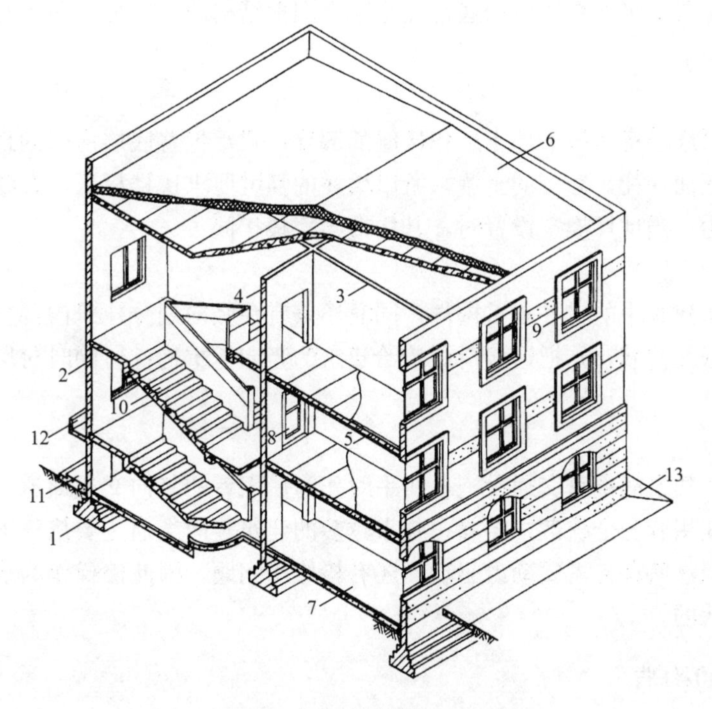


图 7-1　民用建筑的构造组成

1—基础；2—外墙；3—内横墙；4—内纵墙；5—楼板；6—屋顶；7—地坪；
8—门；9—窗；10—楼梯；11—台阶；12—雨篷；13—散水

（1）基础

基础位于建筑物的最下部，是建筑的重要承重构件，它承担建筑的全部荷载，并把这些荷载有效地传给地基，其工作状态直接关系到建筑的安全。因为基础埋置于地下，属于建筑的隐蔽部分，因此可靠性要求较高。

（2）墙体或柱

墙体是建筑物的重要的组成部分，具有承重、围护和分隔的功能，作用非常重要。墙体应具有足够的强度、刚度、稳定性、良好的热工性能及防火、隔声、防水、耐久能力。

柱是建筑物的竖向承重构件，要求具有足够的强度、稳定性。在框架结构建筑中柱子替代承重墙成为最重要的竖向结构构件。

（3）屋顶

屋顶一般由屋面、保温（隔热）层和承重结构三部分组成，其中承重结构的作用与楼板相似，而屋面和保温（隔热）层则应具有能够抵御自然界风、雨、雪、日晒等不良因素的能力。屋顶作为建筑外形的一部分，对建筑的体型和立面形象具有较大的影响。

（4）门与窗

门与窗是建筑主要构造部分中仅有的属于非承重结构的建筑构件，与建筑的使用舒适性和安全性关系密切，在设计和施工过程中也要给予足够的重视。

门要满足供人们内外交通及搬运家具设备的要求，同时还兼有分隔房间、围护的作用，有时还要有采光和通风的功能。

窗的作用主要是采光和通风，通常又是建筑围护结构的一部分，而且对建筑的立面形象也有重要的影响。

（5）地坪

地坪是建筑底层房间与下部土层相接触的部分，它承担着底层房间的地面荷载。由于首层房间地坪下面往往是夯实的土壤，所以地坪的强度要求比楼板低，有些地坪要具有防水、保温的能力。当地坪架空设置时，其构造与楼板相同。

（6）楼板

楼板是楼房建筑中的水平承重构件，同时还兼有在竖向划分建筑内部空间的功能。楼板承担建筑的楼面荷载，并把这些荷载传给建筑的竖向承重构件，同时对墙体起到水平支撑的作用。

（7）楼梯

楼梯是楼房建筑的垂直交通设施，在平时作为使用者的竖向交通通道，遇到紧急情况时还要能够供使用者安全疏散。当前，越来越多的建筑竖向交通主要依靠电梯、自动扶梯等设备解决，但这些设备需要动力驱动，还有检修等问题，因此楼梯作为疏散通道在建筑中仍是不可替代的。

### 2. 常见基础的构造

（1）基本概念

地基与基础是一对关系密切的工作伙伴，相互之间不可分离（图 7-2）。地基是指基础底面以下一定深度范围内的土壤或岩体（图 7-2），他们承担基础传来的建筑全部荷载，是建筑得以立足的根基。基础是建筑物在地下的扩大部分，通常为承重墙或柱子的延伸。基础承担建筑上部结构的全部荷载，并把这些荷载有效地传给地基。

(2) 地基与基础的传力关系

由于建筑的全部荷载都是通过基础传给地基的，因此基础要有足够的强度和整体性，同时还要有良好的耐久性以及抵抗地下各种不利因素的能力。地基的强度（俗称地基承载力）、变形性能直接关系到建筑的使用安全和整体的稳定性。

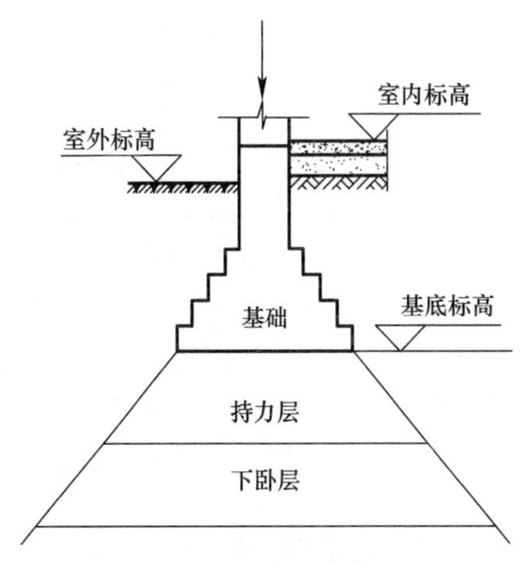

图 7-2 地基与基础

地基承载力与土的物理、化学特性关系密切。地基可以分成天然地基和人工地基两类。

(3) 砖及毛石基础的构造

砖及毛石基础属于无筋扩展基础，由红砖、毛石砌筑而成，受材料自身力学性能的限制，抗压强度高而抗拉、抗剪强度低。由于地基的承载力一般要比基础材料的强度低，为满足地基允许承载力的要求，就需要加大基础底面积，以保证地基的承载要求。随着基础的尺寸放大，当基础底面的内力（拉应力）超过基础材料的抗拉和抗剪强度时，基础就会发生折裂破坏，导致基础失效（图 7-3）。为了保证基础的安全，就要使基础的挑出宽度 $b$ 与基础工作部分的高度 $h$ 之间的比例控制在一定的范围之内，通常用刚性角 $\alpha$ 来控制，基础底面的放大角度不应超过刚性角。砖及毛石基础可以加工成条形基础或独立基础，砖和毛石的组砌方式以及放大脚尺寸应符合有关的构造要求。

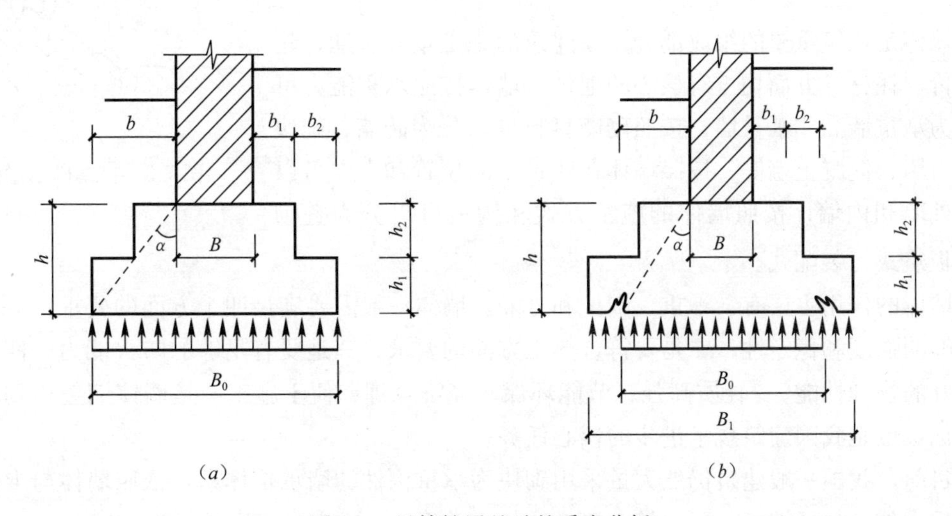

图 7-3 无筋扩展基础的受力分析

(4) 钢筋混凝土基础的构造

钢筋混凝土基础属于扩展基础，利用设置在基础底面的钢筋来抵抗基底的拉应力。由于内部配置了钢筋，使基础具有良好的抗弯和抗剪性能，可在上部结构荷载较大、地基承载力不高以及具有水平力和力矩等荷载的情况下使用，基础的高度不受台阶宽高比 $b/h$ 的限制，故适宜在宽基浅埋的场合下采用（图 7-4）。钢筋混凝土基础可以加工成条形、独立、井格、筏式及箱形。

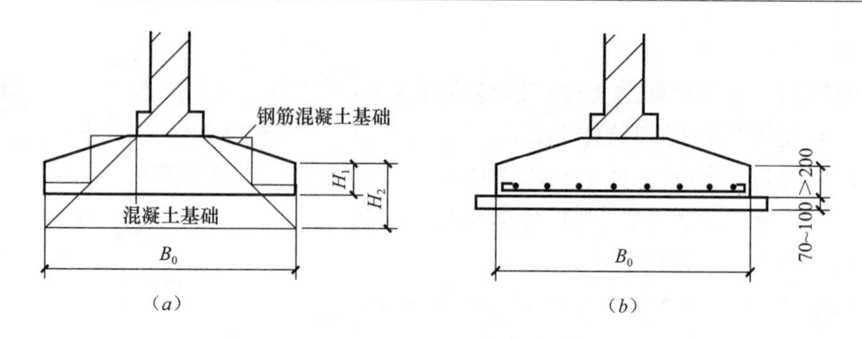


图 7-4 钢筋混凝土基础

(a) 混凝土与钢筋混凝土基础的比较；(b) 基础构造

(5) 桩基础的构造

桩基础是当前城市建筑中普遍采用的一种基础形式，具有施工速度快，土方量小、适应性强等优点。桩基础由设置于土中的桩身和承接上部结构的承台组成，在施工时是按设计的点位将桩身置于土中，并在桩的上端灌注钢筋混凝土承台梁，承台梁上设置柱子或墙体，以便使建筑荷载均匀地传递给桩基。根据桩的工作状态，可以分为端承桩和摩擦桩两种（图 7-5）。

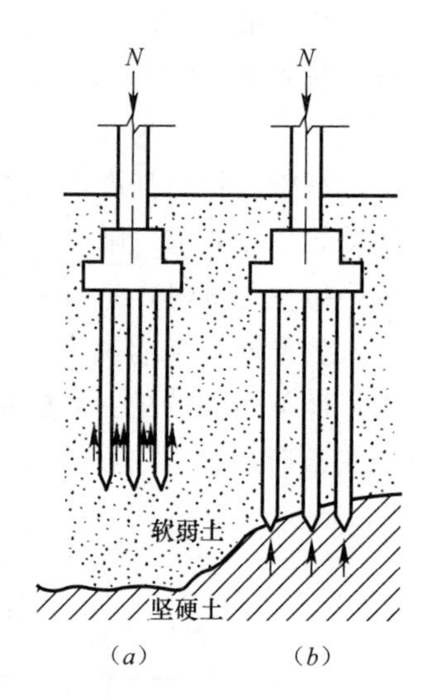


图 7-5 桩基础示意图

(a) 摩擦桩；(b) 端承桩

## 3. 墙体和地下室的构造

墙体是建筑重要的组成部分，在建筑的施工量和工期、建筑造价、耗材等方面均占有核心的地位。墙体按照承重能力可以分为承重墙和非承重墙；按照砌墙材料可以分为砖墙，砌块墙、石墙、混凝土墙等；按照墙体在建筑中的位置和走向可以分为外墙和内墙；按照墙体的施工方式和构造可以分为叠砌式、板筑式、装配式。

墙体的作用主要有：承重、围护和分隔。墙体一般需要满足四个方面的要求：一是要有足够的强度和稳定性；二是要符合热工方面的要求；三是要有足够的防火能力；四是要有良好的物理性能。“轻质高强、节能环保、经济合理、便于施工”是墙体期望达到的理想目标，也是我国建筑技术进步的核心任务。

目前，我国一般建筑仍然大量采用砌块为承重构件的墙承重体系，依照墙体与上部水平承重构件（包括楼板、屋面板、梁）的传力关系，会有四种不同的承重方案：

横墙承重：将建筑的水平承重构件搁置在横墙上，由横墙承担楼面及屋面荷载。

纵墙承重：将建筑的水平承重构件搁置在纵墙上，由纵墙承担楼面及屋面荷载。

纵横墙混合承重：这种方案横墙和纵墙都是承重墙，往往与进深梁一起工作。

墙与柱混合承重：这种方案是将建筑的水平承重构件的一端搁置在墙体上（通常是外墙），另一端搁置在建筑内部的柱子上，由墙体和柱子共同承担水平承重构件传来的荷载，又称内框架结构。

不同的承重方案各有利弊，应根据建筑的平面空间布局及使用要求，合理地进行选择。

(1) 砌块墙的细部构造

传统的砌块墙是以普通黏土砖作为砌墙材料，通过砂浆砌筑结合成砌体。受自身存在的缺陷影响、材料生产和施工技术水平的提升，普通黏土砖不适应我国建筑节能的技术要求，已经逐步退出城市建筑市场，新型砌块、砖及多孔砖的应用日益普及。

墙体的细部构造比较琐碎，各地区的做法也不尽相同，但基本的工作原理是相同的，在应用时应当参照当地的技术标准执行。

1) 散水

散水又称散水坡，是沿建筑物外墙底部四周设置的向外倾斜的斜坡，作用是控制基础周围土壤的含水率，改善基础的工作环境。散水的宽度一般为 600～1000mm。为保证屋面雨水能够落在散水上，当屋面采用无组织排水方式时，散水的宽度应比屋檐的挑出宽度大 200mm 左右。散水表面坡度一般为 3%～5%。

散水应当采用混凝土、砂浆等不透水的材料做面层，采用混凝土或碎砖混凝土做垫层，土壤冻深在 600mm 以上的地区，还要在散水垫层下面设置砂垫层，厚度通常控制在 300mm 左右。

明沟的作用和散水相同，一般在降雨量较大的地区采用。明沟通常采用混凝土浇筑，也可以用砖、石砌筑，并用水泥砂浆抹面。明沟的断面尺寸一般不少于宽 180mm，深 150mm，沟底应有不少于 1%的纵向坡度。

2) 墙身防潮层

墙身防潮层的作用是为了防止地下土壤中的潮气进入建筑地下部分材料的孔隙内形成毛细水并沿墙体上升，逐渐使地上部分墙体潮湿，导致建筑的室内环境变差及墙体破坏。防潮层分为水平防潮层和垂直防潮层两种形式。

所有墙体的底部均应设置水平防潮层，位置在首层地坪结构层（如混凝土垫层）厚度范围之内的墙体之中，以便与地面垫层形成一个封闭的隔潮层。当首层地面为实铺时，防潮层的位置通常选择在－0.060m 处，以保证隔潮的效果（图 7-6*a*）。防潮层的位置关系到防潮的效果，位置不当，就不能完全地隔阻地下的潮气（图 7-6*b*、*c*）。

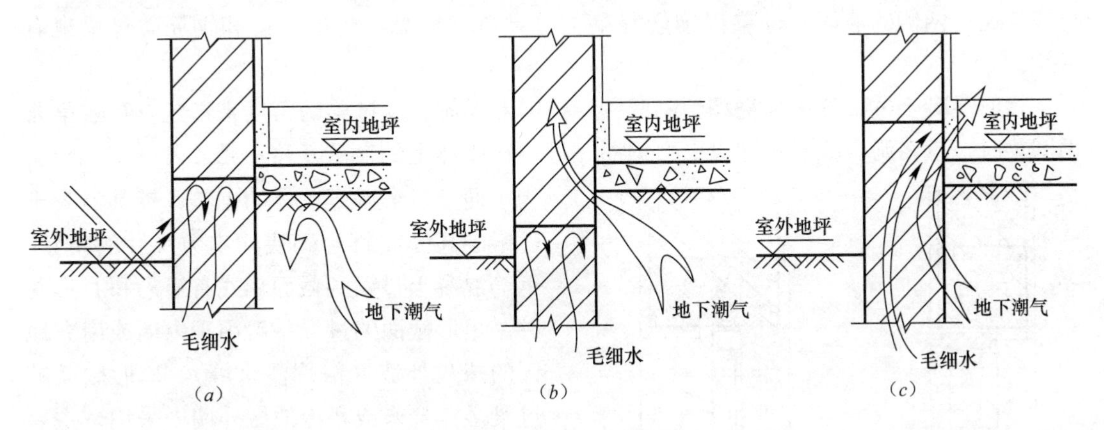


图 7-6 防潮层的位置

(*a*) 位置适当；(*b*) 位置偏低；(*c*) 位置偏高

防潮层主要有以下三种常见的构造做法：

① 卷材防潮层：这是一种传统的做法，具有防潮性能好、韧性大的优点。但由于卷材防潮层不能与砂浆有效地粘结，影响到建筑的整体性，对抗震不利。因此，目前卷材防潮层在建筑中使用的较少。

② 砂浆防潮层：是在防潮层部位抹 25mm 厚掺入防水剂的 1∶2 水泥砂浆，防水剂的掺入量一般为水泥重量的 5%，它解决了油毡防潮层的缺陷，目前在实际工程中应用较多。

③ 细石混凝土防潮层：是在防潮层部位设置 60mm 厚与墙体宽度相同的细石混凝土带，内配 3ϕ6 或 3ϕ8 钢筋。它不破坏建筑的整体性，抗裂性能好，防潮效果也好。

当室内地面出现高差或室内地面低于室外地面时。由于地面较低一侧房间墙体的另外一侧为潮湿土壤。在此处除了要分别按高差不同在墙内设置两道水平防潮层之外，还要对两道水平防潮之间的墙体做防潮处理，即垂直防潮层。

3）勒脚

勒脚是在建筑外墙靠近室外地面部分所做的构造，其目的是为了防止雨水侵蚀这部分墙体，保护墙体不受外界因素的侵害，同时也有美化建筑立面的功效。现代建筑一般采用在墙体表面用防水性能好、耐久性好、观感好的材料做饰面的方式。也可以采用强度高、防水性能好、耐久性好的砌块来砌筑这部分墙体。勒脚的高度至少应在 600mm 以上。

4）窗台

窗台有内外之分。外窗台的作用主要是排除上部雨水，保证窗下墙的干燥，同时也对建筑的立面具有装饰作用。外窗台有悬挑和不悬挑两种。悬挑窗台常用砖砌或采用预制钢筋混凝土，其挑出的尺寸应不小于 60mm。外窗台应向外形成一定坡度，并用不透水材料做面层。采暖地区建筑散热器一般设在窗下，当墙体厚度在 370mm 以上时，为了节省散热器的占地面积，一般将窗下墙体内凹 120mm，形成暖气卧，此时就应设内窗台。内窗台的窗台板一般采用预制水磨石板或预制钢筋混凝土板制作，装修标准较高的房间也可以在木骨架上贴天然石材。

5）门窗过梁

设过梁的目的是为了承担墙体洞口（通常是门窗洞口）上传来的荷载，并把这些荷载传递给洞口两侧的墙体。过梁以钢筋混凝土过梁最为常见，砖拱过梁和钢筋砖过梁也有采用。

钢筋混凝土过梁分成现浇和预制两种，根据上部荷载及过梁的跨度来选定，当过梁兼做圈梁时，应在洞口范围内加设受力钢筋。过梁在墙体上的搁置长度一般不小于 240mm。为了便于过梁两端墙体的砌筑，钢筋混凝土过梁的高度应符合砌块的皮数尺寸的模数。钢筋混凝土过梁的截面形式有矩形和 L 形两种。矩形截面的过梁一般用于内墙或南方地区的抹灰外墙（俗称混水墙）。L 形截面的过梁多在严寒或寒冷地区外墙中采用，主要是避免在过梁处产生热桥。按照热工原理，保温性能好的材料应放置低温区，所以 L 形过梁的缺口应面向室外（图 7-7）。

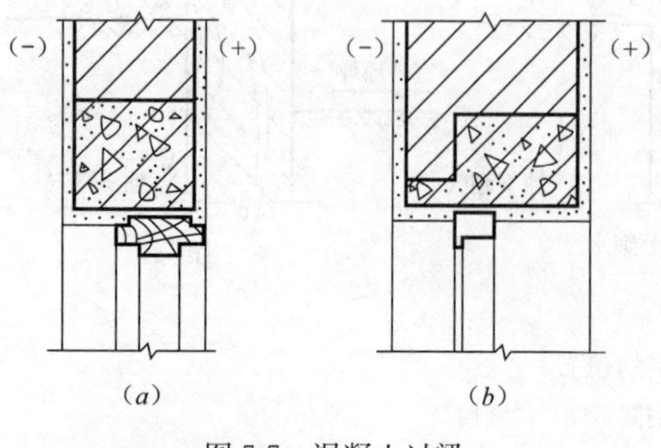

图 7-7 混凝土过梁

(a) 矩形截面；(b) L 形截面

砖拱过梁是一种传统的过梁，有平拱、弧拱两种类型。由于砖拱过梁的整体性稍差，承载力也低，目前已较少采用。

钢筋砖过梁是在砖砌体中加设适量钢筋而形成的过梁，并要保证其上部一定范围内砌体的强度，最大跨度可以达到2m。由于施工比较繁琐，目前用得不多。

6）圈梁

圈梁是沿外墙及部分内墙设置的连续、水平、闭合的梁，具有增强建筑的整体刚度和整体性的作用。圈梁对于防止由于地基不均匀沉降、振动及地震引起的墙体开裂效果明显。

目前，圈梁一般采用钢筋混凝土材料，其宽度宜与墙体厚度相同。当墙厚 $d>240$mm时，圈梁的宽度可以比墙体厚度小，但应 $\geqslant 2/3d$。圈梁的高度一般不小于120mm，通常与砌块的皮数尺寸相配合。圈梁在建筑中设置的数量应当根据建筑的高度、层数、地基情况和防震要求而定。圈梁通常设置在建筑的基础墙体处、檐口处和楼板处。当屋面板、楼板与窗洞口间距较小，而且抗震设防等级较低时，也可以把圈梁设在窗洞口上皮，兼做过梁使用。

圈梁应当连续、封闭地设置在同一水平面上。当圈梁被门窗洞口（如楼梯间窗洞口）截断时，应在洞口上方或下方设置附加圈梁。附加圈梁与圈梁的搭接长度不应小于二者垂直净距的2倍，也不应小于1m。

7）通风道

通风道是墙体中常见的竖向孔道，作用是为了排除卫生间、厨房的污浊空气和不良气味，可以保证冬季无法开窗换气地区建筑人流集中房间的换气次数。

通风道的组织方式可以分为每层独用、隔层共用和子母式三种，目前多采用子母式通风道。子母式由一大一小两个孔道组成，大孔道（母通风道）直通屋面，小孔道（子通风道）一端与大孔道相通，一端在墙上开口。具有截面简洁、通风效果好的优点。

8）构造柱

设置构造柱是提高砌块墙体抗震能力和稳定性的有效手段，有数据表明，构造柱可以使墙体的抗剪强度提高10%～30%。我国《建筑抗震设计规范》（GB 50011—2010）对多层砌体房屋设置构造柱的构造要求作出了明确的规定：

① 构造柱的截面尺寸应≥180mm×240mm（墙厚190mm时为180mm×190mm）。

② 主筋采用4ϕ12为宜，箍筋间距≤250mm，且在柱的上下端应适当加密。

③ 构造柱可不单独设基础，但应伸入室外地下500mm，或与埋深小于500mm的基础圈梁相连。

④ 构造柱与圈梁连接处，构造柱的纵筋应在圈梁纵筋内侧穿过，以保证构造柱纵筋上下贯通。

⑤ 构造柱与墙体连接处应砌成马牙槎，沿墙高每隔500mm设2ϕ6水平拉结筋和ϕ4分布短筋平面内点焊组成的拉结网片或ϕ4点焊钢筋网片，每边伸入墙内长度≥1000mm（图7-8）。

构造柱的设置应符合表7-1的要求。

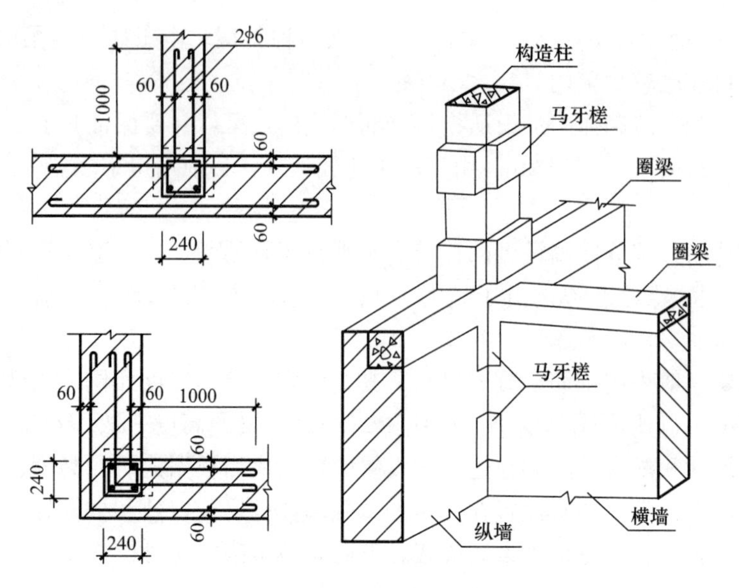


图 7-8　构造柱的设置

**多层砌体房屋构造柱的设置要求**　　**表 7-1**

<table>
<tr><th colspan="4">房屋层数</th><th colspan="2" rowspan="2">设置部位</th></tr>
<tr><th>6 度</th><th>7 度</th><th>8 度</th><th>9 度</th></tr>
<tr><td>四、五</td><td>三、四</td><td>二、三</td><td></td><td rowspan="3">1. 楼、电梯间四角，楼梯斜梯段上下端对应的墙体处；<br>2. 外墙四角和对应转角；<br>3. 错层部位横墙与外纵墙交接处；<br>4. 较大洞口两侧</td><td>1. 隔 12m 或单元横墙与外纵墙交接处；<br>2. 楼梯间对应的另一侧内横墙与外纵墙交接处</td></tr>
<tr><td>六</td><td>五</td><td>四</td><td>三</td><td>1. 隔开间横墙（轴线）与外墙交接处；<br>2. 山墙与内纵墙交接处</td></tr>
<tr><td>七</td><td>≥六</td><td>≥五</td><td>≥三</td><td>1. 内墙（轴线）与外墙交接处；<br>2. 内墙的局部较小墙垛处；<br>3. 内纵墙与横墙（轴线）交接处</td></tr>
</table>

注：较大洞口，内墙指不小于 2.1m 的洞口；外墙在内外墙交接处已设置构造柱时应允许适当放宽，但洞侧墙体应加强。

9）复合墙体

为了适应我国建筑节能的技术政策要求，减少建筑全寿命周期内的碳排放量，目前在建筑中广泛采用复合外墙体，这是一条改善外墙体热功性能的可行途径。

复合外墙主要有中填保温材料复合墙体、内保温复合外墙和外保温复合外墙三种：

① 中填保温材料复合墙体：这种墙体是把砌筑墙体分为内外两层，在其中间空隙处填塞岩棉等保温材料，用砌体材料本身或钢筋网片进行拉结。优点是保温材料被暗设在墙内，不与室内外空气接触，保温的效果比较稳定。缺点是施工过程繁琐，墙体被保温材料分割成两个界面，虽然设置了拉结措施，但墙体的稳定性和结构强度还是受到了一定影响，且拉结部分存在热桥的现象。目前中填保温外墙已经基本被淘汰（图 7-9*a*）。

② 内保温复合墙体：这种墙体是在结构墙体的内表面设置保温板，进而达到保温的目的。优点是保温材料设置在墙体的内侧，保温材料不受外界因素的影响，保温效果可

靠。缺点是冷热平衡界面比较靠内，当室外温度较低时容易在结构墙体内表面与保温材料外表面之间形成冷凝水，而且保温材料占室内的面积较多。目前这种保温方式在我国中原地区应用的比较广泛(图 7-9*b*)。

③ 外保温复合墙体：这种墙体是在结构墙体的外面设置保温板（目前多用聚苯板），以达到复合保温的目的。优点是保温材料设置在墙体的外侧，冷热平衡界面比较靠外，保温的效果好。缺点是保温材料设置在外墙的外表面，如果罩面材料选择不当或施工工艺存在问题，将会使保温的效果大打折扣，甚至会引起墙面及保温板发生龟裂或脱落。随着聚合物砂浆的应用以及各种纤维网格布的大量涌现，使外保温墙面的工艺及安全性得到了显著的提高，外保温外墙是现代建筑采用比较普遍的复合墙形式，尤其适合在寒冷及严寒地区使用（图 7-9*c*)。

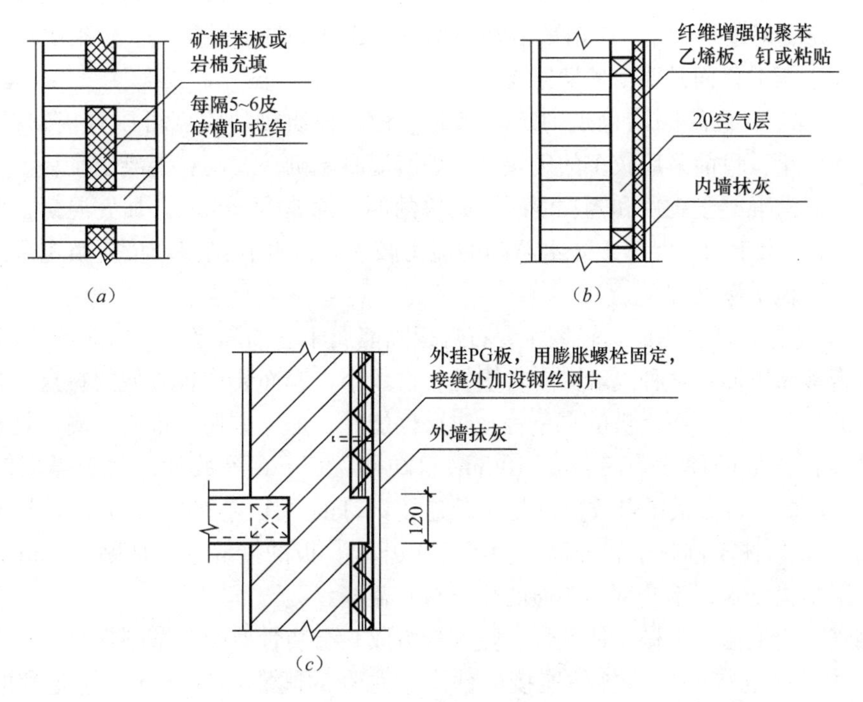


图 7-9　复合墙体示意

(*a*) 中填保温材料外墙；(*b*) 内保温外墙；(*c*) 外保温外墙

(2) 隔墙的构造

随着建筑结构技术的进步，目前骨架承重结构体系在民用建筑中已经日益普及，墙体的承重功能有所减弱，隔墙的应用日益广泛。

1) 隔墙的分类

隔墙通常根据其材料和施工方式不同进行分类，主要可以分成砌筑隔墙、立筋隔墙和条板隔墙。

2) 隔墙的构造要求

① 自重轻：隔墙通常是根据室内空间的划分而设置，位置比较灵活，一般不像承重

墙那样自下而上贯通。隔墙通常需要依靠承墙梁或楼板来支承，为了减轻水平构件的荷载，自重轻是隔墙应首先满足的要求。

② 厚度薄：隔墙在满足稳定和其他功能要求的前提下，厚度应当尽量薄些，这样可以增加室内的有效使用面积，使建筑的经济性得到提高。

③ 良好的物理性能与装拆性：隔墙要具有良好的隔声能力及相当的耐火能力。对潮湿、多水的房间，隔墙还应具有良好的防潮、防水性能。隔墙应便于安装和拆除，有利于材料或构件的重复利用。

3）常见隔墙的构造

① 砖砌隔墙：砖砌隔墙属于砌筑隔墙。多采用普通砖砌筑，分为1/4砖厚和1/2砖厚两种，1/2砖砌隔墙较为常见。1/2砖砌隔墙又称半砖隔墙；标志尺寸是120mm，砌墙用的砂浆强度应不低于M5。为确保墙体的稳定，应控制墙体的长度和高度。当墙体的长度超过5m或高度超过3m时，应当采取加固措施。由于自重过大，1/2砖砌隔墙一般不允许直接砌在楼板上，而是要由承墙梁支承。

② 砌块隔墙：砌块隔墙也是砌筑隔墙的一种。轻质砌块隔墙可以直接砌在楼板上，不必再设承墙梁。目前采用较多的砌块有：炉渣混凝土砌块、陶粒混凝土砌块、加气混凝土砌块等。炉渣混凝土砌块和陶粒混凝土砌块的厚度通常为90mm，加气混凝土砌块多采用100mm厚。由于加气混凝土防水防潮的能力较差，因此在潮湿环境应慎重采用，或在潮湿一侧表面做防潮处理。

③ 轻钢龙骨石膏板隔墙：轻钢龙骨石膏板隔墙属于立筋隔墙。采用薄壁型钢做骨架，用纸面石膏板做罩面。这种隔墙具有自重轻、占地小，表面装饰较方便的特点，是建筑中应用较多的一种隔墙。石膏板的自重轻、防火性能好、加工方便、价格不高，具有广阔的应用前景。石膏板的厚度有9mm、10mm、12mm、15mm等数种，用于隔墙时多选用12mm厚石膏板。石膏板用自攻螺钉与龙骨连接，钉的间距约200～250mm，钉帽应压入板内约2mm，以便于刮腻子和饰面。为了避免开裂，板的接缝处应加贴50mm宽玻璃纤维带（为了防火要求，不允许用普通的化纤布）盖缝。

轻钢骨架由上槛、下槛、横龙骨、竖龙骨组成。组装骨架的薄壁型钢是工厂生产的定型产品，并配有组装需要的各种连接构件。竖龙骨的间距≤600mm，横龙骨的间距≤1500mm。当墙体高度在4m以上时，还应适当加密（图7-10）。

④ 水泥玻璃纤维空心条板隔墙：这种隔墙属于条板隔墙。板材多为空心板，长度在2400～3000mm，宽度一般为600mm，厚度为60～80mm。主要用粘结砂浆和特制胶粘剂进行粘结安装。为使之结合紧密，板的侧面多做成企口。板之间采用立式拼接（图7-11）。

（3）幕墙的一般构造

目墙是现代公共建筑经常采用的一种墙体形式，既可以作为墙体的外装饰，更多的时候是作为建筑的围护结构。幕墙的面板可以分为玻璃、金属板和石材。可以根据建筑立面的不同进行选择，既可以单一使用，也可以混合使用，其中以玻璃幕墙最为常见。

1）玻璃幕墙的分类

玻璃幕墙一般分为有框式、点式和全玻璃式三种：

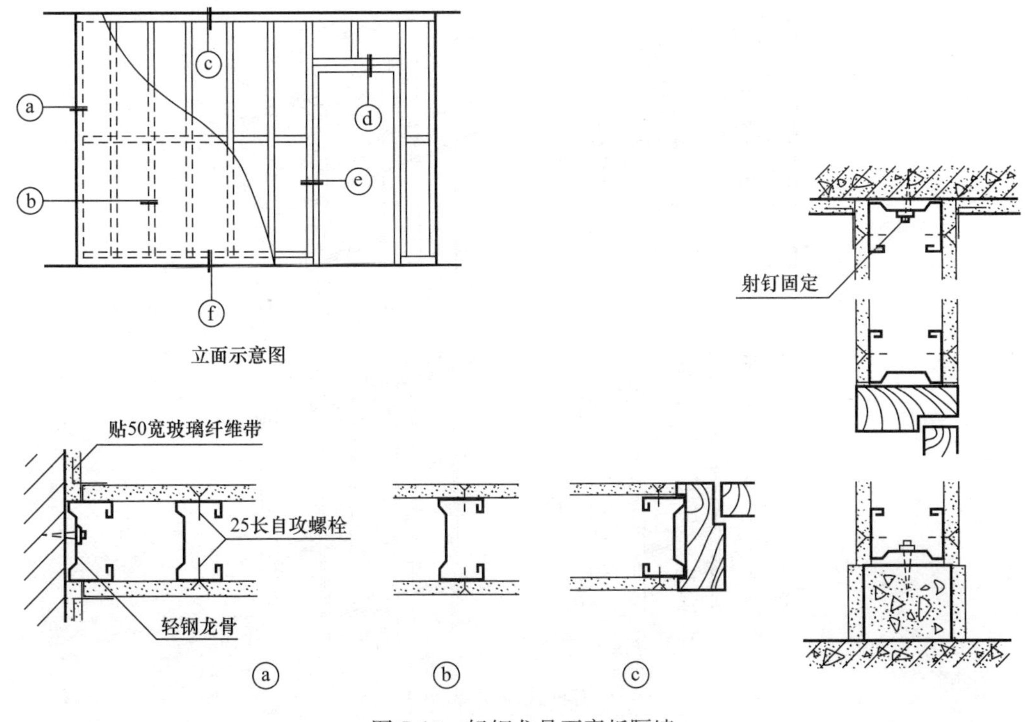


图 7-10 轻钢龙骨石膏板隔墙

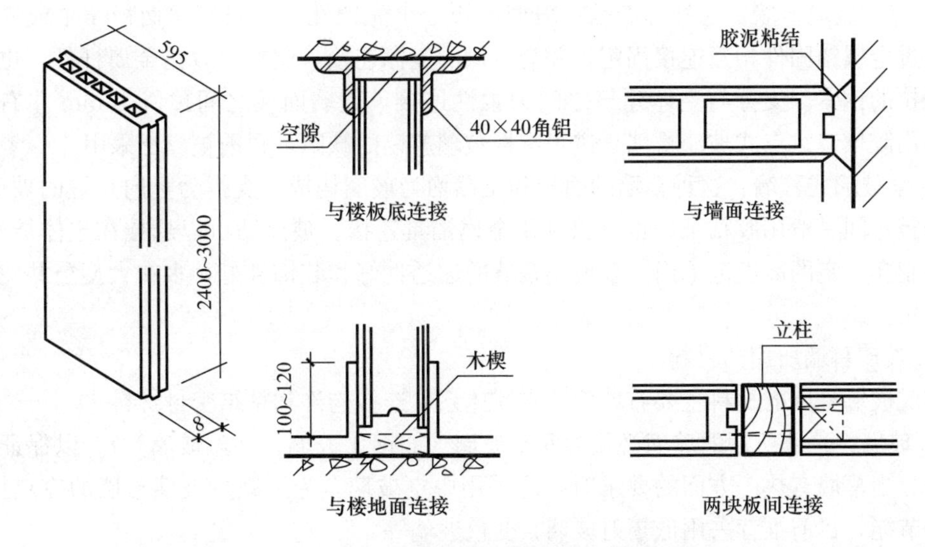


图 7-11 水泥玻璃纤维空心条板隔墙

① 有框式玻璃幕墙：这种幕墙是用铝合金、不锈钢或其他框材制作成骨架，并与主体建筑连接，然后把幕墙安装在骨架上。有框式玻璃幕墙具有连接可靠、构造简单的优点，造价也较低，但存在骨架与主体建筑为刚性连接，受建筑变形影响大的缺陷。根据玻璃幕墙与骨架之间的位置关系，可以分为框格式、竖框式、横框式和隐框式四种形式(图 7-12)。

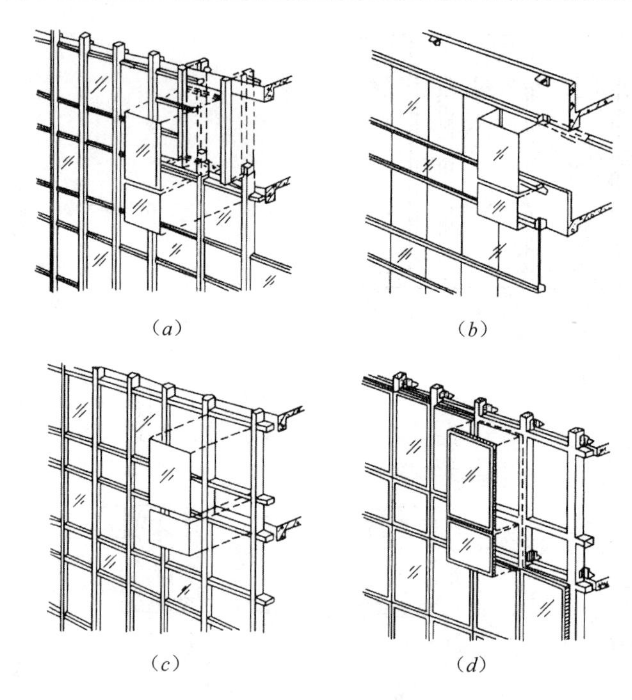


图 7-12　有框式玻璃幕墙的分类
(a) 竖框式；(b) 横框式；(c) 框格式；(d) 隐框式

② 点式玻璃幕墙：这种幕墙是在玻璃面板上事先留孔（一般每块面板 4 个或 6 个），然后通过金属锚固件相互连接固定，并与后侧的支撑连接。支撑可以是金属杆件，也可以采用张拉的钢索。支撑与主体建筑之间为柔性连接，玻璃面板之间预留 10mm 左右的空隙，并用胶填缝。点式玻璃幕墙规避了有框玻璃幕墙的缺陷，目前被广泛采用。

③ 全玻璃式幕墙：这种幕墙的面板和支撑均为玻璃构成，支撑为竖向布置的玻璃肋，肋与面板之间一般用胶粘结，也可以利用金属锚具连接。玻璃肋可以悬挂在主体结构上，并应控制在一定的高度范围内。全玻璃幕墙的通透性好和装饰性好，多在大型公共建筑或厅堂采用。

2）玻璃幕墙所用的材料

构成玻璃幕墙的材料主要有玻璃、支撑体系、连接构件和粘结密封材料。

① 玻璃：幕墙所用的玻璃必须为安全玻璃（如钢化玻璃、夹丝玻璃等），以保证使用的安全。当幕墙有热工方面的要求时，应采用中空玻璃。为了减少玻璃幕墙的冷热损失，有利于节能，目前推荐采用低辐射玻璃、变色玻璃等。

② 支撑材料：幕墙的支撑材料有金属框架和柔性钢索。金属框架多为铝合金、不锈钢以及型钢。铝合金型材表面应做氧化处理，并要保证型材的壁厚在 3mm 以上。不锈钢型材和型钢型材要做好防锈措施。

③ 连接构件：幕墙的连接构件主要有金属锚固件以及各类门窗五金等。

④ 粘结密封材料：幕墙的粘结密封材料多采用硅酮结构胶和硅酮耐候胶。硅酮结构胶一般用来处理玻璃与金属构件之间以及玻璃之间的连接，硅酮耐候胶主要用来嵌缝。

3）玻璃幕墙的一般构造

幕墙在构造方面主要应解决好以下问题：

① 结构的安全性：要保证幕墙与建筑主体（支撑体系）之间既要连接牢固，又要有一定的变形空间（包括结构变形和温度变形），以保证幕墙的使用安全。图 7-13 是幕墙节点的举例。

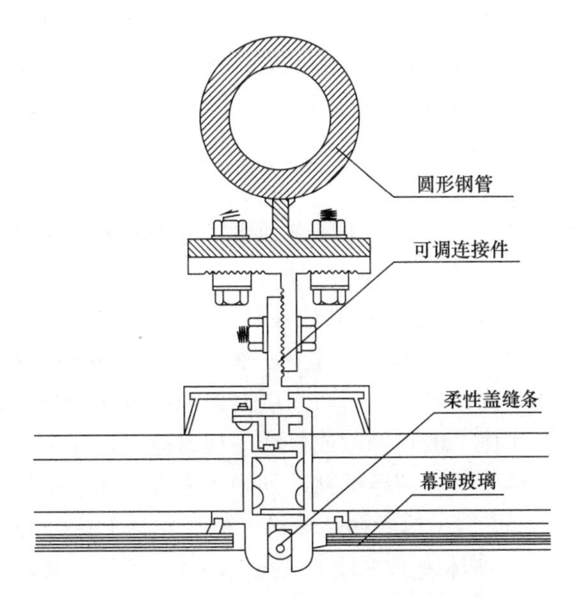


图 7-13　安装有可调结构件的玻璃幕墙

② 防雷与防火：由于幕墙中使用了大量的金属构件，因此要做好防雷措施（一般要求形成自身防雷体系，并与主体建筑的防雷装置有效连接）。通常情况下，幕墙后侧与主体建筑之间存在一定的缝隙，对隔火、防烟不利，应采取可靠的构造措施。通常需要在幕墙与楼板、隔墙之间的缝隙内填塞岩棉、矿棉或玻璃丝棉等阻燃材料，并用耐热钢板封闭。

③ 要解决好通风换气的问题：幕墙的通风换气可以用开窗的方法解决，也可以利用在幕墙上下位置预留进出气口，利用空气热压的原理来通风换气。

（4）地下室防潮及防水构造

地下室目前在城市民用建筑中被广泛应用，通常由墙体、底板、顶板、门窗和采光井等部分组成。地下室的墙体基本上埋在地下，选用的材料应当防潮或防水，要具有足够的耐久性，并要有足够的侧向强度，以抵抗土壤以及地下水的侧向压力，同时还要做防潮或防水的构造处理。地下室的顶板应采用钢筋混凝土板，具有足够的强度和刚度。地下室的底板通常采用混凝土或钢筋混凝土现浇板，承受的地下水压力较大，需要进行认真细致的防水处理，否则将会影响到地下室的正常使用。

为了保证地下室的正常使用，应根据地下水位以及地下室的使用要求，合理地选择防潮或防水方案，做到安全可靠、万无一失。

1）防潮构造

当地下水的常年水位和最高水位均在地下室底板设计标高之下，而且地下室周围没有其他因素形成的滞水时，地下室不受地下水的直接影响，墙体和底板只受无压水和土壤中毛细管水的影响，此时地下室只需做防潮处理。防潮构造首先要在地下室墙体外表面抹20mm厚1∶2防水砂浆，地下室的底板也应做防潮处理，然后把地下室墙体外侧周边用透水性差的土壤分层回填夯实，如黏土、灰土等。

2）地下室的防水

当最高地下水位高于地下室底板设计顶面时，地下室底板和部分墙体就会受到地下水的侵袭。地下室墙体受到地下水侧压力影响，底板则受到地下水浮力的影响，此时就需要做防水处理。根据使用要求，地下室防水分成四个级别。地下室防水的构造方案有隔水法、降排水法、综合法等三种。

① 隔水法

隔水法是利用各种材料的不透水性来隔绝地下室外围水及毛细管水渗透的方法，目前采用的较多。构造方案主要有两种：

A. 卷材防水：用沥青系防水卷材或其他卷材（如SBS卷材、SBC卷材、三元乙丙橡胶防水卷材等）做防水材料粘贴在地下室主体一侧。防水卷材粘贴在墙体外侧称外防水，粘贴在墙体内侧称内防水。由于外防水时防水层面向地下水压力方向，防水效果好，因此应用的非常广泛，而内防水则一般在补救或修缮工程时应用。在施工时应首先做地下室底板的防水，然后把卷材沿地下室地坪连续粘贴到墙体表面。地下室地面防水首先在基底浇筑厚100mm的C10混凝土垫层，然后粘贴卷材，再在卷材上抹20mm厚1∶3水泥砂浆，最后浇注钢筋混凝土底板。墙体表面先抹20mm厚1∶3水泥砂浆，刷冷底子油，然后粘贴卷材，卷材的粘贴应错缝，相邻卷材搭接宽度不小于100mm。卷材最上部应高出最高水位500mm左右，并在外侧砌半砖护墙。

B. 构件自防水：当建筑地下室的墙体采用钢筋混凝土结构时，把地下室的墙体和底板用防水混凝土整体浇筑在一起，就可以使地下室的墙体和底板在具有承重和围护功能的同时，具备防水的能力。防水混凝土既要满足强度的要求，更要考虑抗渗的需要。为了保证防水效果，防水混凝土墙体的底板应具有一定的厚度。

② 排水法

排水法多用于室内使用要求较低的地下室，如某些设备间、库房等。排水法可分为外排法和内排法。其中外排法适用于地下水位高于地下室底板，而且采用防水设计在技术和经济上不合算的情况。一般是在建筑四周地下设置永久性降水设施（如盲沟排水），使地下水渗入地下陶管内排至城市排水干线。内排水法适用于常年水位低于地下室底板，但最高水位高于地下室底板（≤500mm）的情况。一般是用永久性自流排水系统把地下室的水排至集水坑再用水泵排至城市排水干线。为了避免在动力中断时引起水位回升，应在地下室底板上设置隔水间层。

③ 综合法

一般在防水要求较高的地下室采用，即在做隔水法防水的同时，还要在地下室中设置内部排水设施。

### 4. 楼板的构造

楼板层一般由面层、结构层和顶棚层等几个基本层次组成。面层又称楼面或地面，是楼板上表面的完成面构造，主要起到保证房间正常使用、保护结构层的作用，同时也是室内装饰的重要组成部分，采用的材料、构造和施工工艺种类繁多。结构层是建筑的水平承重构件，主要包括板、梁等。结构层承受整个楼板层的全部荷载，并起到划分建筑内部竖向空间、防火、隔声的作用，应当具有足够的强度、刚度、耐火性能。顶棚是楼板层下表面的构造层，也是室内空间上部的装修面层。顶棚的主要功能是满足安装灯具、布置管线、装饰室内空间的需要。某些有特殊的使用要求的房间地面还需要设置附加层。附加层通常设置在面层和结构层之间，主要有隔声层、防水层、保温或隔热层等。

根据建筑的平面布局与使用要求，可以选用不同的楼板。根据所使用材料的不同，可以分为木楼板、钢筋混凝土楼板、压型钢板组合楼板。目前，钢筋混凝土楼板应用最为广泛，压型钢板组合楼板主要用于大空间、高层民用建筑和大跨度工业厂房中，木楼板已基本被淘汰。

钢筋混凝土楼板按照施工方式的不同，主要可以分为现浇整体式钢筋混凝土楼板、预制装配式钢筋混凝土楼板两种类型。

（1）现浇整体式钢筋混凝土楼板构造

现浇整体式钢筋混凝土楼板是在施工现场采取支设模板、绑扎钢筋、浇筑混凝土等工序，经过一定龄期的养护达到混凝土设计强度，最后拆除模板而成型的。由于构件是整体浇筑成型，因此具有整体性好、刚度大、抗震能力强的优点，但耗费模板量大、属于湿作业、施工和养护周期较长。现浇钢筋混凝土楼板的综合优点较多，随着施工技术的不断革新和工具式钢模板的发展，现浇钢筋混凝土楼板的应用日渐普及。

现浇钢筋混凝土楼板主要可以分为板式楼板、梁板式楼板、井式楼板和无梁楼板。

1）板式楼板

板式楼板是将楼板现浇成一块整体平板，并用承重墙体支撑。这种楼板的底面平整、便于施工、传力过程明确，适用于平面尺寸较小的房间。按照板式楼板的支撑情况和受力特点，可以分为单向板和双向板。单向板与双向板在板内钢筋分布方面有较大的不同（图 7-14）。

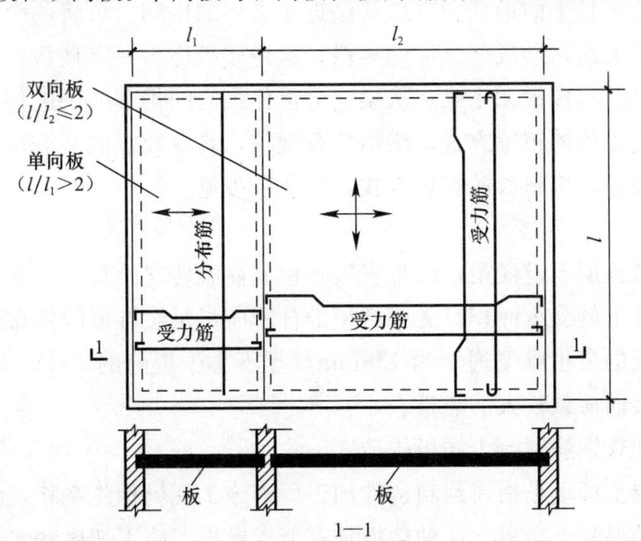


图 7-14　板式楼板

2）梁板式楼板

当房间的平面尺寸较大时，为了使楼板结构的受力和传力更为合理，可以在板下设梁来作为板的支座，从而减小板跨。这时，楼板上的荷载先由板传给梁，再由梁传给墙或柱。这种由板和梁组成的楼板称为梁板式楼板也叫肋形楼板（图 7-15）。

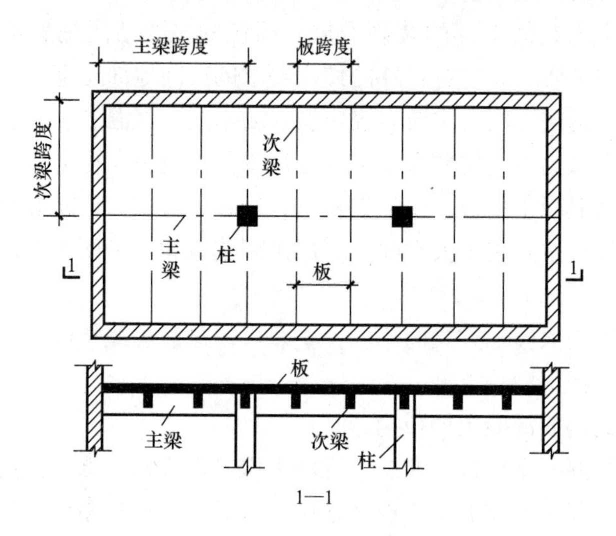


图 7-15　梁板式楼板

梁板式楼板既可以在一个方向设梁，也可以在纵横两个方向设梁，当两个方向都设梁时，有主梁和次梁之分。主梁由承重墙或柱支撑；次梁垂直于主梁布置，由主梁支撑。一般主梁的经济跨度为 5～8m，梁的高度为跨度的 1/14～1/8；次梁的跨度一般为 4～6m，梁的高度为跨度的 1/18～1/12；板的跨度一般为 1.8～3.0m，板的厚度一般为 60～80mm。

3）井式楼板

对平面尺寸较大且平面形状为方形或接近于方形的房间，可将两个方向的梁等距离布置，并采用相同的梁高，形成井字形的梁格，这种楼板称为井字楼板，它是梁式楼板的一种特殊布置形式。井式楼板无主梁、次梁之分，但梁之间仍有明确的传力关系。井式楼板的梁通常采用正交正放的布置方式，梁格分布规整，具有较好的装饰性。井式楼板的梁还可以采用正交斜放或斜交斜放的布置方式，但比较少见。

4）无梁楼板

无梁楼板的楼板层不设横梁，而是直接将板面荷载传递给柱子。无梁楼板通常设有柱帽，以增加板在柱上的支承面积。无梁楼板的柱网应尽量按方形网格布置，跨度在 6～8m 左右较为经济，板的最小厚度通常为 150mm，且不小于板跨的 1/35～1/32。这种楼板多用于平面规则、楼面荷载较大的建筑。

（2）预制装配式钢筋混凝土楼板构造

预制钢筋混凝土楼板是指在预制构件加工厂或施工现场预先制作，然后再运到施工部位装配而成的钢筋混凝土楼板。这种楼板具有节省模板、施工速度快、有利于建筑工业化生产的优点。但由于楼板的整体性较差、存在板缝易于开裂的质量通病，尤其不利于抗震，目前有被现浇钢筋混凝土楼板逐步替代的趋势。

按照预制装配式钢筋混凝土楼板外观可以分为实心平板、槽形板、空心板三种类型。

1）实心平板

实心平板也称为实心板，板的上下表面平整、制作工艺简单，但隔声效果较差，而且自重也大，比较适合于在面积较小的房间或走廊使用。实心平板的跨度一般不超过 3.0m，板宽多为 500～900mm，板厚在 80～100mm。

2）槽形板

槽形板的两侧设有边肋，是一种梁板合一的构件，力学性能好，有预应力和非预应力两种类型。为了提高板的刚度，通常在板的两端设置端肋封闭。如果板的跨度较大，还应在板的中部增设横向加劲肋。由于楼面的荷载主要由板两侧的肋来承担，因此具有自重轻、适用跨度大的优点，多用做屋面板。槽形板的搁置方式有两种：一种是正置，即肋向下搁置；另一种是倒置，即肋向上搁置。

3）空心板

空心板将楼板中部沿纵向抽孔形成空心，也是一种梁板合一的构件。空心板孔的断面形式有圆形、椭圆形、矩形等几种，由于圆孔板在制作时抽芯脱模方便，因此应用的最为普遍。空心板上下表面平整，隔声效果较实心平板和槽形板好，是预制板中应用最广泛的一种板型。空心板的厚度一般为 120～240mm（一般应为 60mm 的倍数），宽度为 600～1800mm（应为 300mm 的模数），跨度为 2.4～9.0m。

4）板的搁置要求

预制装配式钢筋混凝土楼板必须有足够的搁置长度。搁置在墙上时，一般不宜小于 100mm；搁置在梁上时，一般不宜小于 80mm。由于板的设计是按受弯构件考虑的，因此板的侧面不能伸入墙体内形成支座，否则将会导致板的破坏。为使板与墙体之间能够有效地传递荷载，应先在墙顶面事先采用厚度不小于 10mm 的水泥砂浆坐浆，板端缝内须用细石混凝土或水泥砂浆灌实。若采用空心板，在板安装前，应在板的两端用砖块或混凝土堵孔，以防板端在搁置处被压坏，同时也可避免板缝灌浆时细石混凝土流入孔内。

板的接缝有端缝和侧缝之分。端缝的处理一般是用细石混凝土灌缝，为了增强建筑物的整体性和抗震性能，可将板端外露的钢筋交错搭接在一起，或加设钢筋网片，并用细石混凝土灌实。板的侧缝起着协调板与板之间共同工作的作用，为了加强楼板的整体性，不产生纵向通缝，侧缝内应用细石混凝土灌实。

（3）楼地面防水的基本构造

民用建筑存在一些用水频繁的房间，如厕所、盥洗室、淋浴室、实验室等，为了避免渗漏水的现象，需要做好楼地面的排水和防水。

1）地面排水

为排除室内地面的积水，地面应有一定坡度，一般为 1%～1.5%，并设置地漏，使地面水有组织地排向地漏。为防止积水外溢，影响其他房间的使用，有水房间地面应比相邻房间或地面低 20～30mm。

2）地面防水

楼板应为现浇钢筋混凝土，对于防水要求较高的房间，还应在楼板与面层之间设置防水层，并将防水层沿周边向上泛起至少 150mm。常见的防水材料有卷材、防水砂浆和防水涂料。当遇到开门时，应将防水层向外延伸 250mm 以上。同时需要对穿越楼地面的竖向管道进行细部处理。常在穿管位置预埋比竖管管径稍大的套管，高出地面 30mm 左右，并在缝隙内填塞弹性防水材料。

## 5. 垂直交通设施的一般构造

建筑的垂直交通设施主要包括楼梯、电梯与自动扶梯。楼梯是连通各楼层的重要通道，至今仍是楼房建筑不可或缺的交通设施，应满足人们正常时交通，紧急时安全疏散的要求。电梯和自动扶梯是现代多层、高层建筑中常用的可以机动运行的垂直交通设施，在提高建筑使用舒适度方面发挥了重要作用。有些建筑中还设置有坡道和爬梯，它们也属于建筑的垂直交通设施。

楼梯是由楼梯段、楼梯平台以及栏杆组成的（图 7-16）。

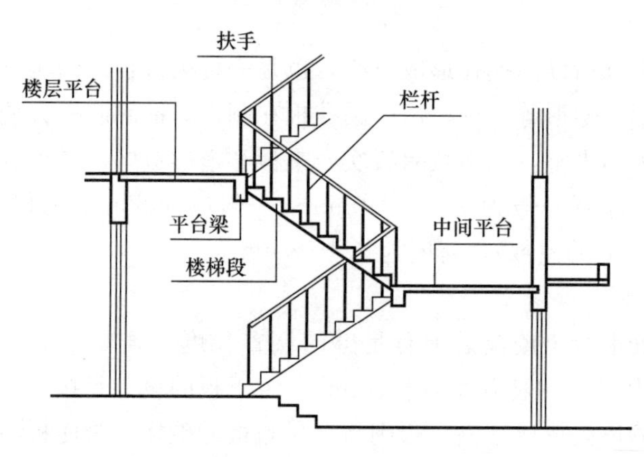


图 7-16 楼梯的组成

楼梯段是楼梯的主要组成部分，由若干个踏步构成。每个踏步一般由两个相互垂直的平面组成，人们行走时脚踏的水平面称为踏面，与踏面垂直的平面称为踢面。我国规定每段楼梯的踏步数量应在 3～18 步的范围之内。楼梯平台是两段楼梯转折处的水平构件，主要是为了支撑楼梯段、解决楼梯段的转折，同时也使人们在上下楼时能在此处稍做休息。设置楼梯栏杆和扶手主要是为了确保人们的通行安全。

楼梯的坡度是指楼梯段与水平面之间的角度。楼梯的坡度小，踏步就平缓、行走就较舒适；反之，行走就较吃力。但楼梯段的坡度与其占地面积关系密切，坡度越小，占地面越大。人流集中或交通量大的建筑，楼梯的坡度适当小些（如医院、影剧院等）；使用人数较少或交通量小的建筑，楼梯的坡度可以略大些（如住宅、别墅等）。我国规定，楼梯的允许坡度范围为 23°～45°。正常情况下应当把楼梯坡度控制在 38°以内，一般认为 30°左右是楼梯的适宜坡度。

楼梯坡度大于 45°时，由于坡度较陡，人们往往需要借助扶手的助力扶持才能解决上下的问题，此时称为爬梯。爬梯在民用建筑中并不多见，一般只是在通往屋顶、电梯机房等非公共区域时采用。

当坡度小于 23°时，由于坡度较缓，把其处理成斜面就可以解决通行的问题，此时称为坡道。坡道可以通过车辆，但占面积较大，随着电梯在建筑中已经大量采用，坡道在建筑内部已经很少见了，而在市政工程中应用得较多。

楼梯段和平台是楼梯的行走通道，是楼梯的主要功能构件，需要重点考虑。

楼梯段的宽度是根据通行人数的多少（设计人流股数）和建筑的防火要求确定的。通常情况下，作为主要通行用的楼梯，其梯段宽度应至少满足两个人相对通行（即梯段宽度≥2股人流）。我国规定，在计算通行量时每股人流按 0.55＋（0～0.15）m 计算，其中 0～0.15m为人在行进中的摆幅。非主要通行的楼梯，应满足单人携带物品通过的需要，此时，梯段的净宽一般不应小于 900mm。有关的防火规范和建筑设计规范对不同建筑楼梯段的净宽度均有明确的规定，应严格遵照执行。楼梯平台的净宽度不应小于楼梯段的净宽，并且不小于 1.2m。

两段楼梯之间的空隙，称为楼梯井。楼梯井一般是为楼梯施工方便和安置栏杆扶手而设置的，其宽度一般在 100mm 左右。

楼梯有多种分类方法。按楼梯材料分类：可分为钢筋混凝土楼梯、钢楼梯、木楼梯及组合材料楼梯；按楼梯在建筑中位置分类：可分为室内楼梯和室外楼梯；按楼梯的使用性质分类：可分为主要楼梯、辅助楼梯及消防楼梯；按楼梯间的平面形式分类：可分为开敞楼梯间、封闭楼梯间及防烟楼梯间；按楼梯的平面形式分类：主要可分成单跑直楼梯、双跑直楼梯、双跑平行楼梯、三跑楼梯、双分平行楼梯，双合平行楼梯、转角楼梯、双分转角楼梯、交叉楼梯、剪刀楼梯、螺旋楼梯等。

（1）钢筋混凝土楼梯的构造

目前，钢筋混凝土楼梯在民用建筑中大量地采用，根据施工方式的不同，分为现浇和预制装配式两大类。

1）现浇钢筋混凝土楼梯

现浇钢筋混凝土楼梯的楼梯段、平台与楼板层是整体浇筑在一起的，整体性好、承载力高、刚度大，施工时不需要大型起重设备。但楼梯段支设模板比较复杂、耗费的模板多，需要一定的养护时间、施工进度慢，施工程序较复杂。由于楼梯段的尺寸受水平和垂直两个方向尺度的影响，而且楼梯的平面形式多种多样，不易形成批量规模。因此目前除了成片建设的大量性建筑（如住宅小区）之外，当前民用建筑中广泛采用现浇钢筋混凝土楼梯。

现浇钢筋混凝土楼梯可以根据楼梯段结构形式的不同，分成板式和梁式楼梯两种类型：

① 板式楼梯：这种楼梯的梯段分别与上下两端的平台梁整浇在一起，并由平台梁支承梯段的全部荷载。此时梯段相当于是一块斜放的现浇钢筋混凝土板，平台梁是支座（图 7-17*a*）。楼梯段的受力钢筋沿梯段的长向布置，平台梁的间距即为梯段的结构跨度（约等于梯段踏面之和）。板式楼梯适用于荷载较小或层高较小的建筑，如住宅、宿舍等。有时为了保证平台下过道的净空高度，取消楼梯的平台梁，这种楼梯称之为折板式楼梯（图 7-17*b*）。此时板的跨度为楼梯段水平投影长度与平台深度尺寸之和。

② 梁式楼梯：这种楼梯的梯段与楼梯斜梁整浇在一起，梯段由斜梁支撑，斜梁由上下两端的平台梁支承。此时楼梯段的宽度相当于现浇斜板的跨度，平台梁的间距等于斜梁

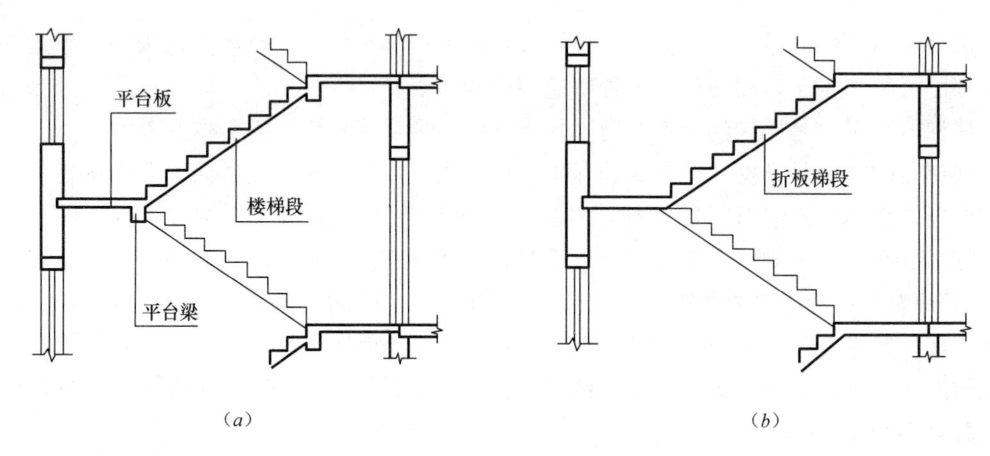


(a)　(b)

图 7-17 板式楼梯

(a) 板式；(b) 折板式

的跨度（约等于斜梁的水平投影长度）。楼梯段的荷载主要由斜梁承担，并传递给平台梁。梁式楼梯适用于荷载较大，建筑层高较大的情况，如商场、教学楼等公共建筑。

当楼梯间侧墙具备承重能力时，往往在楼梯段靠承重墙一侧不设斜梁，而由墙体支承楼梯段，此时踏步板一端搁置在斜梁上，另一端搁置在墙上（图 7-18*a*）；当楼梯间侧墙为非承重墙或楼梯两侧临空时，斜梁设置在梯段的两侧（图 7-18*b*）；有时斜梁设置在梯段的中部，形成踏步板向两侧悬挑的受力形式（图 7-18*c*）。

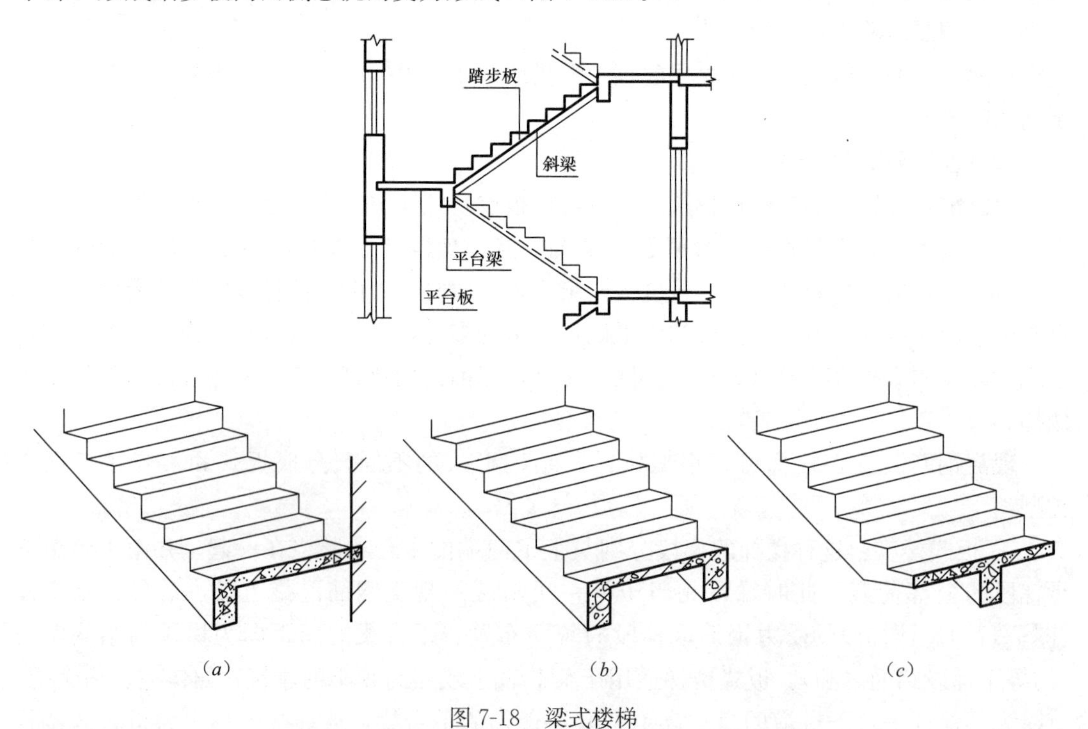


(a)　(b)　(c)

图 7-18 梁式楼梯

(a) 梯段一侧设斜梁；(b) 梯段两侧设斜梁；(c) 梯段中间设斜梁

梁式楼梯的斜梁既可以设置在梯段的下面，也可以设置在梯段的上面。当斜梁设置在梯段的下面时，从梯段侧面就能够看见踏步，俗称为明步楼梯。明步楼梯在梯段下部形成梁的暗角容易积灰，梯段侧面容易被污染。当斜梁设置在梯段的上面时，此时梯段下表面是平整的斜面，俗称为暗步楼梯。暗步楼梯弥补了明步楼梯的缺陷，但由于斜梁的宽度要满足结构的要求，需要占有较大的尺寸，使梯段的净宽变小。

2）预制装配式钢筋混凝土楼梯

预制装配式钢筋混凝土楼梯根据组成的构件尺寸及装配的程度，可以分成小型构件装配式和中、大型构件装配式两种类型。

① 小型构件装配式楼梯：具有构件尺寸小，重量轻，构件生产、运输、安装方便的优点。但也存在着施工难度大、施工进度慢、现场湿作业配合的不足。小型构件装配式楼梯主要有墙承式、悬臂式、梁承式三种类型。

② 中型、大型构件装配式楼梯：一般是把楼梯段和平台板作为基本构件。构件的规格和数量少，装配容易、施工速度快，但需要有相当的吊装设备进行配合。楼梯段可以预制成板式、梁式，平台板可以预制成带平台梁或不带平台梁两种。

楼梯与人体接触频繁，在使用过程中磨损得比较厉害，还容易受到人为因素的破坏。所以对楼梯的踏步面层、踏步细部、栏杆和扶手进行适当的构造处理，对保证楼梯的正常使用和保持建筑的美观非常重要。

踏步面层应当平整光滑，耐磨性好。常见的踏步面层有水泥砂浆、水磨石、铺地面砖、各种天然石材等。为了保证人们在楼梯上行走过程中不易滑跌，通常在踏步前缘设置防滑措施，这对人流集中建筑的楼梯就显得更加重要。图 7-19 是常见踏步防滑构造的举例。

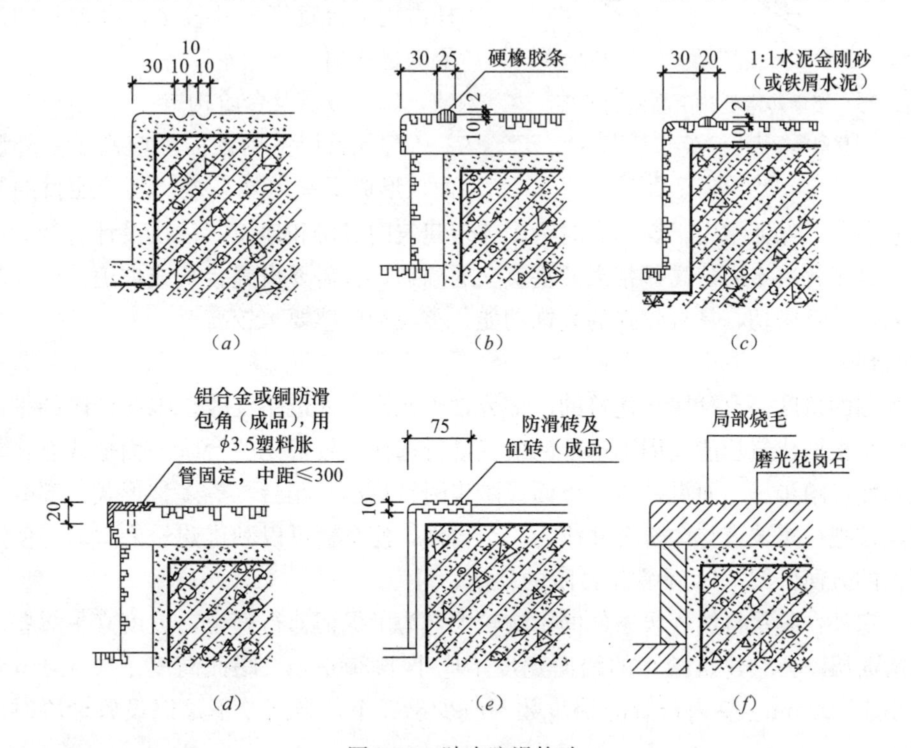


图 7-19　踏步防滑构造

(*a*) 水泥砂浆踏步留防滑槽；(*b*) 橡胶防滑条；(*c*) 水泥金刚砂防滑条；(*d*) 铝合金或铜防滑包角；(*e*) 缸砖面踏步防滑砖；(*f*) 花岗石踏步烧毛防滑条

栏杆多采用金属材料制作，如钢材、铝材、铸铁花饰等。用相同或不同规格的金属型材拼接、组合成不同的图案，使之在确保安全的同时，又能起到装饰作用。栏杆应有足够的强度，能够保证在人多拥挤时楼梯的使用安全。托儿所、幼儿园、中小学及少年儿童专用活动场所的楼梯，楼梯栏杆应采取不易攀登的构造，当采用垂直杆件做栏杆时，其杆件净距不应大于0.11m。栏杆的垂直构件必须要与楼梯段有牢固、可靠的连接，随着锚固技术水平的提升，连接方式也趋于多样。

扶手是楼梯与人体频繁接触的部位，应当用优质硬木、金属型材（铁管、不锈钢、铝合金等）、工程塑料及水泥砂浆抹灰、水磨石、天然石材等材料制作。室外楼梯不宜使用木扶手，以免淋雨后变形和开裂。不论何种材料的扶手，其表面必须要光滑、圆顺、便于使用者扶持。

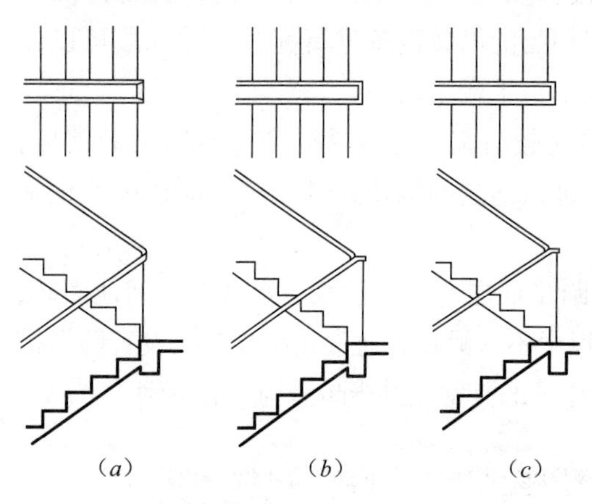


图7-20　楼梯转弯处扶手高差的处理
(a) 设横向倾斜扶手；(b) 栏杆外伸；
(c) 上下梯段错开一个踏步

由于楼梯井占有一定的横向尺寸，上行和下行梯段的扶手在平台转弯处往往存在高差，应进行调整和处理。当上行和下行梯段在同一位置起步时，可以把楼梯井处的横向扶手倾斜设置，并连接上下两段扶手（图7-20*a*），如果把平台处栏杆外伸约1/2踏步（图7-20*b*）或将上下梯段错开一个踏步（图7-20*c*），就可以使扶手顺利连接。但这种做法的缺点是栏杆占用平台宽度尺寸较多，楼梯间的进深也要随之增加。

(2) 坡道及台阶构造

建筑首层室内地面均应高于室外设计地面，形成了室内外高差。其功能目的是为了防止雨水灌入，保证室内干燥。有时为了体现建筑的身份和地位，往往设计有较大的室内外高差。为了解决室内外高差带来的垂直交通问题，就需要设置台阶或坡道。台阶和坡道与建筑入口关系密切，具有较强的装饰功能，美观和质感要求较高。

1) 台阶

从规划的角度，台阶属于建筑的一部分，不允许进入道路红线，因此台阶的平面形式和尺寸应当根据建筑功能及周围基地的情况进行选择。较常见的台阶平面形式有：单面设踏步、两面设踏步、三面设踏步、单面设踏步附带花池（花台）等多种形式。部分大型公共建筑经常把行车坡道与台阶合并成为一个构件，使车辆可以驶进建筑入口，为使用者提供了更大的方便。图7-21是常见台阶的举例。

由于室外台阶受自然气候条件的影响较大，为了保证通行安全，坡度宜平缓些，并应采用防滑面层。公共建筑踏步的踏面宽度不应小于300mm，踢面高度不应大于150mm，同时不小于100mm。室内台阶的踏步数不应少于2个，当高差不足以设置台阶时，应用坡道连接。

台阶一般是在建筑主体完成之后开始施工，根据构造不同，可以分为实铺和架空两类。实铺台阶是普遍采用的构造形式，其构造与室内地坪基本相同，一般包括基层、垫层

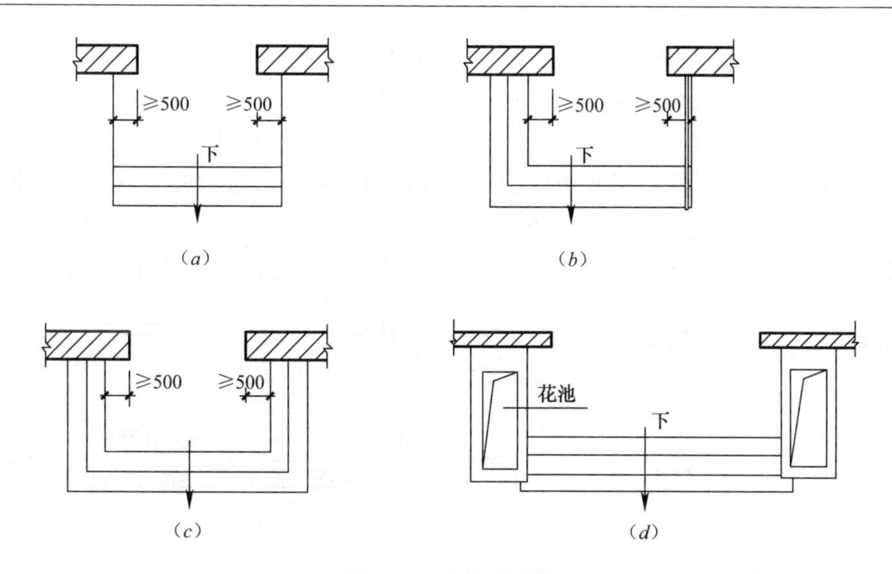


图 7-21 台阶的形式

（a）单面设踏步；（b）两面设踏步；（c）三面设踏步；（d）单面设踏步附带花池

和面层（图 7-22a）。基层是夯实土；垫层多为混凝土、碎砖混凝土或砌砖；面层有整体和铺贴两大类，如水泥砂浆、水磨石、剁斧石、缸砖、天然石材等。在严寒地区，为保证台阶不受土壤冻胀影响，应把台阶下部一定深度范围内的原土换掉，并设置砂垫层（图 7-22b）。架空台阶的整体性好，通常在台阶尺度较大、步数较多或土壤冻胀严重时采用。平台板和踏步板通常为预制或现浇钢筋混凝土板，分别搁置在地梁上或地垄墙上。

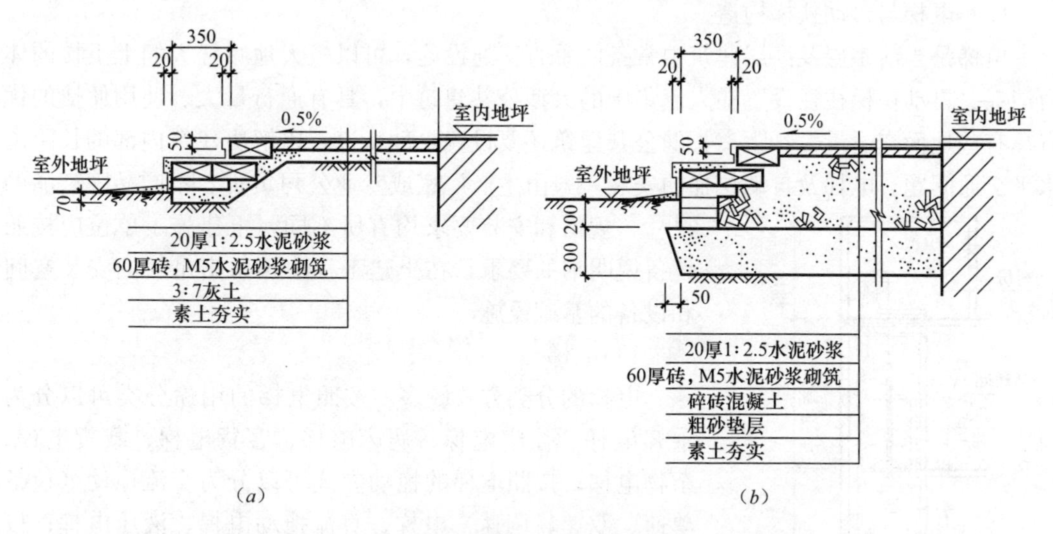


图 7-22 实铺台阶

（a）不受冻涨影响的台阶；（b）考虑冻涨影响的台阶

2）坡道

坡道也是民用建筑常见的附属构造，按照其用途的不同，可以分成行车坡道和轮椅坡道两类。

行车坡道是为了解决车辆进出或接近建筑而设置的，分为普通行车坡道（图 7-23a）

与回车坡道（图 7-23*b*）两种。普通行车坡道布置在有车辆进出的建筑入口处，如：车库、库房等。回车坡道通常与台阶踏步组合在一起，可以减少使用者下车之后的行走距离，一般布置在某些大型公共建筑的入口处，如：重要办公楼、旅馆、医院等。坡道的坡度与建筑的室内外高差及坡道的面层处理方法有关。光滑材料面层坡道的坡度一般不大于 1∶12；粗糙材料面层的坡道（包括设置防滑条的坡道）的坡度一般不大于 1∶6；带防滑齿坡道的坡度一般不大于 1∶4。回车坡道的宽度与坡道的回转半径及通行车辆的规格有关。

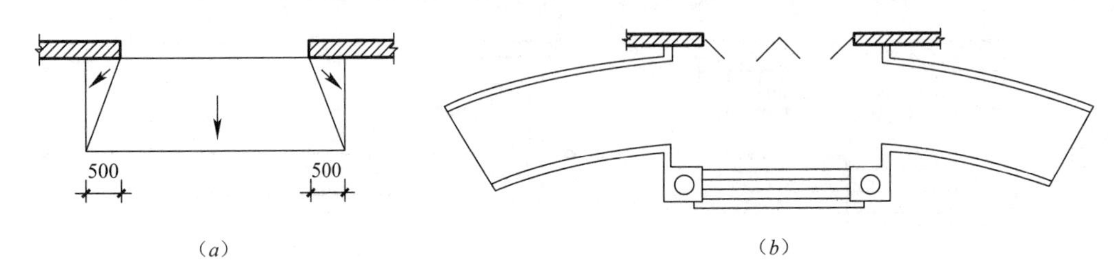


图 7-23　行车坡道

(*a*) 普通行车坡道；(*b*) 回车坡道

轮椅坡道是为使残疾人能平等地参与社会活动而设置的，是目前大多数公共建筑和住宅必备的交通设施之一。由于轮椅坡道是供残疾人使用的，因此有一些特殊的规定，需要按照有关的设计规范执行。

坡道一般采用实铺的构造形式，构造要求与台阶基本相同。垫层的强度和厚度应根据坡道长度及上部荷载的大小进行选择。

（3）电梯与自动扶梯构造

电梯是当前多层及高层建筑中常备的垂直交通设施，可以极大地减轻人们上下楼的体力消耗。自动扶梯往往设置在人流集中的大型公共建筑中，具有通行量大、使用便捷的优点。有些地面交通量大、距离长的公共建筑还要设置自动步道，以解决建筑内部的长距离水平交通问题。电梯及自动扶梯的安装一般由生产厂家或专业公司负责。不同品牌产品的尺寸、规格和安装要求均有所不同，土建施工单位应按照设备说明书的要求，在土建工程中预留出足够的安装空间和设备的基础设施。

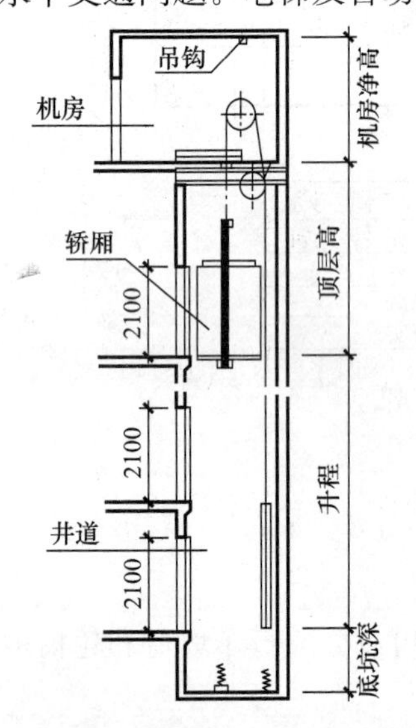


图 7-24　电梯的组成示意图

1）电梯

电梯的分类方式较多。按照电梯的用途分类可以分为乘客电梯、住宅电梯、病床电梯、客货电梯、载货电梯、杂物电梯；按照电梯的拖动方式可以分为交流拖动（包括单速、双速、调速）电梯、直流拖动电梯、液压电梯；按照电梯的消防要求可以分为普通乘客电梯和消防电梯。

电梯由井道、机房和轿厢三部分组成（图 7-24）。其中轿厢及拖动装置等设备是由电梯厂生产的，并由专业公司负责安装。其规格、尺寸、载重量等指标是土建工程确定电梯机房和井道布局、尺寸和构造的依据。

电梯井道是电梯轿厢运行的通道，内部设置电梯导轨、平衡配重等电梯运行配件，并在相关楼层设有电梯出入口。井道可供单台电梯使用，也可供两台电梯共用（图 7-25）。

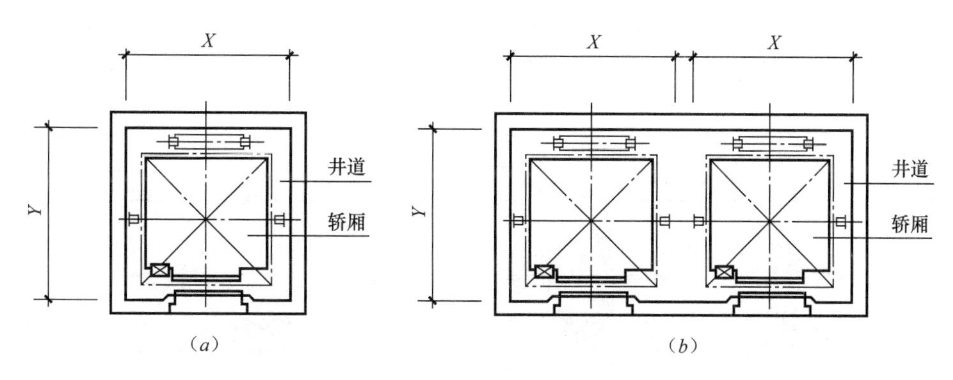


图 7-25　电梯井道

（a）单台电梯；（b）两台电梯

电梯机房通常设在电梯井道的顶部，个别时候也有把电梯机房设在井道底部的。机房的平面及竖向尺寸主要依据生产厂家提出的要求确定，应满足布置牵引机械及电控设备的需要，并留有足够的管理、维护空间，同时要把室内温度控制在设备运行的允许范围之内。

消防电梯是在火灾发生时运送消防人员及消防设备、抢救受伤人员用的垂直交通工具，应根据建筑功能、层数及高度、每层面积和设备配置情况设置。消防电梯的布置、动力系统、运行速度和装修及通信等均有特殊的要求。

2）自动扶梯

自动扶梯由电机驱动、踏步与扶手同步运行，可以正向运行，也可以反向运行，停机时可当作临时楼梯使用。自动扶梯的驱动方式分为链条式和齿条式两种。自动扶梯的角度有 27.3°、30°、35°，其中 30°是优先选用的角度。宽度有 600mm（单人）、800mm（单人携物）、1000mm、1200mm（双人）。自动扶梯的载客能力很高，一般为 4000～10000 人/h。

自动扶梯一般设在室内，也可以设在室外。根据自动扶梯在建筑中的位置及建筑平面布局，自动扶梯的布置方式主要有以下几种：

① 并联排列式：楼层交通乘客流动可以连续，升降两个方向交通均分离清楚，外观豪华，但安装面积大（图 7-26*a*）；

② 平行排列式：安装面积小，但楼层交通不连续（图 7-26*b*）；

③ 串联排列式：楼层交通乘客流动可以连续（图 7-26*c*）；

④ 交叉排列式：乘客流动升降两方向均为连续，且搭乘场相距较远，升降客流不发生混乱，安装面积小（图 7-26*d*）。

自动扶梯的拖动机械装置设置在楼板下面，需占用较大的空间。底层应设置地坑，供安放机械装置用，并做防水处理。由于自动扶梯在安装及运行时，需要在楼板上开洞，此时在该位置上，楼板已经不能起到分隔防火分区的作用。如果上下两层建筑面积总和超过

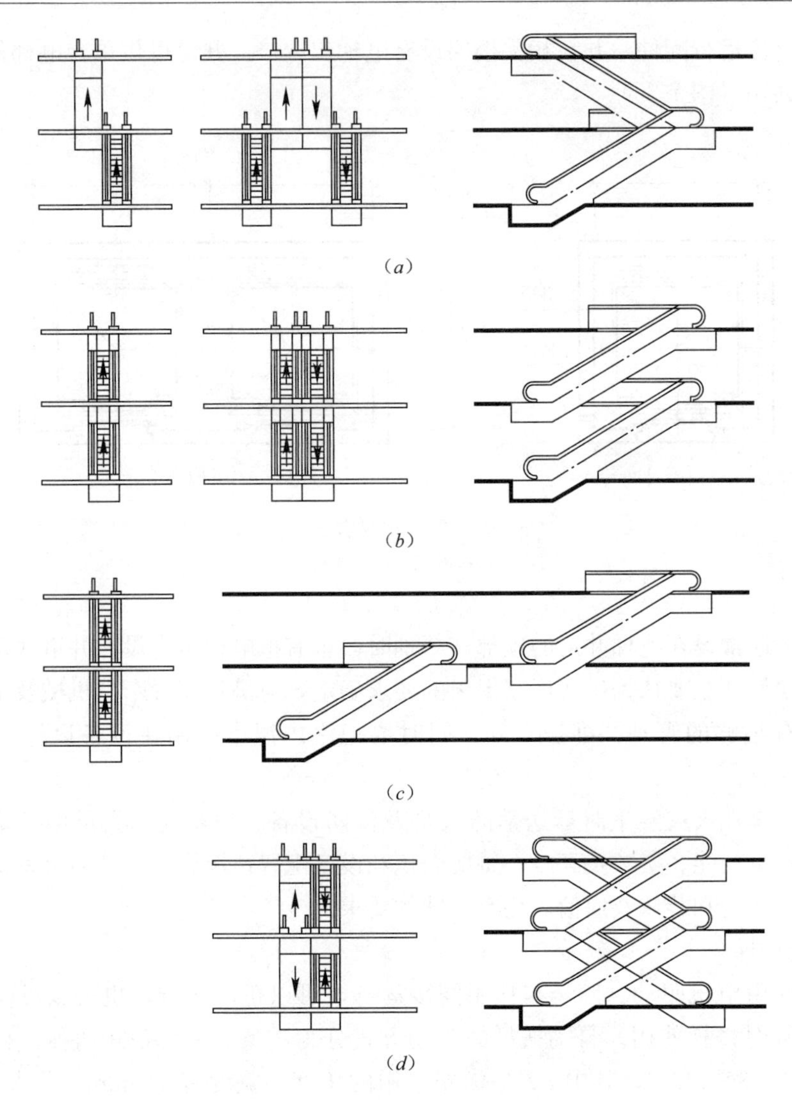


图 7-26　自动扶梯的布置方式

(a) 并联排列；(b) 平行排列；(c) 串联排列；(d) 交叉排列

防火分区面积要求时，应按照防火要求用防火卷帘封闭自动扶梯井。自动扶梯在楼板上应预留足够的安装洞，具体尺寸应查阅电梯生产厂家的产品说明书。不同的生产厂家，自动扶梯的规格尺寸也不相同。

## 6. 门与窗的构造

门窗虽然不属于建筑的主体结构，但与建筑的使用舒适性和节能关系密切。门窗的分类方式相差不多，主要可以按照所用材料、开启方式进行分类。如：按照所用材料主要分为木门窗、钢门窗、铝合金门窗、塑料门窗等；按照开启方式主要分为平开门窗、弹簧门、推拉门窗等。门的开启方式要比窗多一些，如：上翻门、下滑门、折叠门、卷帘门、旋转门等。门与窗的开启方式可以从图纸上反映出来，图 7-27 是门开启方式的举例，图 7-28 是窗开启方式的举例。

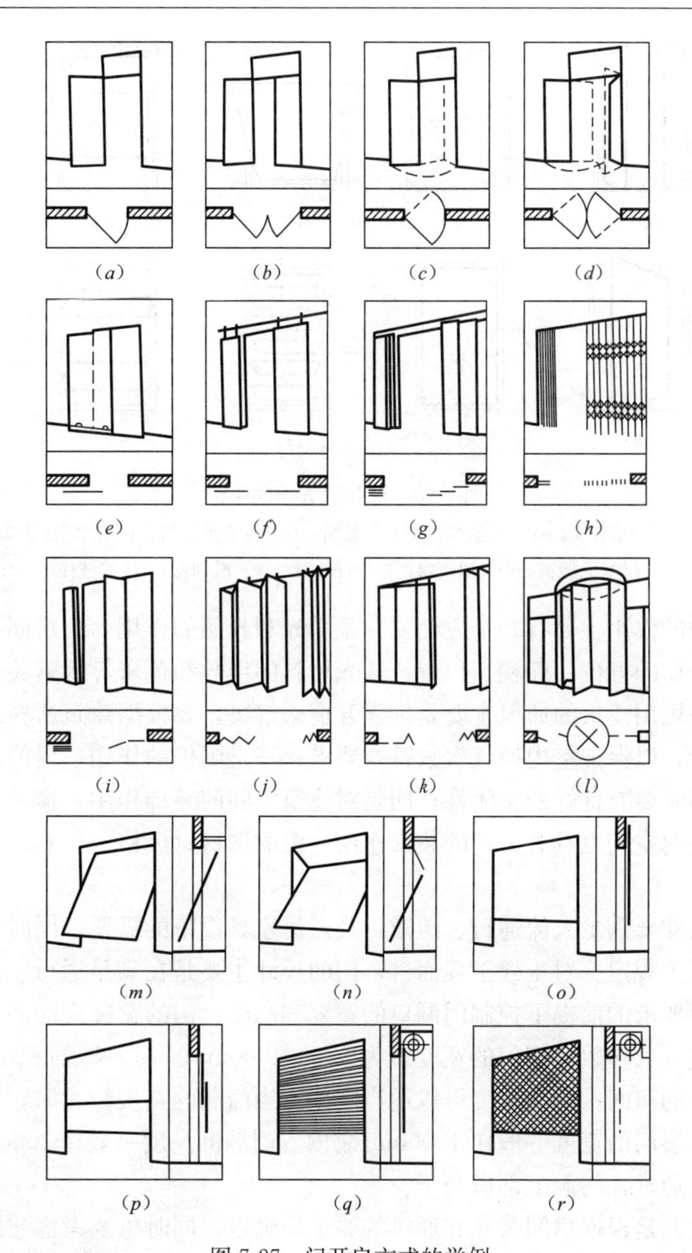


图 7-27 门开启方式的举例

(a) 单扇平开门；(b) 双扇平开门；(c) 单扇弹簧门；(d) 双扇弹簧门；(e) 单扇推拉门；(f) 双扇推拉门；(g) 多扇推拉门；(h) 帘板卷帘门；(i) 侧挂折叠门；(j) 中悬折叠门；(k) 侧悬折叠门；(l) 转门；(m) 上翻门；(n) 折叠上翻门；(o) 单扇升降门；(p) 双扇升降门；(q) 帘板卷帘门；(r) 空格卷帘门

门在建筑中的作用主要有几个方面：一是正常通行和安全疏散，解决建筑内外之间、内部各个空间之间的交通联系；二是隔离与围护的作用，以保证建筑内部各房间之间避免相互干扰，分隔建筑内外不同的温度区；三是对建筑空间的装饰的作用；四是间接采光和实现空气对流的作用。

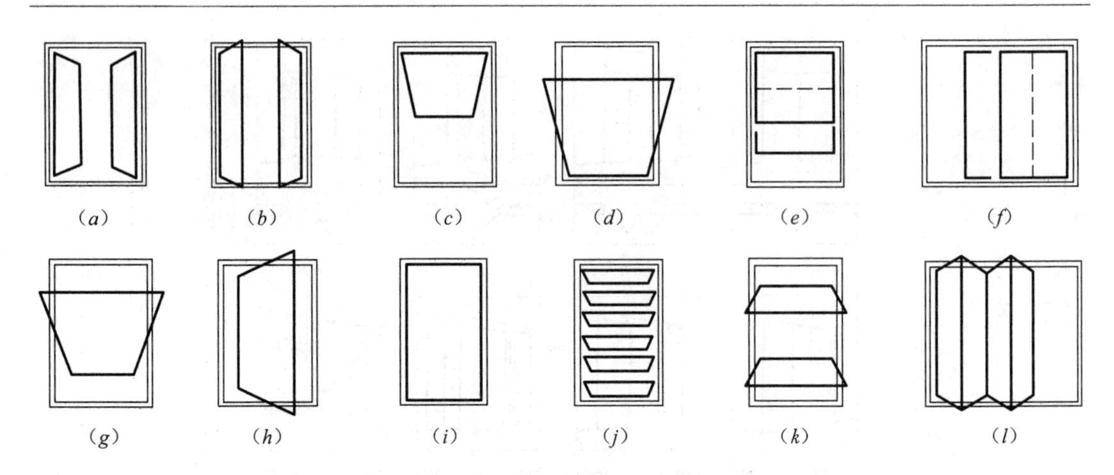


图 7-28 窗开启方式的举例

(a) 外平开窗；(b) 内平开窗；(c) 上悬窗；(d) 下悬窗；(e) 垂直推拉窗；(f) 水平推拉窗；(g) 中悬窗；(h) 立转窗；(i) 固定窗；(j) 百叶窗；(k) 滑轴窗；(l) 折叠窗

窗在建筑中的作用主要有几个方面：一是采光和日照的作用，为房间提供日照和照度值的多少，与开窗的方位、面积、位置、透光材料的层数和色彩等因素关系较大；二是通风的作用，一般民用建筑的通风主要是依靠开窗来解决，要根据建筑所在地区的气候特点来进行窗的设计，以保证室内换气次数符合要求；三是围护的作用，窗的用料应具有良好的热工性能，同时要有良好的密闭性；四是对建筑空间的装饰作用，窗是建筑立面的重要组成部分，对室内空间也具有一定的装饰作用。窗的选材、风格、色彩均应与建筑的总体风格相协调。

门的洞口尺寸要满足人流通行、疏散以及搬运家具设备的需要，同时还应尽量符合建筑模数协调的有关规定。对土建工程而言，门的尺寸主要是在满足通行、疏散以及与建筑空间协调等方面要求的前提下控制门洞口的宽度和高度：门的宽度应能满足一个人随身携带一件物品通过，大多数房间门的宽度应为 900～1000mm。对一些面积小、使用人数少、家具设备尺度小的房间，门的宽度可以适当减小。当门洞的宽度较大时，可以采用双扇门或多扇门，而单扇门的宽度一般在 1000mm 之内。门洞的高度一般在 2000mm 以上，当门洞高度较大时，通常在门洞上部设亮子。

窗的尺寸主要是根据房间采光和通风的要求来确定，同时也要考虑建筑立面造型和结构方面的要求。窗的尺寸通常应尽量满足建筑模数协调的有关规定，但有时由于受到房间开间、层高等客观因素的限制，其宽度和高度的尺寸就有可能打破模数的限制。由于窗是围护结构的薄弱环节，而且造价较高，通常热工性能也没有墙体好。因此不论是从经济、节能、安全方面，还是从结构方面考虑，均应适当控制窗的面积，寒冷地区建筑北向开窗的面积更要严格的控制。窗扇需要开启灵活，为了节省用料、减少占地空间及确保窗的坚固性，窗扇的尺寸不宜过大，在大多数情况下都是在一个窗洞里面由若干个窗扇组合而成。平开窗扇的宽度一般不超过 600mm，高度一般不超过 1500mm，当窗洞高度较大时，可以加设亮窗。

门通常由门框、门扇、门用五金零件组成（图 7-29）。门框是门扇与墙体之间的连接构件，主要起固定门扇的作用，应当在洞口中镶嵌牢固。门扇根据用材及镶嵌材料的不同分成不同的种类，如全木门扇、全玻璃门扇、半玻璃门扇、百叶门扇、金属门扇、塑料门扇等。门用五金零件主要有门轴、拉手、插销等。当房间的装修标准较高时，一般要对门洞进行包口处理，此时还要加设贴脸及筒子板。

窗一般是由窗框、窗扇、五金零件组成。窗框是窗扇与墙体的连接构件，由上框、下框、边框及中横框、中竖框组成。窗扇是窗的主体部分，窗扇分成开启扇和固定扇两种，由上冒头、下冒头、边框、窗芯（窗棂）、镶嵌材料（玻璃、窗纱、百叶）组成。五金零件包括铰链、插销、风钩等。图 7-30 是窗的组成示意图。

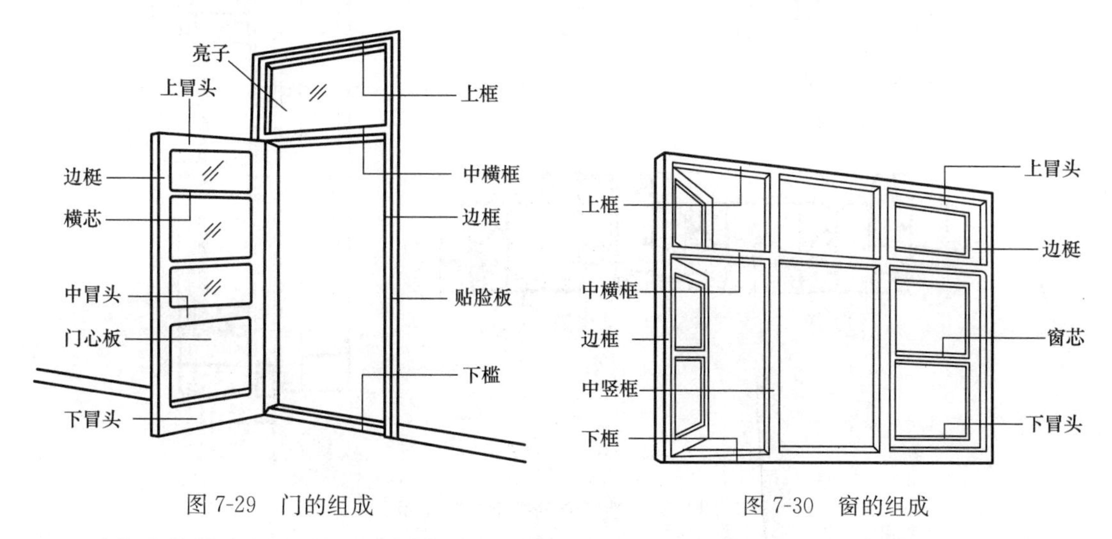


图 7-29 门的组成

图 7-30 窗的组成

随着建筑技术的进步和对自然环境的重视，木窗已经基本退出建筑市场，塑钢窗和铝合金窗被广泛采用。一般建筑普遍采用塑钢门窗，铝合金门、木门多用于装饰水平较高的建筑。

（1）塑钢门窗的基本构造

1）主要特点

塑料门窗是继木门窗、钢门窗、铝合金门窗之后的第四代新型门窗。它原产于欧洲，20 世纪 80 年代后期引入我国，经过这些年的推广，目前已在我国普遍应用。塑料门窗具有良好的热工性能和密闭性能，防火性能好、耐潮湿、耐腐蚀，其外观和加工精度也能满足一般民用建筑的要求，能够适应我国建筑节能的技术要求，优点十分突出。塑料窗通常采用聚氯乙烯（PVC）与氯化聚乙烯共混树脂为主材，加入一定比例的添加剂，经挤压加工形成框料型材。型材的导热系数与松木的导热系数基本相同，但由于 PVC 型材的内部密闭空腔具有良好的阻热性能，因此制成门窗之后的导热系数约为木门窗的 1/4，铝合金门窗的 1/14。

2）基本构造

由于塑料型材具有良好的热工性能，因此塑料门窗通常只设单层框。对门窗的热工要求较高时，可以在单层门窗扇上设置间距 8～10mm 的双层玻璃，以解决保温隔热的问题。双层玻璃一般采用 3mm 或 4mm 厚的平板玻璃，事先用专用的铝制密封条包围四周并粘结封闭牢固，玻璃之间应注入惰性气体或干燥空气，铝制密封条预留扩散孔并内置干燥剂，然后整体安装在门窗扇上。在严寒地区，为了达到建筑节能的标准，可以采用三层玻璃。

为了增加塑料型材的刚度，可以在塑料型材内腔中镶入增加抗压弯作用的钢衬或加强筋，然后通过切割、钻孔、熔接等工艺制成窗框，因此塑料窗又称为塑钢窗。塑料型材应为多腔体（一般至少为三腔结构——密闭的排水腔、隔离腔和增强腔），一般情况下，塑料型材框扇外壁厚度不小于2.5mm。图7-31为塑料窗的细部构造举例。

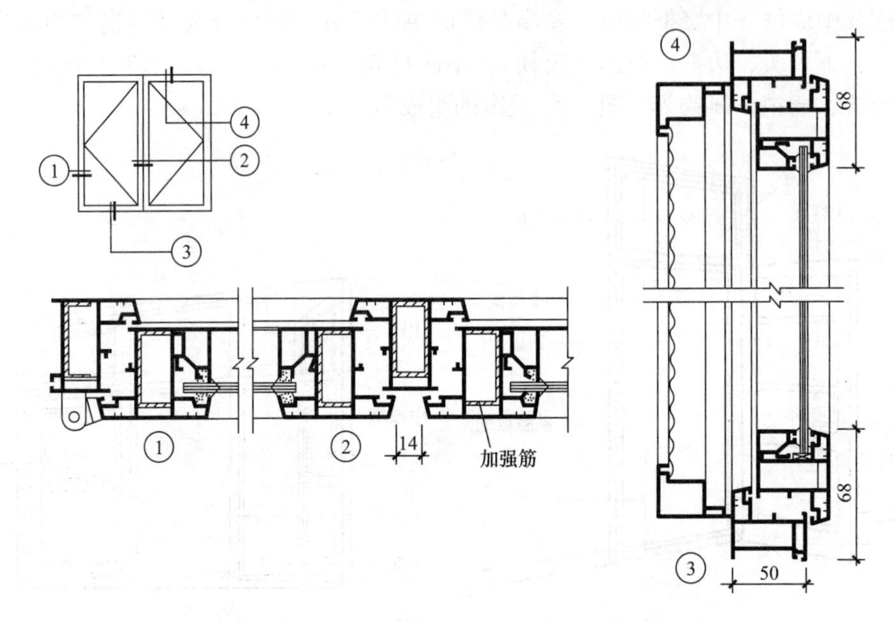


图7-31　塑料窗的细部构造举例

3）彩色塑钢窗

塑料型材通常为白色。优质的塑料型材内含抗老化、防紫外线的助剂，表面光洁、颜色青白。而劣质型材含钙量较高，防晒能力差，表面泛黄，使用数年之后颜色越来越黄，并产生变形、老化、脆裂的现象。塑料型材为单一的白色，有时与建筑立面风格不易协调。为了改变塑钢门窗颜色单一的局面，目前我国开始采用彩色塑钢窗。彩色塑钢窗的着色工艺主要有以下三种：

① 双色共挤彩色塑钢窗：这种窗料通过在型材生产时加入双色共挤设备，为塑料型材着色。由于工艺设备和模具投资较大，生产成本高，型材的耐候性能差，目前较少采用。

② 彩色薄膜塑钢窗：这种工艺是在白色的塑料型材表面贴上一层彩色薄膜，称为覆盖式工艺。由于生产的型材怕碰撞，在运输、安装过程中容易出现“划膜”的现象，而且耐候性能差，目前已经基本被淘汰。

③ 喷塑着色彩色塑钢窗：这种工艺是在型材或成窗骨架表面喷涂特种PVC-U型材专用的着色涂料，称为喷塑着色工艺，能使涂料渗透进型材表面，涂料和型材结合牢固，耐候性可达到15～30年。而且能够双面喷涂，窗在室内外的颜色可以根据需要灵活选择，优点较多。

4）铝塑门窗

由于目前塑钢门窗在加工精度和质感方面还有较大的改进空间，因此当建筑外观要求较高时，塑料门窗的观感效果就有可能满足不了要求，目前有一种在塑料型材外侧包上彩色铝合金饰面型材的做法，其外观漂亮、不褪色，称为铝塑门窗。断桥式铝塑复合门窗代表了当前的先进水平。这种门窗是用塑料型材把室内外两层铝合金面材既隔开又连接成一个整体（俗称“断桥式”铝塑门窗），构成一种新的隔热铝型材，其保温性能与塑钢门窗相同。具有外形美观、气密性好、隔声效果好、节能效果好的特点。

（2）金属门窗的基本构造

为了节省木材，我国长期利用金属材料制作门窗框料，主要有铝合金及型钢（实腹和空腹），由于钢制门窗的加工进度不高，热工性能和观感差，满足不了节能和观感要求，还存在锈蚀的问题，目前在民用建筑中已经很少被采用。而铝合金框料的优点较多，是金属门窗的主体。

1）铝合金窗的主要特点

铝合金型材属于薄壁结构，它与钢制门窗相比具有自重轻、强度高、外形美观、色彩多样、加工精度高、密封性能好、耐腐蚀、易保养的优点。但铝合金门窗型材的热工性能稍差，而且造价也偏高。

铝合金门窗型材属于工业铝合金中的变型铝合金，再进一步细化属于热处理强化铝合金中的铝—镁—硅系合金。该系列合金具有良好的耐腐蚀性和工艺性能，可进行阳极氧化着色、涂漆和珐琅，而且在热状态下的塑性很高，适用于挤压复杂的薄壁建筑材料。铝合金通过表面处理，提高耐腐蚀性并获得某种颜色，处理方法不同，获得的颜色也不相同。目前铝合金表面主要有：浅茶、青铜、黑、淡黄、金黄、褐、银白、银灰、灰白、深灰；另外还有橙黄、琥珀色、灰褐、黄绿、蓝绿、橄榄绿、粉红、红褐、紫色、木纹色等。铝合金框料的系列名称是以框的厚度尺寸来区分的，如框料厚度构造尺寸为50mm宽，即称为50系列；框料厚度构造尺寸为90mm宽，即称为90系列。门窗的框料厚度不一，不同系列的铝型材所采用的配套零件及密封件也不相同。

2）铝合金门窗的基本构造

铝合金门窗的开启方式较多，常见的有平开、地弹簧、滑轴平开、上悬式平开、上悬式滑轴平开、推拉等。

双层铝合金窗采用平开和滑轴平开式时，一般采用内外开，为了减少开启之后所占的室内面积，窗扇的尺寸应当不大于600mm×1200mm（宽×高）。上悬式平开和上悬式滑轴平开窗多为外开，适用于高窗或玻璃幕墙采用。推拉窗也是铝合金窗采用较多的开启方式，它具有开启方便、不占空间、窗的通透性好的优点，但由于窗扇之间要留出相当的间隙以保证滑动的顺畅，因此推拉窗的密闭性稍差，一般采用加设毛条的办法加以解决。随着推拉窗的使用时间的推移，将会导致窗扇之间的密封毛条磨损，空气对流加大，使建筑的能耗增加，因此推拉窗不利于建筑节能。图7-32是铝合金推拉窗构造的举例。

铝合金门的开启方式多采用地弹簧自由门，有时也采用推拉门。

铝合金门窗玻璃的固定有用空心铝压条和专用密封条两种方法，由于采用空心铝压条会直接影响窗的密封性能，而且也不够美观，目前已经基本被淘汰。

（3）门窗与建筑主体的连接构造

目前，门窗在建筑当中是作为成品构件使用的，在设计单位完成设计选型之后，制作

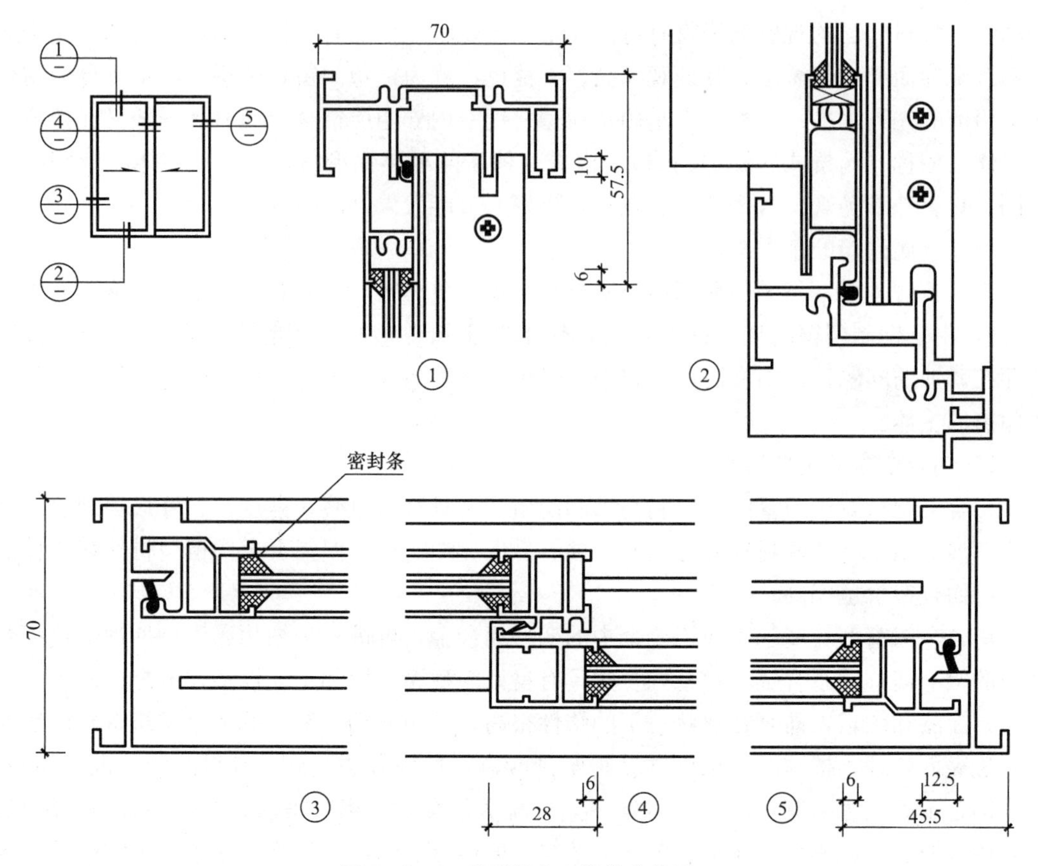


图 7-32　70 系列铝合金推拉窗构造

一般由专业厂家完成，在施工现场主要是要完成门窗与建筑主体的安装。根据安装的程序不同，门窗框与墙的连接方式可以分为立口和塞口两种。立口是先立框、后砌墙的施工方式，具有门窗框与墙体连接紧密、牢固的优点，但在施工时需要不同工种相互配合、衔接，对施工进度略有影响。为了避免在施工过程中造成门窗扇的破坏，往往前期只固定框，要在主体施工完成之后再填装扇，现场作业量较大。塞口是先在墙体中预留洞口，后塞入框的施工方式，具有施工速度快，主体施工时不宜破坏门窗的优点，但窗框与墙体连接的紧密程度稍差，处理不好容易形成“热桥”。

1）塑钢门窗与墙体的连接

塑钢门窗的框料与墙体一般通过固定铁件连接，也可以用射钉、塑料及金属膨胀螺钉固定。在寒冷地区，为了使框料和墙体的连缝封堵严密，需要在安装完门窗框之后，用泡沫塑料发泡剂认真地嵌缝填实，并用玻璃胶封闭。图 7-33 是门窗框与墙体连接构造的举例。

2）铝合金门窗与墙体的连接

铝合金窗框与墙体的连接主要有采用预埋铁件、燕尾铁脚、金属膨胀螺栓、射钉固定等方法（图 7-34），但在砖墙中不宜采用射钉的方法固定窗框。铝合金窗框和墙体之间一般也需密封，其方法与塑料窗相同。

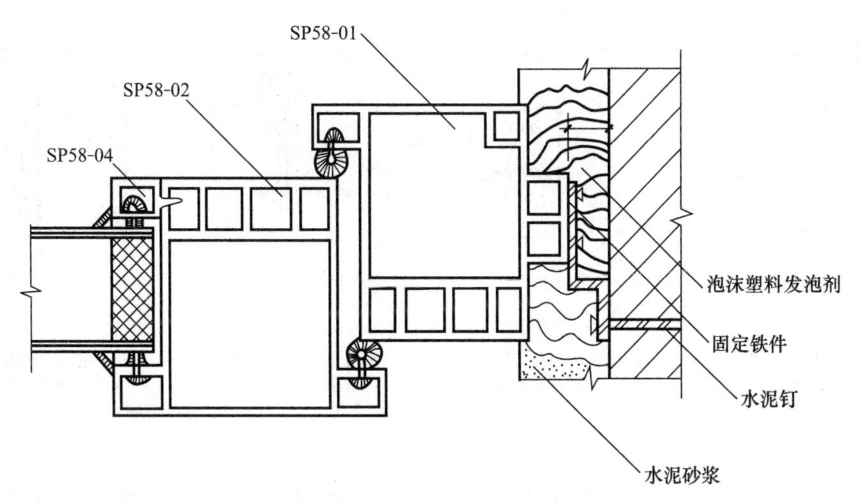


图 7-33　塑料门窗框的固定

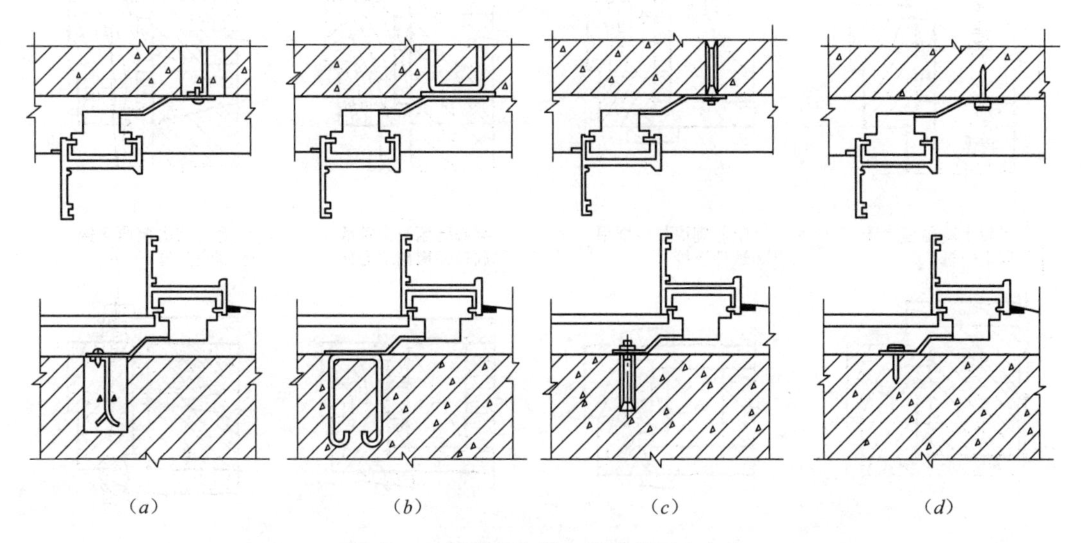


图 7-34　铝合金窗框与墙体的固定方式

(*a*) 预埋铁件；(*b*) 燕尾铁脚；(*c*) 金属膨胀螺栓；(*d*) 射钉

3）木门窗与墙体的连接

木门窗框与墙体的连接主要有两种方式：当采用“立口”时，可以使门窗的上下槛外伸，同时在边框外侧安置木砖，利用它们与墙体连接；当采用“塞口”时，一般是在墙体中预埋木砖，然后用钉子与框固定。木框与墙体接触部位及预埋的木砖均应事先做防腐处理，外门窗还要用毛毡或其他密封材料嵌缝。图 7-35 是木门框与不同材料墙体连接构造的举例。

## 7. 屋顶的基本构造

屋顶又称屋盖，是建筑最上层的围护和覆盖构件，具有承重、围护的功能，同时又是建筑立面的重要组成部分。由于屋顶所处的位置特殊，而且属于架空构件，因此屋顶的结构与构造有其特殊的要求，这些要求通常包括：良好的围护功能；可靠的结构安全性；美观的艺术形象；施工和保养的便捷；自重轻、耐久性好、经济合理。

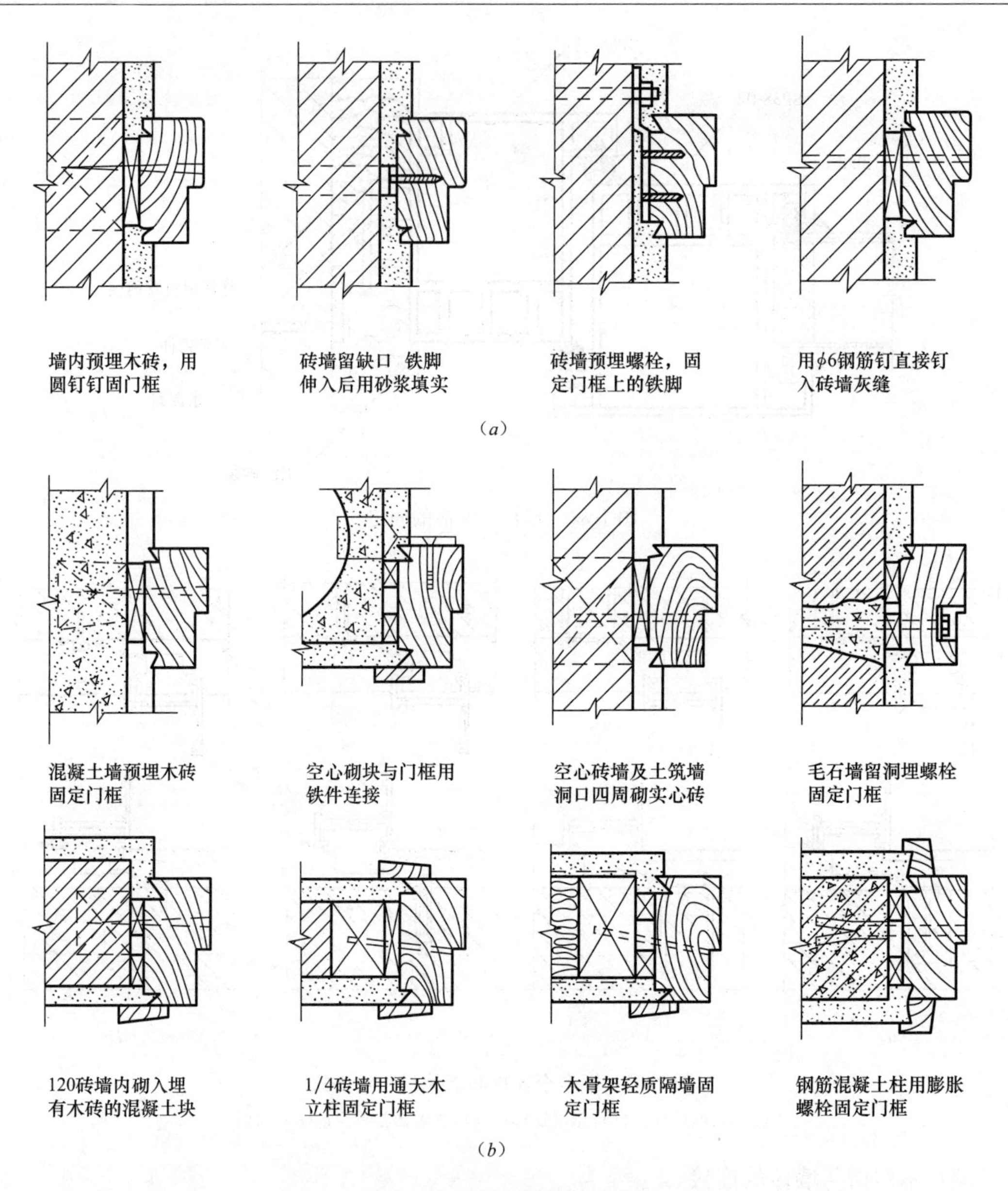


图 7-35　门框与墙体的连接

(a) 门框与砖墙连接；(b) 门框与其他墙体连接

为了保证屋面雨水的及时排除，所有的屋面均有大小不同的坡度。如果单纯从经济的角度考虑，屋面的坡度越小，屋顶的构造空间就越小，自重也轻，建筑造价也会低一些。但屋面的坡度不同，对屋面防水材料和构造的要求也不一样：当采用单块面积小、接缝多的屋面材料时，为了避免由于雨水集存而形成压力，导致屋面渗漏，应当使屋面的坡度大些；当采用单块面积大、接缝少、防水性能好的屋面材料时，由于这些材料具有良好的防渗能力，就可以使屋面的坡度小一些。

屋面坡度的形成一般有材料找坡和结构找坡两种方法。材料找坡又称垫置坡度，是在水平设置的屋盖结构层上采用轻质材料垫置出屋面排水坡度，上面再做防水层。材料找坡可使室内获得平整的顶棚，室内空间规整，符合人们习惯的审美观点，目前在民用建筑中采用的比较普遍；结构找坡又称搁置找坡，是利用屋盖结构层顶部的自然形状来实现屋面的排水坡度，然后再做防水层。结构找坡不需在屋面上另加找坡材料，构造简单，可以通过设置阁楼的方式对空间进行充分利用。当不设阁楼时，顶层房间的空间感觉较差，往往需另设吊顶棚。

（1）屋顶的类型

1）按照屋顶的外形分类

屋顶按外形分类一般分为平屋顶、坡度顶和曲面屋顶等三种类型（图 7-36）：

图 7-36　屋顶的外形

(a) 单坡顶；(b) 硬山顶；(c) 悬山顶；(d) 四坡顶；(e) 庑殿；(f) 歇山；(g) 攒尖；(h)、(i)、(j) 平屋顶；(k) 拱顶；(l) 双曲拱顶；(m) 筒壳；(n) 扁壳；(o) 扭壳；(p) 鞍形壳；(q) 抛物面壳；(r) 球壳；(s) 折板；(t) 辐射折板；(u) 平板网架；(v) 曲面网架；(w) 轮辐式悬索；(x) 鞍形悬索

① 平屋顶：平屋顶的屋面坡度比较平缓，通常不超过 5%（常用坡度为 2%～3%），通常分为单坡、双坡、四坡。屋面坡度主要是为了满足排水的起码需要而设置的，因此对屋面防水材料的要求较高。

② 坡屋顶：坡屋顶的屋面坡度一般在 10%以上。根据建筑跨度与造型需要的不同，坡屋顶可分为单坡、双坡、四坡等多种形式。坡屋顶又是我国传统建筑重要的符号标志，造型十分丰富，如卷棚顶、庑殿顶、歇山顶等。

③ 曲面屋顶：曲面屋顶往往在大空间建筑中应用，传统的曲面屋顶有拱、穹顶等。随着现代建筑技术的发展，结构理论的进步，施工手段的更新和新材料的应用，曲面屋顶的形式也愈加丰富多彩。

2）按照屋面防水材料分类

在工程上通常把屋顶按照防水材料的材性分为不同的类型：

① 柔性防水屋面：这种屋面是用沥青卷材、其他聚合物卷材或橡胶类制品等具有一定柔性的材料作为防水层；

② 刚性防水屋面：这种屋面是用砂浆或细石混凝土等刚性材料作为防水层；

③ 构件自防水屋面：这种屋面是用具有防水能力的屋面板或在板面涂刷防水涂料，并在板缝用防水的嵌缝材料填塞以达到防水目的；

④ 瓦屋面：这种屋面是通过在屋面上按照一定的规律铺挂黏土平瓦、小青瓦、筒瓦或波形瓦等块材作为防水层。

（2）屋顶的防水及排水构造

屋顶的排水方式分为无组织排水和有组织排水两种类型。

1）无组织排水

无组织排水是指在屋盖的周边形成挑出的屋檐，并保证屋檐是屋面的最低点，雨水在自重的作用下顺着屋面排水的坡向由屋脊流向屋檐，然后脱离屋檐自由落地的排水方式。无组织排水具有排水速度快、檐口部位构造简单、造价低廉的优点；但排水时会在檐口处形成水帘，而且落地的雨水四溅，对建筑周边地面产生较严重的冲刷，反溅的雨水对勒脚部位影响较大，寒冷地区冬季檐口挂冰存在安全隐患；这种排水方式适用于周边比较开阔、低矮（一般建筑高度不超过 10m）的次要建筑。

2）有组织排水

有组织排水是指屋面雨水在自重的作用下，顺着屋面排水的坡向由高向低流，并汇集到事先设计好的天沟中，然后经过雨水口、雨水管等排水装置被引至地面或地下排水管线的一种排水方式。有组织排水的排除过程是在事先规划好的途径中进行的，克服了无组织排水的缺点，目前在城市建筑中被广泛采用；但排水速度比无组织排水慢、构造比较复杂、造价也高。

按照雨水下落的途径，有组织排水分为外排水和内排水两种形式：

① 有组织外排水：有组织排水主要分为外檐沟排水、女儿墙排水两种方式，它把雨水通过室外雨水管排至地面，这种排水方式构造简单，雨水管设在室外，不妨碍室内空间使用和美观，而且对雨水管的材质要求不高，在一般民用建筑中被大量采用。

② 有组织内排水：有组织内排水的排水组织方式与有组织外排水基本相同，只不过

是把雨水管设置在建筑内部，雨水要排到建筑地下的排水管线当中。这种排水方式具有排水系统隐蔽、不受气候影响、建筑立面美观的优点，但排水管经过建筑内部，需要占用一定的使用面积，而且对雨水管的材质和可靠性要求较高，造价也高。

3）平屋顶的防水构造

按照屋面防水层材性的不同，平屋顶的防水分为刚性防水屋面、柔性防水屋面两种类型。

① 刚性防水屋面构造

刚性防水屋面采用防水砂浆或掺入外加剂的细石混凝土（防水混凝土）作为防水层。其优点是施工方便、构造简单、造价低、维护容易、可以作为上人屋面使用；缺点是由于防水材料属于刚性，伸展性能较差，对变形反应敏感、处理不当容易产生裂缝、施工要求较高。尤其不易解决温差引起的变形，不宜在寒冷地区应用。

刚性防水屋面一般分为防水层、隔离层、找平层和结构层等四个构造层次：

A. 防水层：以防水砂浆和防水细石混凝土最为常见。防水砂浆是通过在水泥砂浆中掺入一定比例的高分子聚合物类的外加剂，以增加砂浆的密实程度和抗拉伸的能力，最终达到防水的目的；防水细石混凝土则是通过在混凝土中加入减水剂、微膨胀剂等外加剂，降低混凝土的孔隙率或使混凝土在硬化时产生微膨胀效应，提高抗裂能力，达到防水的目的。

B. 隔离层：由于屋面结构层的刚度远大于防水层，当温度变化时，容易产生的防水层与结构层之间的错位变形，这将对防水层产生牵动拉力，严重时会导致防水层开裂，进而使屋面防水失效。为了预防这种现象的发生，通常要在防水层与结构层之间加设浮筑的隔离层，以避免或减少温度变形对防水层的不利影响。隔离层可采用纸筋灰、低强度等级砂浆或在薄砂层上干铺一层油毡等做法。

C. 找平层：当屋面结构层为预制钢筋混凝土板时，应当在屋面板上抹 20mm 厚 1∶3 水泥砂浆找平层。若采用现浇混凝土整体结构，板的顶面比较平整时，也可不做找平层。

D. 结构层：为了减轻或避免结构变形对防水层的影响，最好采用刚度大、变形小的现浇或预制混凝土屋面板。

② 柔性防水屋面构造

柔性防水屋面采用各种防水卷材作为防水层。其优点是柔韧性好、对变形的适应能力强、防水性能可靠、适于在不同气候地区使用，但构造比较复杂、施工精度要求较高、耐久性稍差。我国长期使用沥青防水卷材作为柔性屋面的防水层，但由于沥青卷材的延展性能、耐久性能和施工环境较差，目前已经趋于被淘汰，而大量采用改性沥青防水卷材、高分子化合物防水卷材作为屋面的防水材料。

柔性防水屋面一般分为保护层、防水层、找平层和结构层四个构造层次：

A. 保护层：由于大多数防水卷材呈黑褐色，吸热多。在夏季阳光照射下，表面温度可达到 60～80℃，容易老化。为了能够尽量减少防水层的受热量，就需要在防水层的表面设置保护层，根据防水卷材的不同，保护层的做法也不一样。

采用高分子防水卷材时，保护层多为浅色的细砂或反光涂料；采用沥青类防水卷材时，可在最上层表面撒上一层加热至 85～100℃的粒径为 3～6mm 的粗砂（俗称绿豆砂），也可以采用铝银粉涂料作为卷材的保护层。

对于上人屋面，为了保证防水层不被破坏需要加设保护层。当采用沥青类防水卷材时，可以在防水层上浇筑30～40mm厚的细石混凝土面层作为保护层，保护层应每隔2m左右和在坡面转折处及与泛水的交界处设分仓缝，以防止温度变形造成面层损坏，并用油膏嵌缝。也可以用20mm厚水泥砂浆作为结合层，上面铺贴细石混凝土预制板或铺地方砖等块材；当采用高分子卷材时，一般要在防水层上用细砂或塑料薄膜作为隔离层，然后再铺设预制混凝土块材或其他硬质保护层。

B. 防水层：防水层是整个屋盖体系中最为重要的一个构造层次，其工作状态以及使用效果对建筑的使用影响极大。

当采用高分子防水卷材作为防水层时，一般采用以氯丁胶和丁基酚醛树脂为主要成分的胶粘剂，也可以选用以氯丁橡胶乳液制成的胶粘剂。胶粘剂和卷材通常均由生产厂家提供，有时施工也由生产厂家的人员来完成。

沥青卷材与高聚物改性沥青卷材的构造和施工有所不同：

当采用沥青类防水卷材时，防水层是由油毡和沥青胶交替粘结而成的整体防水覆盖层。沥青胶粘附在卷材上下表面形成薄层，同时也有一定的防水作用。一般防水等级的建筑平屋顶铺两层油毡，加上下三层沥青胶，俗称二毡三油；在重要部位或严寒地区，通常做三毡四油。

当采用高聚物改性沥青卷材时。可以根据卷材的不同分别采用冷贴法、热熔法和自贴法进行施工。冷贴法是用毛刷将专用胶粘剂刷在基层或卷材上，然后直接铺贴卷材；热熔法是利用喷灯等加热器具在现场加热熔化热熔型卷材底层的热熔胶，边加热边铺贴；自贴法是采用带有自粘胶的卷材，不用涂刷胶粘材料，也不用热加工，而直接进行铺贴。

C. 找平层：平屋顶一般在屋面结构层或保温层上做15～30mm厚1∶3水泥砂浆找平层，由于用来找平的砂浆或轻质混凝土均属于刚性材料，在结构或温度引起的变形应力的作用下，找平材料将会产生开裂的现象，这种现象在变形的敏感部位（如屋面板支座处、板缝之间和檐口部位）尤其严重，甚至会导致粘贴在找平层上面的防水卷材破裂，导致防水失效。为了避免这种不利现象的发生，要在找平层中预留分仓缝，缝宽一般为20mm，缝的间距一般在6m左右，并在其上加铺200～300mm的干铺或单面粘结的油毡。

D. 结构层：卷材防水层应铺在具有足够的刚度、变形小的屋面结构层上，各种类型的钢筋混凝土楼板均适合做油毡防水屋面的结构层。

4）坡屋顶的防水构造

坡屋顶的防水做法较多，常见的坡屋顶屋面做法有以下几种：

① 彩色压型钢板屋面：彩色压型钢板俗称彩钢板，是近年在一般工业及民用建筑中普遍采用的一种屋面板材。它既可以作为单一的屋面覆盖构件，也可以同时兼有保温功能。彩钢板具有自重轻、构造简单、色彩丰富、防水及保温性能好的优点。

彩钢板分为单一彩钢板与复合彩钢板（夹芯彩钢板）两种，后者是在两层压型钢板之间加设一层保温材料（如聚苯板），使板具有保温功能。这种板材一般用配套的型钢檩条支撑，其跨度可达3～4m。彩钢板的接缝处理是保证屋面工作效果的关键，一般是用与板材配套的压盖条、封口条进行封堵，并用专用胶填缝嵌固。图 7-37 是复合材钢板接缝处构造的举例。

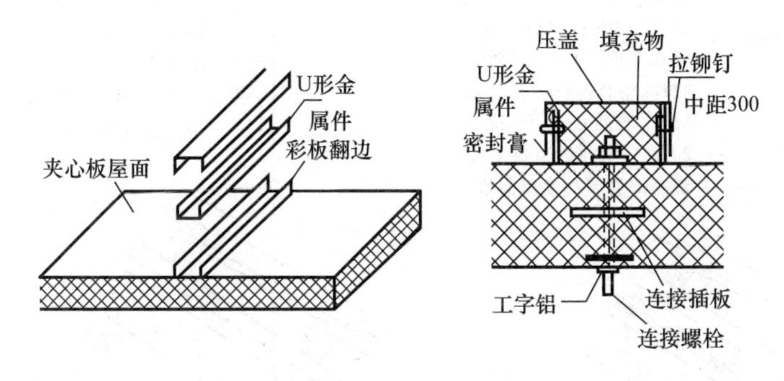


图 7-37 复合材钢板接缝构造

② 沥青瓦屋面：沥青瓦又称为橡皮瓦，在欧美国家应用较多，是一种具有良好装饰效果的屋面防水材料。近年引入我国，目前在城市建筑和景区建筑中被广泛应用。

沥青瓦是用沥青类材料将多层胎纸粘结起来，然后再在其表面粘贴上彩色石屑，以灰色居多，质感较好。沥青瓦屋面适用于屋面坡度较大的情况，一般要事先在坡屋顶上做卷材防水层（以沥青类卷材为佳），然后把沥青瓦按照设计好的铺贴方案顺序铺设，并用钢钉（如屋面基层是木板，也可以用铁钉）直接铺钉在屋面上。由于沥青瓦所用的沥青类材料软化点较低，经过一段时间之后，在高温的作用下低层沥青就会与屋面卷材粘结在一起，最终形成一个整体。

③ 小青瓦（筒瓦）屋面：小青瓦（筒瓦）屋面多在中国传统风格的建筑中使用。瓦一般是由土坯烧制而成，断面呈弧形，尺寸规格较多。铺设时一般采用木望板、苇箔等作为基层，上铺灰泥，然后在灰泥上把瓦分行正、反铺盖。也可以采用把瓦冷摊在挂瓦条上的做法，铺设时，盖瓦搭在底瓦上 1/3 左右，上瓦与下瓦的搭接长度在少雨地区多为搭六露四，在多雨地区多为搭七露三。

现代的坡屋顶建筑一般是在钢筋混凝土斜板上再铺设筒瓦，瓦片的固定方式有粘结和挂设两种。当防水等级较高时，应当在钢筋混凝土坡屋面上加设卷材防水层，并用现浇配筋混凝土构造层覆盖。图 7-38 是在钢筋混凝土坡屋面上采用挂设筒瓦构造做法的举例。

④ 平瓦屋面：平瓦又称机制平瓦，一般由黏土烧制而成，是我国北方传统民居采用较多的一种屋面形式。在制作瓦片时，为了使瓦片之间能够互相搭接，防止下滑，瓦背面制有挂钩，以便把瓦挂在挂瓦条上，瓦的端部留有小孔，在风速大的地区可以用铝丝（或铁钉）把瓦片固定在挂瓦条上。平瓦屋面有以下两种铺设方法：

A. 冷摊瓦屋面：是一种比较简易的铺设方法。其基层只有木椽条，上钉挂瓦条，然后直接挂瓦（图 7-39)。这种屋面构造简单，造价低，多用于冬季不采暖建筑。

B. 木望板平瓦屋面：是平瓦屋面典型的构造形式（图 7-40)。要在檩条或椽子上铺一层 20mm 厚的平口毛木板（俗称望板），板上平行于屋脊铺设一层油毡，在其上沿流水方向设置顺水条，并利用顺水条固定油毡。设置顺水条的目的是防止少量从瓦缝中渗下的雨水流入屋盖内部。在顺水条上再钉挂瓦条，用于挂瓦。

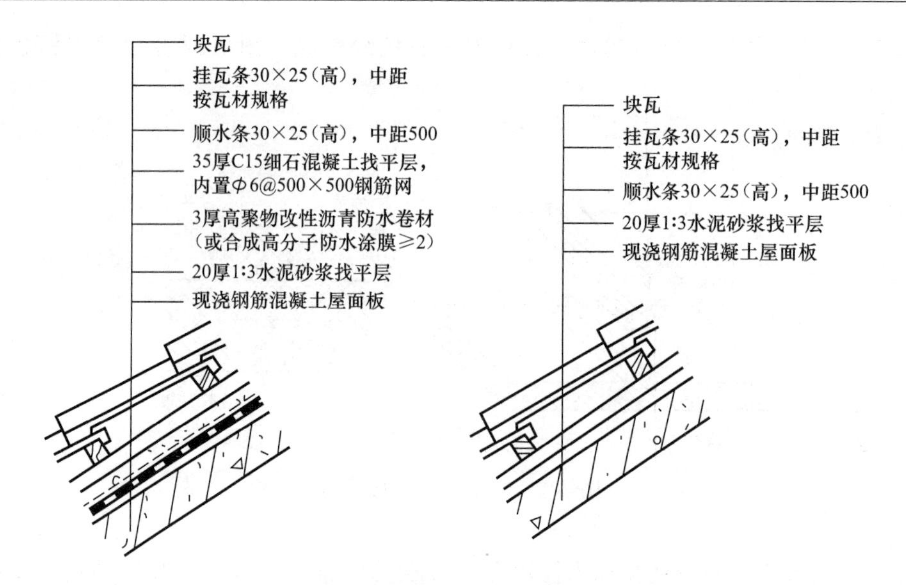


图 7-38　钢筋混凝土坡屋面上挂设筒瓦的构造

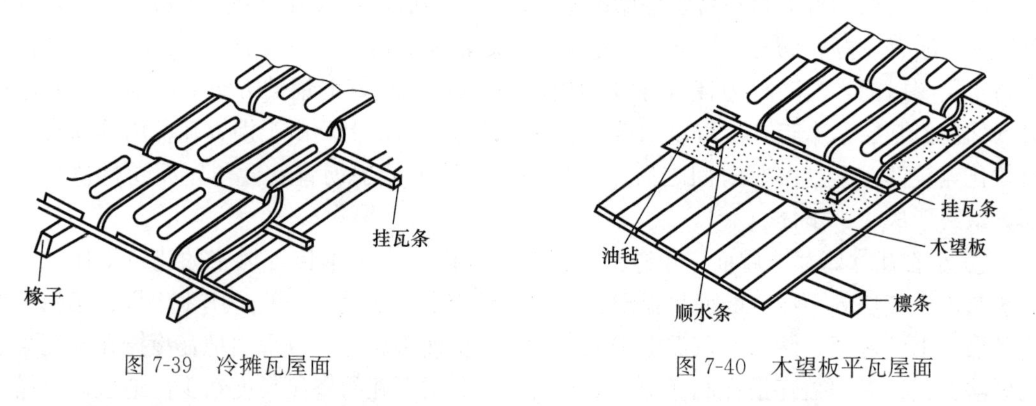


图 7-39　冷摊瓦屋面　　　　图 7-40　木望板平瓦屋面

⑤ 波形瓦屋面：波形瓦可用石棉水泥、塑料、玻璃钢或镀锌薄钢板等材料制成。它具有厚度薄、质量轻、施工简便等优点，但容易脆裂，保温、隔热性能差些，多用于对室内温度要求不高及临时性的建筑。在民用建筑中石棉水泥瓦应用的相对多一些，共有大波、中波、小波三种。

（3）屋顶的保温与隔热构造

我国地域辽阔，各地区的温度差异较大。北方地区冬季寒冷，为使冬季房间内部的温度能够满足使用要求以及建筑节能的需要，应当在屋顶设置保温层。而我国的南方地区四季温差较小，夏季温度很高，屋顶接受的太阳辐射热会影响室内正常的使用，因而就需要对屋顶进行隔热处理。

1）平屋顶的保温构造

平屋顶的保温主要应选择合适的保温材料，并要处理好保温层位置及临近构造。

① 保温材料：应当优先选择质量轻、孔隙多、导热系数小的保温材料。根据保温材料的成品特点和施工工艺的不同，保温材料通常可分为散料、现场浇筑的拌合物和板块料三种。散料式和现场浇筑式保温层具有良好的可塑性，还可以用来替代找坡层，但施工较繁琐。

散料式保温材料主要有膨胀珍珠岩、膨胀蛭石、炉渣等。由于散料在施工时容易受到刮风及其他因素的影响，就位成型困难，施工难度较大，在实际工程中采用的较少；现场浇筑式保温材料是用散料为骨料，与水泥或石灰等胶结材料加适量的水进行拌合，现场浇筑而成的保温层。这种保温层易于成型、施工较方便，但保温层施工完成之后仍处于潮湿的状态，影响保温的效果，往往需要在保温层中设置通气口来散发潮气及冷凝水；板块式保温材料主要有聚苯板、加气混凝土板、泡沫塑料板、膨胀珍珠岩板、膨胀蛭石板等。板式材料具有施工速度快、保温效果好、避免了湿作业的优点，在当前工程中应用的最为普遍。在铺设时要注意处理好板块之间的接缝，避免产生热桥。

② 保温层位置：保温层的位置主要有三种情况：

第一种是保温层设在结构层与防水层之间，这种位置最为常见。由于保温层是设在屋盖系统的低温一侧（结构层上面），保温效果好并且符合热工原理。同时，由于保温层摊铺在结构层之上，施工方便，构造也简单（图 7-41）。为了防止室内空气中的水蒸气随热汽流上升，透过结构层进入保温层，从而降低保温效果，应当在保温层下面设置隔汽层。隔汽层一般是在找平层上铺一毡二油（涂热沥青一道）或采用与屋面防水材料相同的卷材（厚度可以薄些）进行处理。

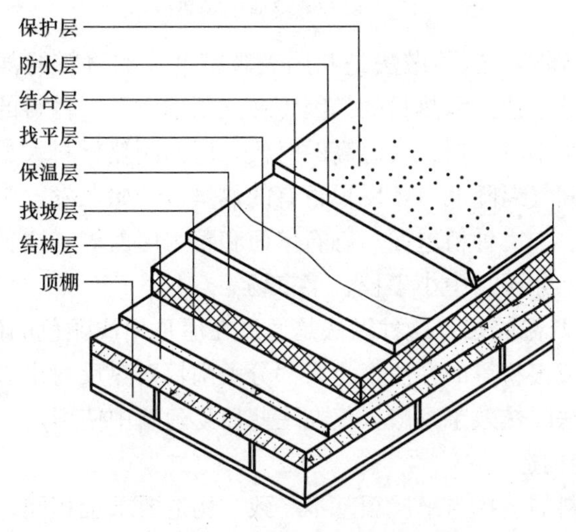


图 7-41　保温层在结构层与防水层之间的构造层次

第二种是保温层设置在防水层上面，这种做法又称为“倒置式保温屋面”。其构造层次自上而下分别为保温层、防水层、结构层。这种设置对保温材料有特殊的要求，应当使用具有吸湿性低、耐气候性强的憎水材料作为保温层（如聚苯乙烯泡沫塑料板或聚氨酯泡沫塑料板），并在保温层上加设钢筋混凝土、卵石、砖等较重的覆盖层。

第三种是保温层与结构层结合，这种保温做法比较少见。主要有两种做法：一种是在钢筋混凝土槽形板内设置保温层；另一种是将保温材料与结构融为一体，如配筋加气混凝土板。这种做法使屋面板同时具备结构层和保温层的双重功能，工序简单。

2）平屋顶的隔热构造

隔热构造要比保温构造简单一些，造价也低，主要有以下三种方法：

① 设置架空隔热层：这是一种目前大量采用的隔热措施。通过在屋顶设置架空的隔

热间层，并在屋顶四周留出通风面，利用架空层中空气的流动带走辐射热量，进而降低屋顶内表面的温度，隔热效果较好。架空隔热层既可以采用预制的隔热板，也可以采用预制钢筋混凝土平板，用砖垛架空。通常把隔热层设置在屋面防水层的上面，可以对防水层起到保护的作用（图 7-42）。

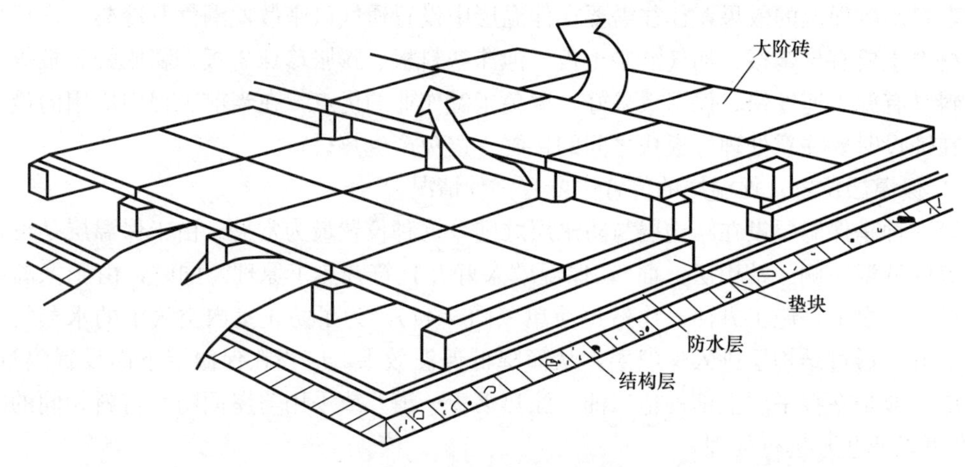


图 7-42　架空通风隔热层

② 利用实体材料隔热：这种做法是利用表观密度大的材料的蓄热性、热稳定性和传导过程时间延迟的特性来达到隔热目的。因为在太阳辐射下，材料的内表面比外表面温度升高的时间要拖后数个小时。白天气温高的时候，屋面隔热材料大量的吸热，使室内温度不致明显升高。待晚间气温降低后，屋顶蓄有的热量再开始散发。常用的做法有：大阶砖或混凝土板实铺屋面、堆土种植屋面、砾石屋面和蓄水屋面等。这种屋顶适合于夜间使用频率较低的建筑（如幼儿园、中小学校、菜市场等）。

③ 利用材料反射降温隔热：这种做法是通过在屋顶用浅颜色的砾石、混凝土做面层，或在屋面刷白色涂料或银粉等的办法，将大部分太阳辐射热反射出去，进而达到降低屋顶温度的目的。这种做法隔热效果一般，仅在一些简易建筑中使用。

3）坡屋顶的保温构造

坡屋顶的保温材料的选择与平屋顶基本一致，构造要求也相同，主要是保温层放置的位置与平屋顶有所区别。根据保温材料的种类和位置可以分为上弦保温、下弦保温和构件自保温三种形式：

① 上弦保温：就是把保温材料设置在屋架上弦，这种做法可以使整个坡屋顶都被包围在保温层之内，可以利用屋盖体系设置阁楼，有利于空间利用，但对保温材料要求较高，使用的保温材料较多，屋盖自重也大。民居一般是在檩条与瓦材间以一定厚度的黏土稻草泥、麦秸泥等作为保温层，这样做比较经济（图 7-43*a*）。在平瓦屋面中，也可以将保温材料填充在檩条或挂瓦条之间（图 7-43*b*）。

② 下弦保温：在有吊顶的坡屋顶中常用。一般在吊顶的次搁栅上铺设木板，然后再摊铺保温层。保温材料可选用无机散状材料，如矿渣、膨胀珍珠岩、膨胀蛭石、锯末等，下面最好用油毡或油纸做一道隔汽层。这种做法可以选用的保温材料较多，用量也少一些，但屋盖的顶棚系统与室内不在同一个温度区。

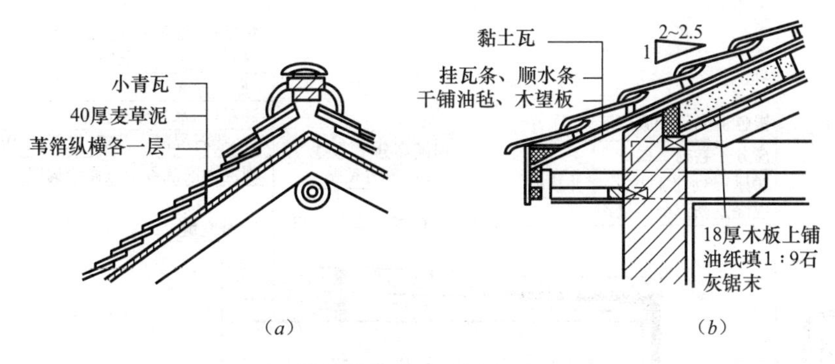


图 7-43 坡屋顶的保温构造

(a) 小青瓦保温屋面；(b) 平瓦保温屋面

③ 构件自保温：目前多使用复合彩钢板作为屋面的防水和保温复合构件，一般不再另做吊顶。这种做法构造简单，施工速度快，日后的维修量也不大，但存在彩钢板老化和撞击噪声的问题，多用于室内装饰标准较低的建筑。

4) 坡屋顶的隔热构造

由于坡屋顶一般都有格构型的屋盖系统，自身的隔热的能力远高于平屋顶。在炎热地区，为了使屋面具有隔热的功效，通常把坡屋顶做成双层屋面（设置“黑顶棚”或带架空层的双层坡屋面），并在檐口处或顶棚中（一般在山墙设窗或在屋面设置老虎窗）设置进风口，在屋脊处设排风口，利用屋顶内外的热压差和迎背风的压力差，组织空气对流，形成屋顶的自然通风，带走室内的辐射热，改善室内气候环境（图 7-44）。

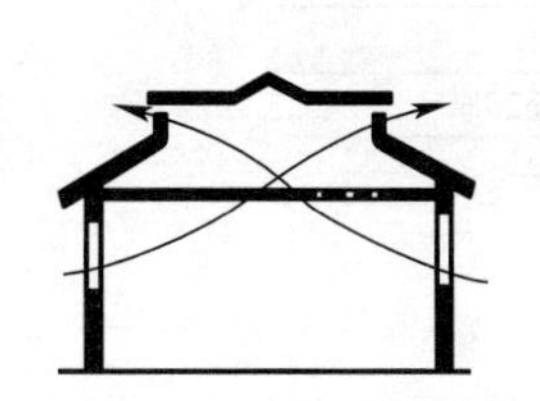
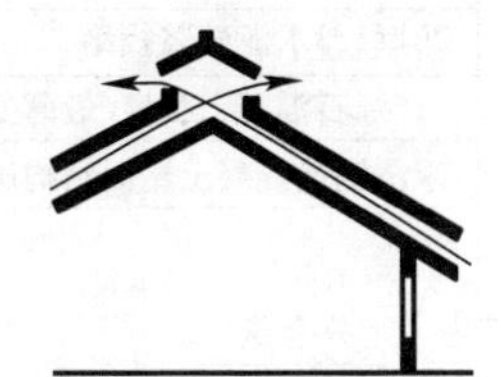
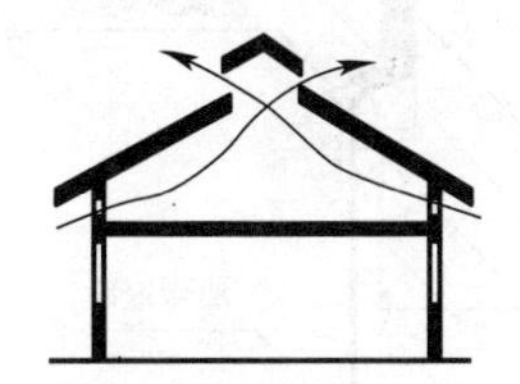
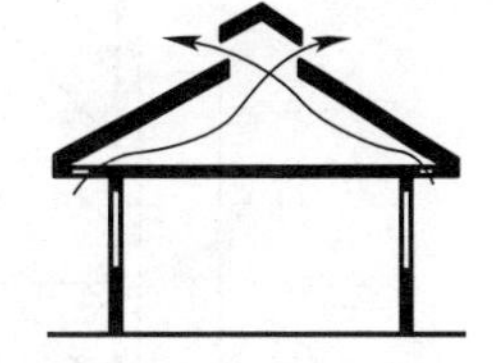

图 7-44 坡屋顶的隔热构造

(4) 屋顶的细部构造

1) 平屋顶的细部构造

① 刚性防水屋面的细部构造

A. 泛水构造：屋面防水层与垂直墙面交接处的防水构造称为泛水。凡是防水层与垂直墙面的交接处，如女儿墙、山墙、通风道、楼梯间及电梯室出屋面等部位均要做泛水处理。泛水的高度一般不小于 250mm，如条件允许时一般都做得稍高一些。泛水与屋面防水应一次做成，不留施工缝，转角处宜做成圆弧形，并与垂直墙之间设分仓缝，以免因两者变形不一致而使泛水开裂。在刚性防水材料之下先用无粘结或难粘结的材料加做一层浮筑构造层，使刚性防水层与基层水泥砂浆找平层能够相互错动。图 7-45 是刚性防水屋面外檐沟泛水构造的举例。图 7-46 是刚性防水屋面女儿墙泛水构造的举例。

B. 分仓缝构造：分仓缝是为了防止屋面防水层因温度变化产生不规则裂缝，适应屋面变形而设置的，也是刚性防水屋面构造处理的重点。分仓缝通常应设置在预期变形较大

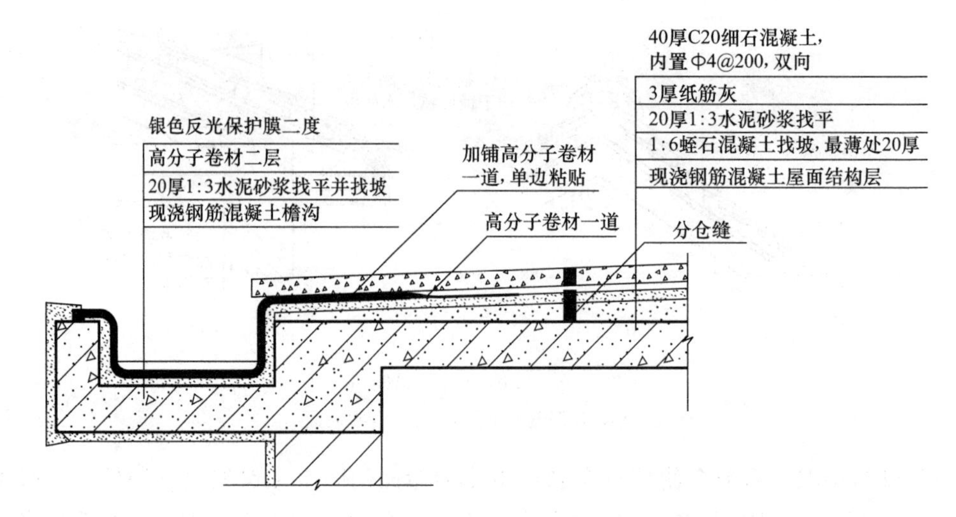


图 7-45　刚性防水屋面外檐沟泛水构造

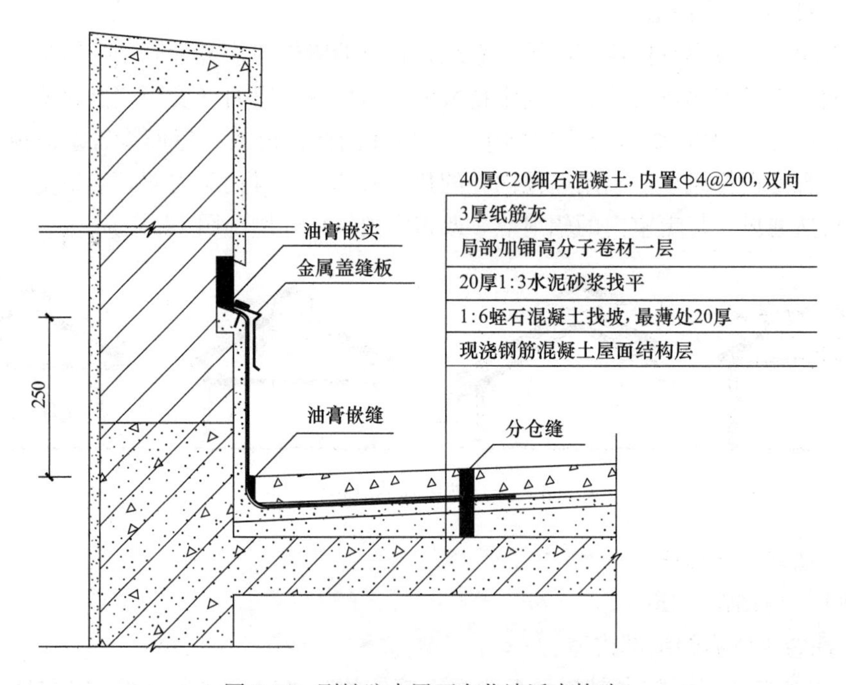


图 7-46　刚性防水屋面女儿墙泛水构造

的部位（如装配式结构面板的支承端、预制板的纵向接缝处、屋面的转折处、屋面与立墙交接处）。分仓缝的间距一般应控制在 6m 以内，严寒地区缝的间距应当进一步减小（一般应经过试验确认），分仓缝处刚性防水层内设的钢筋网片应断开。分仓缝的宽度可做成 20mm 左右，缝内一般先用弹性材料（如沥青麻丝）填塞，然后用油膏嵌缝，填注深度约 20～30mm（图 7-47*a*）。为保护嵌缝材料，缝上可用沥青油毡覆盖，其间需加一层干铺油毡或油纸（图 7-47*b*）。屋脊和平行于流水方向的分仓缝，常抹成凸出屋面 30～40mm 的凸缝，以免积水。凸缝可以采用油膏嵌缝、脊瓦盖缝、油毡盖缝三种盖缝措施，（图 7-47*c*）。

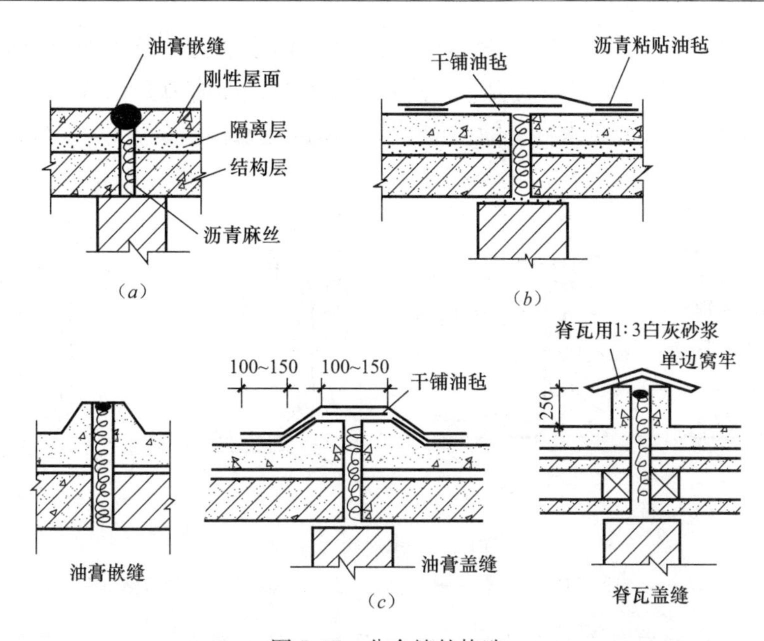


图 7-47　分仓缝的构造

(a) 油膏嵌缝；(b) 油毡盖缝；(c) 油膏嵌缝、油毡盖缝、脊瓦盖缝

C. 雨水口构造：根据排除雨水的组织方式，雨水口分为直管式和弯管式两种形式。

直管式雨水口适用于外檐沟排水，为防止雨水从套管与天沟底部接缝处渗漏，在放置套管后，还要加铺一道卷材防水层（如二毡三油），油毡应当铺入套管内壁深度不小于100mm，并在其表面涂玛琋脂，再用环形筒嵌入套管，将油毡压紧，防水层与雨水口接缝处应当用油膏嵌封（图 7-48）。

弯管式雨水口适用于女儿墙排水，雨水管由弯管和箅子两部分组成，弯管置于女儿墙的预留孔洞中，在安装弯管前，下面应加铺卷材防水层，与弯曲管搭接长度不小于100mm，然后再浇筑刚性防水层，防水层与弯管交接处应当用油膏嵌缝（图 7-49）。

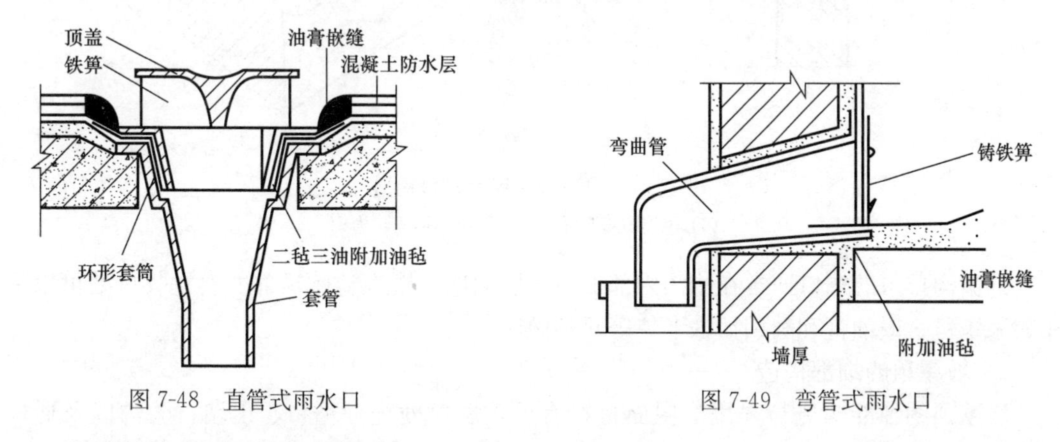


图 7-48　直管式雨水口　　图 7-49　弯管式雨水口

② 柔性防水屋面的细部构造

A. 泛水构造：柔性防水屋面的泛水构造原理和高度要求与刚性防水屋面基本相同，主要的区别在于采用的材料及构造做法不同。通常的做法是先用水泥砂浆或轻质混凝土在垂直面与屋面交界处做成半径大于 50mm 的圆弧或 75°的斜面，以避免卷材被折断和存在

空鼓现象。由于该部位经常处于潮湿状态，为了提高防水能力，泛水处应当加铺一层防水卷材。泛水上端与垂直面交接处的构造尤其要处理好，既要有遮挡措施，又要避免卷材封口处张开。图 7-50 是常见泛水构造的举例，女儿墙的泛水构造也可以参照执行。

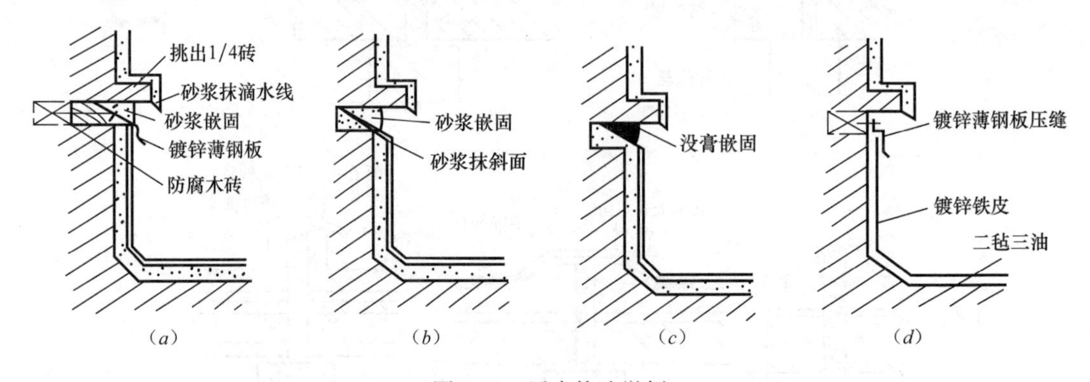


图 7-50 泛水构造举例

(a) 薄钢板压毡；(b) 砂浆嵌固；(c) 油膏嵌固，(d) 加镀锌薄钢板

B. 檐口构造：檐口是卷材防水屋面需要重点处理的部位，关键是要处理好卷材的收头。自由排水屋面的檐口通常用油膏嵌缝、粘结，然后在上面洒绿豆砂作为保护层（图 7-51*a*）。也可用镀锌薄钢板做包檐（图 7-51*b*）。

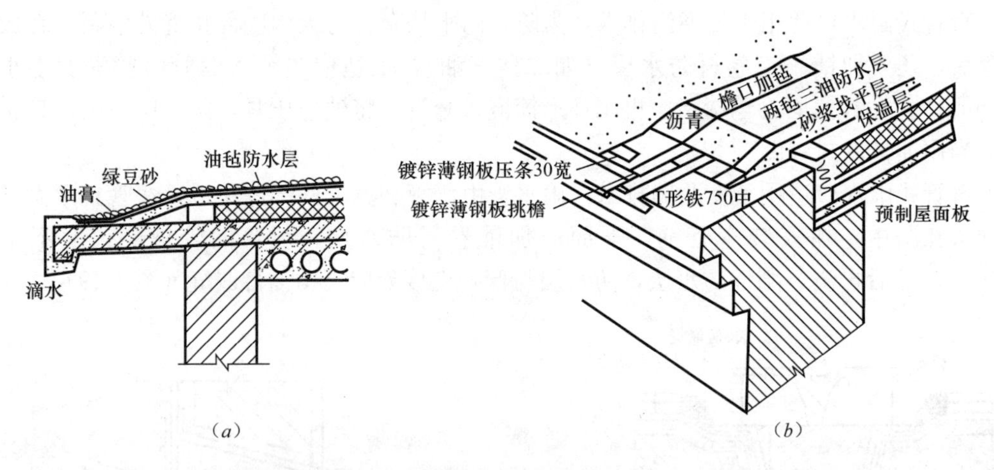


图 7-51 自由排水屋面檐口构造

(a) 油膏嵌缝压毡；(b) 镀锌薄钢板包檐

外檐沟排水的檐口通常在檐沟内部加铺一层油毡，檐沟卷檐顶部的卷材收口处可以采用砂浆压毡、嵌油膏和利用插铁卡住等几种做法。

2）坡屋顶的细部构造

坡屋顶的细部构造与采用的屋面材料有关，需要处理好檐口、山墙、天沟以及通风道、老虎窗等出屋面的泛水构造。

① 檐口构造

A. 挑檐：通常用于自由排水，有时也用于降水量小的地区低层建筑的有组织排水。当檐口出挑较小时，可用砖在檐口处逐皮外挑，形成挑檐。一般每皮出挑 1/4 砖，挑出总长度不大于墙厚的 1/2。当檐口挑出较大时可采用以下三种方式：第一种是用屋面板出挑檐口，但长度不宜大于 300mm，若能用屋架托木或在横墙砌入挑檐木与屋面板或封檐板结合，可使出挑长度适当加大；第二种是在檐口墙外加一檩条（檐檩），利用屋架下弦的托木或砌入横墙的挑檐木作为檐檩的支托，此时，檐檩与檐墙上沿游木的距离不得大于其他檩条的间距；第三种是利用已有椽子直接挑出。图 7-52 是平瓦屋面檐口构造的举例。

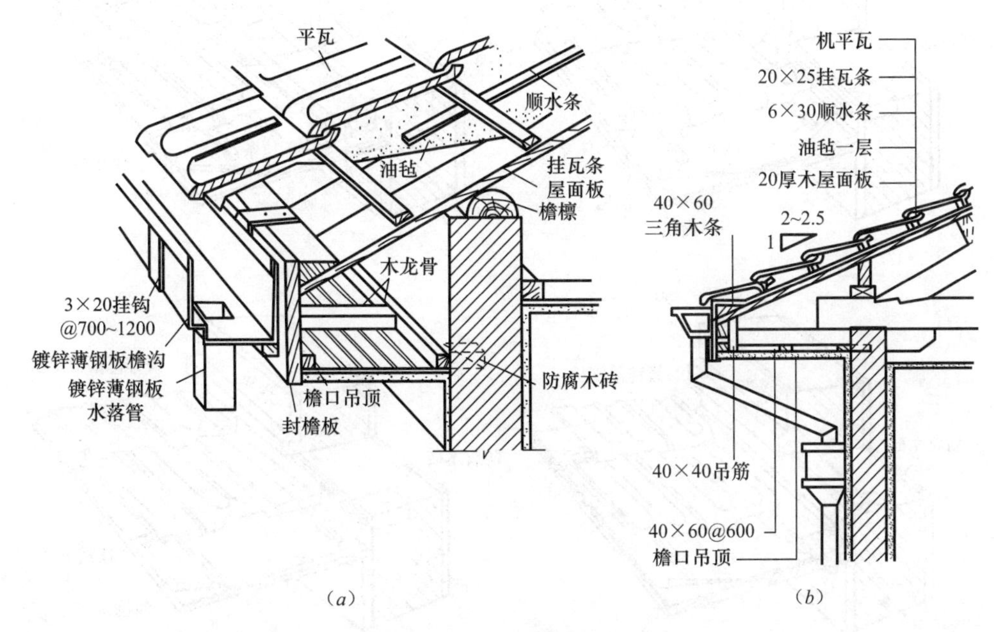


图 7-52　平瓦屋面檐口构造

(a) 檐口的剖切透视；(b) 檐口构造

B. 包檐：包檐是在檐口外墙上部砌出压檐墙或女儿墙，将檐口包住，在包檐内设天沟。天沟内先用镀锌薄钢板放在木底板上，薄钢板一边伸入油毡层下，一边在靠墙处做泛水。若天沟采用混凝土槽形板，则沟内铺油毡防水层，并在女儿墙处做出泛水，泛水要求与油毡屋面的要求相同。

② 山墙檐口构造

A. 悬山：悬山通常是把檩条挑出山墙，用木封檐板将檩条封住，用 1∶2 水泥石灰麻刀砂浆做披水线，将瓦封住（图 7-53）。

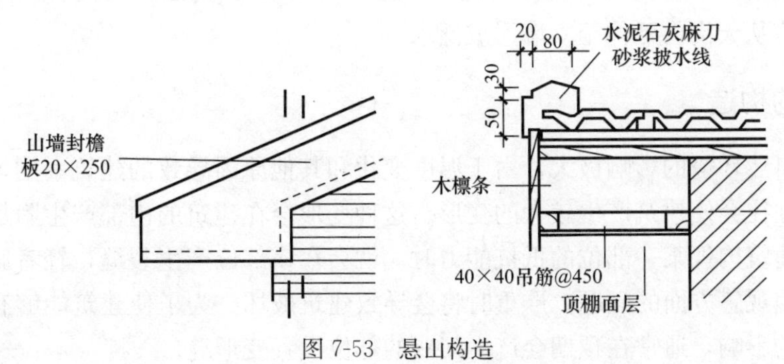


图 7-53　悬山构造

B. 硬山：硬山是把山墙升起后包住檐口，女儿墙与屋面交接处应做泛水处理，并要非常可靠。通常用砂浆粘贴小青瓦做成泛水或用薄钢板进行处理，也可用水泥石灰麻刀砂浆抹成泛水。图 7-54 是硬山泛水构造的举例。

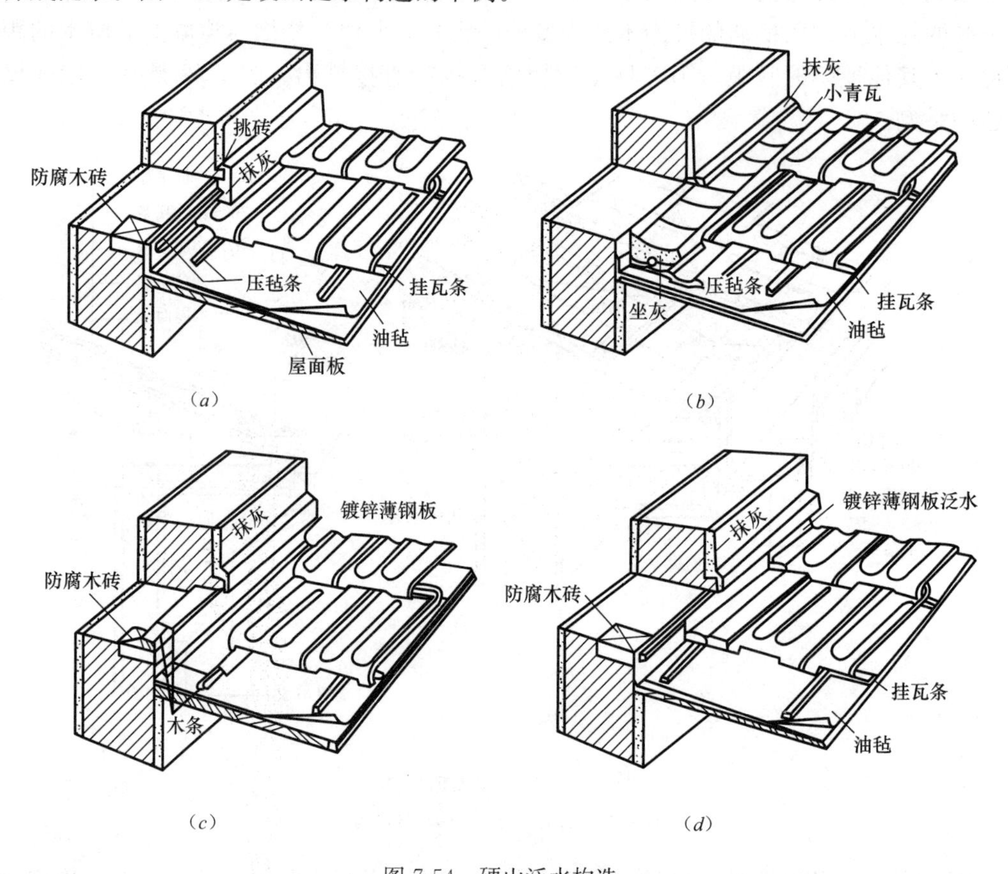


图 7-54　硬山泛水构造

(a) 挑砖泛水；(b) 小青瓦泛水；(c) 通长镀锌薄钢板泛水；(d) 镀锌薄钢板踏步泛水

③ 斜沟和天沟的构造

在等高跨或高低跨相交处，常常出现天沟，两个相互垂直的屋面相交则形成斜沟。为了保证屋面雨水及时排除，以及设置防水构造的需要，天沟和斜沟应有足够的断面尺寸，一般天沟的上口宽度不宜小于 300mm，斜沟泛水部位的断面也要足够大。泛水部位多采用镀锌薄钢板铺于木基层上，且伸入瓦片下至少 150mm。高低跨天沟若采用镀锌薄钢板防水层时，应从天沟内延伸至立墙形成泛水。

## 8. 变形缝的构造

建筑受自然环境的影响极大，由于温度变化和其他原因导致的建筑不均匀沉降以及地震的作用，往往会使建筑产生较大的变形。这种变形会在建筑的内部产生附加应力，当附加应力大于建筑构件某一部位的抵抗能力时，就会在该部位产生裂缝，轻者影响建筑的正常使用或产生观感方面的问题，严重时将会导致建筑破坏。为了使建筑能够有效地抵抗以上不利因素的影响，通常在预期会产生问题的部位设置变形缝。

变形缝是一种人工构造缝，它是在设计阶段就有所安排，并在施工阶段实施的。变形缝包括伸缩缝（温度缝）、沉降缝和防震缝三种缝型，用变形缝把建筑划分成若干个在结构和构造上完全独立的单元，进而达到保证建筑正常使用和保护建筑安全的目的。

（1）伸缩缝的构造

1）伸缩缝的作用

伸缩缝又叫温度缝，是为了防止因环境温度变化引起的变形，产生对建筑破坏作用而设置的。由于一年四节和昼夜之间均存在温差，温度的变化对建筑必然会产生直接的影响，即热胀冷缩现象。一般来说，建筑的长度越大，环境温差越大，积累的变形就越多。变形是产生内力的主要原因，一般在建筑的中段积累的较多。当变形引起的内力超过建筑某些部位（如建筑的薄弱部位及设置门窗的部位）构件的抵抗能力时，将会在这些部位产生不规则的竖向裂缝，这将影响建筑的正常使用，同时也会使人们产生不安全的感觉。为了避免这种现象的发生，往往通过设置伸缩缝的办法来设防。

2）伸缩缝的设置

伸缩缝的设置主要遵循以下几点原则：

① 为了使伸缩缝两侧建筑的变形相对均衡，伸缩缝一般应尽量设置在建筑的中段。当建筑需要设置几道伸缩缝时，应当使各温度区的长度尽量均衡。

② 以伸缩缝为界，把建筑分成两个独立的温度区。在结构和构造上要完全独立，所以屋顶、楼板、墙体和梁柱要成为独立的结构与构造单元。由于基础埋置在地下，基本不受气温变化的影响，因此仍然可以连在一起。

③ 伸缩缝应尽量设置在建筑横墙对位的部位，并采用双横墙双轴线的布置方案，这样可以较好地解决伸缩缝处的构造问题，并把伸缩缝对建筑内部空间影响削减到最小。

伸缩缝的间距实际就是建筑不设伸缩缝时允许的最大长度，其尺寸与墙体、屋顶、楼板的材料、形式及是否设置保温层有关。伸缩缝的设置可以参照表 7-2 和表 7-3 的规定执行。

**砌体结构房屋伸缩缝的最大间距（m）** **表 7-2**

| 屋盖或楼盖类别 | | 间　距 |
|---|---|---|
| 整体式或装配整体式钢筋混凝土结构 | 有保温层或隔热层的屋盖、楼盖 | 50 |
| | 无保温层或隔热层的屋盖 | 40 |
| 装配式无檩体系钢筋混凝土结构 | 有保温层或隔热层的屋盖、楼盖 | 60 |
| | 无保温层或隔热层的屋盖 | 50 |
| 装配式有檩体系钢筋混凝土结构 | 有保温层或隔热层的屋盖、楼盖 | 75 |
| | 无保温层或隔热层的屋盖 | 60 |
| 瓦材屋盖、木屋盖或楼盖、轻钢屋盖 | | 100 |

注：1. 对烧结普通砖、烧结黏土砖、配筋砌块砌体房屋，取表中值；对石砌体、蒸压灰砂普通砖、蒸压粉煤灰普通砖、混凝土砌块、混凝土普通砖和混凝土多孔砖房屋，取表中数值乘以 0.8 的系数；当墙体有可靠外保温措施时，其间距可取表中数值。
2. 在钢筋混凝土屋面上挂瓦的屋盖应按钢筋混凝土屋盖采用。
3. 层高大于 5m 的烧结普通砖、烧结多孔砖、配筋砌块砌体结构单层房屋，其伸缩缝间距可按表中数值乘以 1.3。
4. 温差较大且变换频繁地区和严寒地区不采暖房屋及构筑物墙体的伸缩缝的最大间距，应按表中数值适当减小。
5. 墙体的伸缩缝应与结构的其他变形缝相重合，缝宽度应满足各种变形缝的变形要求；再进行立面处理时，必须保证缝隙的变形作用。

钢筋混凝土结构伸缩缝的最大间距（m） 表 7-3

| 结构类别 | | 室内或土中 | 露 天 |
|---|---|---|---|
| 排架结构 | 装配式 | 100 | 70 |
| 框架结构 | 装配式 | 75 | 50 |
| | 现浇式 | 55 | 35 |
| 剪力墙结构 | 装配式 | 65 | 40 |
| | 现浇式 | 45 | 30 |
| 挡土墙、地下室墙壁等类结构 | 装配式 | 40 | 30 |
| | 现浇式 | 30 | 20 |

注：1. 装配整体式结构的伸缩缝间距，可根据结构的具体情况取表中装配式结构与现浇结构之间的数值。
2. 框架-剪力墙结构或框架-核心筒结构房屋的伸缩缝间距，可根据结构的具体情况取表中框架结构与剪力墙结构之间的数值。
3. 当屋面无保温或隔热措施时，框架结构、剪力墙结构的伸缩缝间距宜按表中露天栏的数值取用。
4. 现浇挑檐、雨罩等外露结构的局部伸缩缝间距不宜大于 12m。

应当说，在目前的技术条件下，我们对建筑的温度变形问题研究得还不够精细，在许多方面理论模型与实际情况之间还存在一定的差异。应当根据建筑所在地的气候以及建筑的具体情况，在充分调查研究的基础上对伸缩缝的设置问题作出正确的选择。

3）伸缩缝的细部构造

伸缩缝的宽度是变形缝中最小的，一般为 20～30mm。伸缩缝的细部构造主要应处理好墙体、楼地面和屋面三个部位。

① 墙体伸缩缝的构造

墙体伸缩缝主要应解决好缝型选择和盖缝构造的问题。

根据伸缩缝所处的部位和走向，墙体伸缩缝构造主要是解决伸缩缝部位的密闭和热工问题，对防水的要求不高。伸缩缝的缝型主要有平缝、错口缝和企口缝三种。平缝的密闭效果稍差，适合在四季温差不大的地区采用。错口缝和企口缝的密闭效果好，适合在四季温差较大的地区采用。

为了提高伸缩缝的密闭和美观程度，同时保证缝宽的自由变化，通常在缝口处填塞保温及防水性能好的弹性材料（沥青丝、木丝板、橡胶条、聚苯板和油膏等）。外墙外表面的缝口一般要用薄金属板或油膏进行盖缝处理，外墙内表面及内墙的缝口一般要用装饰效果较好的木条或金属条盖缝。目前市场上有厂家生产的由压型钢板或塑料型材制成的盖缝条，具有良好的装饰效果。图 7-55 是墙体伸缩缝构造的举例。

② 楼地面伸缩缝的构造

伸缩缝在楼地面处的构造主要是解决地面防水和顶棚的装饰问题，缝内也要采用弹性材料做嵌缝处理。地面的缝口一般应当用金属、橡胶或塑料压条盖缝，顶棚的缝口一般要用木条、金属压条或塑料压条盖缝。由于伸缩缝处的楼地面也要保证平整、顺畅，因此伸缩缝的位置应当尽量避开地面可能有水的房间。

③ 屋面伸缩缝的构造

伸缩缝在屋面的构造主要是解决防水和保温的问题，对美观的要求不高。重点是要解决好泛水和顶部防水盖板的构造问题，其构造与屋面的防水构造类似。

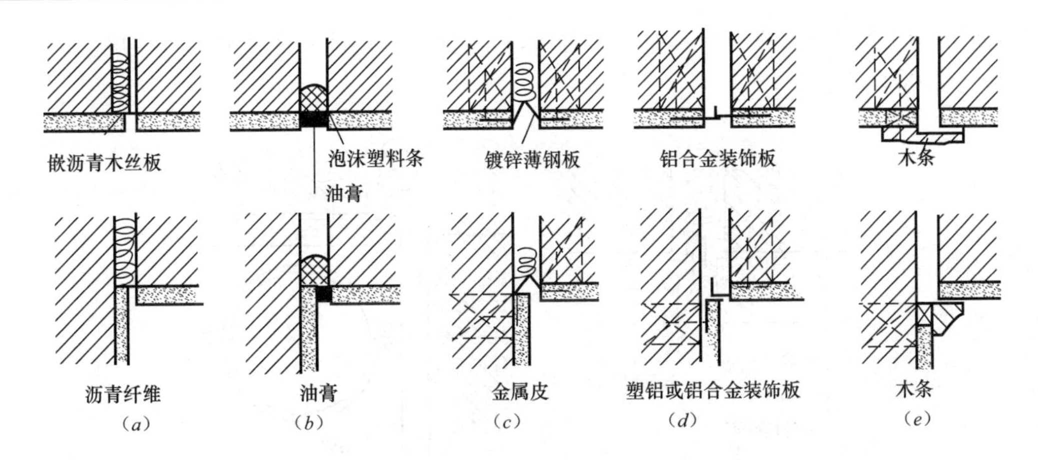


图 7-55 墙体伸缩缝构造

(a)、(b)、(c) 外墙伸缩缝构造；(d)、(e) 内墙伸缩缝构造

(2) 沉降缝的构造

1) 沉降缝的作用

沉降缝是为了防止由于建筑不均匀沉降引起的变形带来的破坏作用而设置的。导致建筑发生不均匀沉降的因素也比较复杂。不均匀沉降的存在，将会在建筑构件的内部产生剪切应力，当这种剪切应力大于建筑构件的抵抗能力时，会在不均匀沉降的部位产生裂缝，并对建筑的正常使用和安全带来影响。在预期出现较大沉降的部位设置沉降缝，可以有效地避免建筑不均匀沉降带来的破坏作用。

2) 沉降缝的设置原则

沉降缝的设置标准没有伸缩缝的量化程度高，主要原则有以下几个方面：

① 建筑下部的地基条件差异较大或基础形式不同时；

② 同一幢建筑相邻部分高差或荷载差异较大时；

③ 同一幢建筑采用不同的结构形式时；

④ 同一幢建筑的施工时期间隔较长时；

⑤ 建筑的长度较大或体型复杂，而且连接部位又比较单薄时。

3) 沉降缝的细部构造

沉降缝的宽度与地基的性质、建筑预期沉降量的大小以及建筑高低分界处的共同高度有关（即沉降缝的高度）。地基越软弱，建筑的预期沉降量越大，缝的高度越大，沉降缝的宽度也就越大，一般不小于 30mm。

由于沉降缝主要是为了解决建筑的竖向沉降问题，因此要用沉降缝把建筑分成在结构和构造上完全独立的若干个单元。除了屋顶、楼板、墙体和梁柱在结构与构造上要完全独立之外，基础也要完全独立，这也是沉降缝与伸缩缝在构造上最根本的区别之一。因为沉降缝在构造上已经完全具备了伸缩缝的特点，因此沉降缝可以代替伸缩缝发挥作用，反之则不行。

① 沉降缝的构造处理

沉降缝嵌缝材料的选择及施工方式与伸缩缝的构造基本相同，盖缝材料和基本构造也与伸缩缝相同。但由于沉降缝主要是为了解决建筑的竖向变形问题，因此在盖缝材料的固定方面与伸缩缝有较大的不同，要为沉降缝两侧建筑的沉降留有足够的自由度。图 7-56 是沉降缝构造的举例。

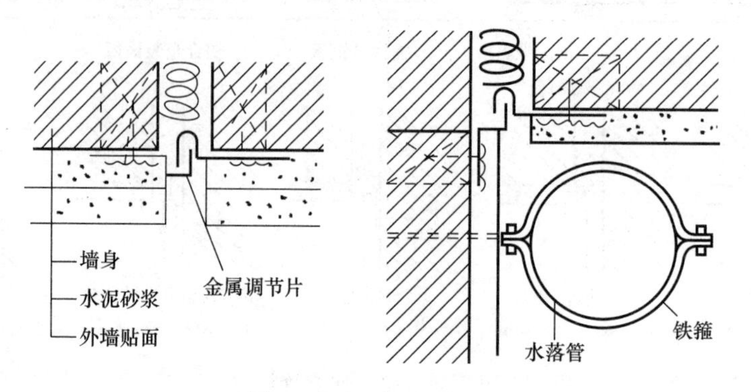


图 7-56 沉降缝的构造

② 基础沉降缝的处理

由于沉降缝的基础必须要断开，这就给该位置的基础构造带来了特除的技术问题，需要认真和妥善的处理。目前常用的构造方法有以下三种：

A. 双墙偏心基础：这种处理方式是把沉降缝两侧双墙下的基础大放脚断开并留垂直缝隙，以解决建筑的沉降问题。具有施工简单的优点，但基础处于偏心受压的状态，地基的受力不均匀，可能会发生偏心倾斜的现象，对建筑的正常使用不利。这种基础只适用于低层、质量等级较低或地基情况较好的建筑（图 7-57*a*）。

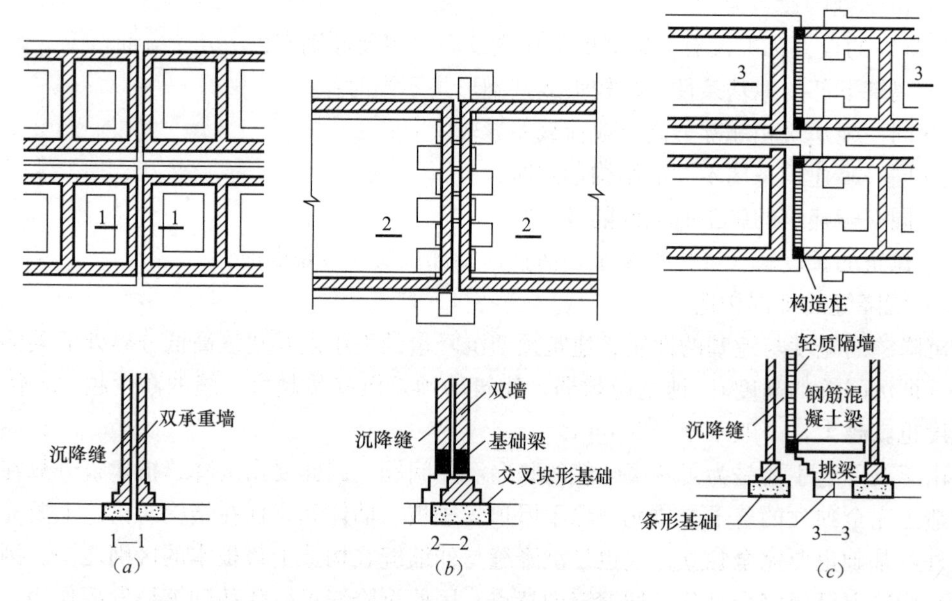


图 7-57 基础沉降缝的处理方案

(*a*) 双墙偏心基础方案；(*b*) 双墙交叉排列基础方案；(*c*) 挑梁基础方案

B. 双墙交叉排列基础：这种处理方式是在沉降缝两侧双墙底部设置基础墙梁，墙下基础断续布置（相当于是独立基础组群），并把大放脚分别伸入另侧墙体的基础墙梁下面，以保证沉降缝两侧墙下的基础独立沉降，互不干扰。这种做法可以保证基础是轴心受压，地基的受力比较均衡，但施工难度大，造价也高，目前应用得较少（图 7-57*b*）。

C. 挑梁基础：这种处理方式是把沉降缝一侧的基础按正常的方法设计和施工，而另一侧墙体由基础墙梁支撑，基础墙梁由设置在纵墙基础顶部的挑梁支撑。为了减轻挑梁和墙梁的负担，应当尽量减轻挑梁一侧墙体的自重。还要把纵墙基础的端部的断面放大，以保证纵墙的稳定性。建筑的平面布局要为沉降缝的设置提供良好的技术条件，要尽量使挑梁一侧承重纵墙的间距不要过大，这样可以使基础墙梁的跨度小一些，有利于承担墙体的荷载。这种做法的综合优点较多，是一种在工程上经常被采用的施工方案（图 7-57*c*）。

（3）防震缝的构造

1）防震缝的作用

地震与火灾一样，是影响建筑安全的主要因素之一。地震对建筑产生直接影响的是地震的烈度，我国把地震的设防烈度分成 1～12 度，其中设防烈度为 1～5 度地区的建筑可以不必考虑地震的影响，6～9 度地区的建筑要有相应的防震措施，10 度以上地区不适宜建造建筑或在制订专门的防震方案之后才能进行建筑的设计和施工。

防震缝是为了提高建筑的防震能力，避免或减少地震对建筑的破坏作用而设置的一种构造措施，也是目前行之有效的建筑防震措施之一。

2）防震缝的设置原则

地震设防烈度为 7～9 度的地区，有下列情况之一时建筑要设置防震缝，防震缝的设置原则主要有以下几点：

① 同一幢或毗邻建筑的立面高差在 6m 以上时；

② 建筑的内部有错层而且错层的楼板高差较大时；

③ 建筑相邻各部分的结构刚度、质量差异较大时。

由于设置防震缝会给建筑的造价、构造和使用带来相当大的麻烦，因此应当通过对建筑的布局和结构方案的调整和选择，使建筑的各个部位形成形体简单、质量和刚度相对均匀的独立单元，提高建筑自身的防震能力，应尽量不设置防震缝。

3）防震缝的构造处理

在地震发生时，建筑顶部受地震的影响较大，而建筑的底部受地震的影响较小，因此防震缝的基础一般不需要断开。在实际工程中，往往把防震缝与沉降缝、伸缩缝统一布置，以使结构和构造的问题一并解决。防震缝的宽度与地震烈度、场地类别、建筑的功能等因素有关。

由于防震缝的缝宽较大，构造处理相当复杂，要充分考虑各种不利因素，确保盖缝条的牢固性以及对变形的适应能力。

## 9. 民用建筑的一般装饰构造

建筑装饰是在建筑主体工程完成以后进行的一项以美观、改善建筑室内外某些性能、完善空间构成以及改善室内物理功能为目的工作，也可以称为装潢或装修。

（1）装饰的分类

装饰的分类方法较多：按照部位可以分为墙面装修、地面装修、顶棚装修；按照施工方法一般可以分为抹灰类装修、贴面类装修、涂刷类装修、板材及幕墙类装修、裱糊类装修等；按照造价和观感效果以及材料的档次，还可以通俗地分为普通装修和高级装修；也可以按照装修材料的不同进行分类。

目前，高档和专门（指具有特殊要求厅堂及功能房间等）的装修一般是由专业公司负责的，土建公司通常只是负责基本的装修任务，即普通装修。

（2）地面的一般装饰构造

1）地面的组成

地面一般是由面层、结构层或垫层、基土或基层组成。

面层是指房间室内地面的完成面，直接关系到地面的使用及观感。对楼层而言，结构层是楼板；对首层房间而言，垫层起找平和传递荷载的作用，一般采用C10素混凝土或焦渣混凝土，厚度为60～100mm。首层地面的基层多为素土夯实或回填土分层夯实。

有些地面还需要设置附加层。附加层主要是为了满足某些特殊使用功能要求而设置的，如防潮层、防水层、管线敷设层、保温隔热层等。

2）地面装饰的构造要求

地面是室内空间的重要组成部分，与人们的日常生活、工作活动关系密切，经常受到摩擦、清扫和冲洗，而且还有相当的装饰功能，一般要满足坚固耐磨、硬度适中、热工性能好、隔声能力强等构造要求。

3）地面常见的装饰构造

地面装饰一般是依据面层所用的材料来命名的，根据面层施工方法的不同，地面装饰可分为四种类型：整体地面、块材地面、卷材地面和涂料地面。

① 整体地面

用现场浇筑或涂抹的施工方法做成的地面称为整体地面。常见的有水泥砂浆地面、水磨石地面等。

A. 水泥砂浆地面：水泥砂浆地面是应用最广泛的一种低档和基础性地面的做法，它既可以作为完成面使用，也可以作为其他面层的基层。这种地面具有造价低、施工方便、适应性好的优点，但观感差、易结露和起灰、耐磨度一般。

水泥砂浆地面一般先用15～20mm厚1∶3水泥砂浆打底、找平，再以5～10mm厚1∶2或1∶2.5的水泥砂浆抹面，用抹子拍出净浆，最后洒上干水泥粉揉光，抹平。

B. 水磨石地面：水磨石地面是用水泥作胶结材料、大理石碎块或白云石等中等硬度石料的石屑作骨料组成的水泥石屑浆作为面层材料，经磨光而成的地面。主要性能与水泥砂浆地面相似，但装饰性能好、耐磨性好、表面光洁、不易起灰，是我国相当长时期内一般公共建筑普遍采用的面层做法，近年来随着新型面层材料的不断涌现，水磨石地面的应用范围有所缩小。

水磨石地面一般先用10～15mm厚1∶3水泥砂浆打底并找平，然后按设计的要求固定分格条（玻璃条、铜条或铝条等），再用1∶2～1∶2.5水泥石屑浆抹面，浇水养护后用磨光机磨光，再用草酸清洗，并打蜡保护。地面分格的目的是将地面划分成面积较小的区格，以减少开裂的可能性，并改善地面的装饰效果。

② 块材地面

块材地面是指利用各种块材铺贴而成的地面，按面层材料不同有陶瓷类板块地面、石板地面、木地板等。

A. 陶瓷类板块地面：这是目前广泛应用的地面做法，常用的材料有缸砖、陶瓷锦砖、釉面陶瓷地砖、瓷土无釉砖等。这种地面具有表面致密光洁、耐磨、耐腐蚀、吸水率低、不变色的特点，但造价偏高，一般适用于公共建筑、用水的房间以及有腐蚀介质的房间，如一般的厅堂、办公室、厕所、盥洗室，浴室和实验室等。

陶瓷类板块地面的铺贴方式一般是在结构层或垫层找平的基础上，用 1∶3 水泥砂浆作粘结层，按事先设计好的顺序铺贴面层材料，最后用干水泥粉嵌缝。

B. 石板地面：石板地面包括天然石材地面和人造石材地面两种材料。

建筑地面用的天然石材主要是大理石和花岗石，人造石材主要有预制水磨石板、人造大理石板等。这些石板尺寸较大，一般为 500mm×500mm～900mm×900mm，铺贴时的工艺要求较高，一般需要预先试铺，合适后再正式粘贴。

石板地面的构造做法是在垫层（结构层）上先用 20～30mm 厚 1∶3～1∶4 干硬性水泥砂浆找平，再用 5～10mm 厚 1∶1 水泥砂浆铺贴石板，并用干水泥粉或水泥浆擦缝。在首层地面也可以采用泼浆的铺法。

C. 木地板：木地板主要分为实木、复合及实木复合三种。

实木地板具有弹性好、不起灰、不返潮、易清洁、热工性能好的优点，但天然木材的耐火性差、易腐朽、吸潮易变形，且造价较高、耗费资源多。人工复合木地板克服了天然材料木地面的缺陷，目前应用的十分广泛。实木复合地板综合了实木与复合地板的优点，具有很好的发展前景。木地板是一种档次较高的地面做法，多用于装修标准较高的住宅、宾馆、体育馆、健身房、剧院舞台等建筑中。

木地板按构造方式有空铺式和实铺式两种，空铺木地面耗费木料多、占用空间大，目前已经基本不用。实铺木地面铺设方法较多，目前多采用铺钉式和直铺式做法。

铺钉式实铺木地板多用于对弹性有特殊要求的地面，分为单层和双层做法，单层做法是将木地板直接钉在事先已经固定好的木搁栅上，木搁栅多为 50mm×70mm 方木，中距一般为 400mm；中填 50mm×50mm 横撑，中距 800mm。若在木搁栅上加设 45°斜铺木毛板，再钉长条木板或拼花地板，就形成了双层做法。为了防腐可在基层上刷冷底子油一道，涂热沥青玛𤧛脂两道，木龙骨及横撑等均满涂氟化钠防腐剂。另外，还应在踢脚板处设置通风口，使地板下的空气疏通，以保持干燥。图 7-58 是铺钉式实铺木地板构造的举例。

目前采用较为广泛的复合及实木复合地板均带有裁口，可以自行咬接，在铺贴时一般在水泥砂浆找平层上（对找平层的平整度要求较高）放置防潮垫就可以直接铺贴了，不过要在踢脚下留出一定的变形空隙。

③ 卷材地面

卷材地面是用成卷的面层材料铺贴而成，常见的卷材有软质聚氯乙烯塑料地毡、橡胶地毡以及地毯等。

软质聚氯乙烯塑料地毡的规格一般为宽 700～2000mm、长 10～20m、厚 1～6mm，

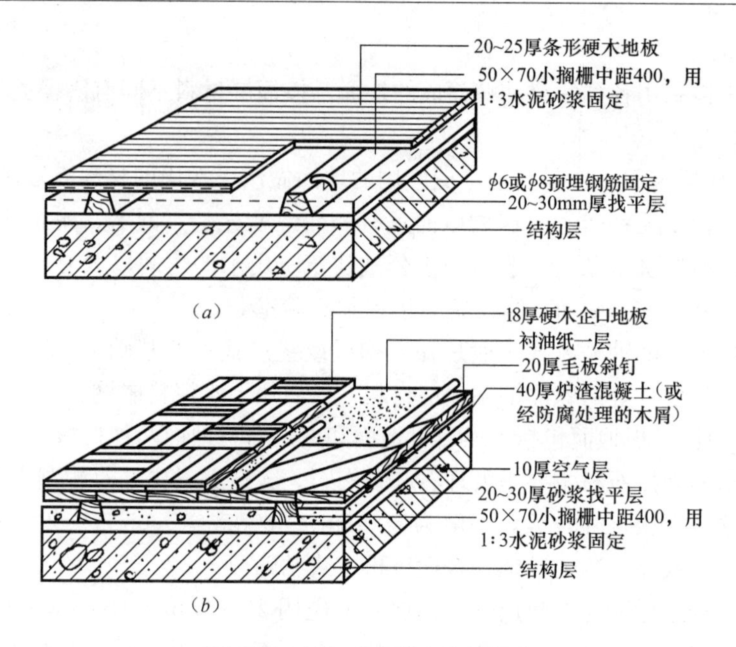


图 7-58　铺钉式实铺木地板构造

通常用胶粘剂粘贴在水泥砂浆找平层上。塑料地毡的拼接缝隙，通常切割成V形，用三角形塑料焊条焊接。

橡胶地毡是以橡胶粉为基料，掺入填充料，防老剂、硫化剂等制成的卷材。它耐磨、防滑、耐湿、绝缘、吸声并富有弹性。橡胶地毡可以干铺，也可以用胶粘剂粘贴在水泥砂浆找平层上。

地毯类型较多，按地毯面层材料不同有化纤地毯、羊毛地毯、棉织地毯等。地毯柔软舒适、吸声、隔声、保温、美观，而且施工简便，是理想的地面装修材料，但价格较高。铺设方法有固定和不固定两种。固定式通常是将地毯用胶粘剂胶粘在地面上，或将地毯四周用事先固定在地面上的倒刺板钉牢。有些房间为了增加地面的弹性和消声能力，还要在地毯下面铺设一层泡沫橡胶衬垫。

④ 涂料地面

涂料地面是利用涂料涂刷或涂刮而成的。它是水泥砂浆地面的一种表面处理形式，主要是为了改善水泥砂浆地面在使用和装饰方面的缺陷。

地板油漆是传统的地面涂料，它与水泥砂浆地面粘结性差、易磨损、脱落，目前已逐步被人工合成高分子材料所取代。

人工合成高分子涂料是由合成树脂代替水泥或部分代替水泥，再加入填料、颜料等搅拌混合而成的材料，经现场涂布施工，硬化以后形成整体的涂料地面。它的突出特点是无缝、易于清洁，并且施工方便，造价较低，可以提高地面的耐磨性、韧性和不透水性。适用于一般建筑的地面装修。

(3) 墙面的一般装饰构造

1) 墙面装饰的分类

① 按照部位分类：可分为室外装饰和室内装饰。

② 按材料及施工方式分类：主要可以分为抹灰类、贴面类、涂料类、裱糊类和铺钉类。

有时墙体表面不另做装饰，俗称清水墙。

2）墙面装饰的构造要求

① 具有良好的色彩、观感和质感、便于清扫和维护。

② 应使用功能对室内光线、音质的要求。

③ 室外装饰应选择强度高、耐候性好的装饰材料。

④ 施工方便、节能环保、造价合理。

3）墙面常见的装饰构造

墙面装饰一般是依据面层所用的材料来命名的，根据面层施工方法的不同，墙面装饰可分为五种类型：抹灰类墙面、贴面类墙面、涂刷类墙面、裱糊类墙面和铺钉类墙面。

① 抹灰类墙面

抹灰是传统和基础的饰面做法，既可以作为墙体的完成面，往往又是其他装修做法的基础工程。通常采用砂浆或石渣浆借助工具抹在墙体表面，具有材料来源广泛，施工操作简便，造价低廉的优点，因此在墙面装修中被普遍应用。

抹灰类墙面在施工时一般要分层操作。普通抹灰分底层和面层两遍成活；对一些标准较高的高级抹灰，要在底层和面层之部增加一个中间层，即三遍成活。不论是两遍成活还是三遍成活，抹灰的总厚度一般为15～20mm。底层抹灰的作用是保证抹灰能够与墙体表面有效粘结和初步找平，普通砖墙常用石灰砂浆和混合砂浆，混凝土墙则应采用混合砂浆和水泥砂浆，在抹灰之前要把墙体淋湿；中层抹灰的作用主要是找平，所用材料与底层基本相同，也可以根据装修要求选用其他材料；面层抹灰的作用是要达到预期的装修效果，是抹灰构造中最重要的一环。要求表面平整、色彩均匀、无裂纹，并根据设计要求做成光滑、粗糙等不同质感的表面。

在室内抹灰中，对人群活动频繁、易受碰撞或有防水、防潮要求的墙面，常采用1∶3水泥砂浆打底，1∶2水泥砂浆或水磨石罩面，高约1.5m的墙裙。对于易被碰撞的内墙阳角，宜用1∶2水泥砂浆做护角，高度不应小于2m，每侧宽度不应小于50mm（图7-59）。

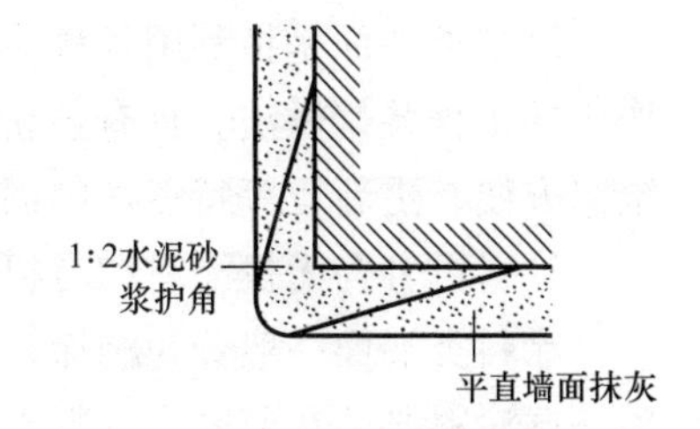


图7-59 护角做法

② 贴面类墙面

贴面类装修是目前采用最多的一种墙面装饰做法，包括粘贴、绑扎、悬挂等多种工艺。它具有耐久性长、装饰效果好、容易养护与清洗等优点。常用的贴面材料有花岗石板和大理石板等天然石板，面砖、瓷砖、陶瓷锦砖和玻璃制品等人造板材。在选择材料时，要特别注意以下两个问题：一是材料的放射性指标等要符合有关环保标准的要求，二是用于室外的材料应充分考虑耐候性的问题。

A. 面砖和陶瓷锦砖：面砖多数是以陶土和瓷土为原料，压制成型后煅烧而成的，是目前在室内外墙面装修普遍采用的饰面材料。面砖一般分挂釉和不挂釉两种，表面的色彩与质感也多种多样。无釉面砖主要用于建筑外墙面装修，釉面砖主要用于建筑内墙面的装修。陶瓷锦砖又名马赛克，是用优质陶土烧制而成的小块瓷砖，并在出厂时拼接粘贴在一张背纸上，有挂釉和不挂釉两种。陶瓷锦砖既可以用于内墙面，也可用于外墙面，它质地坚硬、色泽柔和，具有造价较低，观感好的优点，但清洗比较麻烦。

面砖等类贴面材料一般用水泥砂浆作为粘结材料。铺贴前应先将墙面清洗干净，然后将面砖放入水中浸泡一段时间，粘贴前去除表面的水分。先抹15mm厚1∶3水泥砂浆打底找平，再抹5mm厚1∶1水泥细砂砂浆作为粘贴层。为了延长砂浆的初凝时间，可以在砂浆中掺入一定比例的108胶。面砖的排列方式和接缝大小对立面效果有一定影响，通常有横铺、竖铺、错开排列等；还可以根据装饰效果的需要，采用留缝或不留缝的铺贴方式。

陶瓷锦砖铺贴时将纸面朝外整块粘贴在1∶1水泥细砂砂浆上，注意对缝找平，待砂浆凝结后，淋水浸湿，然后去除背纸，用白水泥粉嵌缝即可。

B. 石板墙面装修：天然石板具有强度高、结构密实、不易污染、装修效果好等优点。但由于加工复杂、造价高，一般多用于高级墙面装修中。人造石板一般由白水泥、彩色石子、颜料等配合而成，具有天然石材的花纹和质感、重量轻、表面光洁、色彩多样、造价较低等优点，常见的有水磨石板、仿大理石板等。

石板墙面根据施工工艺的不同分为湿挂法和干挂法两种。

湿挂法一般需要先在主体墙面固定由ϕ8～ϕ10钢筋制作的钢筋网，再用双股铜线或镀锌钢丝穿过事先在石板上钻好的孔眼（人造石板则利用预埋在板中的安装环），将石板绑扎在钢筋网上。上下两块石板用不锈钢卡销固定。石板与墙之间一般留30mm缝隙，上部用定位活动木楔做临时固定，校正无误后，在板与墙之间分层浇筑1∶2.5水泥砂浆，每次灌入高度不应超过200mm。待砂浆初凝后，取掉定位活动木楔，继续上层石板的安装。

干挂法需要事先在墙的主体上安装金属支架，并把板材四角部位开出暗槽或粘结连接金属件，然后利用特制的连接铁件把板材固定在金属支架上，并用密封胶嵌缝。干挂法解决了湿挂法存在的砂浆污染板材表面的质量通病，装饰效果较好。

③涂刷类墙面

涂刷类墙面是指利用各种涂料敷设于基层表面而形成完整牢固的膜层，达到装饰墙面作用的一种装修做法。具有造价低、装饰性好、工期短、工效高、自重轻以及操作简单、维修方便、更新快等特点，因而在建筑上得到了广泛的应用和发展。

涂料可分为无机涂料和有机涂料两大类。

涂料类墙面一般分为刷涂、滚涂和喷涂三种施工方法。采用溶剂型和水溶性涂料时，后一遍涂料必须在前一遍涂料干燥后进行，否则易发生皱皮、开裂等质量问题。每遍涂料均应施涂均匀，各层结合牢固。当采用双组分和多组分的涂料时，施涂前应严格按产品说明书规定的配合比，根据使用情况可分批混合，并在规定的时间内用完。

用于外墙的涂料，考虑到其长期直接暴露于自然界中，经受日晒雨淋的侵蚀，因此要求外墙涂料涂层除应具有良好的耐水性、耐碱性外，还应具有良好的耐洗刷性、耐冻融循环性、耐久性和耐玷污性。当外墙施涂涂料面积过大，可以设置外墙的分格缝或把墙的阴角处及落水管等处设为分界线，可减少涂料色差的影响。在同一墙面应用同一批号的涂料，每遍涂料不宜施涂过厚，涂料要均匀，颜色应一致。

④ 裱糊类墙面

裱糊类墙面是将各种墙纸、墙布、织锦等卷材类的装饰材料裱糊在墙面上的一种装修做法。常用的装饰材料有 PVC 塑料壁纸、复合壁纸、草编壁纸、玻璃纤维墙布等。裱糊类墙体饰面具有装饰性强、造价较经济、施工简便、自身变形能力强和材料更替方便的优点。

裱糊施工时，基层涂抹的粘结材料应坚实牢固，不得粉化、起皮和裂缝。为达到基层平整效果，通常在清洁的基层上用胶皮刮板刮平，刮的遍数视基层的情况不同而定。对有防水或防潮要求的墙体，应对基层做防潮处理，在基层涂刷均匀的防潮底漆。墙面应采用整幅裱糊，并统一预排对花拼缝。裱糊的顺序为先上后下，先高后低，应使饰面材料的长边对准基层上弹出的垂直准线，用刮板或胶辊赶平压实。阴阳转角应垂直，棱角分明。阴角处墙纸（布）搭接顺光，阳面处不得有接缝，并应包角压实。

⑤ 铺钉类墙面

铺钉类墙面装修是将各种天然或人造薄板镶钉在墙面上的装修做法，其构造与骨架隔墙相似，由骨架和面板两部分组成。施工时先在墙面上立骨架（墙筋），然后在骨架上铺钉装饰面板。

骨架分木骨架和金属骨架两种，采用木骨架时为满足防火安全需要应在木骨架表面涂刷防火涂料。骨架间及横档的距离一般根据面板的尺度而定。为防止因墙面受潮损坏骨架和面板，常在立筋前在墙面抹一层 10mm 厚的混合砂浆，并涂刷热沥青两道，或粘贴油毡一层。

室内墙面装修用面板，一般采用硬木条板、胶合板、纤维板、石膏板及各种吸声板等。硬木条板装修是将各种截面形式的条板密排竖直镶钉在横撑上。胶合板、纤维板等人造薄板可用圆钉或木螺钉直接固定在木骨架上，板间留有 5～8mm 缝隙，以保证面板有微量伸缩的可能，也可用木压条或铜、铝等金属压条盖缝。石膏板与金属骨架的连接一般用自攻螺栓或电钻钻孔后用镀锌螺栓。

（4）顶棚的一般装饰构造

1）顶棚装饰的分类

① 按照顶棚与主体结构的关系，可以分为直接顶棚和吊顶棚。

② 按照施工工艺的不同，可以分为抹灰类顶棚、贴面类顶棚、裱糊类顶棚和装配式顶棚。

③ 按照面层材料的不同，一般可以分为石膏板顶棚、金属板顶棚、木质顶棚等。

④ 按照承载的能力，可以分为上人顶棚和不上人顶棚。

顶棚有时也可以按照外观以及楼板结构层的显露方式进行分类。

2）顶棚装饰的构造要求

① 具有良好的装饰效果，满足室内空间的需要。

② 具有足够的防火能力，满足有关的技术要求。

③ 能够解决室内音质、照明的要求，有时还要满足隔热、通风等要求。

3）常见顶棚的装饰构造

① 直接顶棚

这类顶棚以抹灰顶棚最为常见。通常是用 1∶3∶9 混合砂浆抹灰，一般是两遍成活，要求与墙面抹灰基本相同。目前在许多工程中普遍采用大模板技术，混凝土拆模后的平整度可以满足顶棚的观感要求，往往不另外抹灰，而是直接刮腻子，然后进行罩面施工。

② 吊顶棚

吊顶棚具有装饰效果好、效果变化多样、可以改善室内空间比例以及方便布置设备管线的优点，在室内装饰要求较高的民用建筑中被广泛采用，做法也非常多。

A. 轻钢龙骨吊顶：轻钢龙骨吊顶的选材与同类墙体基本相同，构造要求也相差不多。这种吊顶一般是由吊杆、轻钢骨架和罩面板构成，有时为了满足设置照明、空调和检修的要求，还要设置一些特殊的构造（图 7-60）。

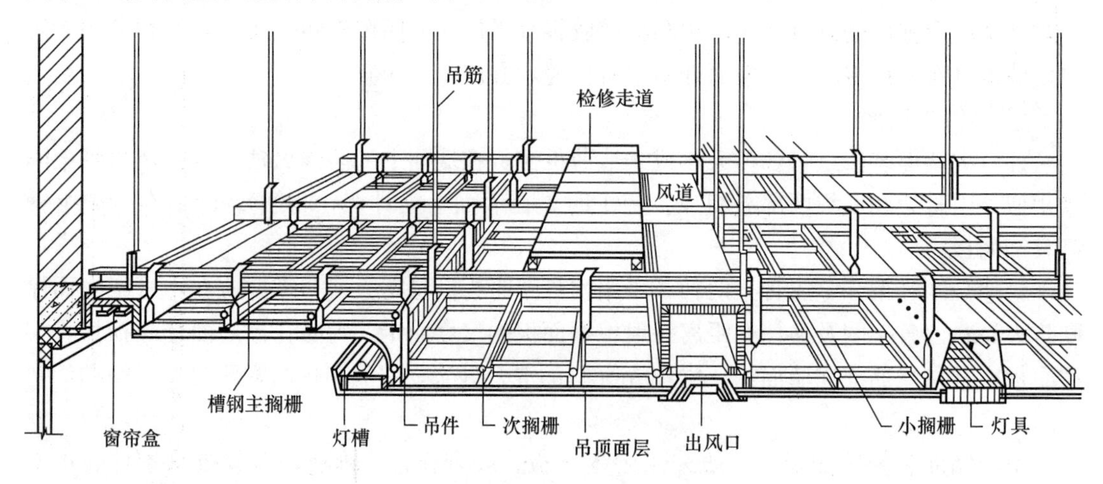


图 7-60　轻钢龙骨吊顶示意图

吊杆是连接轻钢龙骨和结构层的传力构件，多采用型钢、钢筋或轻钢型材。吊杆的上端一般采用膨胀螺栓或预埋钢筋与结构层连接，下端通过螺杆与轻钢龙骨格栅连接。吊杆的强度应满足承担吊顶全部荷载的需要，并应能在一定范围内上下调整高度。

轻钢骨架选用镀锌挤压型材制作，断面多为 U 形、C 形。轻钢龙骨由大龙骨、中龙骨和小龙骨组成，同时还有配套的连接构件。龙骨的布置应当根据吊顶的自重、设备荷载以及是否上人，通过计算决定。

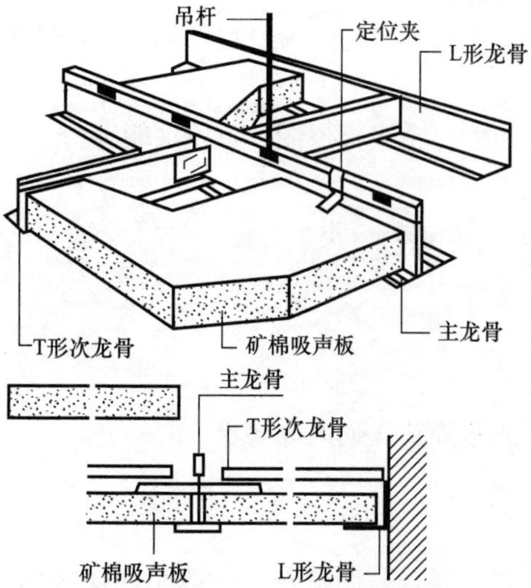

罩面板的种类很多，一般多为纸面石膏板，有时也可以根据需要选用金属面板、塑料面板或木质面板。

B. 矿棉吸声板吊顶：这种吊顶多用于对室内音响效果有一定要求的厅堂，吊杆及格栅的选材和构造与轻钢龙骨吊顶基本相同。矿棉吸声板的厚度一般在 9～25mm，形状多为正方形，少数为矩形。吸声板的搁置方法有两种：一种是把吸声板直接搁置在 T 形龙骨上，铝合金龙骨外露，俗称“明架”做法（图 7-61）；另外一种是事先在吸声板侧面切割出暗缝，然后把龙骨嵌入暗缝内，龙骨不外露，俗称“暗架”做法。

图 7-61　“明架”吸声板吊顶构造示意图

## 10. 单层工业厂房的基本构造

（1）单层工业厂房的结构类型

单层工业厂房在结构和构造方面与民用建筑区别较大，目前主要有砖混结构、排架结构和钢架结构三种形式。

1）砖混结构单层厂房

这种结构形式主要适用于跨度较小、高度较小而且厂房内部无吊车或吊车的起重量较小的单层厂房。由于结构自身的限制，当厂房的跨度大于15m，厂房的高度大于9m，吊车起重量达到5t时就不宜采用砖混结构厂房。

2）排架结构单层厂房

排架结构厂房是利用柱子和屋架（屋面大梁）一起组成排架，再通过纵向连接构件的联系作用构成厂房的承重系统。柱子和屋架通常为预制，既可以采用钢筋混凝土也可以采用型钢制作，而墙体没有承重功能，仅起围护作用。排架结构厂房可以设置起重量较大的吊车，具有广泛的适用性，是应用较为广泛的一种结构形式（图7-62）。

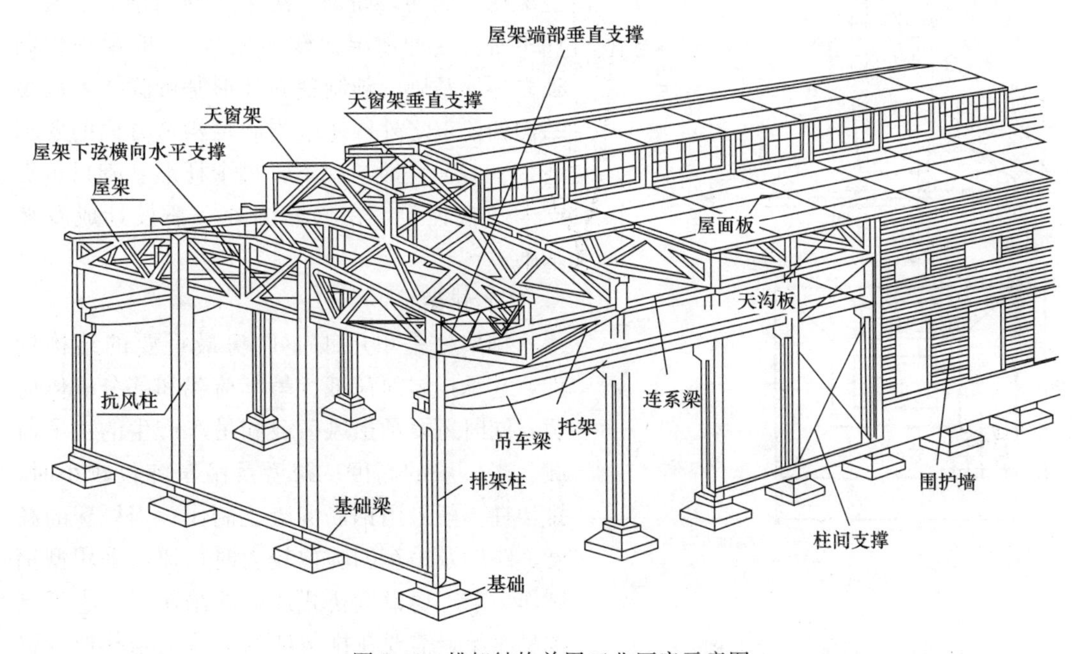


图7-62 排架结构单层工业厂房示意图

3）刚架结构厂房

刚架结构单层厂房是把柱子和屋架（屋面梁）通过刚性连接的方式形成一个整体构件，适用于内部无吊车或吊车起重量较小的单层厂房。随着近年来彩色压型钢板、彩色夹心板等新型屋面与墙体材料在建筑工程的应用不断普及，刚架结构单层厂房也日渐增多（图7-63）。

（2）排架结构单层厂房的基本构造

1）基础

单层工业厂房的基础通常都是柱下独立基础。如果厂房的钢筋混凝土柱子是采用现浇

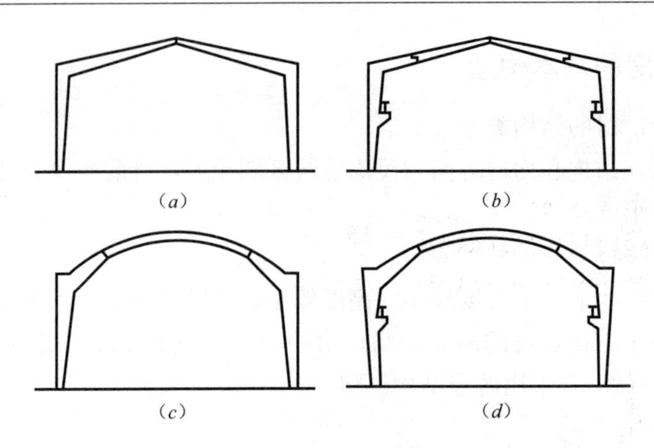

图 7-63　常见钢架结构示意图

(*a*) 人字形刚架；(*b*) 带吊车的人字形刚架；(*c*) 弧形刚架；(*d*) 带吊车的弧形刚架

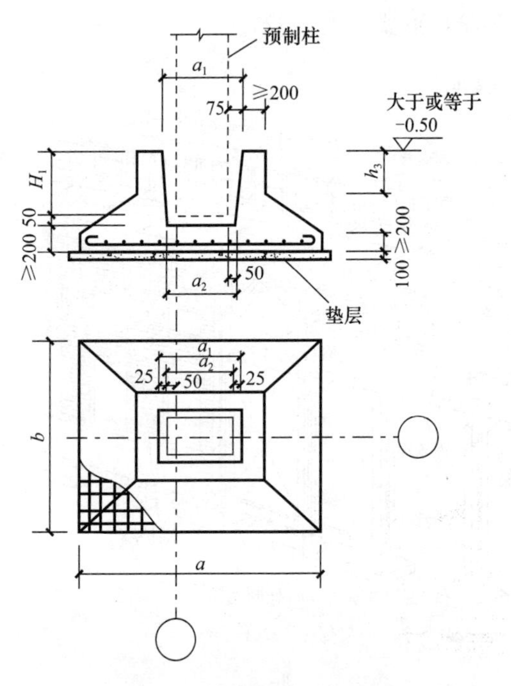


图 7-64　预制独立杯形基础

施工时（这种情况比较少见），基础和柱子是整浇在一起的；如果厂房采用预制钢筋混凝土柱子时（这种情况比较多见），一般采用预制独立杯形基础。预制独立杯形基础除了要满足结构的要求之外，还应当满足构造方面的要求（图 7-64）。一般情况下，每个杯形基础只负责支撑一根柱子，在伸缩缝处一般设计成双杯基础。

2）排架柱

排架柱是单层工业厂房最重要的结构构件，它承担屋面荷载、吊车荷载和部分墙体荷载，同时还要承担风荷载和吊车产生的水平荷载。当厂房的高度、跨度及吊车吨位较小时，排架柱一般采用钢筋混凝土制作；当厂房的高度、跨度及吊车的吨位较大时，往往采用型钢制作。当厂房设置桥式或梁式吊车时，为了支撑吊车梁，需要在排架柱的上段适当部位设置牛腿。

以牛腿的顶面为界，排架柱可以分为上柱和下柱两个部分。上柱主要承担屋盖系统的荷载，通常是轴心受压的构件；下柱除了承担上柱传来的荷载之外，还要承担吊车荷载，通常是偏心受压的构件，因此排架柱的受力要比民用建筑的柱子复杂得多。考虑到柱子受力的合理性，下柱的截面一般设计成工字形的。当柱子的截面高度较大时，有时会采用双肢柱的形式。由于排架柱与厂房当中许多构件有联系，而且这些构件一般都是预制的，因此排架柱的许多部位留有预埋件，以方便与这些构件的连接。图 7-65 是常见的几种钢筋混凝土柱的举例。

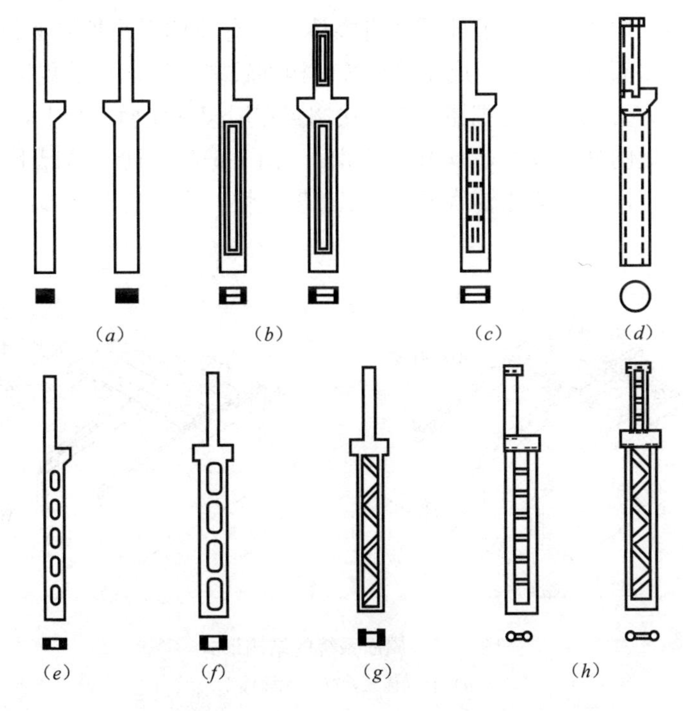


图 7-65　几种常见的钢筋混凝土柱

3）屋盖系统

单层厂房屋盖系统的构成比一般的民用建筑复杂得多，而且承担的任务也不完全一样。主要包括屋架（屋面梁）、屋面板、屋盖支撑体系等（图 7-62）。

① 屋架和屋面梁

屋架（屋面梁）与排架柱一起构成了排架结构，除了承担全部的屋面荷载之外，有时还要承担单轨悬挂吊车的荷载。屋面梁一般采用钢筋混凝土制作，在跨度较大时，往往采用预应力钢筋混凝土屋面大梁。由于自重较大，屋面梁一般在跨度小于 18m 的厂房使用。屋架的适用跨度大，在单层厂房中应用广泛。屋架的形式也很多，如三角形屋架、梯形屋架、拱形屋架、折线形屋架等（图 7-66）。屋架可以采用钢筋混凝土或型钢制作，也可以加工成钢筋混凝土-型钢组合屋架。

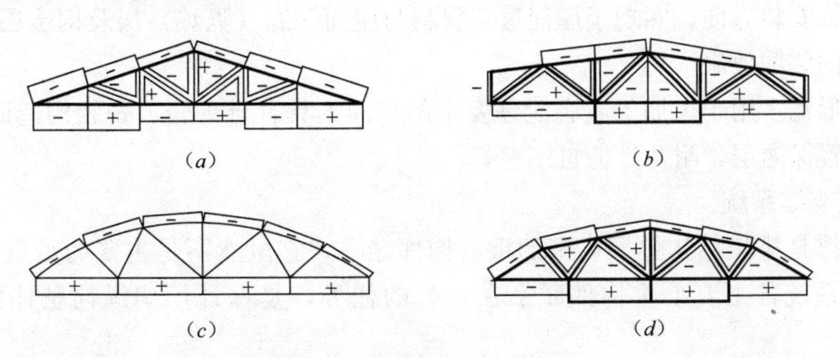


图 7-66　屋架形式与轴力分布

(a) 三角形屋架；(b) 梯形屋架；(c) 拱形屋架；(d) 折线形屋架

屋盖系统的结构形式分为无檩体系和有檩体系。有檩体系是把屋面板搁置在檩条上，檩条搁置在屋架（屋面梁）上，组成屋盖系统的构件较多，屋面板的规格较小，多属于轻质屋面（图 7-67*a*）；无檩体系是把屋面板直接搁置在屋架（屋面梁）上，组成屋盖系统的构件较少，但屋面板的规格较大，属于重型屋面（图 7-67*b*）。通常情况下，厂房屋盖系统优先采用无檩体系，这样构造比较简单，施工速度也快，当厂房有泄爆的要求时才采用有檩体系。

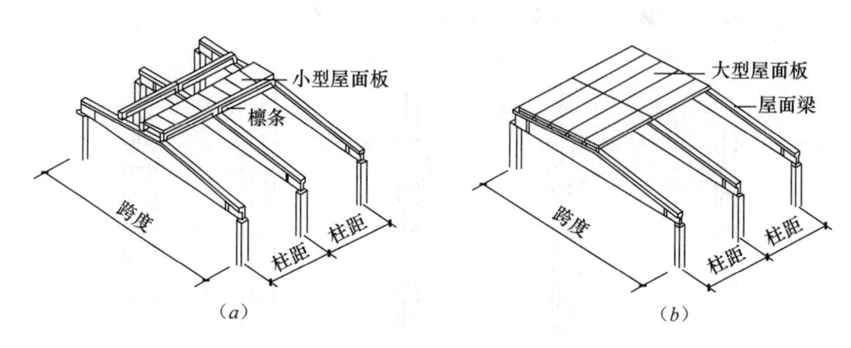


图 7-67　屋面系统的结构形式

(*a*) 有檩体系；(*b*) 无檩体系

② 屋面板

屋面板是单层厂房屋面的覆盖构件，由于厂房屋面的面较大，屋面板的选择就显得更为重要。单层厂房可选用的屋面板种类较多，其中以预应力钢筋混凝土大型屋面板、彩色压型钢板、水泥波形瓦最为常见。

预应力钢筋混凝土大型屋面板是单层厂房最为常用的屋面覆盖材料，具有技术成熟、结构性能好、跨度大、适应面广的优点。大型屋面板的断面为槽形，并在两端和中部设置加劲肋，外形尺寸多为 1500mm×6000mm。大型屋面板已经形成了相互配套的系列产品，可以根据屋面板在屋面的位置不同，设置不同的配套构件，如檐口板、天沟板、嵌板等。

近年来，彩色压型钢板在建筑上应用的日益广泛，尤其是在工业建筑领域更是常见。彩色压型钢板分为无保温层和附带保温层（称为复合夹芯板）两种。复合夹芯板自重轻、观感效果好、安装方便，实现了屋面覆盖材料与屋面保温（隔热）层及构造层的统一，而且具有很好的装饰效果。

水泥波形瓦多用于热加工或有泄爆要求的车间，具有自重轻、安装构造简单的优点，但不方便设置保温层，耐久性能也不够好。

③ 屋盖支撑系统

屋盖支撑是排架结构单层厂房的重要构件之一，它虽然不是主要的承重构件，但承担着把屋盖系统各主要承重构件联系在一起的任务，是保证厂房纵向整体刚度的关键构件。

支撑分为屋盖支撑和柱间支撑，屋盖支撑包括横向水平支撑、纵向水平支撑、垂直支撑和纵向水平系杆等几部分（图 7-68）。

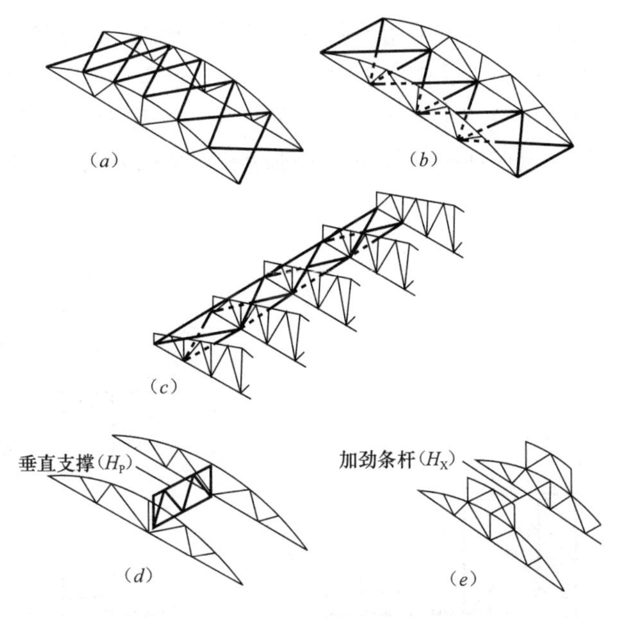


图 7-68　屋盖支撑系统示意图

(a) 上弦横向水平支撑；(b) 下弦横向水平支撑；(c) 纵向水平支撑；
(d) 垂直支撑；(e) 纵向水平系杆

4) 基础梁

骨架承重结构单层厂房由排架柱或钢架承担地面以上全部荷载，墙体只起围护作用。为了减少墙体的施工量，同时保证围护墙体能与厂房主体骨架一起沉降，通常采用在墙体底部设置基础梁的构造方法，用基础梁承担墙体的荷载。基础梁的长度与柱距相同，基础梁由基础负责支撑，并搁置在杯形基础的杯口上。为了避免被重载车辆压坏，在车间入口的柱距内不设置基础梁。通常，基础梁的顶面的标高一般为-0.050～-0.060m，以便于在其上设置防潮层。当基础的埋深较大时，基础杯口的标高较低，就要采取相应的构造措施来解决基础梁的支撑问题，如设置垫块、采用高杯基础、采用支承牛腿等（图 7-69）。在寒冷地区，为了防止土壤冻胀对基础梁的破坏，一般需要在基础梁的周围铺设一定厚度的砂或炉渣等松散材料（图 7-70）。

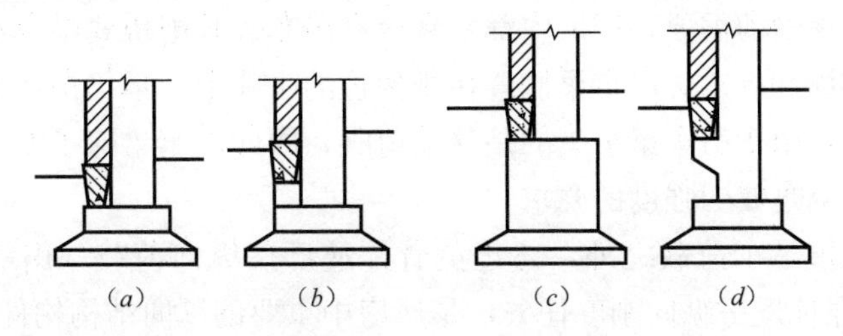


图 7-69　基础梁的搁置方案

(a) 直接搁置在基础杯口上；(b) 搁置在混凝土垫块上；(c) 高杯基础方案；
(d) 柱下部设牛腿方案

5) 连系梁和圈梁

① 连系梁：是设置在厂房排架柱之间的水平联系构件，主要作用是保证厂房纵向刚

度。连系梁沿厂房纵向水平设置，采用预制钢筋混凝土制作。连系梁往往要沿厂房竖向设置多道，通常设在排架柱的顶端、侧窗上部及牛腿处。连系梁分为设在墙内和不在墙内两种，设在墙内的连系梁还担负着承担上部墙体的任务，又称为“墙梁”。连系梁与柱子在构造上要有可靠的连接，以保证能够传递纵向荷载，连接的方式主要有焊接和螺栓连接两种（图 7-71）。

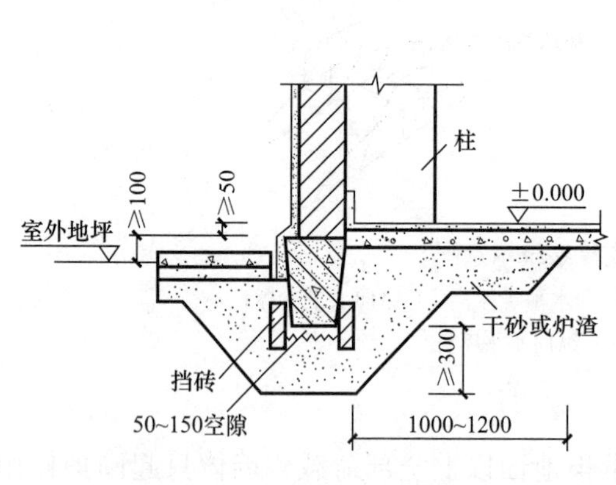


图 7-70 基础梁的防冻胀构造

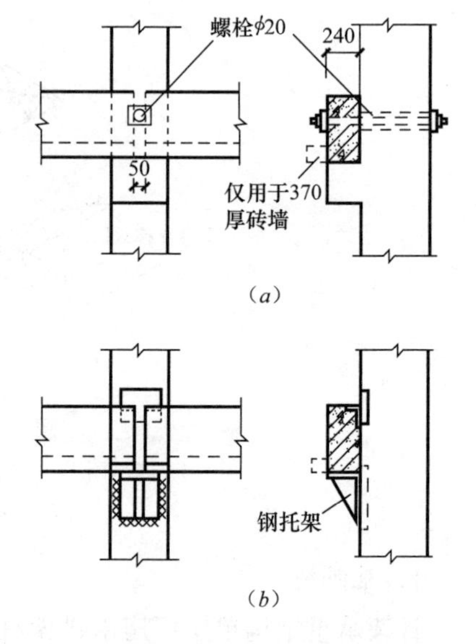


图 7-71 连系梁与柱子的连接
（a）螺栓连接；（b）焊接

② 圈梁

圈梁也是单层厂房常见的构件，能够起到保证厂房整体刚度的作用，但通常并不承担上部的墙体荷载，因此圈梁与柱子的连接与连系梁不同。圈梁可以现浇，也可以预制（但要在两端事先留出拉接钢筋），然后在与柱子交接处同预留钢筋绑扎，然后整体现浇。

6）吊车梁

为了满足生产运输的需要，厂房内部常常设有吊车。其中桥式吊车和部分梁式吊车需要依托吊车梁来支撑和行走。吊车梁搁置在排架柱的牛腿上，承担吊车起重、运行和制动时产生的各种荷载。由于吊车梁承受的是移动荷载，因此吊车梁除了要满足承载力、刚度等要求之外，还要满足疲劳强度的要求。

吊车梁除了承担吊车荷载之外，还担负着传递厂房纵向荷载（山墙风荷载和吊车启动、制动荷载），保证厂房纵向刚度任务，是厂房中重要的纵向结构构件。

7）抗风柱

为保证山墙的自身稳定，能够承受比较大的风荷载，通常采用设置抗风柱的方法。为了使水平联系构件的规格相对单一，抗风柱的间距宜与排架柱的间距相同。为了改善抗风柱的受力状态，柱的顶端应与屋盖系统连接。因为抗风柱承受的主要是水平荷载，与排架柱的沉降量差异较大，因此抗风柱与屋盖系统宜为弹性连接，形成既能够传递水平力，又能够实现竖向位移的弹性支座（图 7-72）。

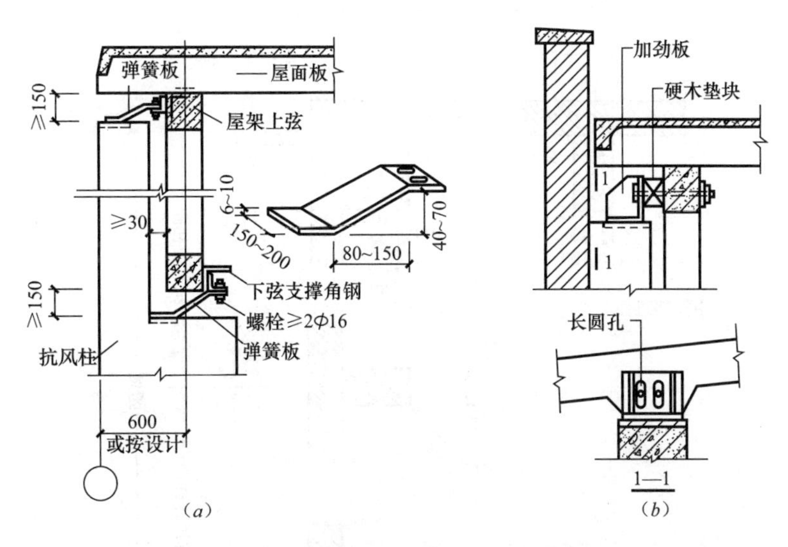


图 7-72 抗风柱与屋盖系统的连接构造
(a) 用弹簧板连接；(b) 用长螺栓孔连接

8）墙体

墙体在骨架承重的厂房中只起围护作用，再加上厂房在热工方面的要求不高，因此厂房的墙体不论在构造、表面装饰和细部处理，还是在承重方面都显得比民用建筑简单。目前厂房墙体所用的材料主要有砌体和板材墙体两种类型。

① 砌筑墙体：单层厂房可以用砖或其他砌块作为砌墙材料，砌筑用砂浆和组砌原则与民用建筑相同，室内部分一般不做抹灰处理，而是直接刮平缝刷白即可。由于单层厂房外墙没有室内横墙和楼板的拉结与支撑，为了保证墙体的稳定性，就要把柱子作为保证墙体稳定的依托，应当用拉结钢筋与柱子连接紧密，具体的构造要求如图 7-73 所示。

② 板材墙体：为了适应单层厂房装配程度高、施工进度快的要求，目前在许多大型单层厂房中广泛采用板材墙体墙板。墙板包括保温墙板、不保温墙板、通透墙板等多种类型，具有自重轻、抗震性能好、施工速度快、现场湿作业量小的优点。墙板的布置主要有横向布置、竖向布置和混合布置三种形式，它们各有所长，应根据工程具体情况合理选用。墙板的连接构造是必须要解决好构造问题，目前有柔性连接和刚性连接两种形式，图 7-74 是刚性连接构造的举例。

9）大门

单层厂房的大门与民用建筑有较大不同。大门的位置、数量、尺度和开启方式均要根据生产的工艺流程、通过车辆的种类和尺度进行选择，物流的因素是第一位的，人的交通处于相对次要的位置。厂房大门的种类有很多，如平开、推拉、上翻、折叠等开启方式，应用的材料也多种多样，要根据厂房的生产特性、气候条件进行选择。因为厂房大门的尺度往往比较大，门的固定和构造也有特殊的要求。图 7-75 是单层厂房钢筋混凝土门框及过梁的构造示意图。

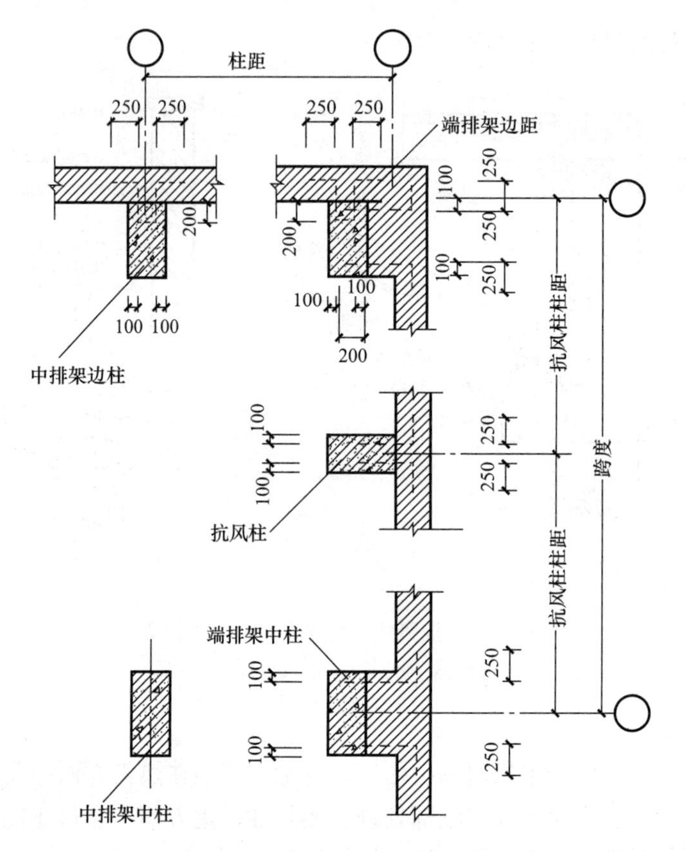


图 7-73 砌体墙与柱子的连接构造

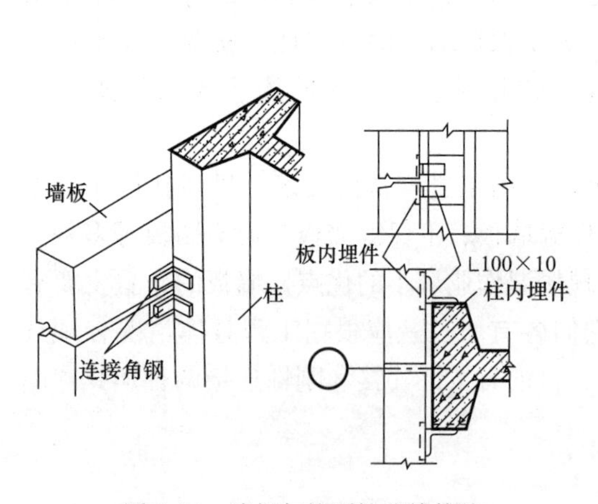


图 7-74 墙板与柱刚性连接构造

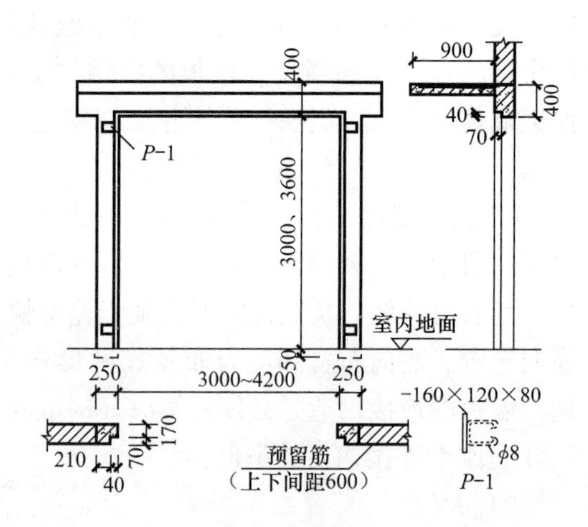


图 7-75 钢筋混凝土门框及过梁构造示意图

10）侧窗和天窗

① 侧窗：主要作用是采光和通风，有爆炸危险车间的侧窗往往还兼有泄爆的功能。由于大多数厂房对室内热工的要求要低于民用建筑，因此侧窗的选材和构造一般要比民用建筑简单，严寒地区厂房一般只在距室内地面 3m 的范围内设置双层窗，上部则为单层

窗。但对于恒温恒湿以及洁净车间的侧窗，其热工性能和密闭性的要求就非常高。

由于单层厂房的跨度较大，为了保证车间内部的照度，往往需要设置尺寸较大的侧窗。为了躲开吊车梁对侧窗的遮挡，侧窗一般分为两段设置（设有吊车梁的高度范围内一般不设置侧窗），即侧窗和高侧窗。由于厂房侧窗的面积较大，在一个窗洞内往往设置数樘窗，这些窗的开启方式和层数可能有多种，把它们组合在一起，并用拼樘互相连接，称为组合窗。厂房侧窗的开启方式多采用平开、中悬或上悬及固定式。

② 天窗：是单层厂房常见的采光和通风的设施之一。当厂房为多跨或跨度较大的时候，为了解决中间跨或跨中的采光问题，一般要设置天窗。当厂房有较高的通风要求时，往往也要通过设置天窗来解决，由于天窗是靠着热压通风，通风的效果较好。由于天窗的存在，给厂房屋盖系统的结构和构造带来了许多特殊的问题，需要认真处理好。

天窗的种类很多，主要有上升式（包括矩形、梯形、M形）天窗、下沉式（包括横向下沉、纵向下沉、点式）天窗和平天窗等多种形式（图7-76），它们适用的情况不一样，使用的效果不同，构造各异。

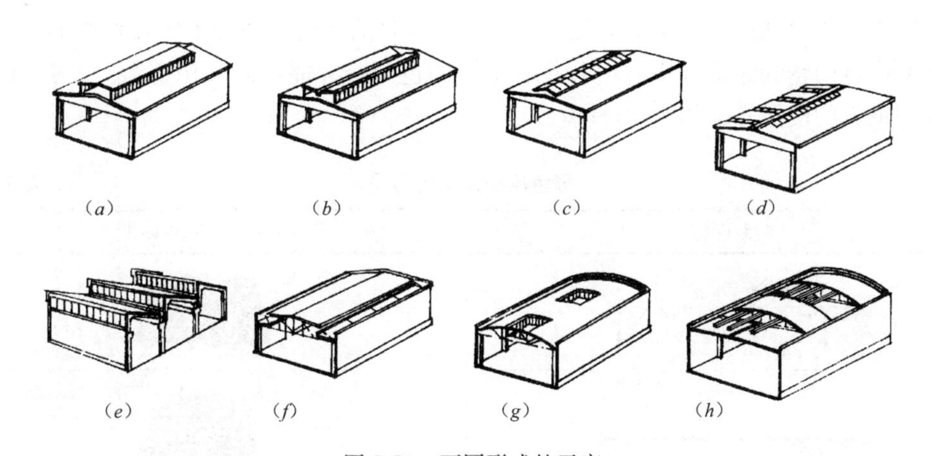


图7-76 不同形式的天窗

(a) 矩形天窗；(b) M形天窗；(c) 三角形天窗；(d) 采光带；(e) 锯齿形天窗；(f) 两侧下沉式天窗；(g) 中井式天窗；(h) 横向下沉式天窗

(3) 轻钢结构单层厂房的基本构造

轻钢结构单层厂房一般为钢架结构，围护结构一般为金属薄板，由于承重结构及围护结构所采用的钢板厚度较薄（通常在16mm之内），因此俗称为轻钢结构。轻钢结构具有建筑自重轻、结构和构造简单、标准化和装配程度高、施工进度快、构件互换和可重复利用程度高等优点，目前在现代工业企业中被广泛应用，多用于机电类生产车间和仓储建筑。

1) 轻钢结构单层厂房的基本组成

轻钢结构单层厂房的主体结构是钢架，钢架的类型很多，可以根据厂房的空间要求进行选择，图7-77是轻钢结构门式钢架的举例。轻钢结构单层厂房一般由轻钢骨架、连接骨架檩条系统、支撑墙板和屋面的檩条系统、金属墙板、金属屋面板、门窗、天窗等组成。

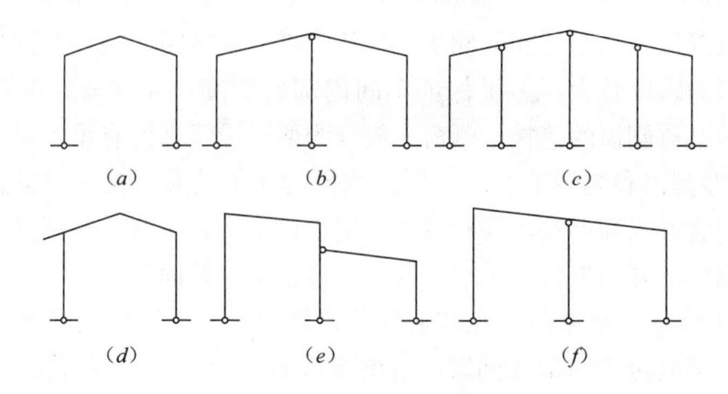


图 7-77　轻钢结构门式刚架

(a) 单跨刚架；(b) 双跨刚架；(c) 多跨刚架；(d) 带挑檐的钢架；
(e) 带附属跨的刚架；(f) 单坡刚架

2) 轻钢结构单层厂房的外墙

轻钢结构单层厂房的外墙多采用彩色压型钢板，这种板材是将厚度为 0.4～1.0mm 的薄钢板辊压成波形断面（表 7-4），这样可以增加板材的刚度，并便于切割和加工。需要在钢板表面进行防锈和涂饰处理，使其具有不同的色彩，并能提高使用寿命。一般情况下，彩色压型钢板的使用寿命约为 10～30 年。

**彩色压型钢板的板型**　　**表 7-4**

| 断面形式 | 彩色压型钢板样式 |
|---|---|
| 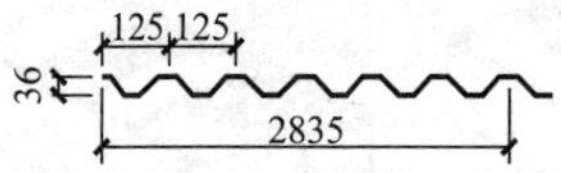 125 125 36 2835 | |
| 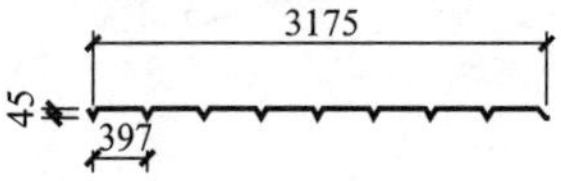 3175 45 397 |  |
| 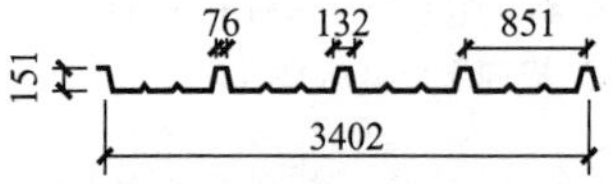 76 132 851 151 3402 | |
| 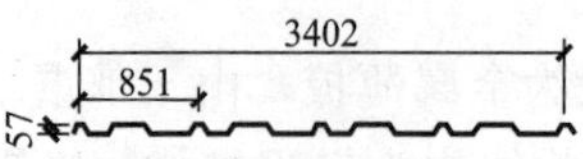 3402 851 57 |  |
| 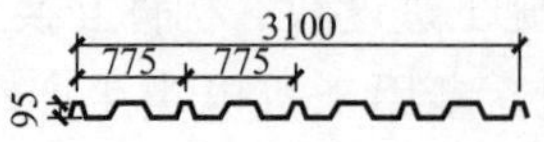 3100 775 775 95 |  |
| 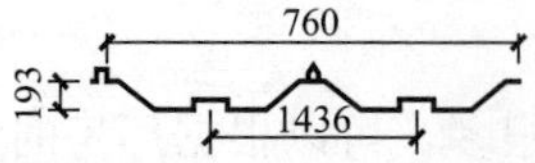 760 193 1436 |  |
| 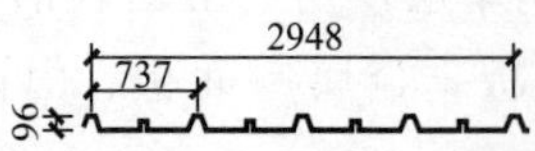 2948 737 96 | |

续表

| 断面形式 | 彩色压型钢板样式 |
| --- | --- |
| 132 132 737 2948 | |
| 95 95 737 2948 | |

复合夹芯板一般采用聚苯乙烯泡沫板、矿棉板、聚氨酯泡沫塑料板、岩棉板等作为芯材，具有热工性能好、自重轻、耐腐蚀、观感好、施工速度快和耐久性好的优点，特别适合在严寒及寒冷地区使用。

复合夹芯板通过自攻螺钉或铆钉与檩条连接，可以水平布置，也可以垂直布置。板之间的水平缝一般为错口（图 7-78）；垂直缝的缝型与板的布置方式有关：当板为横向布置时，一般为平缝（图 7-79）；当板为垂直布置时，多为企口缝或错口缝。板材在转角处和门窗洞口处的构造相对复杂，一般需要利用专门的盖缝构件进行处理，并用专用密封胶封口。

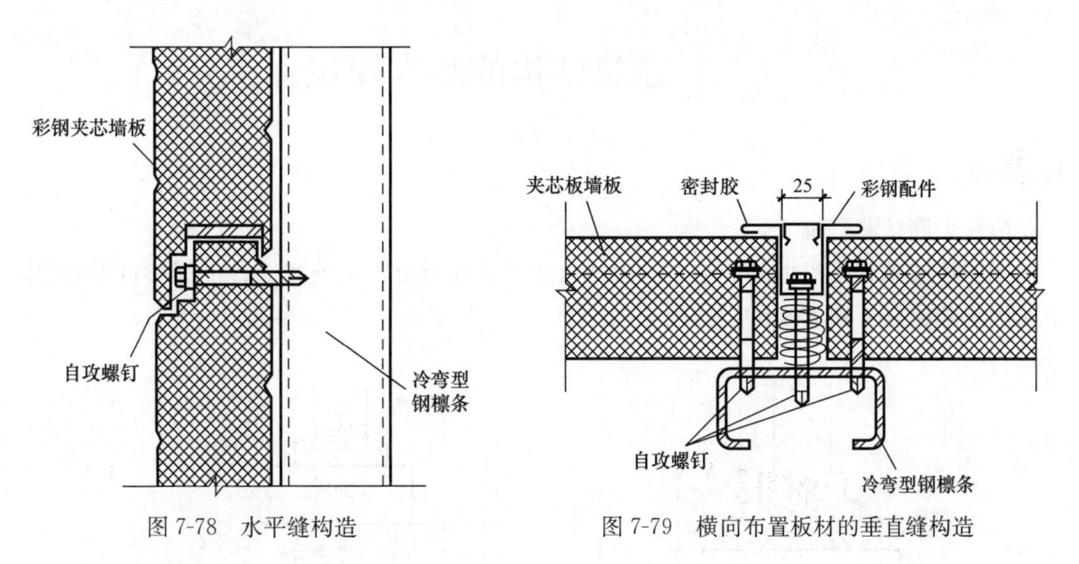


图 7-78　水平缝构造　　图 7-79　横向布置板材的垂直缝构造

3）轻钢结构单层厂房的屋面

彩色压型钢板已经取代石棉水泥瓦和镀锌波形瓦，成为有檩体系轻钢结构单层厂房普遍采用的屋面覆盖构件。彩色压型钢板屋面的自重一般仅为 0.10～0.18kN/m$^2$，具有自重轻、美观、耐久、标准化和装配化程度高的的优点。彩色压型钢板宜选用长尺寸板材，以减少板的搭接。单层板之间一般采用搭接、扣合式及咬合式连接。板与下部的檩条用自攻螺钉或铆钉连接。

当屋面有保温要求时，往往采用复合夹芯板。板材与檩条的连接方式主要有三种：

① 隐蔽连接：这种连接方式多用于平板类复合夹芯板，构造比较简单，连接螺栓不外漏，施工比较方便。图 7-80（*a*）是早期采用的连接方式，存在盖缝的 U 形板断面不够合理，易出现渗漏的问题。图 7-80（*b*）是改进的连接方式，板材的翻边和缝型更为合理，密闭和防水效果好。

② 外露连接：这种连接方式多用于波形断面复合夹芯板，连接点设在波峰上，自攻螺钉钉头下面设置盖片和防水垫，以增加连接点的强度和防渗漏能力（图 7-80*c*）。

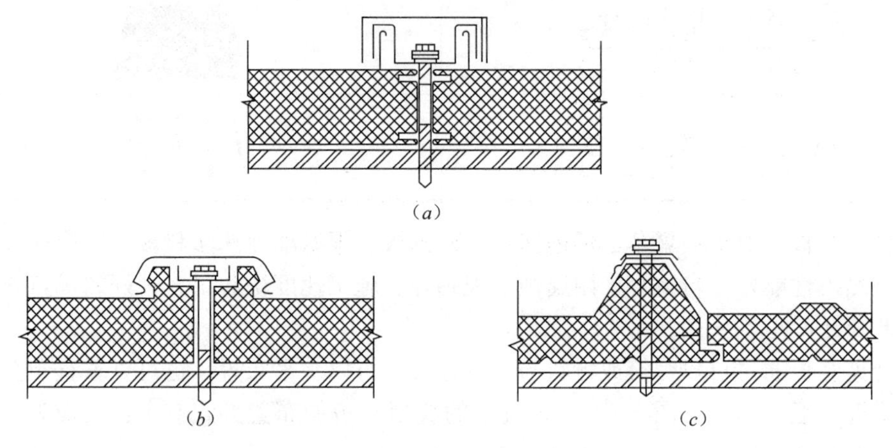


图 7-80　复合夹芯板连接构造

（*a*）隐蔽连接方式 1；（*b*）外露连接；（*c*）隐蔽连接方式 2

# （二）建筑结构的基本知识

## 1. 基础

（1）无筋扩展基础

无筋扩展基础系指由砖、毛石、混凝土或毛石混凝土、灰土和三合土等材料组成的墙下条形基础或柱下独立基础，如图 7-81 所示。

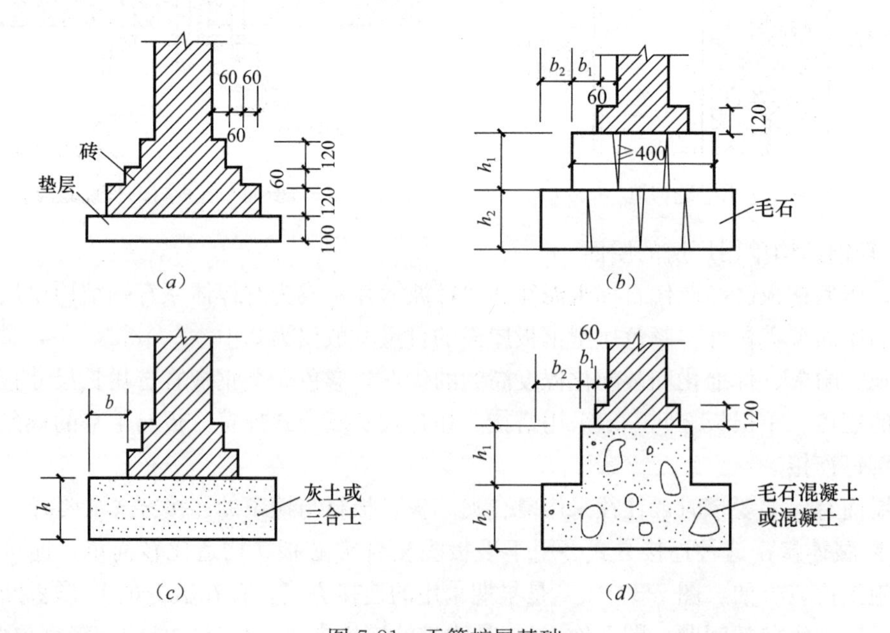


图 7-81　无筋扩展基础

（*a*）砖基础；（*b*）毛石基础；（*c*）灰土基础；（*d*）毛石混凝土基础、混凝土基础为保证基础的安全，必须限制基础内的拉应力和剪应力不超过基础材料强度的设计值，基础设计时，通过基础构造的限制来实现这一目标，即基础的外伸宽度与基础高度的比值应小于规范规定的台阶宽高比的允许值。由于此类基础几乎不可能发生挠曲变形，所以常称为刚性基础。

无筋扩展基础的高度，应符合下式要求（图 7-82）：

$$H_0 \geqslant (b - b_0)/2\tan\alpha \tag{7-1}$$

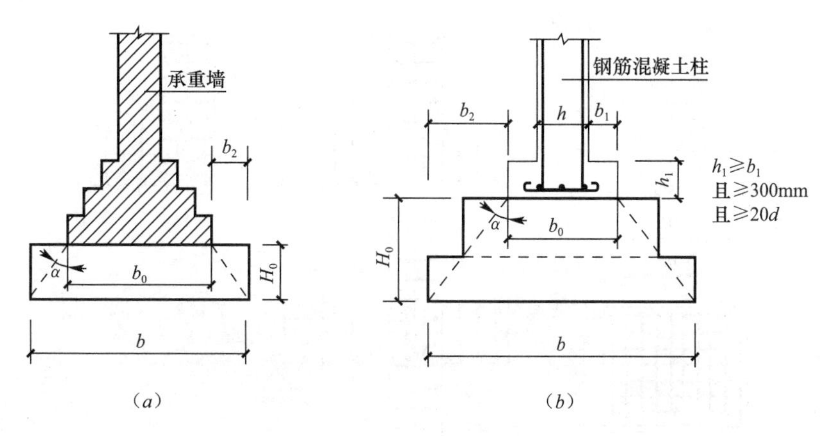


图 7-82　无筋扩展基础构造示意图

（2）扩展基础

扩展基础是指柱下钢筋混凝土独立基础和墙下钢筋混凝土条形基础，如图 7-83 所示。这种基础抗弯和抗剪性能良好，特别适用于“宽基浅埋”或有地下水时。

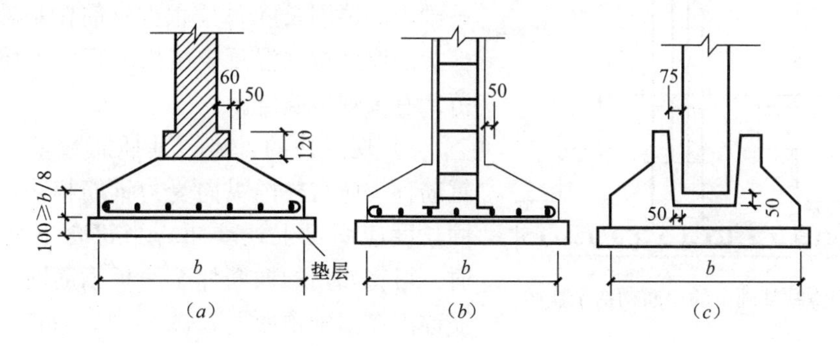


图 7-83　扩展基础

（a）钢筋混凝土条形基础；（b）现浇独立基础；（c）预制杯形基础

由于扩展基础有较好的抗弯能力，通常被看作柔性基础。这种基础能发挥钢筋的抗弯性能及混凝土抗压性能，适用范围广。

扩展基础应满足以下构造要求：

1）锥形基础的边缘高度不宜小于 200mm；阶梯形基础的每阶高度宜为 300～500mm。

2）垫层的厚度不宜小于 70mm；垫层混凝土强度等级应为 C10。

3）扩展基础底板受力钢筋的最小直径不宜小于 10mm；间距不宜大于 200mm，也不宜小于 100mm。

4）钢筋混凝土强度等级不应小于 C20。

5）当柱下钢筋混凝土独立基础的边长和墙下钢筋混凝土条形基础的宽度大于或等于 2.5m 时，底板受力钢筋的长度可取边长或宽度的 0.9 倍，并宜交错布置，如图 7-84（*a*）所示。

6）钢筋混凝土条形基础底板在 T 形及十字形交接处，底板横向受力钢筋仅沿一个主要受力方向通长布置，另一个方向的横向受力钢筋可布置到主要受力方向底板宽度的 1/4 处，如图 7-84（*b*）。在拐角处底板横向受力钢筋应沿两个方向布置，如图 7-84（*c*）。

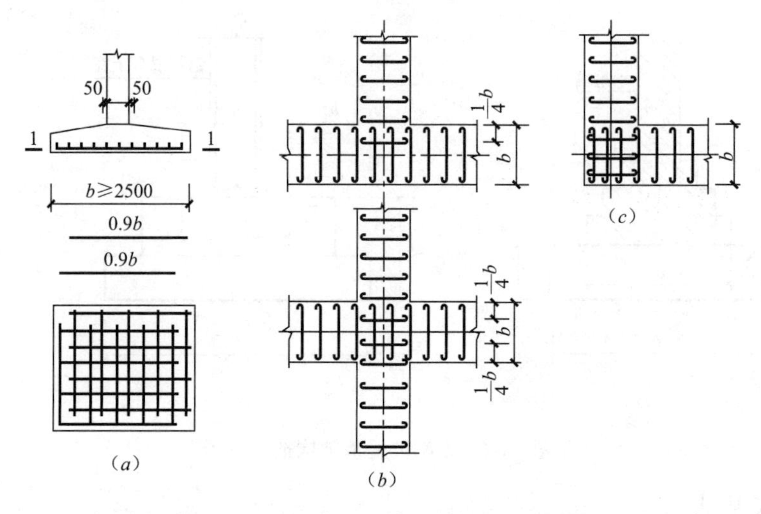


图 7-84　扩展基础底板受力钢筋布置示意图

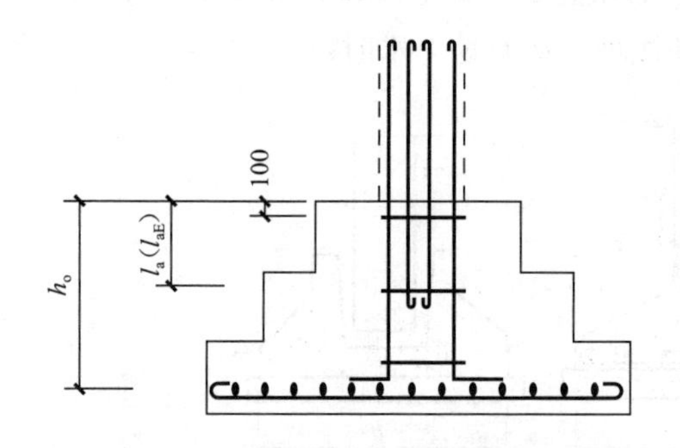


图 7-85　现浇柱基础中的插筋构造示意图

7）钢筋混凝土柱和剪力墙纵向受力钢筋在基础内的锚固长度 $l_a$ 应根据钢筋在基础内的最小保护层厚度按《混凝土结构工程施工质量验收规范》有关规定确定。

8）现浇柱的基础，其插筋数量、直径以及钢筋种类应与柱内纵向受力钢筋相同，插筋的锚固长度应满足上述要求。当符合下列条件之一时，可将四角的插筋伸至底板钢筋网上，其余插筋锚固在基础顶面下 $l_a$ 或 $l_{aE}$ 处，如图 7-85 所示。

（3）桩基础

桩基础是由桩和承台两部分组成。桩在平面上可以排成一排或几排，所有桩的顶部由承台连成一个整体并传递荷载。桩基础的作用是将承台以上上部结构传来的外力通过承台，由桩传到较深的地基持力层中，承台将各桩连成一个整体共同承受荷载，并将荷载较均匀地传给各个基桩。

由于桩基础的桩尖通常都进入到了比较坚硬的土层或岩层，因此，桩基础具有较高的承载力和稳定性，具有良好的抗震性能，是减少建筑物沉降与不均匀沉降的良好措施。

1）桩的分类

① 按施工方式分类：分为预制桩和灌注桩两大类。

② 按桩身材料分类：可分为混凝土桩、钢桩和组合桩。

③ 按桩的使用功能分类：可分为竖向抗压桩、水平受荷桩、竖向抗拔桩和复合受荷桩。

④ 按桩的承载性状分类：可分为摩擦型桩和端承型桩。

⑤ 按成桩方法分类：根据成桩方法和成桩过程中的挤土效应将桩分为挤土桩、部分挤土桩、非挤土桩。

⑥ 按承台底面的相对位置分类：可分为高承台桩基和低承台桩基。

⑦ 按桩径的大小分类：可分为小直径桩（桩直径≤250mm）、中等直径桩（桩直径250～800mm）和大直径桩（桩直径≥800mm）。

2）基桩的构造规定

① 摩擦型桩的中心距不宜小于桩身直径的 3 倍；扩底灌注桩的中心距不宜小于扩底直径的 1.5 倍，当扩底直径大于 2m 时，桩端净距不宜小于 1m。在确定桩距时还应考虑施工工艺中的挤土效应对相邻桩的影响。

② 扩底灌注桩的扩底直径不宜大于桩身直径的 3 倍。

③ 预制桩的混凝土强度等级不应低于 C30；灌注桩不应低于 C20；预应力桩不应低于 C40。

④ 打入式预制桩的最小配筋率不宜小于 0.8%；静压预制桩的最小配筋率不宜小于 0.6%；灌注桩的最小配筋率不宜小于 0.2%～0.65%（小直径取大值）。

⑤ 桩顶嵌入承台的长度不宜小于 50mm。桩顶主筋应伸入承台内，其锚固长度对 HPB300 级钢筋不宜小于 30 倍主筋直径。

3）承台构造

承台有多种形式，如柱下独立桩基承台、箱形承台、筏形承台、柱下梁式承台和墙下条形承台等。承台的作用是将桩联成一个整体，并把建筑物的荷载传到桩上，因此承台要有足够的强度和刚度。

以下主要介绍板式承台的构造要求：

① 承台的宽度不应小于 500mm；

② 承台的厚度不应小于 300mm；

③ 承台的配筋，对于矩形承台其钢筋应按双向均匀通长配筋，钢筋直径不宜小于 10mm，间距不宜大于 200mm（图 7-86*a*）；对于三桩承台，钢筋应按三向板带均匀配置，且最里面的三根钢筋围成的三角形应在柱截面范围内（图 7-86*b*）；

④ 承台混凝土的强度等级不宜低于 C20。

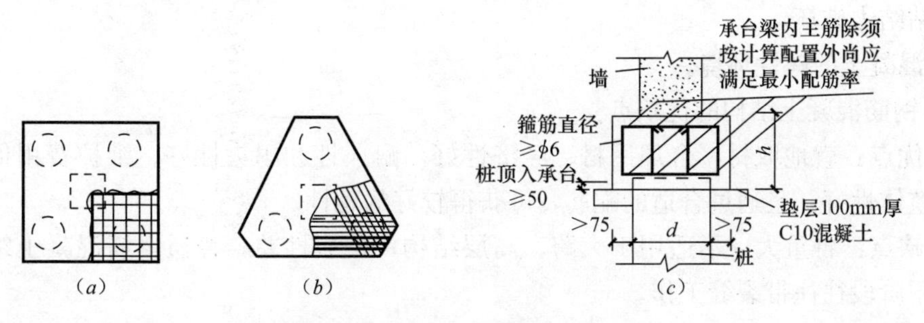


图 7-86　承台配筋示意

(*a*) 矩形承台配筋；(*b*) 三桩承台配筋；(*c*) 承台梁

4）承台之间的连接

单桩承台宜在两个相互垂直的方向上设置连系梁；两桩承台宜在其短向设置连系梁；有抗震要求的柱下独立承台宜在两个主轴方向设置连系梁。连系梁顶面宜与承台位于同一标高。连系梁的宽度不应小于 250mm，梁的高度可取承台中心距的 1/5～1/10。连系梁内上下纵向钢筋直径不应小于 12mm 且不应少于 2 根，并按受拉要求锚入承台。

## 2. 混凝土结构的构件的受力

（1）混凝土结构的一般概念

1）混凝土结构的定义与分类

① 混凝土结构的定义：以混凝土为主材，并根据需要配置钢筋、钢骨、钢管等，作为主要承重材料的结构，均可称为混凝土结构。

② 混凝土结构的分类：素混凝土结构、钢骨混凝土结构、钢筋混凝土结构、钢管混凝土结构、预应力混凝土结构。

2）配筋的作用与要求

将钢筋与混凝土组合起来使用，主要是由两者的力学性能和经济性决定的。

① 混凝土的主要力学性能

A. 抗压强度较高，而抗拉强度却很低（只有抗压强度的 1/20～1/8）。

B. 具有明显的脆性性质。

② 钢材的主要性能

A. 抗拉和抗压强度都很高。

B. 延性好：多数钢材具有屈服现象，破坏时表现出较好的延性。

C. 易于压曲失稳：细长的钢筋受压时极易压曲，仅能作为受拉构件。

D. 耐久性和耐火性差。

将混凝土和钢材这两种材料有机地结合在一起，可以取长补短，充分利用材料的性能。

3）钢筋与混凝土共同工作的条件

① 钢筋和混凝土之间存在良好的粘结力；保证在荷载作用下两种材料协调变形，共同受力。

② 钢材与混凝土具有基本相同的温度线膨胀系数（钢材为 $1.2\times10^{-5}$/℃，混凝土为 $1.0\times10^{-5}\sim1.5\times10^{-5}$/℃）；保证温度变化时，两种材料不会产生过大的变形差而导致两者间的粘结力破坏。

③ 混凝土的碱性环境。

4）钢筋混凝土结构的优缺点

① 优点：就地取材，合理用材、经济性好，耐久性和耐火性好、维护费用低，可模性好，整体性好，且通过合适的配筋，可获得较好的延性。

② 缺点：自重大，不适用于大跨、高层结构；抗裂性差，普通钢筋混凝土结构，在正常使用阶段往往带裂缝工作。

（2）构件的基本受力形式

钢筋混凝土构件按基本受力形式可分为：受弯、受扭以及纵向受力构件三种。

1）钢筋混凝土受弯构件

① 钢筋混凝土受弯构件的概念及计算简图

杆件在纵向平面内受到力偶或垂直于杆轴线的横向力作用时，杆件的轴线将由直线变成曲线，这种变形称为弯曲。实际上，杆件在荷载作用下产生弯曲变形时，往往还伴随有其他变形。我们把以弯曲变形为主的构件称为受弯构件。

梁和板，如房屋建筑中的楼（屋）面梁、楼（屋）面板、雨篷板、挑檐板、挑梁等是工程实际中典型的受弯构件（图 7-87）。

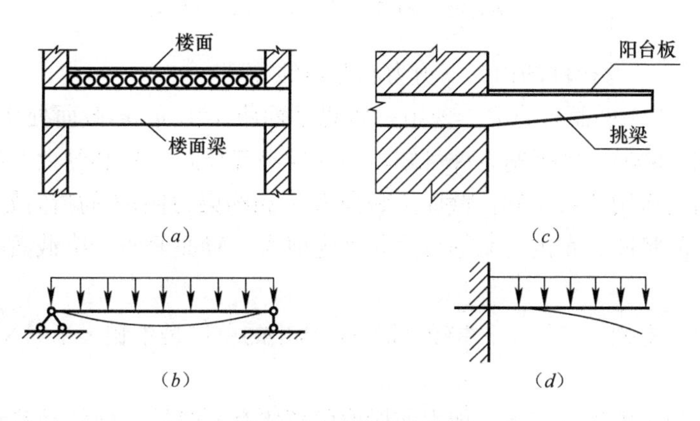


图 7-87　受弯构件举例

实际工程中常见的梁，其横截面往往具有竖向对称轴（图 7-88*a*～*c*），它与梁轴线所构成的平面称为纵向对称平面（图 7-88*d*）。

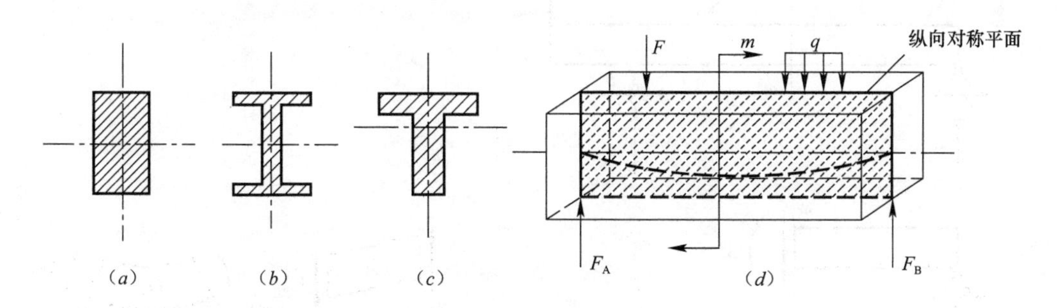


图 7-88　梁横截面的竖向对称轴及梁的纵向对称平面

（*a*）、（*b*）、（*c*）梁横截面的竖向对称轴；（*d*）梁的纵向对称平面

若作用在梁上的所有外力（包括荷载和支座反力）和外力偶都位于纵向对称平面内，则梁变形时，其轴线将变成该纵向对称平面内的一条平面曲线，这样的弯曲称为平面弯曲。

按支座情况不同，工程中的单跨静定梁分为悬臂梁、简支梁和外伸梁三类。

在梁的计算简图中，梁用其轴线表示，梁上荷载简化为作用在轴线上的集中荷载或分布荷载，支座则是其对梁的约束，简化为可动铰支座、固定铰支座或固定端支座。梁相邻两支座间的距离称为梁的跨度。悬臂梁、简支梁、外伸梁的计算简图如图 7-89 所示。

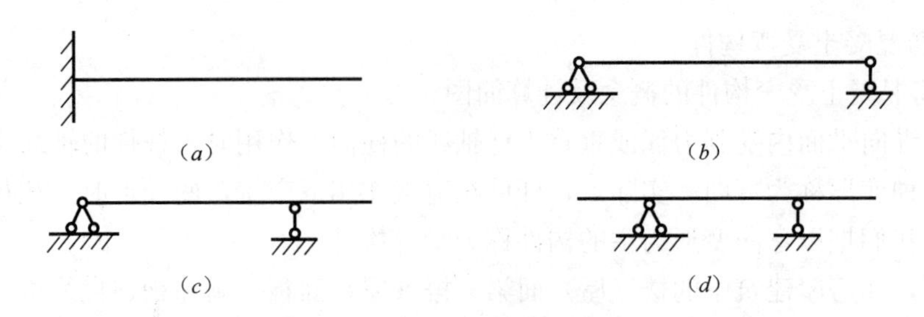


图 7-89　单跨静定梁的计算简图

(a) 悬臂梁；(b) 简支梁；(c)、(d) 外伸梁

② 钢筋混凝土受弯构件的内力（剪力和弯矩的计算）

图 7-90（a）为一平面弯曲梁。现用一假想平面将梁沿 m-m 截面处切成左、右两段。现考察左段（图 7-90b）。由平衡条件可知，切开处应有竖向力 $V$ 和约束力偶 $M$。若取右段分析，由作用与反作用关系可知，截面上竖向力 $V$ 和约束力偶 $M$ 的指向如图 7-90（c）。$V$ 是与横截面相切的竖向分布内力系的合力，称为剪力；$M$ 是垂直于横截面的合力偶矩，称为弯矩。

剪力的单位为牛顿（N）或千牛顿（kN）；弯矩的单位是牛顿·米（N·m）或千牛·米（kN·m）。

剪力和弯矩的正负规定如下：剪力使所取脱离体有顺时针方向转动趋势时为正，反之为负（图 7-91a、b）；弯矩使所取脱离体产生上部受压、下部受拉的弯曲变形时为正，反之为负（图 7-91c、d）。

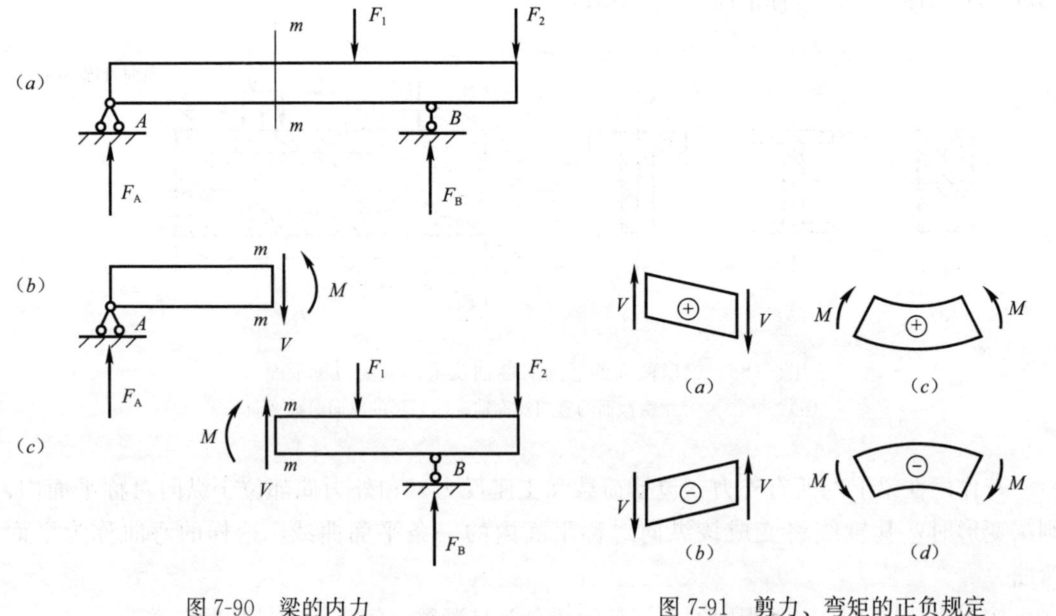


图 7-90　梁的内力

(a) 平面弯曲梁；(b)、(c) 切开的左右段

图 7-91　剪力、弯矩的正负规定

(a)、(b) 剪力的正负规定；(c)、(d) 弯矩的正负规定

③ 钢筋混凝土受弯构件截面法计算剪力和弯矩

用截面法计算指定截面剪力和弯矩的步骤如下：

A. 计算支反力；

B. 用假想截面在需要求内力处将梁切成两段，取其中一段为研究对象；

C. 画出研究对象的受力图，截面上未知剪力和弯矩均按正向假设；

D. 建立平衡方程，求解内力。

**【例 7-1】** 如图 7-92（*a*）所示简支梁，$F_1=F_2=8kN$，试求 1-1 截面的剪力和弯矩。

**【解】** 1. 求支座反力

以 *AB* 梁为研究对象，假设支座反力 $F_A$ 和 $F_B$ 如图 7-92所示。

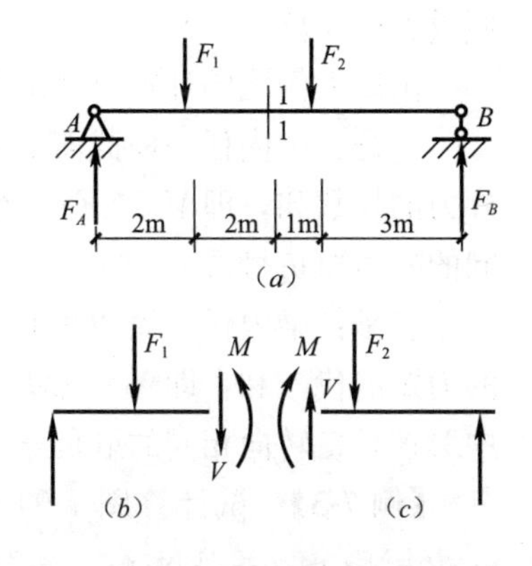

图 7-92 例 7-1 图

由 $\Sigma M_A=0$ 得：

$2F_1+5F_2-8F_B=0$

$F_B=(2F+5F_2)/8=(2\times8+5\times8)/8=7kN$

由 $\Sigma F_y=0$ 得：

$F_A+F_B-F_1-F_2=0$

$F_A=F_1+F_2-F_B=8+8-7=9kN$

2. 求截面 1-1 的内力

取 1-1 截面以左的梁段为研究对象，假设剪力 *V* 和弯矩 *M* 如图 7-92（*b*）（按正向假设）。

由 $\Sigma F_y=0$ 得：

$F_A-F_1-V=0$

$V=-F_1+F_A=-8+9=1kN$

由 $\Sigma M_A=0$ 得：

$M-2F_1-4V=0$

$M=2F_1+4V=2\times8+4\times1=20kN\cdot m$

计算结果 *V*、*M* 均为正值，说明其实际方向与所设方向相同。

**【例 7-2】** 试求图 7-93（*a*）所示悬臂梁 1-1 截面的内力。

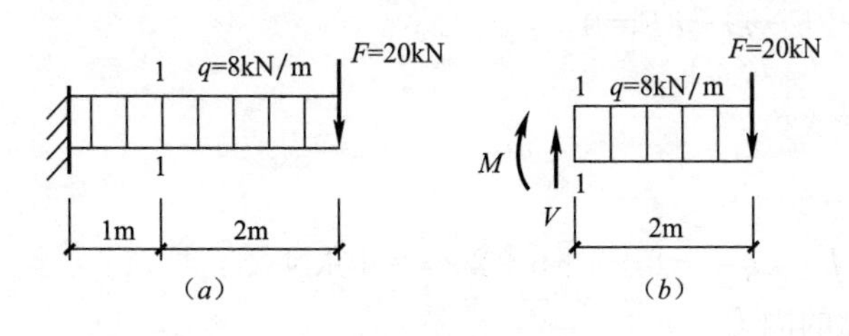

图 7-93 例 7-2 图

**【解】** 本例可不必计算固定端的支座反力。

假想将梁从 1-1 截面处切开，取右段为研究对象，按正向假设剪力 *V* 和弯矩 *M*，如图 7-93（*b*）。

由 $\Sigma F_y=0$ 得：

$V-2q-F=0$

$V=2q+F=2\times8+20=36kN$

由 $\Sigma M_{1-1}=0$ 得：

$-M-2q\times1-F\times2=0$

$M=-(2\times8+20\times2)=-56kN\cdot m$

计算结果 $V$ 为正值，说明其实际方向与假设方向相同。$M$ 为负，说明其实际方向与假设方向相反。

由以上例题的计算可总结出截面法计算任意截面剪力和弯矩的规律：

一是：梁内任一横截面上的剪力 $V$，等于该截面左侧（或右侧）所有垂直于梁轴线的外力的代数和，即 $V=\Sigma F_{外}$。所取梁段上与该剪力指向相反的外力在式中取正号，指向相同的外力取负号。

二是：梁内任一横截面上的弯矩 $M$，等于截面左侧（或右侧）所有外力对该截面形心的力矩的代数和，即 $M=\Sigma M_c(F_{外})$。所取脱离体上 $M$ 转向相反的外力矩及外力偶矩在式中取正号，转向相同的取负号。

**【例 7-3】** 试计算图 7-94 所示外伸梁 $A$、$B$、$E$、$F$ 截面上的内力。已知 $F=5kN$，$m=6kN\cdot m, q=4kN/m$。

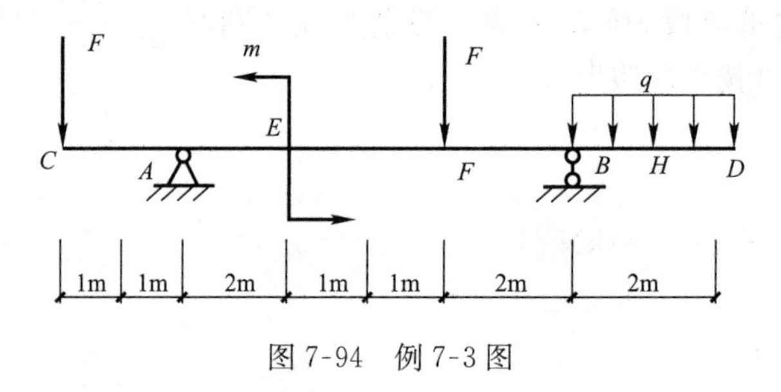


图 7-94 例 7-3 图

**【解】** 1. 求支座反力

取整体为研究对象，设支座反力 $F_A$、$F_B$ 方向向上。

由 $\Sigma M_B=0$ 得：

$6F_A+2q\times2/2-2F-m-8F=0$

$F_A=8kN$

由 $\Sigma F_y=0$ 得：

$F_A+F_B-F-F-2q=0$

$F_B=-F_A+F+F+2q=-8+5+5+2\times4=10kN$

2. 求出相应截面的内力

按正向假设未知内力，各截面均取左段分析。

$A$ 左截面：

$V_A$ 左 $=-F=-5kN$

$M_A$ 左 $=-F\times2=-5\times2=-10kN\cdot m$

$A$ 右截面：

$V_A$ 右 $=-F+F_A=-5+8=3kN$

$M_A$ 右 $=-F\times2=-5\times2=-10kN\cdot m$

$E$ 左截面：

$V_E$ 左 $=-F+F_A=-5+8=3\text{kN}$

$M_E$ 左 $=-F\times4+F_A\times2=-4\text{kN}\cdot\text{m}$

$E$ 右截面：

$V_E$ 右 $=-F+F_A=3\text{kN}$

$M_E$ 右 $=-F\times4+F_A\times2-\text{m}=-10\text{kN}\cdot\text{m}$

$F$ 左截面：

$V_F$ 左 $=-F+F_A=3\text{kN}$

$M_F$ 左 $=-F\times6+F_A\times4-\text{m}=-4\text{kN}\cdot\text{m}$

$F$ 右截面：

$V_F$ 右 $=-F+F_A-F=-2\text{kN}$

$M_F$ 右 $=-F\times6+F_A\times4-\text{m}=-4\text{kN}\cdot\text{m}$

$B$ 左截面：

$V_B$ 左 $=-F+F_A-F=-2\text{kN}$

$M_B$ 左 $=-F\times8+F_A\times6-m-F\times2=-8\text{kN}\cdot\text{m}$

$B$ 右截面：

$V_B$ 右 $=-F+F_A-F+F_B=8\text{kN}$

$M_B$ 右 $=-F\times8+F_A\times6-m-F\times2=-8\text{kN}\cdot\text{m}$

由上述例题可以看出，有集中力偶作用处的左侧和右侧截面上，弯矩突变，其突变的绝对值等于集中力偶的大小；有集中力作用处的左侧和右侧截面上，剪力值突变，其突变的绝对值等于集中力的大小。

④ 钢筋混凝土受弯构件构造要求

梁的截面形式主要有矩形、T形、倒T形、L形、工字形、十字形、花篮形等。板的截面形式一般为矩形、空心板、槽形板等。

梁、板的截面尺寸必须满足承载力、刚度和裂缝控制要求，同时还应利于模板定型化。

从利用模板定型化考虑，梁的截面高度 $h$ 一般可取 250mm、300mm、……800mm、900mm、1000mm 等，$h\leqslant800$mm 时取 50mm 的倍数，$h>800$mm 时取 100mm 的倍数；矩形梁的截面宽度和 T 形截面的肋宽 $b$ 宜采用 100mm、120mm、150mm、180mm、200mm、220mm、250mm，大于 250mm 时取 50mm 的倍数。梁适宜的截面高宽比 $h/b$，矩形截面为 2～3.5，T形截面为 2.5～4。

⑤ 钢筋混凝土梁、板的配筋

A. 梁的配筋

梁中通常配置纵向受力钢筋、弯起钢筋、箍筋、架立钢筋等，构成钢筋骨架（图 7-95），有时还配置纵向构造钢筋及相应的拉筋等。

纵向受力钢筋：根据纵向受力钢筋配置的不同，受弯构件分为单筋截面和双筋截面两种。前者指只在受拉区配置纵向受力钢筋的受弯构件；后者指同时在梁的受拉区和受压区配置纵向受力钢筋的受弯构件。梁纵向受力钢筋的常用直径为 12～25mm。为了保证钢筋周围的混凝土浇筑密实，避免钢筋锈蚀而影响结构的耐久性，梁的纵向受力钢筋间必须留有足够的净间距（图 7-96）。

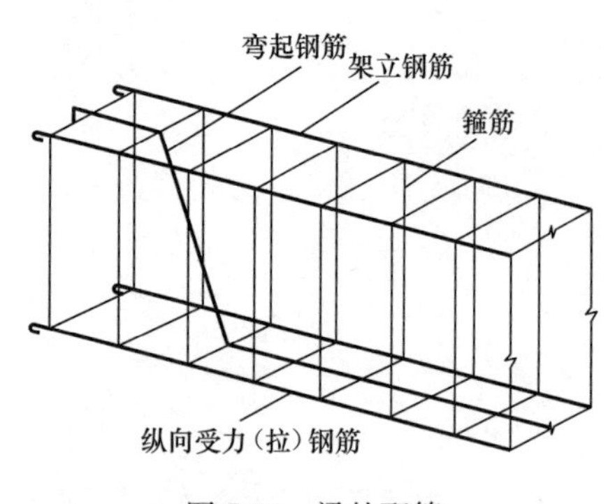


图 7-95　梁的配筋

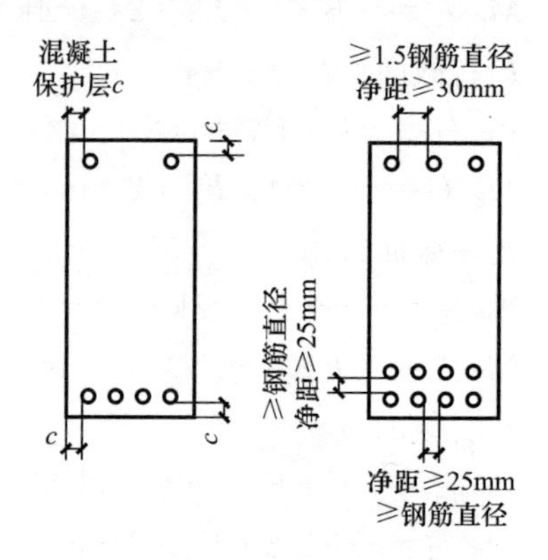


图 7-96　受力钢筋的排列

架立钢筋：设置在受压区外缘两侧，并平行于纵向受力钢筋。其作用一是固定箍筋位置以形成梁的钢筋骨架，二是承受因温度变化和混凝土收缩而产生的拉应力，防止产生裂缝。受压区配置的纵向受压钢筋可兼作架立钢筋。

弯起钢筋：弯起钢筋在跨中是纵向受力钢筋的一部分，在靠近支座的弯起段弯矩较小处则用来承受弯矩和剪力共同产生的主拉应力，即作为受剪钢筋的一部分。钢筋的弯起角度一般为 45°，梁高 $h$＞800mm 时可采用 60°。实际工程中第一排弯起钢筋的弯终点距支座边缘的距离通常取为 50mm，如图 7-97 所示。

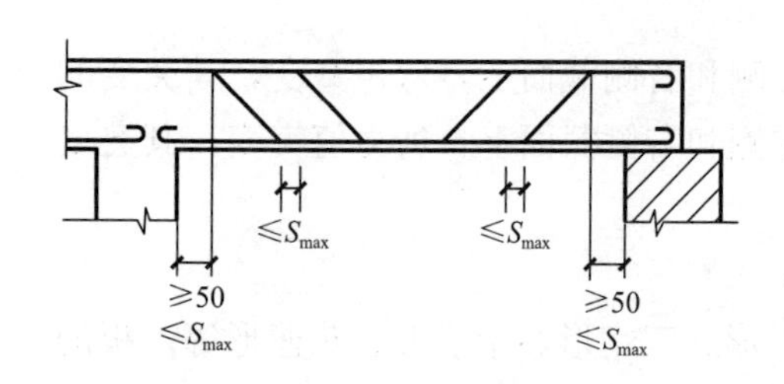


图 7-97　弯起钢筋的布置

箍筋：主要是用来承受由剪力和弯矩在梁内引起的主拉应力，并通过绑扎或焊接把其他钢筋联系在一起，形成空间骨架。箍筋应根据计算确定。按计算不需要箍筋的梁，当梁的截面高度 $h$＞300mm 时，应沿梁全长按构造配置箍筋；当 $h$＝150～300mm 时，可仅在梁的端部各 1/4 跨度范围内设置箍筋，但当梁的中部 1/2 跨度范围内有集中荷载作用时，仍应沿梁的全长设置箍筋；若 $h$＜150mm 时，可不设箍筋。梁内箍筋宜采用 HPB235 级、HRB335 级、HRB400 级钢筋。箍筋的形式可分为开口式和封闭式两种，如图 7-98 所示。

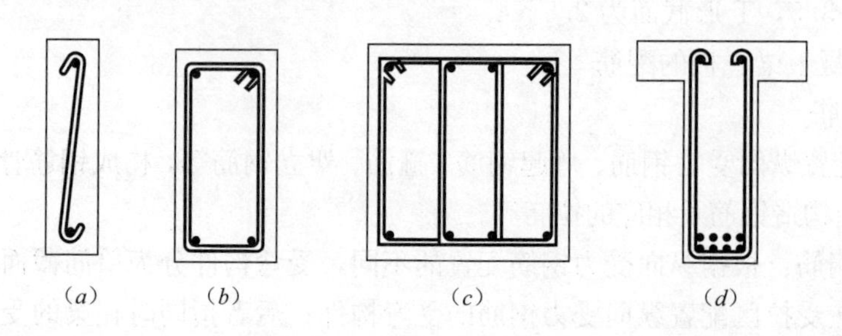


图 7-98　箍筋的形式和肢数

梁支座处的箍筋一般从梁边（或墙边）50mm 处开始设置。当梁与钢筋混凝土梁或柱整体连接时，支座内可不设置箍筋，如图 7-99 所示。

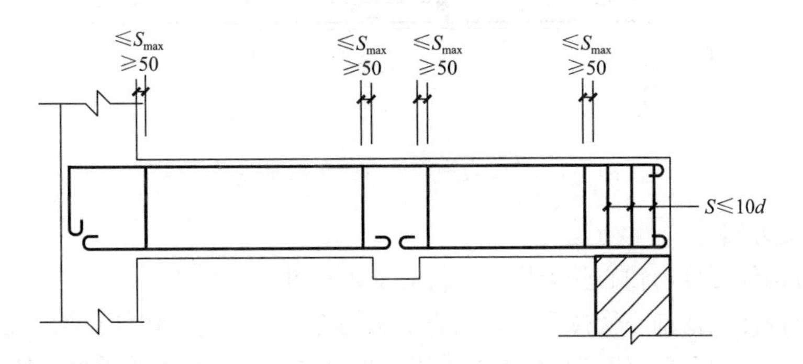


图 7-99　箍筋的布置

纵向构造钢筋及拉筋：当梁的截面高度较大时，为了防止在梁的侧面产生垂直于梁轴线的收缩裂缝，同时也为了增强钢筋骨架的刚度，增强梁的抗扭作用，当梁的腹板高度 $h_w$≥450mm 时，应在梁的两个侧面沿高度配置纵向构造钢筋，并用拉筋固定（图 7-100）。

拉筋直径一般与箍筋相同，间距常取为箍筋间距的两倍。

B. 板的配筋

板通常只配置纵向受力钢筋和分布钢筋（图 7-101）。

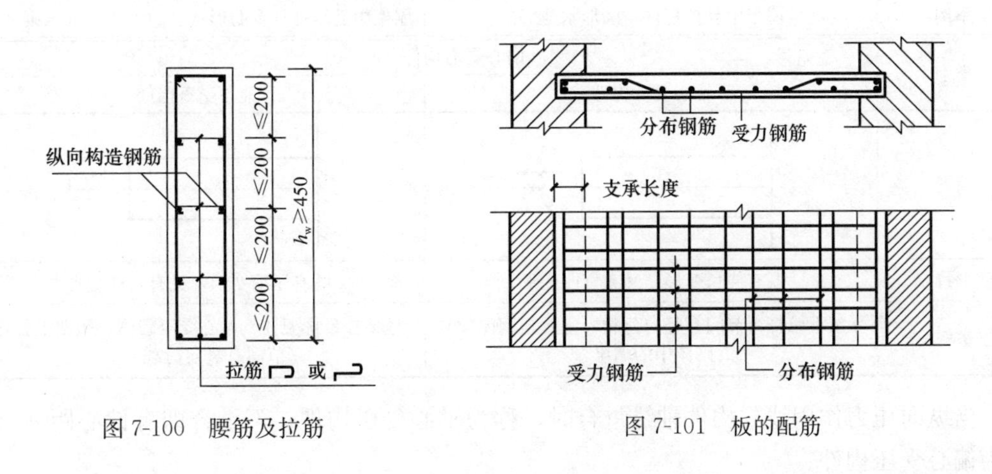


图 7-100　腰筋及拉筋　　图 7-101　板的配筋

受力钢筋：梁式板的受力钢筋沿板的短跨方向布置在截面受拉一侧，用来承受弯矩产生的拉力。板的纵向受力钢筋的常用直径为 6mm、8mm、10mm、12mm。为了正常地分担内力，板中受力钢筋的间距不宜过稀，但为了绑扎方便和保证浇捣质量，板的受力钢筋间距也不宜过密。

分布钢筋：分布钢筋垂直于板的受力钢筋方向，在受力钢筋内侧按构造要求配置。分布钢筋的作用：一是固定受力钢筋的位置，形成钢筋网；二是将板上荷载有效地传到受力钢筋上去；三是防止温度或混凝土收缩等原因沿跨度方向产生裂缝。

分布钢筋宜采用 HPB300 级、HRB335 级钢筋，常用直径为 6mm、8mm，如图 7-102。

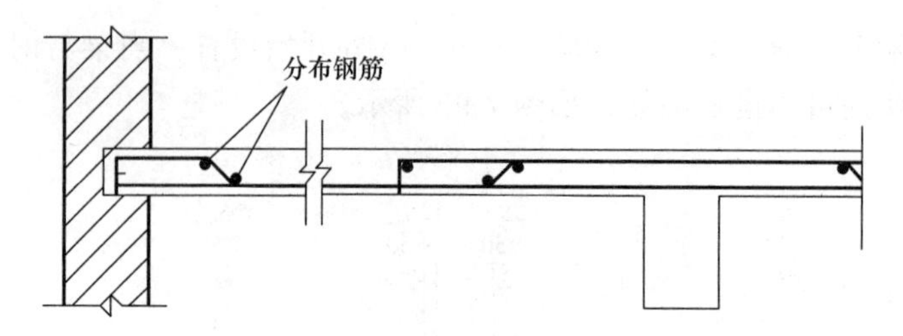


图 7-102　受力钢筋转折分布钢筋的配置

2）纵向受力构件

纵向受力构件可分为轴心受力构件和偏心受力构件。

轴心受力构件包括轴心受拉构件和轴心受压构件，偏心受力构件包括偏心受拉构件和偏心受压构件，见表 7-5。建筑工程中，受压构件是最重要且常见的承重构件。

**纵向受力构件类型**　　**表 7-5**

| 类　别 | 轴心受力构件（$e_0=0$） | |
|---|---|---|
| | 轴心受拉构件 | 轴心受压构件 |
| 简图 | | |
| 变形特点 | 只有伸长变形 | 只有压缩变形 |
| 举例 | 屋架中受拉杆件、圆形水池等 | 屋架中受压杆件及肋形楼盖的中柱、轴压砌体等 |
| 类别 | 偏心受力构件（$e_0\neq0$） | |
| | 轴心受拉构件 | 轴心受压构件 |
| 简图 | $e_0$ | $e_0$ |
| 变形特点 | 既有伸长变形，又有弯曲变形 | 既有压缩变形，又有弯曲变形 |
| 举例 | 屋架下弦杆（节间有竖向荷载，主要是钢屋架）、砌体中的墙梁 | 框架柱、排架柱、偏心受压砌体、屋架上弦杆（节间有竖向荷载）等 |

当纵向压力作用线与构件轴线重合时，称为轴心受压构件；不重合即有偏心距 $e_0$ 时，称为偏心受压构件。

① 轴心受力构件的内力

轴心受压柱最常见的形式是配有纵筋和一般的横向箍筋，称为普通箍筋柱。箍筋是构造钢筋，这种柱破坏时，混凝土处于单向受压状态。当柱承受荷载较大、增加截面尺寸受到限制时，普通箍筋柱又不能满足承载力要求时，横向箍筋也可以采用螺旋筋或焊接环筋，这种柱称为螺旋箍筋柱。

如图 7-103（$a$）所示在纵向荷载 $F$ 作用下将产生纵向变形 $\Delta l$ 和横向变形 $\Delta b$。若用假想平面 $m$-$m$ 将杆件截开（图 7-103$b$），其截面上与外力 $F$ 平衡的力 $N$ 就是杆件的内力。显然，该内力是沿杆件轴线作用的，因此，我们将轴向拉（压）杆的内力称为轴力。

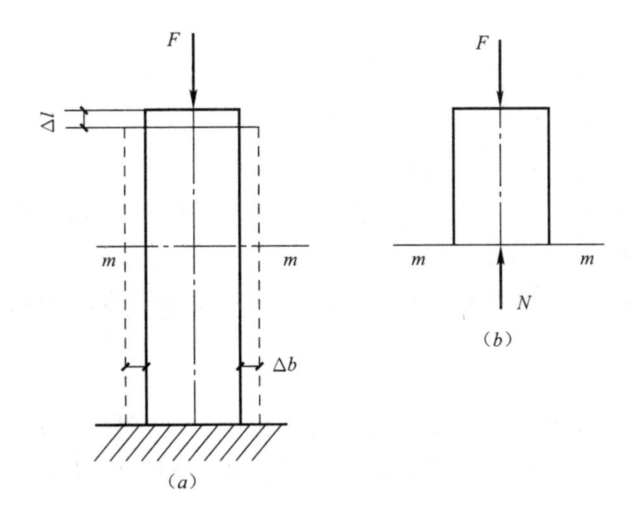


图 7-103 轴心受压构件受力图

② 轴心受压构件截面法求轴力

截面法求轴力的步骤如下：

A. 取脱离体：用假想的平面去截某一构件，图 7-103（*a*）中 *m*-*m* 截面，从而把构件分成两部分，移去其中一部分，保留部分为研究对象。

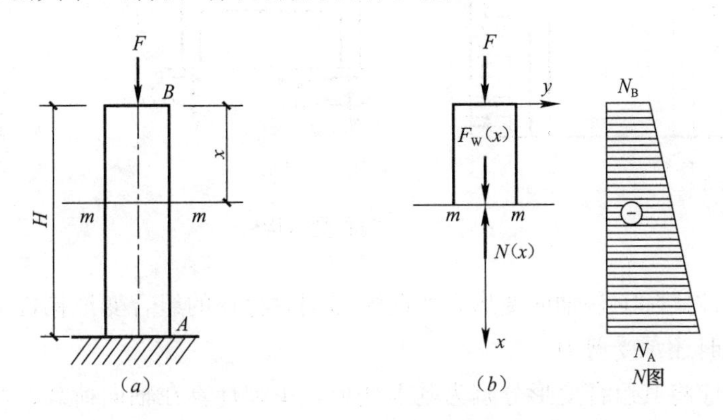


图 7-104 轴心受压构件

B. 列平衡方程：在脱离体截开的截面上给出轴力（假设为轴向拉力或轴向压力），图 7-103（*b*）假定轴力 $N$ 为压力，利用平衡方程就可以求得轴力 $N$。

C. 画轴力图：应用上述原理就可以求得任一横截面上的轴力值。假定与杆件轴线平行的轴为 $x$ 轴，其上各点表示杆件横截面对应位置；另一垂直方向为 $y$ 轴，$y$ 坐标大小表示对应截面的轴力 $N$，按一定比例绘成的图形叫轴力图。

**【例 7-4】** 已知矩形截面轴压柱的计算简图如图 7-104（*a*）所示，其截面尺寸为 $b \times h$，柱高 $H$，材料重度为 $\gamma$，柱顶承受集中荷载 $F$，求各截面的内力并绘出轴力图。

**【解】**

1. 取脱离体

用假想平面距柱顶 $x$ 处截开，取上部分为脱离体（图 7-104*b*）。柱子自重 $F_W(x) = \gamma bhx$，对应截面的轴力为 $N(x)$，假定为压力（箭头指向截面）。

2. 列平衡方程

由 $\Sigma F_x=0$ 得：$-N(x)+F_W(x)+F=0$

$N(x)=F_W(x)+F=\gamma bhx+F(0\leqslant x\leqslant H)$

当 $x=0$ 时，$N_B=F$；当 $x=H$ 时，$N_A=F+\gamma bhH$。

本题计算结果 $N(x)$ 为正，与图中标注方向一致，所以 $N(x)$ 为压力。绘轴力图时，符号规定：拉力为正；压力为负。

轴力方程是 $x$ 的一元一次方程，所以绘出 $N_A$、$N_B$ 其连线即为该柱轴力图，如图 7-104（$b$）所示。

③ 偏心受力构件

实际工程中大部分的纵向受力构件为偏心受力构件，主要是偏心受压构件，例如厂房中的排架柱（图 7-105$a$）、框架柱（图 7-105$b$）、承受非节点荷载的屋架上弦杆（图 7-105$c$）。

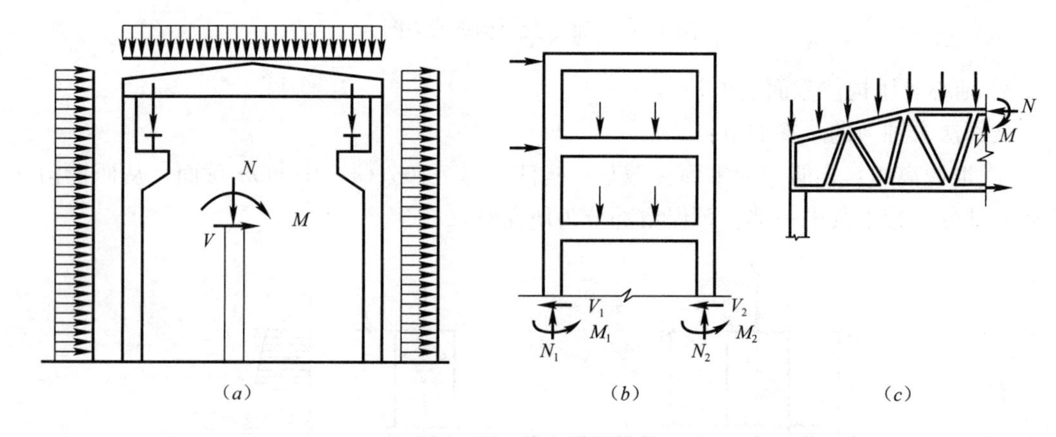


图 7-105　偏心受压构件

偏心受力构件实际上是轴向变形和弯曲变形同时存在的组合变形构件，它同时承受轴向力和弯矩，有时还承受剪力。

内力计算时应将其组合变形分解为基本变形，单独计算在轴向荷载、弯矩和剪力作用下的各截面的轴向内力、弯矩、剪力，并分别绘制相应的轴力图、弯矩图和剪力图，即得构件的内力图。

**【例 7-5】** 已知某柱，如图 7-106（$a$）、（$b$）所示。梁传给柱顶的竖向荷载为 $F_1$，柱顶承受弯矩为 $M$，承受水平荷载为 $F$，该柱的自重为 $F_W$，求该柱的内力并绘出内力图。

**【解】**

1. 将组合变形分解为基本变形

该柱为组合变形柱，同时承受竖向荷载 $F_1$ 及 $F_W$，弯矩 $M$ 及水平荷载 $F$，将其分解为三个基本变形，如图 7-106（$c$）～（$e$）所示。

2. 绘制内力图

柱顶轴力为 $F_1$，柱底轴力为 $F_1+F_W$，其两点连线即为该柱轴力图，即 $N$ 图。柱两端弯矩均为 $M$，左侧受拉，取正，其两点连线即为弯矩图，即 $M$ 图。柱两端剪力均为 $V=F$，使脱离体顺时针转动，取正，其两点连线即为剪力图，即 $V$ 图。

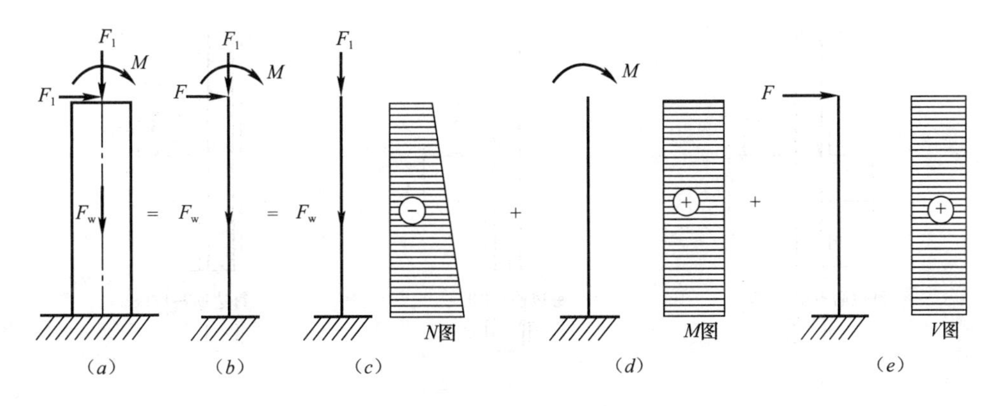


图 7-106 偏心受压构件内力图

④ 构造要求

A. 材料要求：混凝土宜采用 C20、C25、C30 或更高强度等级。钢筋宜用 HRB335 级、HRB400 级或 RRB400 级。为了减小截面尺寸，节省钢材，宜选用强度等级高的混凝土，而钢筋不宜选用高强度等级的，其原因是受压钢筋与混凝土共同工作，钢筋应变受到混凝土极限压应变的限制，而混凝土极限压应变很小，所以钢筋的受压强度不能充分被利用。《混凝土结构工程施工质量验收规范》规定受压钢筋的最大抗压强度为 $400N/mm^2$。

B. 截面形式及尺寸：轴压柱常见截面形式有正方形、矩形、圆形及多边形。矩形截面尺寸不宜小于 250mm×250mm。为了避免柱长细比过大，承载力降低过多，常取 $l_0/b \leqslant 30$，$l_0/h \leqslant 25$，$b$、$h$ 分别表示截面的短边和长边，$l_0$ 表示柱子的计算长度，它与柱子两端的约束能力大小有关。

C. 配筋构造：一是受力钢筋接头宜设置在受力较小处，多层柱一般设在每层楼面处。当采用绑扎接头时，将下层柱纵筋伸出楼面一定长度并与上层柱纵筋搭接；二是同一构件相邻纵向受力钢筋接头位置宜相互错开，当柱每侧纵筋根数不超过 4 根时，可允许在同一绑扎接头连接区段内搭接（图 7-107*a*）；三是纵筋每边根数为 5～8 根时，应在两个绑扎接头连接区段内搭接（图 7-107*b*）。纵筋每边根数为 9～12 根时，应在三个绑扎接头连接区段内搭接（图 7-107*c*）；四是当上下柱截面尺寸不同时，可在梁高范围内将下柱的纵筋弯折一斜角，然后伸入上层柱（图 7-107*d*），或采用附加短筋与上层柱纵筋搭接（图 7-107*e*）。

3）钢筋混凝土受扭构件

① 受扭构件的内力

A. 集中外力偶 $M_e$：集中外力偶是指作用在受扭构件上的集中力 $F$ 到构件轴线的距离 $e$ 的乘积，其弯曲平面与杆件轴线垂直。图 7-108（*a*）中 $L_1$ 表示框架梁的边梁，所以图 7-108（*b*）中的 $L_1$ 上集中外力偶 $M_e = F_e$，其弯曲方向与构件轴线垂直。只要作用在构件上的竖向荷载与构件的中性面不重合，就存在与杆件轴线垂直的力偶作用。实际上 $L_1$ 除承受集中外力偶作用外，还要承受集中竖向荷载 $F$ 作用（图 7-108*c*）。

B. 均布外力偶 $m_e$：均布外力偶 $m_e$ 是指作用在受扭构件上均布荷载 $q$ 到构件轴线的距离 $e$ 的乘积，即 $m_e = qe$，其弯曲平面与杆件轴线垂直，如图 7-109（*a*）、（*b*）所示。雨篷梁还承受雨篷板传来的均布荷载，如图 7-109（*c*）。

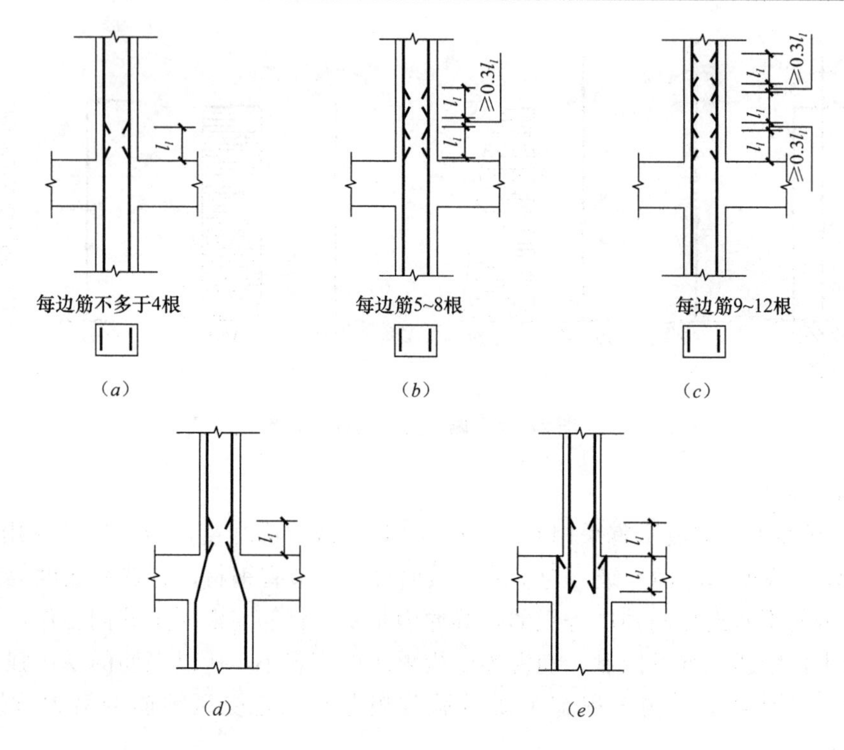


图 7-107　柱纵筋接头构造

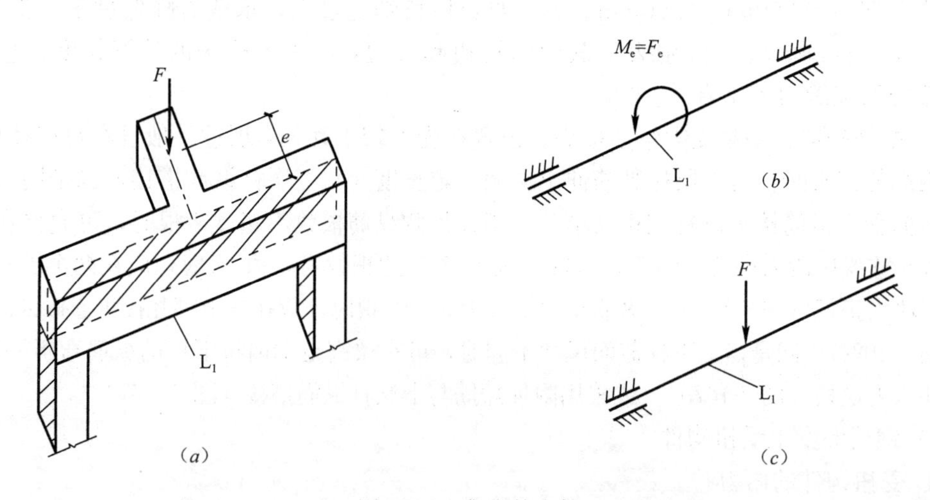


图 7-108　集中外力偶

② 钢筋混凝土受扭构件的构造要求

由于破裂面是斜向曲面，所以纵向受扭钢筋 $A_{stl}$ 应沿截面周边均匀对称布置，间距不应大于 200mm 和截面短边尺寸，根数≥4 根。纵向受扭钢筋在支座内的锚固长度按受拉钢筋考虑。

由于箍筋在截面四周均受拉，所以应做成封闭式（图 7-110），末端应做成 135°弯钩，弯钩端平直部分的长度≥10$d$（$d$ 为箍筋直径）。

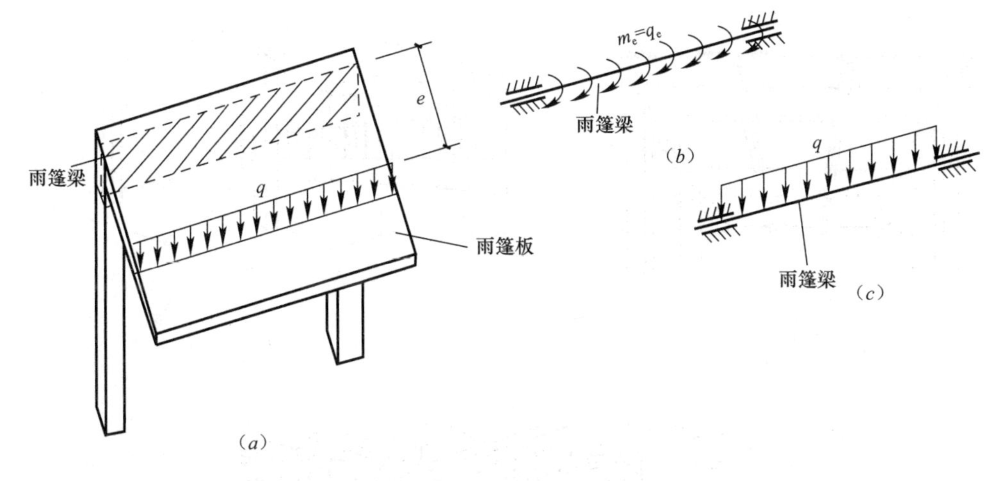


图 7-109 均布外力偶

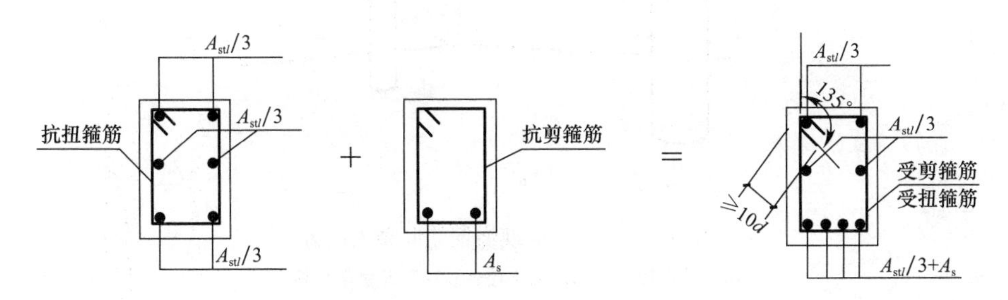


图 7-110 弯剪扭构件受力钢筋

## 3. 现浇混凝土结构楼盖

现浇楼盖按楼板受力和支承条件的不同，现浇钢筋混凝土楼盖有肋形楼盖（图 7-111*a*）、无梁楼盖（图 7-111*b*）和井字形梁楼盖（图 7-111*c*）。

根据现浇板的长短边之间的比例关系，可以分为单向板和双向板两种。当板的长边尺寸 $l_2$ 与短边尺寸 $l_1$ 之比 $l_2/l_1>2$ 时，楼板基本上只在 $l_1$ 方向上挠曲变形，而在 $l_2$ 方向上的挠曲很小，这表明荷载基本沿 $l_2$ 方向传递，称为单向板；当 $l_2/l_1\leqslant2$ 时，楼板在两个方向都挠曲，即荷载沿两个方向传递，称为双向板。下面介绍单向板肋形楼盖的结构计算。

（1）单向板肋形楼盖

1）单向板肋形楼盖的组成及布置形式

由单向板组成的肋形楼盖称为单向板肋形楼盖。肋形楼盖由板、次梁、主梁（有时没有主梁）组成（图 7-112）。

肋形楼盖荷载传递的途径都是板→次梁→主梁→柱或墙→基础→地基。

2）单向板肋形楼盖的构造要求

板厚：由于板的混凝土用量占整个楼盖的 50%～70%，因此从经济角度考虑，应使板厚尽可能接近构造要求的最小板厚，同时为了使板具有一定的刚度，要求连续板的板厚满足表 7-6 的要求。

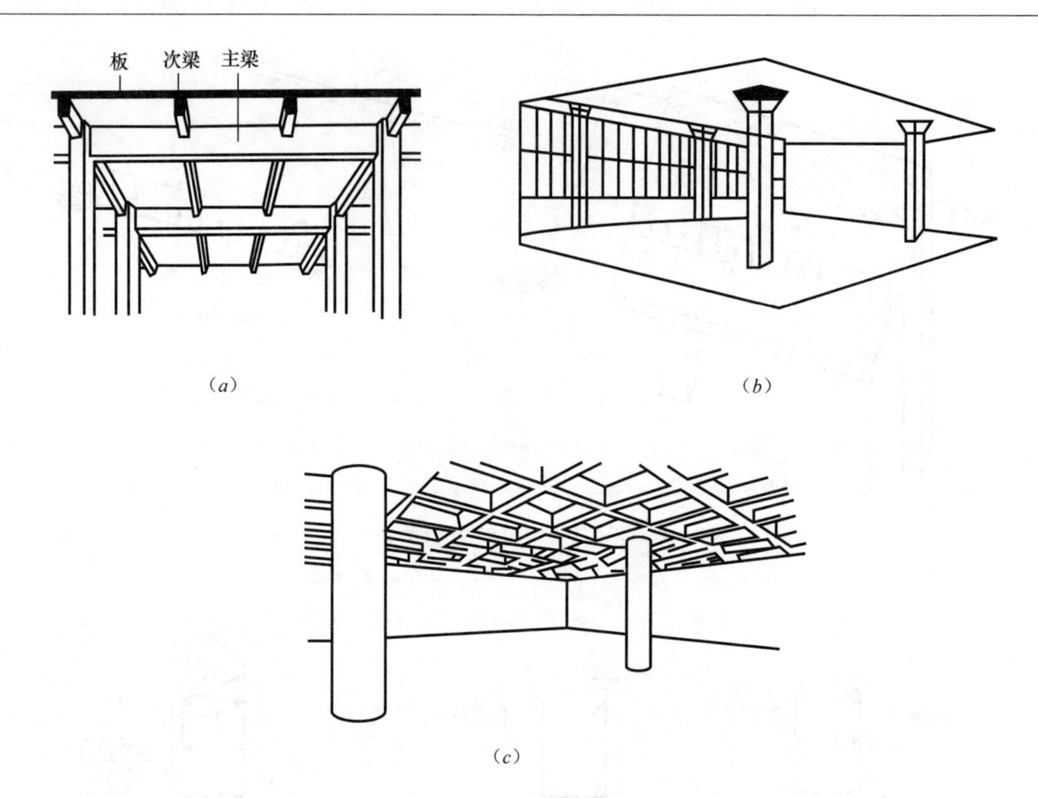


图 7-111　常见的现浇钢筋混凝土楼盖

(a) 肋形楼盖；(b) 无梁楼盖；(c) 井字形梁楼盖

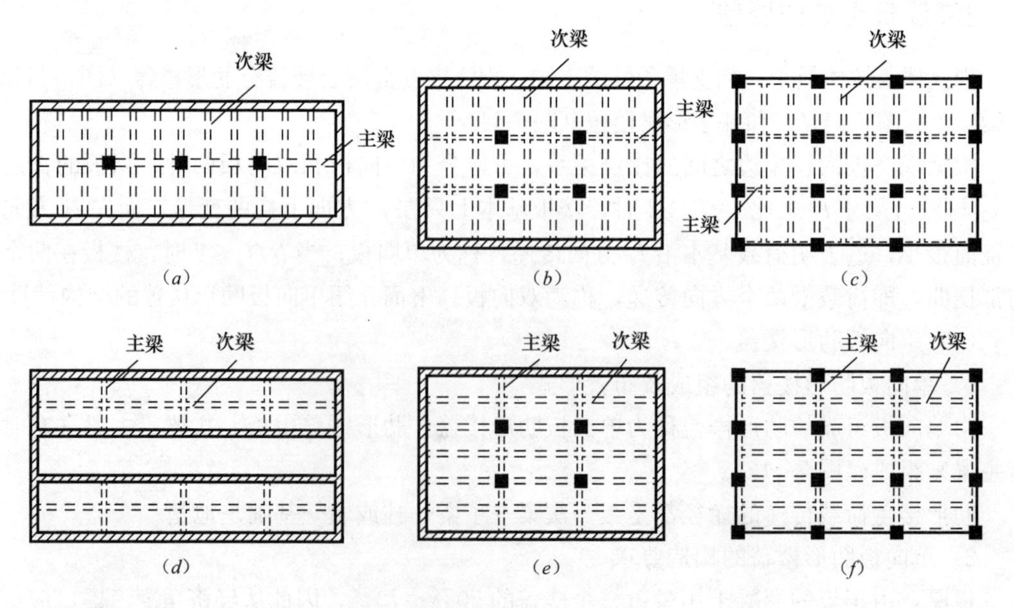


图 7-112　单向板肋形楼盖布置

钢筋混凝土梁、板截面尺寸　　表 7-6

| 构件种类 | 截面高度 $h$ 及跨度 $l$ 比值 | 附　注 |
|---|---|---|
| 悬臂板<br>简支单向板<br>两端连续单向板 | $\frac{h}{l}\geqslant\frac{1}{12}$<br>$\frac{h}{l}\geqslant\frac{1}{35}$<br>$\frac{h}{l}\geqslant\frac{1}{40}$ | 单向板 $h$ 不小于下列值：<br>一般屋面：　60mm<br>民用建筑楼面：　60mm<br>工业建筑楼面：　70mm<br>行车道下的楼板：80mm |
| 多跨连续次梁<br>多跨连续主梁<br>单跨简支梁 | $\frac{h}{l}=\frac{1}{18}\sim\frac{1}{12}$<br>$\frac{h}{l}=\frac{1}{15}\sim\frac{1}{10}$<br>$\frac{h}{l}=\frac{1}{14}\sim\frac{1}{8}$ | 梁的高宽比（$h/b$）<br>一般取 2.0～3.0 并以 50mm 为模数 |

板的配筋方式：连续板中受力钢筋的弯起点和截断点一般应按弯矩包络图及抵抗弯矩图确定。但在各跨荷载相差不大的情况下，相邻跨相差不超过 20%时，也可以按图 7-113 所示的构造要求来处理。其中，当 $q/g\leqslant 3$ 时取 $l_0/4$；当 $q/g>3$ 时取 $l_0/3$。$q$、$g$、$l_0$ 分别为恒载、活载设计值及板的净跨。按下列规定采用。

$$当\ q/g\leqslant 3\ 时, a=\frac{l_n}{4}$$

$$当\ q/g>3\ 时, a=\frac{l_n}{3}$$

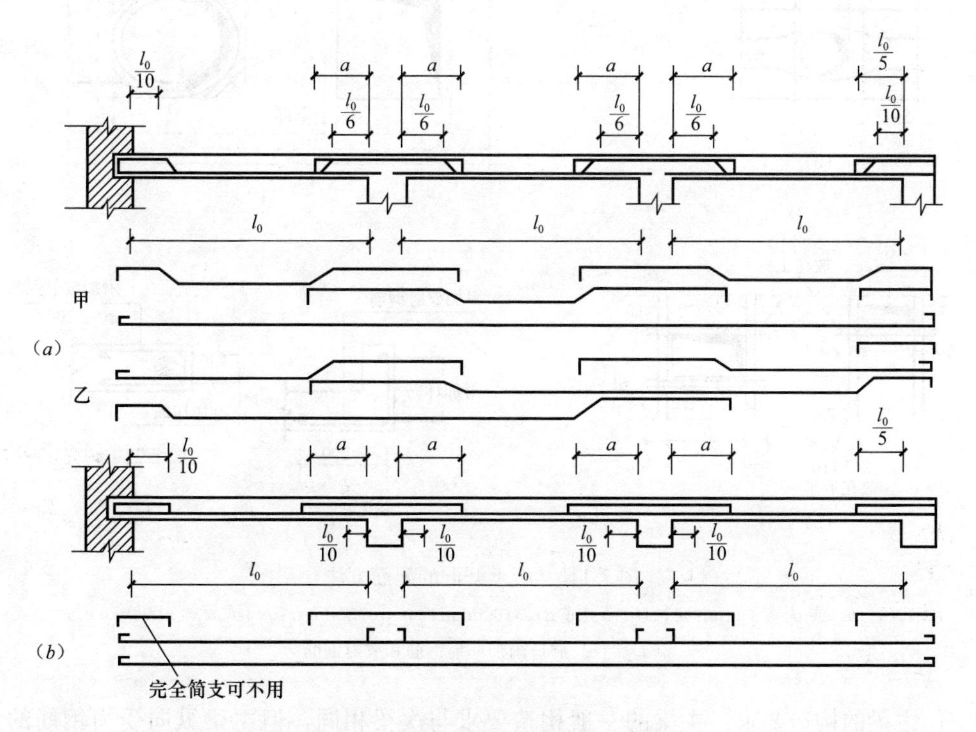


图 7-113　等跨连续板的分离式配筋

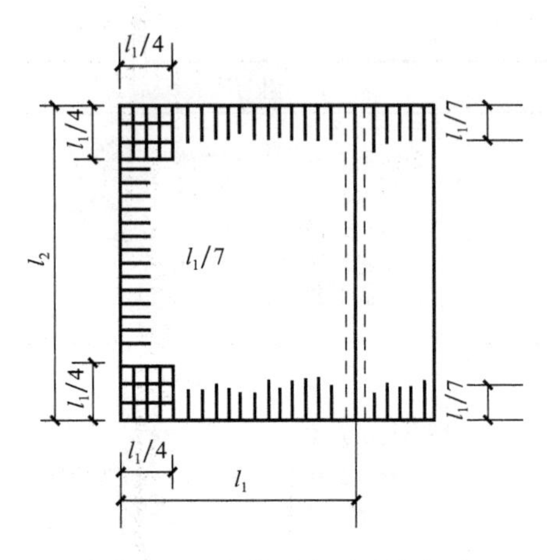


图 7-114　板嵌固在承重墙内时板边的构造钢筋

为避免支座处钢筋间距紊乱，通常跨中和支座的钢筋采用相同间距或成倍间距。

构造钢筋的构造要求分成四种情况：

① 嵌固于墙内板的板面附加钢筋。为避免沿墙边产生板面裂缝，应在支承周边配置上部构造钢筋。其直径不宜小于 8mm，间距不宜大于 200mm；沿板的受力方向配置的上部构造钢筋，其截面面积不宜小于该方向跨中受力钢筋截面面积的 1/3，沿非受力方向配置的上部构造钢筋，可根据经验适当减少。

② 嵌固在砌体墙内的板。应符合图 7-114 的要求。

③ 楼板孔洞边配筋要求：当 $b$（或 $d$）≤300mm 时，应符合图 7-115（$a$）的要求；当 300mm≤$b$（或 $d$）≤1000mm 时，应符合图 7-115（$b$）的要求；当 $b$（或 $d$）>1000mm 时，或孔洞周边有较大集中荷载时，应在洞边设肋梁（图 7-115$c$）。

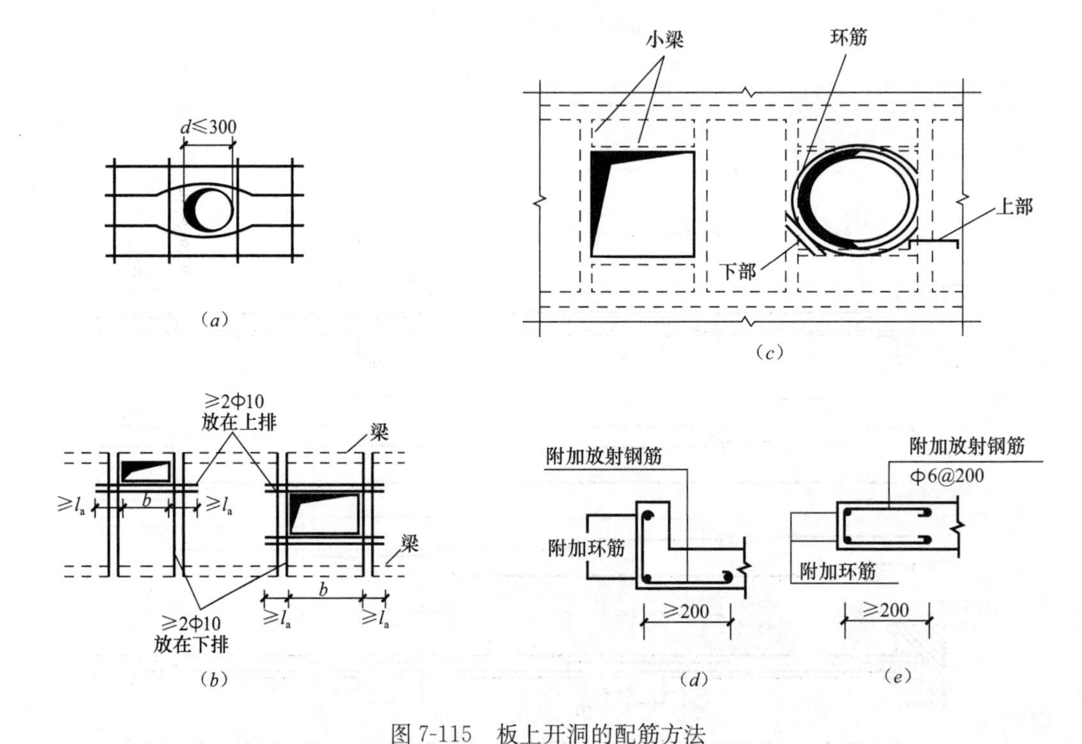


图 7-115　板上开洞的配筋方法

（$a$）$b$（或 $d$）≤300mm 时；（$b$）$b$（或 d）≥1000mm 时；（$c$）300mm≤$b$（或 $d$）≤1000mm 时；（$d$）、（$e$）洞口附加环形钢筋和放射钢筋

④ 主梁的构造要求：主梁的一般构造要求与次梁相同，但主梁纵向受力钢筋的弯起点和截断点的位置，应通过在弯矩包络图上画抵抗弯矩图来确定，并应满足有关构造要求

（图 7-116）；主梁伸入墙内的长度一般不应小于 370mm；设置附加箍筋。

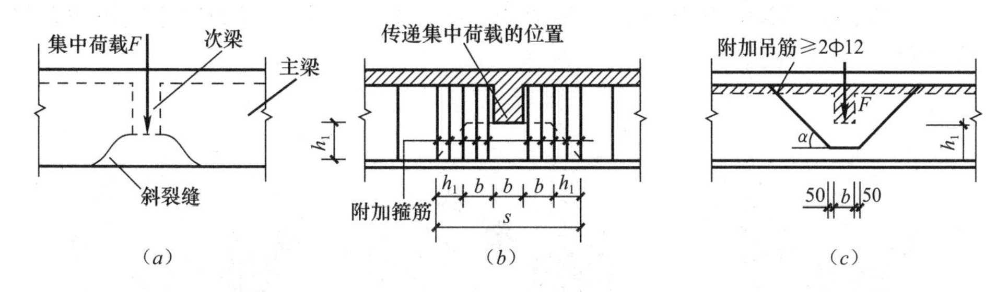


图 7-116 主梁腹部局部破坏情形及附加横向钢筋布置

（*a*）集中荷载作用下的裂缝情形；（*b*）集中荷载作用下的附加横向钢筋布置图；

（*c*）集中荷载作用下的附加吊筋布置图

（2）无梁楼盖的特点与适用条件

当柱网尺寸较小而且接近方形时，可不设梁而将整个楼板直接与柱整体浇筑或焊接形成无梁楼盖。此时，荷载将由板直接传至柱或墙。无梁楼盖的特点是房间净空高，通风采光条件好，支模简单，但用钢量较大，常用于厂房、仓库、商场等建筑以及矩形水池的池顶和池底等结构。

（3）井式楼盖的特点与适用条件

当房间平面形状接近正方形或柱网两个方向的尺寸接近相等时，由于建筑美观的要求，常将两个方向的梁做成不分主次的等高梁，相互交叉，形成井式楼盖。这种楼盖可少设或取消内柱，能跨越较大的空间，适用于中小礼堂、餐厅以及公共建筑的门厅，但用钢量和造价较高。

## 4. 常见的钢结构

钢结构是以钢板、型钢、薄壁型钢制成的构件，通过焊接、铆接、螺栓连接等方式而组成的结构，与其他材料的结构相比，具有如下的特点：钢材强度高，结构自重轻；塑性、韧性好；材质均匀；工业化程度高；可焊性好；耐腐蚀性差；耐火性差；钢结构在低温和其他条件下，可能发生脆性断裂等特点。

钢结构主要应用于大跨度结构、重型厂房结构、受动力荷载作用的厂房结构、多层、高层和超高层建筑、高耸结构、板壳结构和可拆卸结构。

建筑行业中常见的钢材型号有 Q235、Q345 和 Q390。选用钢材时应注意：承重结构的钢材宜采用 Q235、Q345、Q390 和 Q420；承重结构采用的钢材应具有抗拉强度、伸长率、屈服强度和硫、磷含量的合格保证，对焊接结构尚应具有碳含量的合格保证；对于需要验算疲劳的焊接结构的钢材，应具有常温冲击韧性的合格保证；对于需要验算疲劳的非焊接结构的钢材亦应具有常温冲击韧性的合格保证；吊车起重量不小于 50t 的中级工作制吊车梁，对钢材冲击韧性的要求应与需要验算疲劳的构件相同。

（1）构件的连接

钢结构是由钢构件经连接而成的结构，因此连接是重要环节，它直接关系到钢结构的安全和经济。在受力过程中，连接应有足够的强度，被连接构件之间应保持正确的相互位置。

1）钢结构的连接方式和特点

可以分为焊接、铆接、螺栓连接三种形式（图 7-117）。其中以焊接连接最为普遍。不同连接方式的特点见表 7-7。

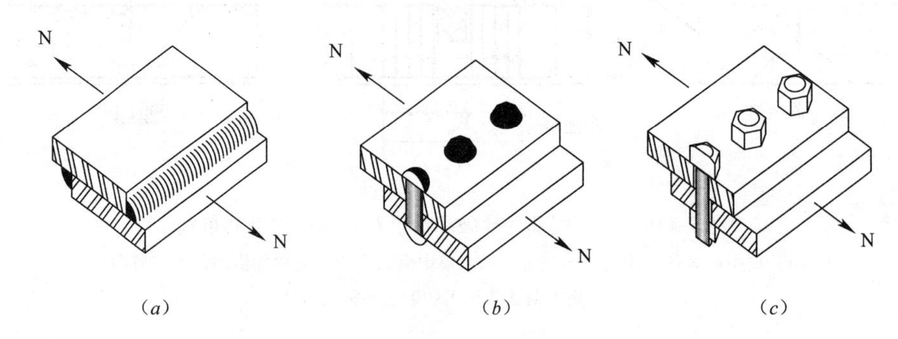


图 7-117　钢结构的连接方式

（a）焊接连接；（b）铆钉连接；（c）螺栓连接

**三种连接方式的特点　　表 7-7**

| 连接方法 | 优　点 | 缺　点 |
|---|---|---|
| 焊接 | 对几何形体适应性强，构造简单，不削弱截面，省材省工，易于自动化，工效高 | 焊接残余应力大且不易控制，焊接变形大对材质要求高，焊接程序严格，质量检验工作量大 |
| 铆接 | 传力可靠，韧性和塑性好，质量易于检查，抗动力荷载好 | 费钢、费工，逐渐被高强度螺栓取代 |
| 普通螺栓连接 | 装卸便利，设备简单 | 螺栓精度低时不宜受剪，螺栓精度高时加工和安装难度较大 |
| 高强度螺栓连接 | 加工方便，对结构削弱少，可拆换，能承受动力荷载，耐疲劳，塑性、韧性好 | 摩擦面处理，安装工艺略为复杂，造价略高 |

2）焊接

① 焊缝的形式

A. 焊缝，可以分为对接焊缝和角焊缝（图 7-118）。

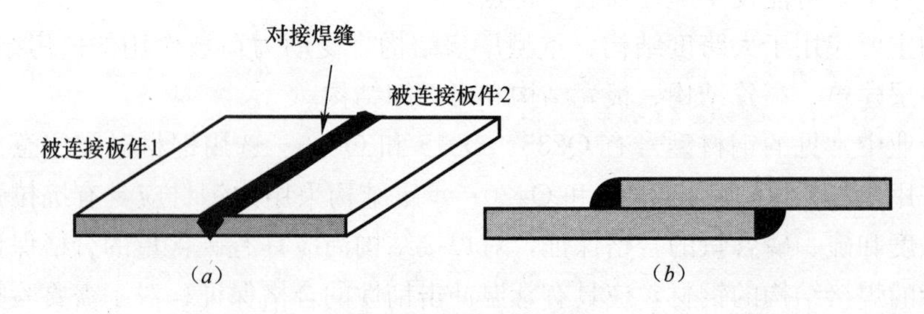


图 7-118　焊缝的种类

（a）对接焊缝；（b）角焊缝

B. 按照对接焊缝受力与焊缝方向，可以分为直缝（此时作用力方向与焊缝方向正交）和斜缝（此时作用力方向与焊缝方向斜交）。

C. 按照角焊缝受力与焊缝方向，可以分为侧缝（图 7-119*a*）、端缝（图 7-119*b*）和斜缝（图 7-119*c*）。

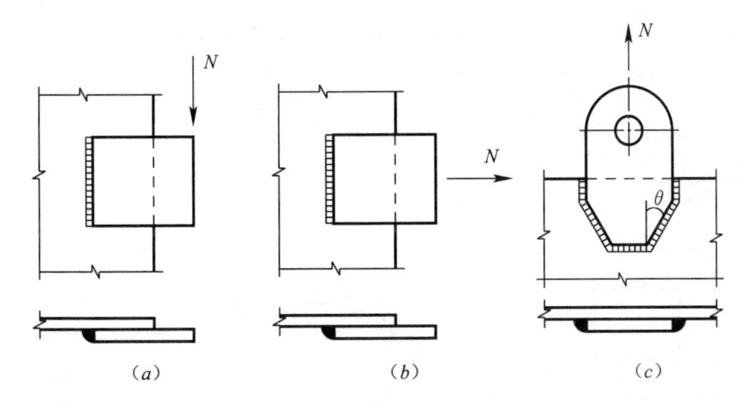


图 7-119　角焊缝的分类

（*a*）侧缝；（*b*）端缝；（*c*）斜缝

D. 按施工位置，可以分为俯焊、立焊、横焊和仰焊。其中以俯焊施工位置最好，所以焊缝质量也最好，仰焊最差。

② 焊接的缺陷、质量检验和焊缝质量级别

A. 焊缝连接的缺陷：焊缝的缺陷直接影响到钢结构的正常工作，常见的缺陷形式主要有：裂纹、焊瘤、烧穿、弧坑、气孔、夹渣、咬边、未融合、未焊透等。

B. 焊缝质量检验：焊缝质量检验方法主要有：外观检查、超声波探伤检验、X 射线检验等。

C. 焊缝的质量等级：焊缝质量分三级。一级焊缝需经外观检查、超声波探伤、X 射线检验都合格；二级焊缝需外观检查、超声波探伤合格；三级焊缝需外观检查合格。

D. 焊缝的符号及标注方法：表 7-8、表 7-9 标明了焊缝的标注方式，而一般施工图纸上常见的焊缝符号说明见图表 7-10。

**焊缝的标注方式 1**　　**表 7-8**

| 角焊缝 | | | | 对接焊缝 | 塞焊缝 | 三面围焊 |
|---|---|---|---|---|---|---|
| 单面焊缝 | 双面焊缝 | 安装焊缝 | 相同焊缝 | | | |
| | | | | $p$ $b$ $\alpha$ | | |
| $h_f$<br>$h_f$ | $h_f$ | $h_f$ | | $a$ $p$ $b$ | $h_f$ | $h_f$ E50<br>E50外对焊条的辅助说明 |

焊缝的标注方式2　　表7-9

| 序号 | 示意图 | 标注示例 | 说明 |
|---|---|---|---|
| 1 | 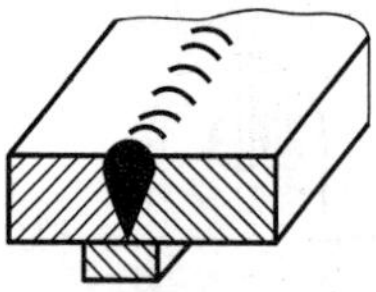 | 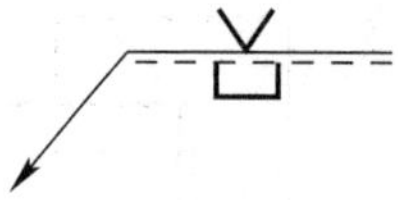 | 表示V形焊缝的背面底部有垫板 |
| 2 | 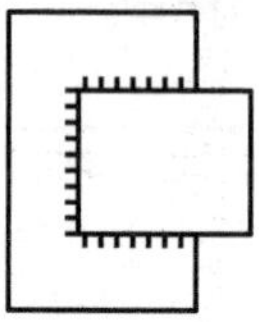 |  | 工件三面带有焊缝，焊接方法为手工电弧焊 |
| 3 | 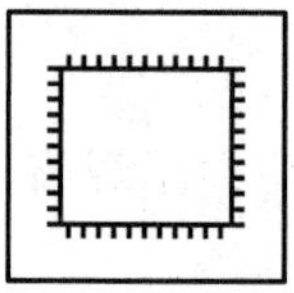 | 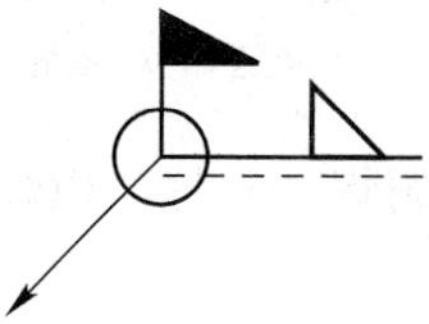 | 表示在现场沿工件周围施焊 |

常见的焊缝符号　　表7-10

| 序号 | 名称 | 示意图 | 符号 | 说明 |
|---|---|---|---|---|
| 1 | 带垫板符号 | 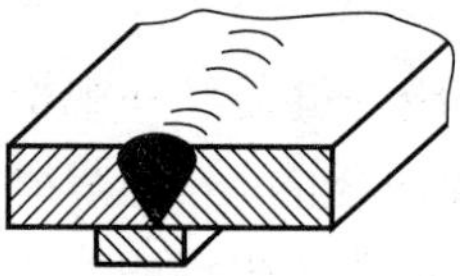 |  | 表示焊缝底部有垫板 |
| 2 | 三面焊缝符号 | 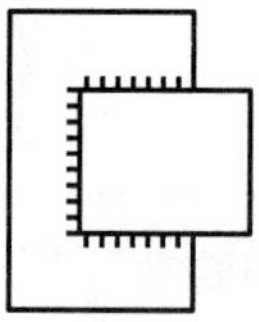 | 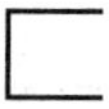 | 表示三面带有焊缝 |
| 3 | 周围焊缝符号 | 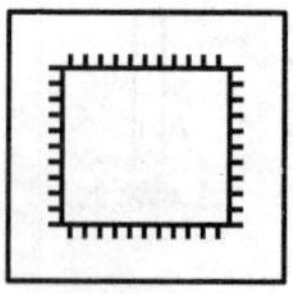 | 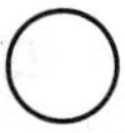 | 表示环绕工件周围焊缝 |
| 4 | 现场符号 | |  | 表示在现场或工地上进行焊接 |
| 5 | 尾部符号 | |  | 可以参照《焊接及相关工艺方法代号》（GB/T 5185—2005）标注焊接工艺方法等内容 |

③ 对接焊缝连接

A. 对接焊缝的形式：对接焊缝的形式较多，图 7-120 是常见对接焊缝的举例。

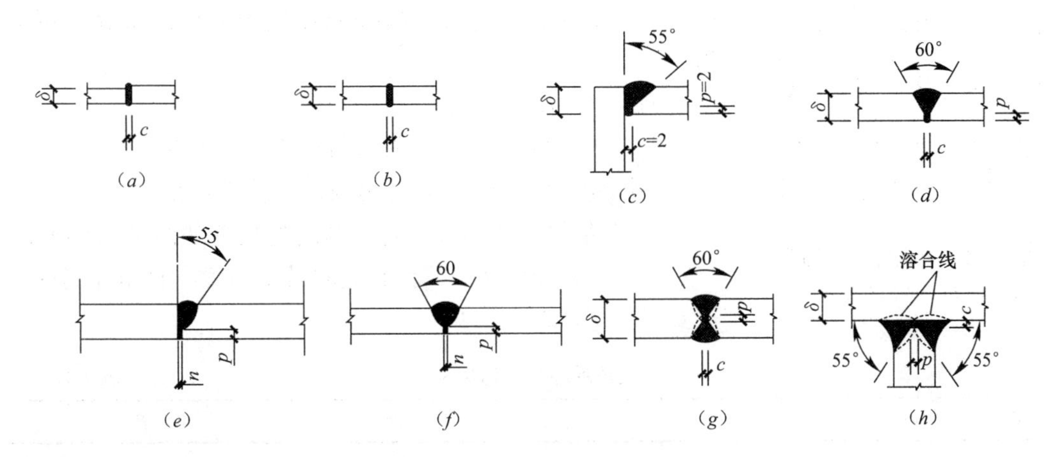


图 7-120　对接焊缝的形式

(a)、(b) 工形；(c) 单边 V 形；(d) V 形；(e) 单边 U 形；(f) U 形；(g) X 形；(h) K 形

对接焊缝坡口的形式的应用与板厚（$t$）的关系应符合：

$t$≤10mm 时，用工字形 $t$=10～20mm 时，用单边 V 形、V 形 $t$>20mm 时，用 X 形、U 形、K 形

B. 对接焊缝构造

为防止熔化金属流淌必要时可在坡口下加垫板，变厚度板或变宽度板对接，在板的一面或两面切成坡度不大于 1∶4 的斜面，避免应力集中。

表 7-11 所列的是不同厚度焊缝的强度设计值。

**焊缝的强度设计值**（N/mm²）　　**表 7-11**

| 焊接方法和焊条型号 | 构件钢材 | | 对接焊缝 | | | | 角焊缝 |
|---|---|---|---|---|---|---|---|
| | 钢号 | 厚度或直径（mm） | 抗压 $f_{cw}$ | 焊缝质量为下列级别时，抗拉、抗弯 $f_{tw}$ | | 抗剪 $f_{vw}$ | 抗拉、抗压和抗剪 $f_{fw}$ |
| | | | | 一、二级 | 三级 | | |
| 自动焊、半自动焊和 E43××型焊条手工焊 | Q235 | ≤16 | 215 | 215 | 185 | 125 | 160 |
| | | >16～40 | 205 | 205 | 175 | 120 | 160 |
| | | >40～60 | 200 | 200 | 170 | 115 | 160 |
| | | >60～100 | 190 | 190 | 160 | 110 | 160 |
| 自动焊、半自动焊和 E50××型焊条手工焊 | Q345<br>Q345q | ≤16 | 310 | 310 | 265 | 180 | 200 |
| | | >16～35 | 295 | 295 | 250 | 170 | 200 |
| | | ≥35～50 | 265 | 265 | 225 | 155 | 200 |
| | | >50～100 | 250 | 250 | 210 | 145 | 200 |
| 自动焊、半自动焊和 E55××型焊条手工焊 | Q390<br>Q390q | ≤16 | 350 | 350 | 300 | 205 | 220 |
| | | >16～35 | 335 | 335 | 285 | 190 | 220 |
| | | >35～50 | 315 | 315 | 270 | 180 | 220 |
| | | >50～100 | 295 | 295 | 250 | 170 | 220 |

注：自动焊和半自动焊所采用的焊丝和焊剂，应保证其熔敷金属抗拉强度不低于相应手工焊焊条的数值。

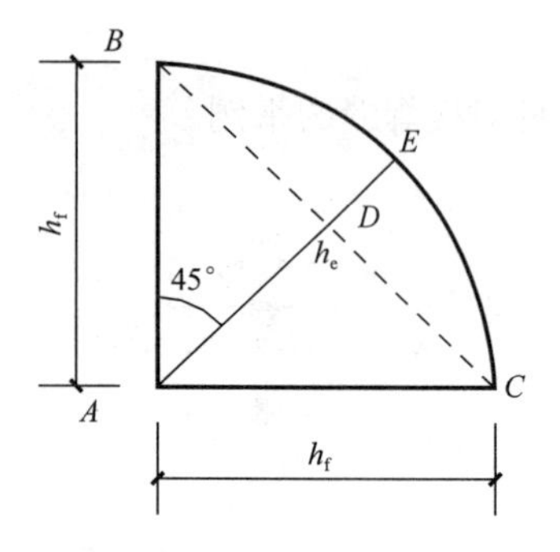


图 7-121 直角焊缝的构造
图中 $h_f$——焊脚尺寸；
$h_e$——焊缝有效厚度。

④ 直角焊缝连接

A. 直角焊缝的形式：建筑工程中一般采用的角焊缝的形式为直角焊缝，直角焊缝按照作用力和焊缝关系，可分为：

侧焊缝（图 7-119$a$）：外力与焊缝轴线平行。

端焊缝（图 7-119$b$）：外力与焊缝轴线垂直。

斜焊缝（图 7-119$c$）：外力与焊缝轴线斜交。

B. 直角焊缝的构造：直角焊缝的构造如图 7-121 所示。$h_e=0.7h_f$；$h_e$ 为总是 45°斜面上的最小高度。直角焊缝的构造要求应符合表 7-12 的要求。

**直角焊缝的构造要求** **表 7-12**

| 部 位 | 项 目 | 构造要求 | 备 注 |
|---|---|---|---|
| 焊脚尺寸 $h_f$ | 上限 | $h_f \leqslant 1.2t_1$；对板边： $t \leqslant 6$，$h_f=t$<br>$t>6$，$h_f=t-(1\sim2)$ | $t_1$ 为较薄焊件厚 |
| | 下限 | $h_f \geqslant 1.5\sqrt{t_2}$；当 $t \leqslant 4$ 时，$h_f=t$ | $t_2$ 为较厚焊件厚，对自动焊可减 1mm；对单面 T 形焊应加 1mm |
| 焊缝长度 $l_w$ | 上限 | $40h_f$（受动力荷载）；$60h_f$（其他情况）； | 内力沿侧缝全长均匀分布者不限 |
| | 下限 | $8h_f$ 或 40mm，取两者最大值 | |
| 端部仅有两侧面角焊缝连接 | 长度 $l_w$ | $l_w \geqslant l_0$ | |
| | 距离 $l_0$ | $l_0 \leqslant 16t$（$t \geqslant 12$mm 时）；$l_0 \leqslant 200$（$t \leqslant 12$mm 时） | $t$ 为较薄焊件厚 |
| 端部 | 转角 | 转角处加焊一段长度 $2h_f$（两面侧缝时）或用三面围焊 | 转角处焊缝须连续施焊 |
| 搭接连接 | 搭接最小长度 | $5t_f$ 或 25mm，取两者最大值 | $t_f$ 为较薄焊件厚度 |

3）螺栓连接

螺栓在构件上排列应简单、统一、整齐而紧凑，通常分为并列和错列两种形式（图 7-122）。并列比较简单整齐，所用连接板尺寸小，但由于螺栓孔的存在，对构件截面削弱较大。错列可以减小螺栓孔对截面的削弱，但螺栓孔排列不如并列紧凑，连接板尺寸较大。

螺栓在构件上的排列应满足受力、构造和施工要求：

① 受力要求：在受力方向螺栓的端距过小时，钢材有剪断或撕裂的可能；各排螺栓距和线距太小时，构件有沿折线或直线破坏的可能；对受压构件，当沿作用方向螺栓距过大时，被连板间易发生鼓曲和张口现象。

② 构造要求：螺栓的中矩及边距不宜过大，否则钢板间不能紧密贴合，潮气侵入缝隙使钢材锈蚀。

③ 施工要求：要保证一定的空间，便于转动螺栓扳手拧紧螺母。表 7-13 是螺栓（或铆钉）的最大、最小容许距离。

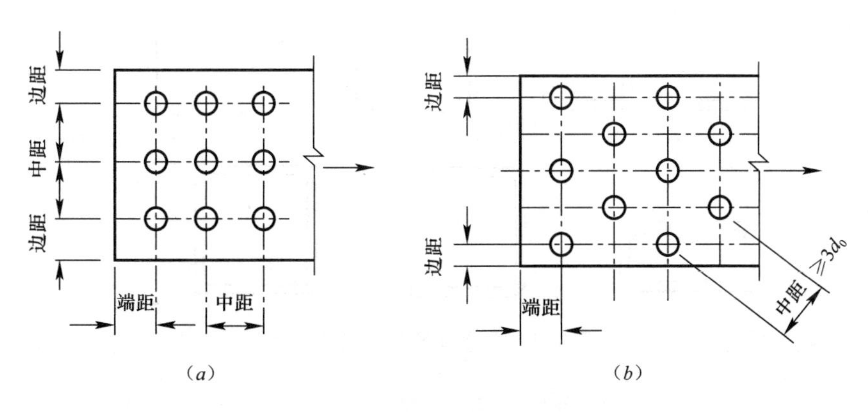


图 7-122 螺栓（铆钉）的排列

**螺栓（或铆钉）的最大、最小容许距离** **表 7-13**

| 名 称 | 位置和方向 | | | 最大容许距离（取两者的较小值） | 最小容许距离 |
|---|---|---|---|---|---|
| 中心间距 | 外排（垂直内力方向或顺内力方向） | | | $8d_0$ 或 $12t$ | $3d_0$ |
| | 中间排 | 垂直内力方向 | | $16d_0$ 或 $24t$ | |
| | | 顺内力方向 | 构件受压力 | $12d_0$ 或 $18t$ | |
| | | | 构件受压力 | $16d_0$ 或 $24t$ | |
| 名称 | 沿对角线方向 | | | — | |
| 中心至构件边缘距离 | 顺内力方向 | | | $4d_0$ 或 $8t$ | $2d_0$ |
| | 垂直内力方向 | 剪切边或手工气割边 | | | $1.5d_0$ |
| | | 轧制边、自动气割或锯割边 | 高强度螺栓 | | |
| | | | 其他螺栓或铆钉 | | $1.2d_0$ |

注：1 $d_0$ 为螺栓或铆钉的孔径，$t$ 为外层较薄板件的厚度。
2 钢板边缘屯刚性构件（如角钢、槽钢等）相连的螺栓或铆钉的最大间距，可按中间排的数值采用。

（2）构件的受力

钢结构构件主要包括钢柱和钢梁，其中钢柱的受力形式主要有轴向拉伸或压缩和偏心拉压，钢梁的受力形式主要有拉弯和压弯组合受力。

1）轴向受力构件（主要为钢柱）

① 轴向受力构件的应用和截面选择：轴向受力构件主要应用于承重结构、平台、支柱、支撑等。可选择的截面形式如图 7-123～7-126 所示。

图 7-123 热轧型钢截面选择

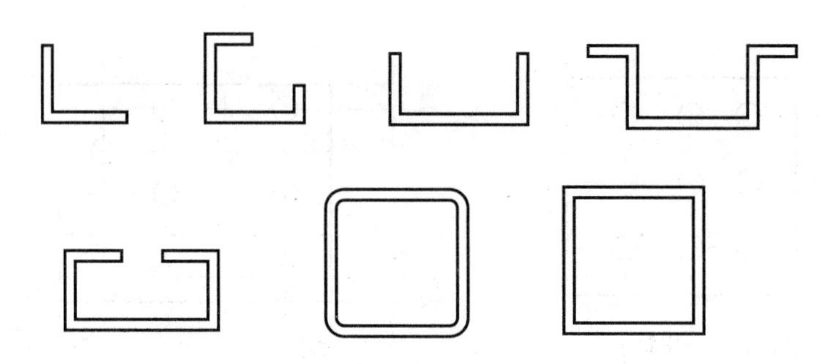

图 7-124 冷弯薄壁型钢截面选择

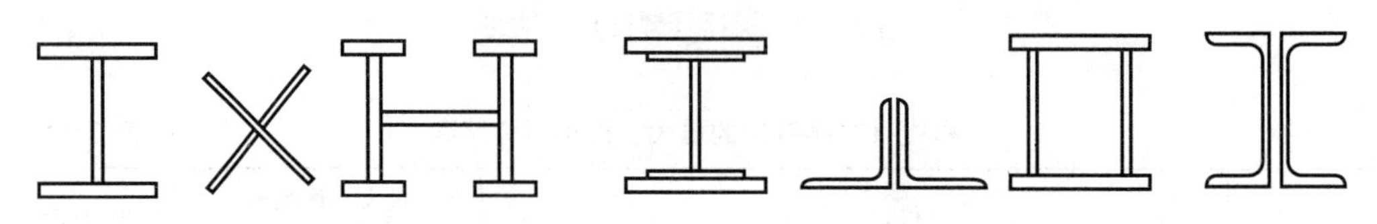

图 7-125 实腹式组合截面选择

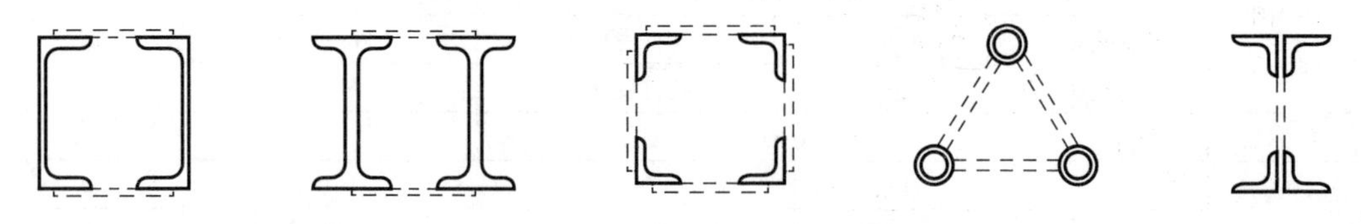

图 7-126 格构式组合截面

对截面形式选择的依据为：能提供强度所需要的截面积、制作比较简便、便于和相邻的构件连接以及截面开展而壁厚较薄。

其设计准则为净截面平均应力不超过 $f_y$

应满足设计公式（7-2）：

$$\sigma = \frac{N}{A_n} \leqslant f \tag{7-2}$$

式中 $f = f_y/\gamma_R$——钢材的抗拉强度设计值；

$A_n$——净截面面积。

② 轴心受压构件的强度：强度计算与轴心受拉一样，一般其承载力由构件稳定性控制。

2）弯剪受力构件的应用和强度计算（主要为钢梁）

① 梁的类型和强度：梁的类型按制作方式分为型钢梁和组合梁（图 7-127）。

按梁截面沿长度有无变化分为等截面梁和变截面梁（如图 7-128）

梁的极限承载能力应考虑弯、剪、扭及综合效应（图 7-129）。

弹性阶段梁的极限设计弯矩：

$$M_e = W_n f_y \tag{7-3}$$

式中 $W_n$——净截面抵抗矩；

$f_y$——钢材的抗压强度设计值。

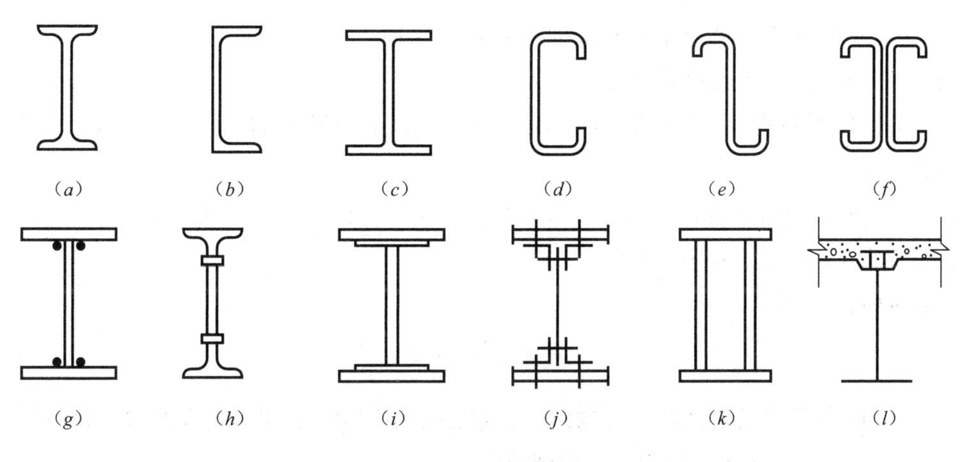


图 7-127 钢梁类型

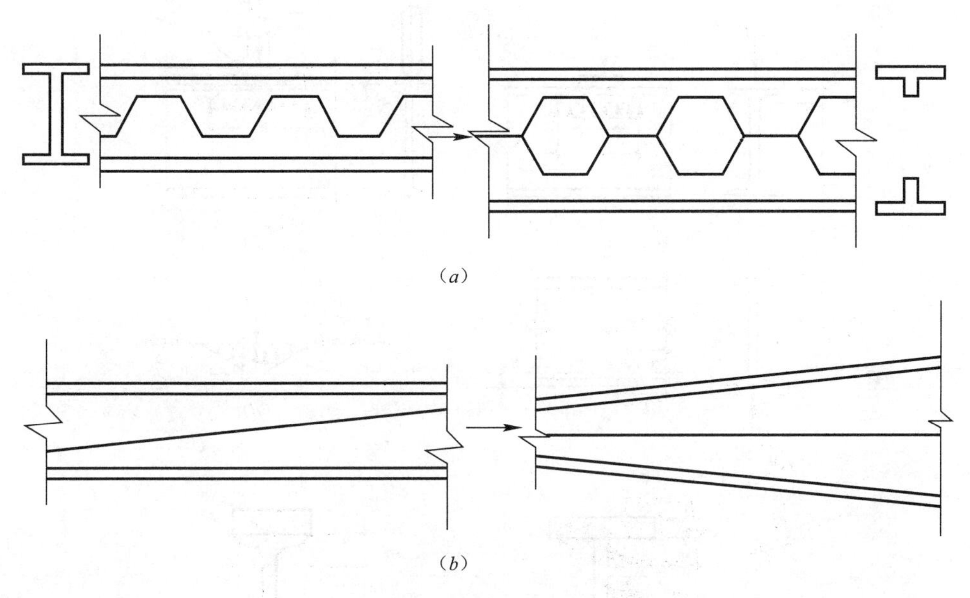


图 7-128 等截面梁和变截面梁

(a) 蜂窝梁；(b) 楔形梁

考虑塑性阶段梁的极限设计承载力：

A. 梁的正应力：

单向弯曲时：$\sigma=\frac{M_x}{\gamma_x W_{nx}}\leqslant f$ (7-4)

双向弯曲时：$\sigma=\frac{M_x}{\gamma_x W_{nx}}+\frac{M_y}{\gamma_y W_{ny}}\leqslant f$ (7-5)

B. 梁的剪应力：

$$\tau=\frac{VS}{It_w}\leqslant f_v \quad (7\text{-}6)$$

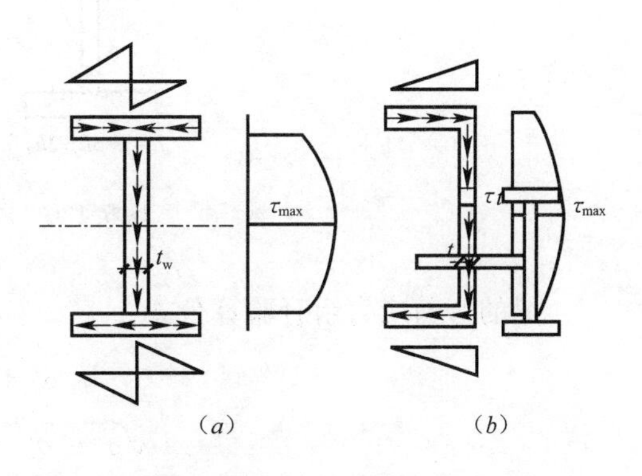


图 7-129 弯曲剪应力分布

式中　$S$——计算剪应力处以上毛截面对中和轴的面积矩；

　　$f_v$——钢材的抗剪强度设计值。

截面塑性发展系数 $\gamma_x$ 和 $\gamma_y$ 取值为 1.0～1.2。如工字形截面 $\gamma_x=1.05$，$\gamma_y=1.2$；箱形截面 $\gamma_x=\gamma_y=1.05$

对于 $\gamma_x$ 和 $\gamma_y$ 疲劳计算取 1.0；$13\sqrt{235/f_y}\leqslant b_1/t\leqslant 15\sqrt{235/f_y}$ 取 1.0。

② 梁的局部压应力和组合应力

局部压应力作用

$$\sigma_c=\frac{\psi F}{t_w l_z}\leqslant f \tag{7-7}$$

式中　$\psi$——集中荷载增大系数，对重级工作制吊车梁取 $\psi=1.35$，其他取 $\psi=1.0$；

　　$l_z$——压应力分布长度按图 7-130 所示取值。

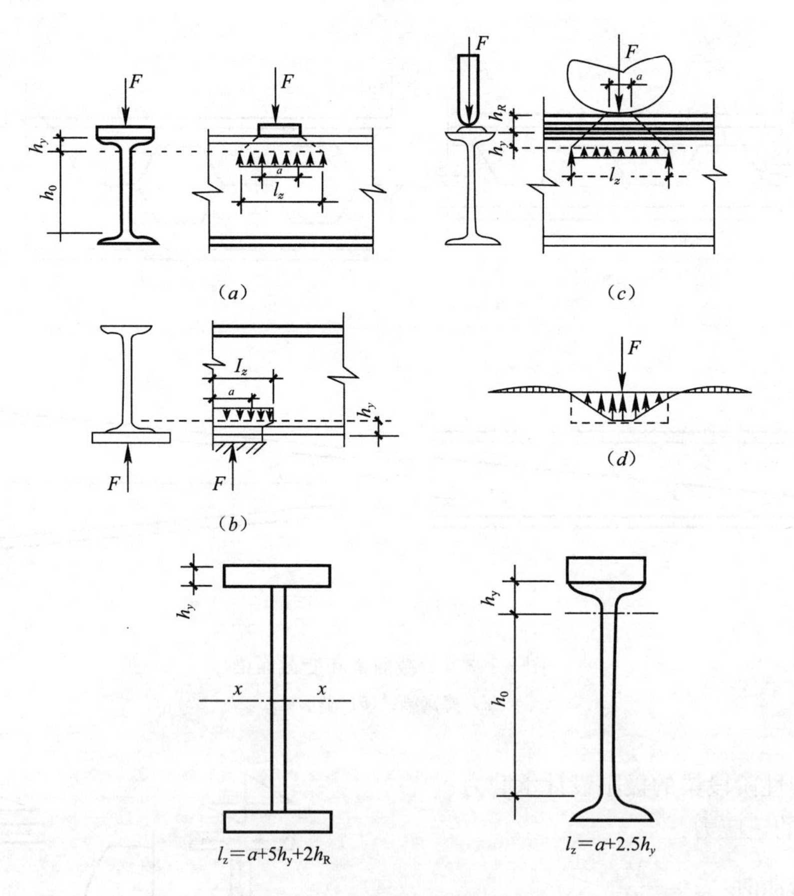


图 7-130　局部压应力分布长度

梁的弯剪应力组合验算公式：

$$\sqrt{\sigma^2+3\tau^2}\leqslant 1.1f \tag{7-8}$$

$$\sqrt{\sigma^2+\sigma_c^1-\sigma\sigma_c+3\tau^2}\leqslant \beta_1 f \tag{7-9}$$

式中　$\beta_1$——$\sigma$ 与 $\sigma_c$ 异号时取 1.2，同号时取 1.1（图 7-131）。

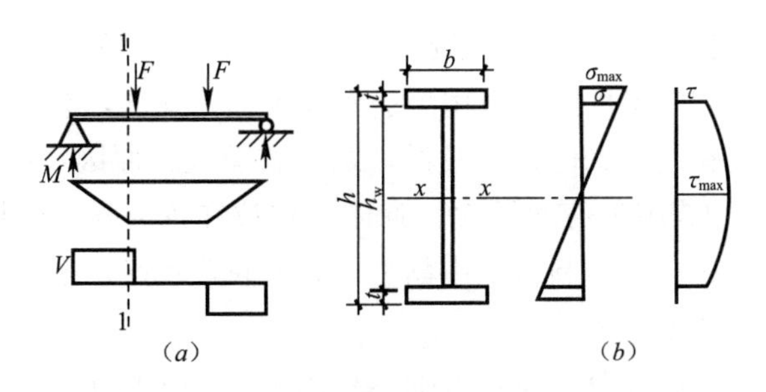


图 7-131 梁的弯剪应力简图

3）拉弯、压弯构件的应用和强度计算（主要包括钢柱和屋架上、下弦杆）

① 拉弯、压弯构件的应用

拉弯构件主要应用于钢屋架受节间力下弦杆，其受力简图如图 7-132 所示。

压弯构件应用于厂房框架柱、多高层建筑框架柱、屋架上弦，其受力简图如图 7-133 所示。

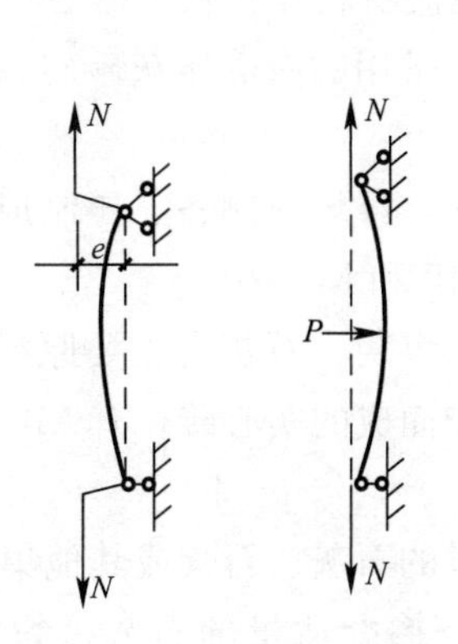


图 7-132 拉弯构件受力简图

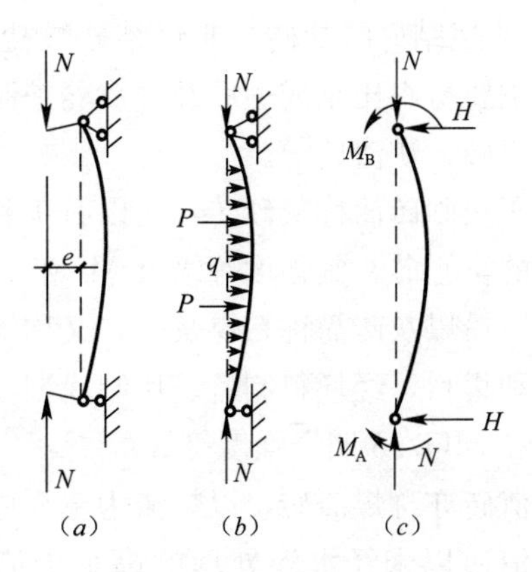


图 7-133 压弯构件受力简图

② 拉弯、压弯构件的强度计算

单向压弯（拉弯）构件强度极限状态：

$$\frac{N}{A_n}+\frac{M}{\gamma_x W_{nx}}\leqslant f \tag{7-10}$$

式中 $A_n$——净截面面积；

$W_{nx}$——净截面对 $x$ 轴的抵抗矩；

$f$——钢材抗压（拉）承载力设计值。

双向压弯（拉弯）构件强度极限状态：

$$\frac{N}{A_n}\pm\frac{M_x}{\gamma_x W_{nx}}\pm\frac{M_y}{\gamma_y W_{ny}}\leqslant f \tag{7-11}$$

式中 $W_{ny}$——净截面对 $y$ 轴的抵抗矩；

$\gamma_x$、$\gamma_y$——截面塑性发展系数。

## 5. 砌体结构知识

由砖、石或各种砌块用砂浆砌筑而成的结构，称为砌体结构。砌体结构的优点：容易就地取材，造价低廉；良好的耐火性和较好的耐久性；受环境气候和施工条件的影响较小；良好的隔声、隔热和保温性能；采用配筋砌体可提高强度，改善延性和抗震性能。其缺点有：与钢筋混凝土相比，砌体强度较低，结构自重大；原因：抗压强度低（MU30＋M15≈C7.5）；砌体的砌筑施工劳动量大；砌体的抗拉和抗剪强度较抗压强度更低，因此无筋砌体抗震性能较差；黏土砖制造耗用黏土，影响农业生产，不利于环保。

（1）砌体结构的材料及强度等级

块材是砌体的主要组成部分，通常占砌体总体积的78％以上。我国目前的块材主要有以下几类：

1）砖

① 烧结普通砖：烧结普通砖简称普通砖，指以黏土、页岩、煤矸石、粉煤灰为主要原料，经过焙烧而成的实心的或孔洞率不大于规定值且外形尺寸符合规定的砖。全国统一规定这种砖的尺寸为240mm×115mm×53mm，习惯上称标准砖。烧结普通砖的强度等级有MU30、MU25、MU20、MU15和MU10五个等级。

② 非烧结硅酸盐砖：非烧结硅酸盐砖是指以硅酸盐材料、石灰、砂石、矿渣、粉煤灰等为主要材料压制成型后经蒸汽养护制成的实心砖。常用的有蒸压灰砂砖、蒸压粉煤灰砖、炉渣砖、矿渣砖等。

蒸压灰砂砖简称灰砂砖，是以石灰和砂为主要原料，经坯料制备、压制成型、蒸压养护而成的实心砖，其强度等级有MU25、MU20、MU15和MU10。

蒸压粉煤灰砖简称粉煤灰砖，又称烟灰砖，是以粉煤灰、石灰为主要原料，掺配适量的石膏和集料，经坯料制备、压制成型、高压蒸汽养护而成的实心砖，有MU20、MU15、MU10和MU7.5四个强度等级。

炉渣砖亦称煤渣砖，以炉渣为主要原料，掺配适量的石灰、石膏或其他集料制成。

矿渣砖以未经水淬处理的高炉炉渣为主要原料，掺配适量的石灰、粉煤灰或炉渣制成。

③ 烧结多孔砖：烧结多孔砖简称多孔砖，是指以黏土、页岩、煤矸石或粉煤灰为主要原料，经焙烧而成的具有竖向孔洞（孔洞率不小于25％，孔的尺寸小而数量多）的砖。型号有KM1、KP1和KP2三种。烧结多孔砖主要用于承重部位，其强度等级划分为MU30、MU25、MU20、MU15和MU10。

2）砌块

砌筑结构中除了砖以外的、尺寸较大的块材称砌块。可分为小型、中型和大型三类。

砌块一般用水泥混凝土或硅酸盐材料制成。主要有小型混凝土空心砌块、加气混凝土砌块、水泥炉渣空心砌块、粉煤灰硅酸盐砌块等，是墙体材料改革的方向之一。

砌块的强度等级分为MU20、MU15、MU10、MU7.5和MU5五级。

3）石材

石材抗压强度高，抗冻性、抗水性及耐久性均较好，通常用于建筑物基础、挡土墙等，也可用于建筑物墙体。砌体中的石材应选用无明显风化的天然石材。石材的强度等级共分七级：MU100、MU80、MU60、MU50、MU40、MU30和MU20。石材按加工后的外形规则程度分为料石和毛石两种。

① 料石：细料石通过细加工，外形规则，叠砌面凹入深度不应大于 10mm，截面的宽度、高度不应小于 200mm，且不应小于长度的 1/4。料石又分为半细料石和粗料石：半细料石的规格尺寸同细料石，但叠砌面凹入深度不应大于 15mm；粗料石的规格尺寸同细料石，但叠砌面凹入深度不应大于 20mm。

② 毛石：形状不规则，中部厚度不小于 200mm 的石材。

砌体中砂浆的作用是将块材连成整体，从而改善块材在砌体中的受力状态，使其应力均匀分布，同时因砂浆填满了块材间的缝隙，也降低了砌体的透气性，提高了砌体的防水、隔热、抗冻等性能。

按配料成分不同，砂浆分为以下几种：水泥砂浆、水泥混合砂浆、非水泥砂浆、混凝土砌块砌筑砂浆。

砌筑砂浆的强度等级由通过标准试验方法测得的边长为 70.7mm 立方体的 28d 龄期抗压强度平均值确定，共有 M15、M10、M7.5、M5 和 M2.5 五级。

(2) 砌体结构构件的承载力

1) 无筋受压砌体承载力计算

① 影响砌体抗压承载力的因素：

A. 砌体的抗压强度的影响。

B. 偏心距的影响（$e=M/N$）：当其他条件相同时，随着偏心距的增大，截面应力分布变得愈来愈不均匀；并且受压区愈来愈小，甚至出现受拉区；其承载力愈来愈小；截面从压坏可变为水平通缝过宽影响正常使用，甚至被拉坏。所以，为了充分发挥砌体的抗压能力，对偏心距要加以限制。

C. 高厚比 $\beta$ 对承载力的影响：砌体的高厚比 $\beta$ 是指砌体的计算高度 $H_0$ 与对应于计算高度方向的截面尺寸之比，$\beta \leqslant 3$ 时为短柱，$\beta > 3$ 时为长柱。当矩形截面两个方向计算高度相等时，轴压柱 $\beta=H_0/b$；偏心受压柱（单向偏心受压沿长边 $h$ 偏心）：偏心方向 $\beta=H_0/h$，垂直偏心方向 $\beta=H_0/b$。对于墙体 $\beta=H_0/h$（$h$ 指墙厚）。随着高厚比的增加，构件承载力将降低；对于轴压短柱，纵向弯曲很小，可以忽略，不考虑高厚比影响。

D. 砂浆强度等级影响：对于长柱，若提高砂浆强度等级，可以减少纵向弯曲，减少应力不均匀分布。

《砌体结构设计规范》给出了单向偏心受压的高厚比及偏心距、砂浆强度等级对纵向受力构件承载力的影响系数 $\varphi$。

当 $\beta \leqslant 3$ 时
$$\varphi=\frac{1}{1+12\left(\frac{e}{h}\right)^2} \tag{7-12}$$

当 $\beta > 3$ 时
$$\varphi=\frac{1}{1+12\left[\frac{e}{h}+\sqrt{\frac{1}{12}\left(\frac{1}{\varphi_0}-1\right)}\right]^2} \tag{7-13}$$

式中 $e$——轴向力的偏心距；

$h$——矩形截面的轴向力偏心方向的边长；

$\varphi_0$——轴心受压构件的稳定系数，$\varphi_0=1/(1+\alpha\beta^2)$；

$\alpha$——与砂浆强度等级有关的系数，当砂浆强度等级大于或等于 M5 时，$\alpha=0.0015$；当砂浆强度等级等于 M2.5 时，$\alpha=0.002$；当砂浆强度等级 $f_2$（砂浆抗压强度平均值）等于 0 时，$\alpha=0.009$；

$\beta$——构件的高厚比。

② 承载力计算公式的应用（$e\leqslant0.6y$）

$$N \leqslant N_u = \varphi fA \tag{7-14}$$

应用式（7-14）时应注意以下两点：

A. 当为偏心受压时，除计算偏心方向计算承载力外，还应计算垂直偏心方向承载力即按轴压考虑，特别是 $h$ 较大，$e$ 较小，$b$ 较小，在短边方向可能先发生轴压破坏。

B. 由于各类砌体在强度达到极限时变形有较大差别，因此在计算 $\varphi$ 时，高厚比还应进行修正，乘以砌体高厚比修正系数 $\gamma_\beta$，即 $\beta=\gamma_\beta H_0/h$，$\gamma_\beta$ 值见表 7-14。

**砌体高厚比修正系数**　　**表 7-14**

| 砌体材料类别 | $\gamma_\beta$ |
|---|---|
| 烧结普通砖、烧结多孔砖 | 1.0 |
| 混凝土及轻骨料混凝土砌块 | 1.1 |
| 蒸压灰砂砖、蒸压粉煤灰砖、细料石、半细料石 | 1.2 |
| 粗料石、毛石 | 1.5 |

**【例 7-6】** 已知某单向偏心受压柱（沿长边偏心），截面尺寸 $b\times h=370\text{mm}\times620\text{mm}$，柱计算高度 $H_0=5\text{m}$（两方向相等），承受轴向压力设计值 $N=108\text{kN}$，弯矩设计值 $M=15\text{kN}\cdot\text{m}$，采用 MU10 烧结普通砖、M5 混合砂浆（$f=1.5\text{N/mm}^2$），试验算该砌体的承载力。

**【解】**

1. 计算偏心方向的承载力

$e=M/N=139\text{mm}<0.6y=186\text{mm}$，满足要求。

$\beta=\gamma\beta H_0/h=8>3$，$e/h=139/620=0.024$，由式（7-12）得：

$\varphi_0=1/(1+\alpha\beta^2)=0.912$

$\varphi=0.459$

$A=0.37\times0.62=0.23\text{m}^2<0.7\text{m}^2$，所以砌体强度 $f$ 应乘以调整系数 $\gamma_a=A+0.7=0.93$。

$N_u=\varphi fA=147\text{kN}>N=108\text{kN}$

所以偏心方向的承载力满足要求。

2. 验算垂直弯矩方向的承载力

$\beta=\gamma_\beta H_0/\text{b}=1.0\times5000/370=13.5>3$

$\varphi_0=1/(1+\alpha\beta^2)=0.785$

对轴心受压构件，$\varphi=\varphi_0$，故 $\varphi=0.785$。

$N_u=\varphi fA=52\text{kN}>N=108\text{kN}$

所以垂直偏心方向的承载力满足要求。

2）受压砌体局部受压面承载力计算

① 受压砌体局部受压强度提高系数 $\gamma$：由于局部受压砌体受到竖向压力作用，将产生横向变形，这种变形受到周围砌体的约束作用，使得局部受压砌体处于三向或两向受压状态，所以局部受压砌体的抗压强度有所提高。局部受压强度提高系数 $\gamma$ 按下式计算：

$$\gamma = 1 + 0.35\sqrt{\frac{A_0}{A_l} - 1} \tag{7-15}$$

式中 $A_0$——影响砌体局部抗压强度的计算面积；

$A_l$——局部受压面积。

② 受压砌体局部均匀受压：当作用在局部受压砌体上的竖向压力设计值 $N_1$ 与局部受压面 $A_1$ 的形心重合时，局部受压砌体为均匀受压。局部均匀受压砌体的承载力应满足下列条件：

$$N_l \leqslant \gamma f A_l \tag{7-16}$$

③ 梁端支承处砌体局部受压：梁的有效支承长度 $a_0$：由于梁跨内在竖向荷载作用下将产生弯曲变形，使得梁端局部受压砌体压应力分布不均匀，支座内边缘压缩变形大，且靠近梁端压缩变形愈来愈小，所以梁在墙上有效支承长度 $a_0$ 小于或等于实际支承长度 $a$，则局部受压面积 $A_l = a_0 b$，见图 7-134。其有效支承长度 $a_0$ 计算如下：

$$a_0 = 10\sqrt{\frac{h_c}{f}} \tag{7-17}$$

上部荷载折减系数 $\psi$：由于局部受压砌体在竖向荷载作用下产生压缩变形，使梁端上皮与上部砌体有托空趋势，形成内拱卸荷作用，所以上部荷载对局部受压面产生的压力设计值小于 $N_0$，为计算方便，《砌体结构设计规范》给出了上部荷载折减系数 $\psi$

$$\psi = 1.5 - 0.5\sqrt{\frac{A_0}{A_l}} \geqslant 0 \tag{7-18}$$

3）计算公式

梁端支承处砌体局部受压承载力应按下式计算：

$$N_l + \psi N_0 \leqslant \eta \gamma f A_l \tag{7-19}$$

4）梁垫的设置

砌体局部受压承载力不能满足要求时，可在梁端支承处设置刚性垫块，即梁垫。梁垫可以现浇，也可以预制。

**【例 7-7】** 验算如图 7-135 所示。外纵墙梁端局部受压砌体强度。已知梁的截面尺寸 $b \times h_c = 200\text{mm} \times 500\text{mm}$，梁的实际支承长度 $a = 240\text{mm}$，梁上荷载对局部受压面产生的压力设计值 $N_l = 100\text{kN}$，梁底标高处由上部荷载对全截面产生的压力设计值（不包括本层梁传来）$\Sigma N = 160\text{kN}$，窗间墙截面尺寸为 $1200\text{mm} \times 370\text{mm}$，采用 MU10 黏土砖，混合砂浆 M5 砌筑（$f = 1.5\text{N/mm}^2$）。

**【解】** $a_0 = 183\text{mm} < a = 240\text{mm}$

$A_l = a_0 b = 183 \times 200 = 36600\text{mm}^2$

$A_0 = (b + 2h)h = 940 \times 370 = 347800\text{mm}^2$

($b + 2h = 200 + 2 \times 370 = 940\text{mm} < 1200\text{mm}$，所以 $b + 2h = 940\text{mm}$)

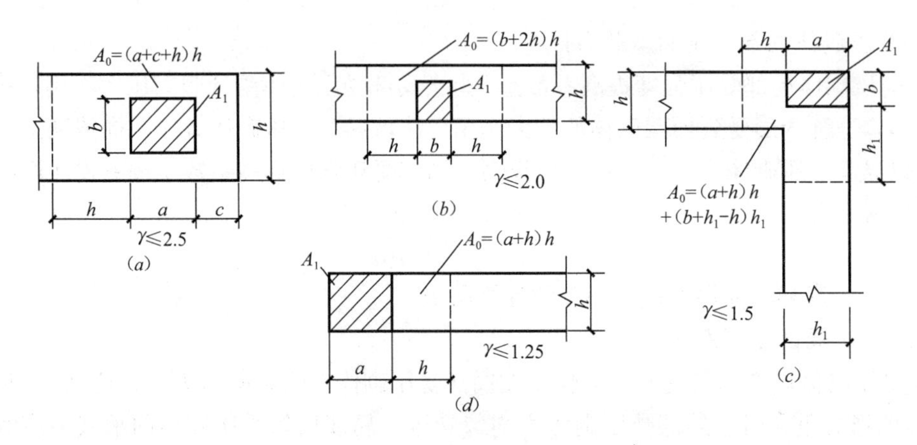


图 7-134 影响局部抗压强度面积

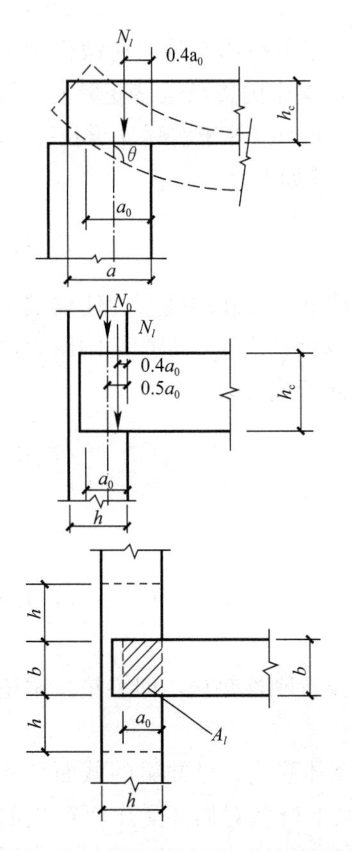


图 7-135 梁端局部受压计算简图

因为 $A_0/A_l=347800/36600=9.5>3$，故 $\psi=0$。

$\gamma=2.02>2$

所以 $\gamma=2.0$。

$\psi N_0+N_l=100\text{kN}>\eta\gamma fA_l=77\text{kN}$

所以局部受压承载力不能满足要求。

(3) 砌体结构的基本构造措施

1) 无筋砌体的基本构造措施

砌体结构的构造是确保房屋结构整体性和结构安全的可靠措施。墙体的构造措施主要包括三个方面：即伸缩缝、沉降缝和圈梁。

墙体的另一构造措施是在墙体内设置钢筋混凝土圈梁。圈梁可以抵抗基础不均匀沉降引起墙体内产生的拉应力，同时可以增加房屋结构的整体性，防止因振动（包括地震）产生的不利影响。纵横墙交接处的圈梁应有可靠的连接。刚弹性和弹性方案房屋，圈梁应与屋架、大梁等构件可靠连接。圈梁纵向钢筋不应少于 4ϕ10，绑扎接头的搭接长度按受拉钢筋考虑，箍筋间距不应大于 300mm。

2) 配筋砌体构造

① 网状配筋砌体：为了使网状配筋砌体安全可靠地工作，除满足承载力要求外，还应满足以下构造要求：

A. 网状配筋砌体体积配筋率不宜小于 0.1%，且不应大于 1%。钢筋网的间距不应大于 5 皮砖，不应大于 400mm。配筋率过小，强度提高不明显；配筋率过大，破坏时，钢筋不能充分利用。

B. 钢筋的直径 3～4mm（连弯网式钢筋的直径不应大于 8mm）。钢筋直径过细，由于锈蚀降低承载力；钢筋过粗，增大灰缝厚度，对砌体受力不利。

C. 网内钢筋间距不应大于 120mm 且不应小于 30mm。钢筋间距过小，灰缝中的砂浆难以密实均匀；间距过大，钢筋的砌体横向约束作用不明显。为保证钢筋与砂浆有足够的粘结力，网内砂浆强度不应低于 M7.5，灰缝厚度应保证钢筋上下各有 2mm 砂浆层。

② 组合砌体：组合砌体由砌体和面层混凝土（或面层砂浆）两种材料组成，故应保证它们之间有良好的整体性和工作性能。

A. 面层水泥砂浆强度等级不宜低于 M10，面层厚度 30～45mm。竖向钢筋宜采用 HPB235 级钢筋，受压钢筋一侧的配筋率不宜小于 0.1%。

B. 面层混凝土强度等级宜采用 C20，面层厚度＞45mm，受压钢筋一侧的配筋率不应小于 0.2%，竖向钢筋宜采用 HPB235 级钢筋，也可用 HRB335 级钢筋。

C. 砌筑砂浆强度等级不宜低于 M7.5。竖向钢筋直径不应小于 8mm，净间距不应小于 30mm，受拉钢筋配筋率不应小于 0.1%。箍筋直径不宜小于 4mm 及≥0.2 倍受压钢筋的直径，并不宜大于 6mm，箍筋的间距不应小于 120mm，也不应大于 500mm 及 20d。

D. 当组合砌体一侧受力钢筋多于 4 根时，应设置附加箍筋和拉结筋。对于截面长短边相差较大的构件（如墙体等），应采用穿通构件或墙体的拉结筋作为箍筋，同时设置水平分布钢筋，以形成封闭的箍筋体系。水平分布钢筋的竖向间距及拉结筋的水平间距均不应大于 500mm，见图 7-136。

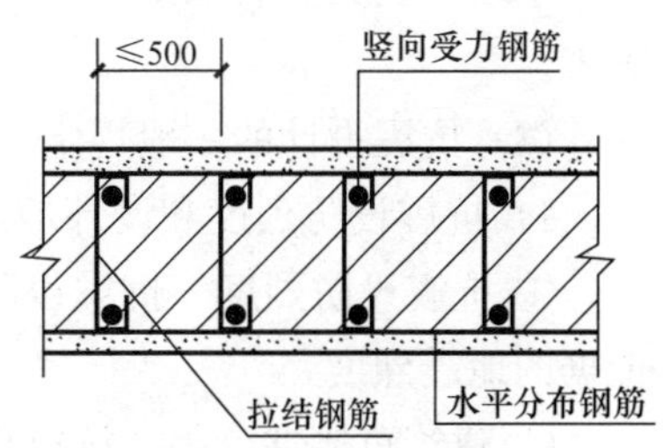


图 7-136 混凝土或砂浆面层组合墙

## 6. 建筑抗震的基本知识

地震，是一种具有突发性的自然现象。地震按其发生的原因，主要有火山地震、陷落地震、人工诱发地震以及构造地震。构造地震破坏作用大，影响范围广，是房屋建筑抗震研究的主要对象。

地壳深处发生岩层断裂、错动的地方称为震源。震源正上方的地面称为震中。震中附近地面运动最激烈，也是破坏最严重的地区，叫震中区或极震区。地面上某处到震源的距离叫震源距。震源至地面的距离称为震源深度。一般把震源深度小于 60km 的地震称为浅源地震；60～300km 的称为中源地震；大于 300km 的称为深源地震。中国发生的绝大部分地震均属于浅源地震。

（1）地震的相关概念

1）地震波

地震引起的振动以波的形式从震源向四周传播，这种波就称为地震波。地震波按其在地壳传播的位置不同，分为体波和面波。

2）震级

地震的震级是衡量一次地震大小的等级，用符号 M 表示。地震的震级，一般称为里氏震级。当震级相差一级，地面振动振幅增加约 10 倍，而能量增加近 32 倍。

一般说来，$M<2$ 的地震，人们感觉不到，称为微震；$M=2\sim4$ 的地震称为有感地

震；$M>5$ 的地震，对建筑物就要引起不同程度的破坏，统称为破坏性地震；$M>7$ 的地震称为强烈地震或大地震；$M>8$ 的地震称为特大地震。

3）地震烈度和烈度表

地震烈度是指某一地区的地面及建筑遭受到一次地震影响的强弱程度，用 I 表示。相对震源而言，地震烈度也可以把它理解为地震场的强度。

地震的震级与地震烈度是两个不同的概念，对于一次地震，只能有一个震级，而有多个烈度。一般来说离震中愈远的地震烈度愈小，震中区的地震烈度最大，并称为“震中烈度”，这是震级与震中烈度的大致关系。

（2）建筑物的震害及分析

1）地表的破坏现象

①地裂缝；②喷砂冒水；③地面下沉；④滑坡、塌方。

2）建筑物破坏

①结构丧失整体性；②承重结构承载力不足而引起的破坏；③地基失效；④次生灾害。

（3）抗震设计的一般规定

1）抗震设防烈度和设计地震分组

① 抗震设防烈度　抗震设防烈度是指按国家规定的权限批准作为一个地区抗震设防依据的地震烈度。

② 建筑重要性分类、抗震设防标准、抗震设防目标

A. 建筑物重要性分类：从抗震防灾的角度，根据建筑物使用功能的重要性，按其受地震破坏时产生的后果严重程度，国家标准《建筑抗震设计规范》（GB 50011—2010）（以下简称为《抗震规范》），将建筑物分为甲、乙、丙、丁四类。

B. 抗震设防标准：建筑抗震设防是对建筑物进行抗震设计，包括地震作用、抗震承载力计算和采取抗震措施，以达到抗震的效果。

建筑物的抗震设防标准是衡量抗震设防要求的尺度，它是指各类工程按照规定的可靠性要求和技术经济水平所统一确定的抗震技术要求。它的依据是抗震设防烈度。抗震设防标准应符合表 7-15 的规定。

**建筑抗震设防分类**　　　　**表 7-15**

| | | |
|---|---|---|
| 设防分类 | 甲类 | 重大建筑工程和地震时可能发生严重次生灾害的建筑 |
| | 乙类 | 地震时使用功能不能中断需尽快恢复的建筑 |
| | 丙类 | 除甲、乙、丁类以外的一般建筑 |
| | 丁类 | 抗震次要建筑 |
| 地震作用 | 甲类 | 按地震安全性评价结果确定 |
| | 乙类 | 应符合本地区抗震设防烈度要求 |
| | 丙类 | 应符合本地区抗震设防烈度要求 |
| | 丁类 | 一般情况下仍应符合本地区抗震设防烈度的要求 |

续表

| | | |
|---|---|---|
| 抗震措施 | 甲类 | 当抗震设防烈度为6～8度时，应符合本地区抗震设防烈度提高1度的要求，当为9度时，应符合比9度抗震设防更高的要求 |
| | 乙类 | 一般情况下，当抗震设防烈度为6～8度时，应符合本地区抗震设防烈度提高一度的要求，当为9度时，应符合比9度抗震设防更高的要求，对较小的乙类建筑，当其结构改用抗震性能较好的结构类型时，应允许仍按本地区抗震设防烈度的要求采取抗震措施 |
| | 丙类 | 应符合本地区抗震设防烈度要求 |
| | 丁类 | 应允许比本地区抗震设防烈度的要求适当降低，但抗震设防烈度为6度时不应降低 |

注：1. 抗震措施指除结构地震作用计算和抗力计算以外的抗震设计内容，包括抗震构造措施；抗震构造措施指一般不需计算而对结构和非结构各部分必须采取的各种细部要求。
2. 较小的乙类建筑指工矿企业的变电所、变压站、水泵房以及城市供水水源的泵房等，当为丙类建筑时，一般可采用砖混结构；当为乙类建筑时，若改用钢筋混凝土结构或钢结构，则可按本地区设防烈度的规定采取抗震措施。

抗震设防烈度为6度时，除规范有具体规定外，对乙、丙、丁类建筑可不做地震作用计算。

2）抗震设防目标

《抗震规范》规定以“三个水准”来表达抗震设防目标，即“小震不坏，中震可修，大震不倒”。

第一水准：当遭受到多遇的低于本地区设防烈度的地震（小震）影响时，建筑一般应不受损坏或不需修理仍能继续使用。

第二水准：当遭受本地区设防烈度的地震（中震）影响时，建筑可能有一定的损坏，经一般修理或不需修理仍能继续使用。

第三水准：当遭受高于本地区设防烈度的罕遇地震（大震）影响时，不致倒塌或发生不危及生命的严重破坏。

规范采用两阶段设计来实现上述目标。

第一阶段设计：按第一水准（小震）的地震动参数计算结构地震作用效应并与其他荷载效应的基本组合，进行结构构件的截面承载力验算和弹性变形验算，同时采取相应的构造措施，这样既满足第一水准“不坏”的设防要求和第二水准“损坏可修”的设防要求。

第二阶段设计：对于地震时易倒塌的结构、有明显薄弱层的不规则结构以及特殊要求的建筑结构，还应进行结构的薄弱部位的弹塑性层间变形验算并采取相应的抗震构造措施，实现第三水准的设防要求。

3）小震和大震

小震应是发生机会较多的地震，因此，可将小震定义为烈度概率密度曲线上的峰值所对应的烈度，即众值烈度或称多遇烈度时的地震，50年内众值烈度的超越概率为63.2%，这就是第一水准的烈度。今各地的基本烈度，即第二水准的烈度。50年内的超越概率大体为10%。今大震是罕遇的地震，它所对应的烈度在50年内的超越概率约为2%～3%，这个烈度又可称为罕遇烈度，作为第三水准的烈度。

基本烈度与众值烈度相差约为1.55度，而基本烈度与罕遇烈度相差大致为1度。

4）场地和场地土类别

场地即工程群体所在地，具有相似的反应谱特征。其范围相当于厂区、居民小区和自然村或不小于 1.0km$^2$ 的平面面积。

建筑场地的类别划分，应以土层等效剪切波速和场地覆盖层厚度为准。

土层剪切波速应由勘测设计单位测量，对于丁类建筑及层数不超过 10 层且高度不超过 30m 的丙类建筑，当无实测剪切波速时，可根据岩土名称和性状，按表 7-16 划分土的类型，再按经验在剪切波速范围内估计各土层的剪切波速。

**场地土类型** **表 7-16**

| 土的类型 | 岩土名称和状态 | 土层剪切波速范围（m/s） |
|---|---|---|
| 坚硬土或岩石 | 稳定岩石、密实的碎石土 | $v_s>500$ |
| 中硬土 | 中密、稍密的碎石土，密实、中密的砾、粗、中砂，$f_k>200$ 的黏性土和粉土，坚硬黄土 | $500\geqslant v_s>250$ |
| 中软土 | 稍密的砾、粗、中砂，除松散外的细、粉砂 $f_k\leqslant200$ 的黏性土和粉土，$f_k\geqslant130$ 的填土，可塑黄土 | $250\geqslant v_s>140$ |
| 软弱土 | 淤泥和淤泥质土，松散的砂，新近沉积的黏性土和粉土，$f_k<$ 130 的填土，流塑黄土 | $v_s\leqslant140$ |

注：$f_k$ 为地基静承载力标准值（kPa）。

场地类别按等效剪切波速和覆盖层厚度两个指标划分为四类，见表 7-17

**建筑场地类别划分** **表 7-17**

| 等效剪切波速（m/s） | 场地类别 | | | |
|---|---|---|---|---|
| | Ⅰ类 | Ⅱ类 | Ⅲ类 | Ⅳ类 |
| $v_{se}>500$ | 0m | | | |
| $500\geqslant v_{se}>250$ | <5m | ≥5m | | |
| $250\geqslant v_{se}>140$ | <3m | 3～50m | >50m | |
| $v_{se}\leqslant140$ | <3m | 3～15m | >15～80m | >80m |

5）抗震设计的基本要求

① 抗震概念设计的重要性　概念设计是指根据地震灾害和工程经验等所形成的基本设计原则和设计思想，进行建筑和结构总体布置并确定细部构造的过程。

由于地震是随机的，具有不确定性和复杂性，单靠“数值设计”很难有效地控制结构的抗震性能。结构的抗震性能取决于良好的“概念设计”。

② 抗震设计的基本要求

A. 场地选择

建筑场地的地段类别按表 7-18 可以划分为建筑抗震有利、不利和危险的地段。

**各类地段的划分** **表 7-18**

| 地段类别 | 地质、地形、地貌 |
|---|---|
| 有利地段 | 稳定基岩坚硬土或开阔平坦、密实均匀的中硬性土等 |
| 不利地段 | 软弱土、液化土、条状突出的山嘴，高耸孤立的山丘，非岩质的陡坡，河岸和边坡边缘，平面分布上成因、岩性、状态明显不均匀的土层（如古河道、断层破碎带、暗埋的塘滨沟谷及半挖半填地基）等 |
| 危险地段 | 地震时可能发生滑坡、崩塌、地陷、地裂、泥石流等及地震断裂带上可能发生地表位错的部位 |

选择建筑场地时应选择有利地段、避开不利地段、不应在危险地段建造甲、乙、丙类建筑。

B. 选择对抗震有利的建筑平面和立面：一是建筑设计应符合抗震概念设计的要求，不应采用严重不规则的设计方案；二是建筑及其抗侧力结构平面布置宜均匀、对称，并具有良好的整体性；建筑的立面和剖面宜规则，抗侧力结构的侧向刚度和承载力宜均匀；不规则的建筑结构（包括平面不规则和立面不规则两种），应按规范要求进行水平地震作用计算和内力调整，并对薄弱部位采取有效的抗震构造措施；三是体型复杂，平、立面特别不规则的建筑结构，可按实际需要在适当部位设置防震缝。

C. 选择技术上、经济上合理的抗震结构体系：一是选择建筑结构体系时，应符合规范的要求；二是选择抗震结构的构件时，应符合规范的要求；三是抗震结构各构件之间的连接应符合规范的要求。

D. 非结构构件：非结构构件包括建筑非结构构件和建筑附属机电设备，自身及其与结构主体的连接，应进行抗震设计。包括附属构件、装饰物、非结构墙体。

E. 材料的选择与施工：结构材料的性能指标应符合抗震结构的施工要求。

# 八、施工测量的基本知识

## （一）测量的基本工作

### 1. 水准仪的使用

水准仪（图 8-1）分为水准气泡式和自动安平式，目前多为自动安平式。水准仪按其高程测量精度分为 DS05、DS1、DS2、DS3、DS10 几种等级。

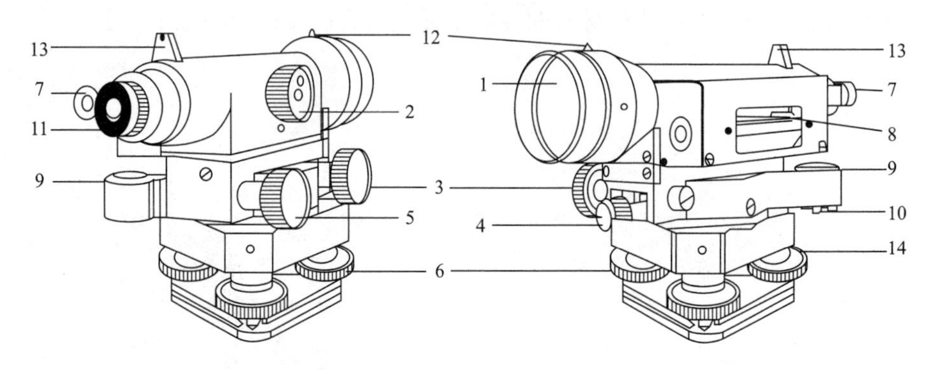


图 8-1　DS3 型微倾式水准仪

1—物镜；2—物镜调焦螺旋；3—水平微动螺旋；4—水平制动螺旋；5—微倾螺旋；6—粗平螺旋；7—管水准器气泡观察窗；8—管水准器；9—圆水准器；10—圆水准器校正螺钉；11—目镜；12—准星；13—照门；14—基座

水准仪使用分为：仪器的安置、粗略整平、瞄准目标、精平、读数等几个步骤。

（1）安置仪器

把三脚架应安置在距离两个测站点大致等距离的位置，保证架头大致水平。打开三脚架调整至高度适中，将架腿伸缩螺旋拧紧，并保证架脚与地面有稳固连接。从仪器箱中取出水准仪置于架头，用架头上的连接螺旋将仪器与三脚架连接牢固。

（2）粗略整平

首先使物镜平行于任意两个脚螺旋（如：1 和 2）的连线，如图 8-2（*a*）所示。然后，用两手同时向内或向外旋转脚螺旋 1 和 2，使气泡移至 1、2 两个脚螺旋方向的中间位置。再用左手旋转脚螺旋 3，使气泡居中，如图 8-2（*b*）所示。

（3）瞄准

首先将物镜对着明亮的背景，转动目镜调焦螺旋，调节十字丝清晰。然后，松开制动螺旋，利用粗瞄准器瞄准水准尺，拧紧水平制动螺旋。再调节物镜调焦螺旋，使水准尺分划清晰，调节水平微动螺旋，使十字丝的竖丝照准水准尺边缘或中央，如图 8-3 所示。

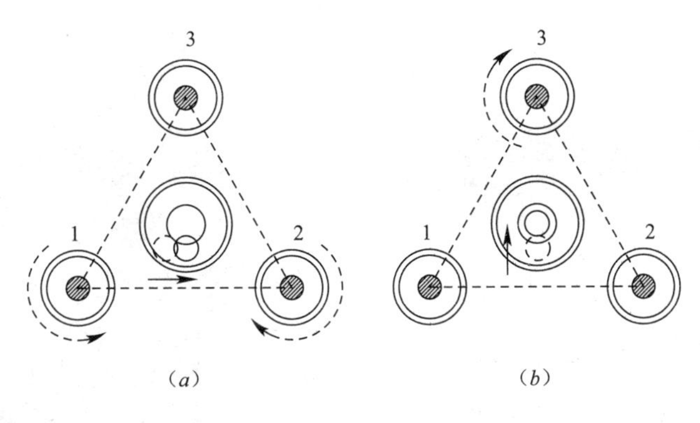


图 8-2　水准器粗平

(4) 精平

如图 8-4 (a) 所示，目视水准管气泡观察窗，同时调整微倾螺旋，使水准管气泡两端的影像重合（图 8-4 (b)），此时，水准仪达到精平。自动安平水准仪不需要此步操作。

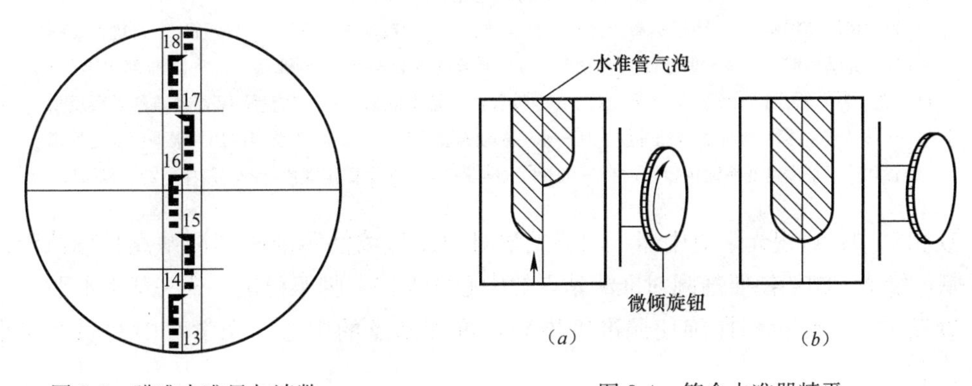


图 8-3　瞄准水准尺与读数

图 8-4　符合水准器精平

(5) 读数

眼睛通过目镜读取十字丝中丝水准尺上读数，直接读米、分米、厘米，估读毫米共四位。图 8-3 所示为正像望远镜中所看到的水准尺的像，水准尺读数为 1.575m。

## 2. 经纬仪的使用

经纬仪（图 8-5）可以用于测量水平角和竖直角。我国把光学经纬仪按精度不同划分为 DJ07、DJ1、DJ2、DJ6、DJ30 等几个等级。

经纬仪的使用主要包括：安置仪器、照准目标、读数等工作。

(1) 经纬仪的安置

经纬仪的安置包括对中和整平两项工作。打开三脚架，调整好长度使高度适中，将其安置在测站上，使架头大致水平，架顶中心大致对准站点中心标记。取出经纬仪放置在三脚架头上，旋紧连接螺旋。然后开始对中和整平工作。

1) 对中：分为垂球对中和光学对中，光学对中的精度高，目前主要采用光学对中。分为粗对中、精对中两个步骤。

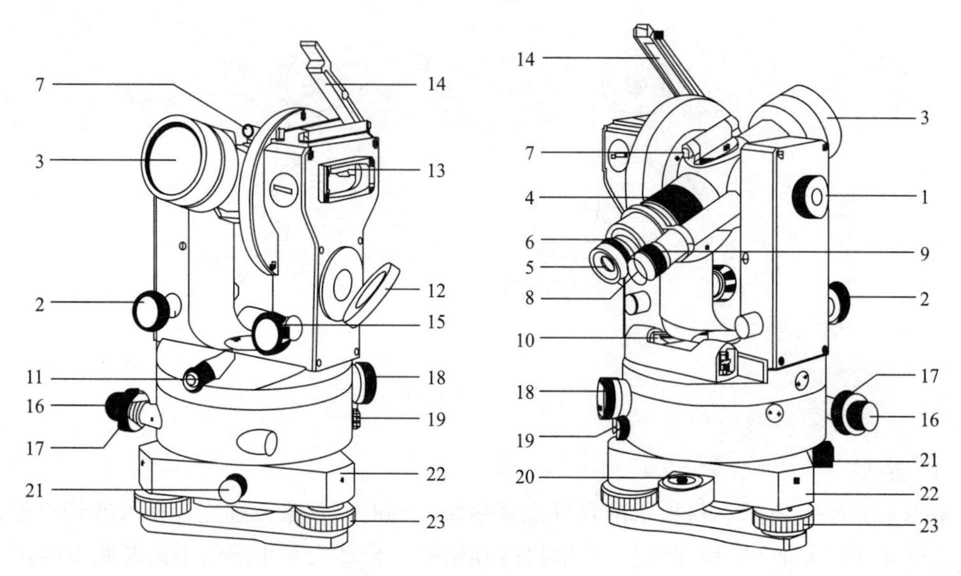


图 8-5　DJ6 级光学经纬仪

1—望远镜制动螺旋；2—望远镜微动螺旋；3—物镜；4—物镜调焦螺旋；5—目镜；6—目镜调焦螺旋；7—光学粗瞄器；8—度盘读数显微镜；9—度盘读数显微镜调焦螺旋；10—照准部水准器；11—光学对中器；12—度盘照明反光镜；13—竖盘指标管水准器；14—竖盘指标管水准器观察反射镜；15—竖盘指标管水准器微动螺旋；16—水平制动螺旋；17—水平微动螺旋；18—水平度盘变换螺旋；19—水平度盘变换锁止螺旋；20—基座圆水准器；21—轴套固定螺栓；22—基座；23—脚螺旋

① 粗对中：目视光学对中器，调节光学对中器目镜使照准圈和测站点目标清晰。双手紧握并移动三脚架使照准圈对准测站点的中心并保持三脚架稳定、架头基本水平。

② 精对中：旋转脚螺旋使照准圈准确对准测站点的中心，光学对中的误差应小于1mm。

2）整平：分为粗平和精平两个步骤。

① 粗平：伸长或缩短三脚架腿，使圆水准气泡居中。

② 精平：旋转照准部使照准部管水准器至图 8-6（*a*）的位置，旋转脚螺旋 1、2 使水准气泡居中；然后旋转照准部 90°至图 8-6（*b*）的位置，旋转脚螺旋 3 使水准气泡居中。如此反复，直至照准部转至任何位置，气泡均居中为止。

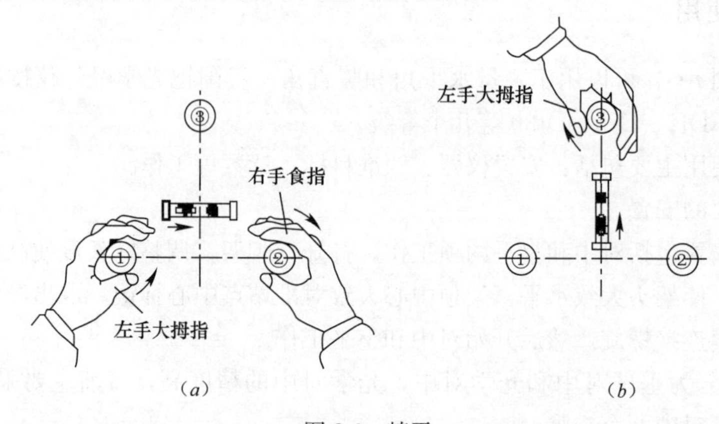


图 8-6　精平

在完成上述工作之后，再次进行精对中、精平。目视光学对中器，如照准圈偏离测站点的中心偏移量较小，则旋松连接螺旋，在架顶上平移仪器，使照准圈准确对准测站点中心，旋紧连接螺旋。精平仪器，直至照准部转至任何位置，气泡均居中为止；如偏移量过大则需重新对中、整平仪器。

（2）照准

首先调节目镜，使十字丝清晰，通过瞄准器瞄准目标，然后拧紧制动螺旋，调节物镜调焦螺旋使目标清晰并消除视差，利用微动螺旋精确照准目标的底部，如图 8-7 所示。

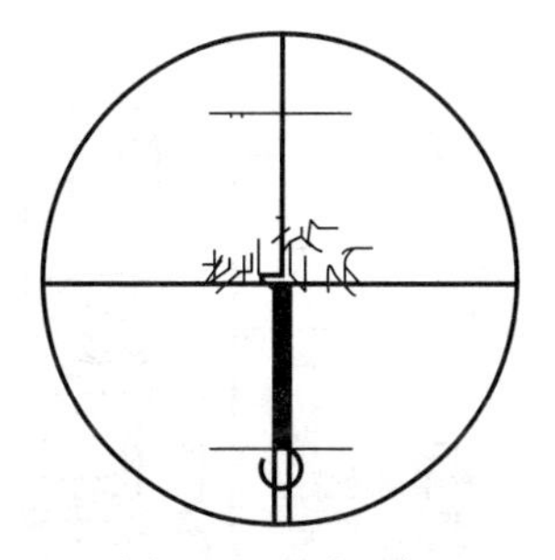

图 8-7　照准目标

（3）读数：先打开度盘照明反光镜，调整反光镜，使读数窗亮度适中，旋转读数显微镜的目镜使度盘影像清晰，然后读数。DJ2 级光学经纬仪读数方式为首先转动测微轮，使读数窗中的主、副像分划线重合，然后在读数窗中读出数值，见图 8-8*a* 中读数 151°11′54″，图 8-8*b* 中读数为 83°46′16″。

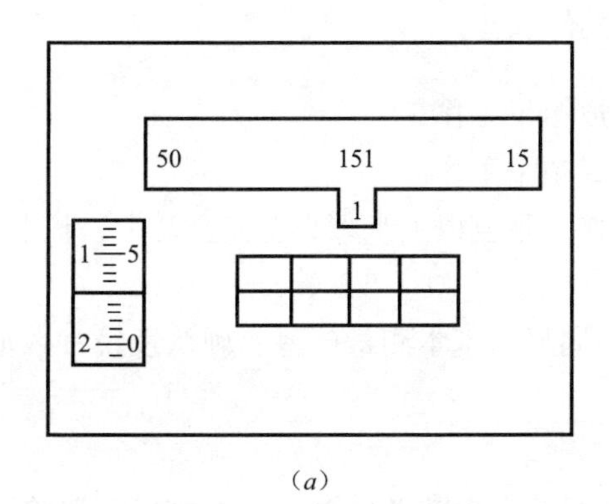


(*a*)

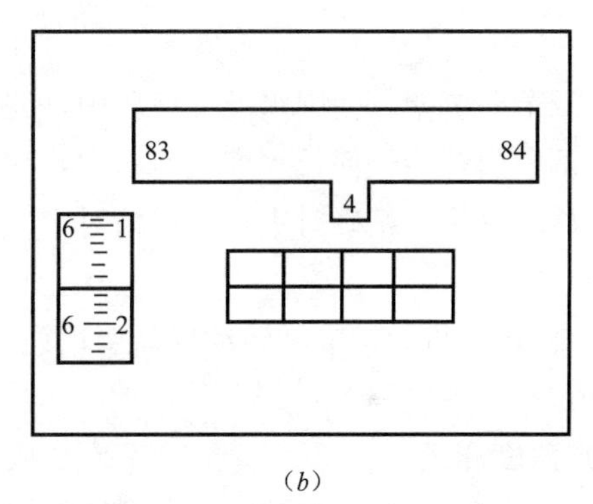


(*b*)

图 8-8　DJ2 级光学经纬仪读数

## 3. 全站仪的使用

全站仪（图 8-9）是一种多功能仪器，不仅能够测角、测距和测高差，还能完成测定坐标以及放样等操作，是目前在土建工程施工现场广泛使用的测量仪器。全站仪的品牌和型号很多。进口品牌有：瑞士徕卡 TC 系列，日本的拓普康系列，美国的 Trimble3600 系列；国产品牌主要有苏州一光 OTS 系列和中国南方 NTS 系列等。

不同厂家的全站仪输入方式略有不同，其基本功能及操作步骤如下：

（1）测前的准备工作

安装电池，检查电池的容量，确定电池电量充足。

（2）安置仪器

全站仪安置步骤、方法与电子经纬仪安置相同，主要步骤如下：

1）安放三脚架，调整长度至高度适中，固定全站仪到三脚架上，架设仪器使测点在视场内，完成仪器安置。

2）移动三脚架，使光学对点器中心与测点重合，完成粗对中工作。

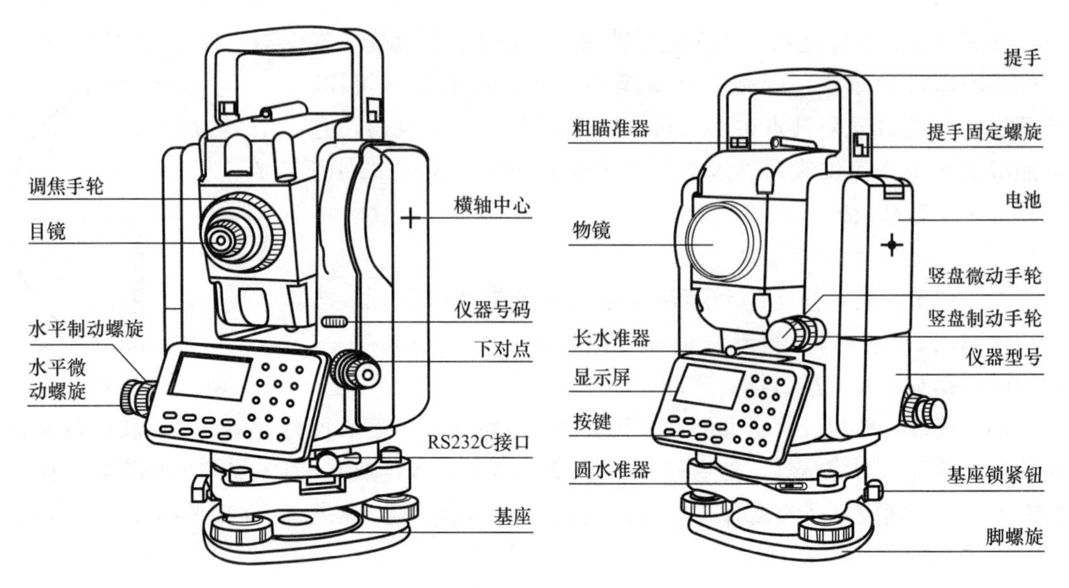


图 8-9　全站仪

3）调节三脚架，使圆水准气泡居中，完成粗平工作。

4）调节脚螺旋，使长水准气泡居中，完成精平工作。

5）移动基座，精确对中，完成精对中工作；重复以上步骤直至完全对中、整平。

（3）开机

按开机键开机。按提示转动仪器望远镜一周显示基本测量屏幕。确认棱镜常数值和大气改正值。

（4）角度测量

仪器瞄准角度起始方向的目标，按键选择显示角度菜单屏幕（按置零键可以将水平角读数设置为 0°00′00″）；精确照准目标方向仪器即显示两个方向间水平夹角和垂直角。

（5）距离测量

按键选择进入斜距测量模式界面；照准棱镜中心；按测距键两次即可得到测量结果。按 ESC 键，清空测距值。按切换键，可将结果切换为平距、高差显示模式。

（6）放样

选择坐标数据文件。可进行测站坐标数据及后视坐标数据的调用；置测站点；置后视点，确定方位角；输入或调用待放样点坐标，开始放样。

### 4. 测距仪的使用

测距仪种类很多，手持测距仪是测距仪中的一种，它不需特别的反射物，有无目标板均可使用。测距仪具有体积小、携带方便之特点，可以完成距离、面积、体积等测量工作。

（1）距离测量

1）单一距离测量：按测量键，启动激光光束；再次按测量键，在一秒钟内显示测量结果。

2）连续距离测量：按住测量键约 2 秒，可以启动此模式。在连续测量期间，每秒 8～

15 次的测量结果更新显示在结果行中，再次按测量键终止。

（2）面积测量

按面积功能键，激光光束切换为开。将测距仪瞄准目标，按测量键，将测得并显示所量物体的宽度，再按测量键，将测得物体的长度，且立即计算出面积，并将结果显示在结果行中。计算面积所需的两段距离，显示在中间的结果行中。

## （二）施工控制测量的知识

### 1. 建筑物的定位与放线

（1）建筑物的定位

建筑物的定位是根据设计图纸的规定，将建筑物的外轮廓墙的各轴线交点即角点测设到地面上，作为基础放线和细部放线的依据。由于条件不同，建物筑的定位方法也有所不同，常用的定位方法有：

1）根据控制点定位：如果建筑场地附近有控制点可供利用，可根据控制点和建筑物定位点设计坐标，采用极坐标法、角度交会法或距离交会法将建筑物测设到地面上。其中极坐标法应用较多。

2）根据建筑基线或建筑方格网定位：建筑场地已设有建筑基线或建筑方格网时，可根据建筑基线或建筑方格网和建筑物定位点设计坐标，用直角坐标等方法将建筑物测设到地面上。

3）根据与原有建（构）筑物或道路的关系定位：如图 8-10 所示，当新建建筑物与原有建筑物或道路的相互位置关系为已知时，则可以根据已知条件的不同采用不同的方法将新建建筑物测设到地面上。

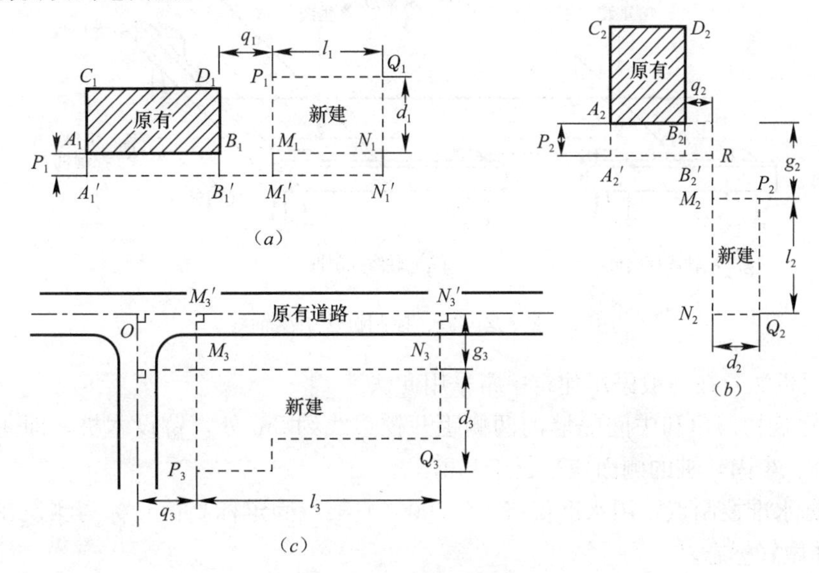


图 8-10 根据与原有建筑物或道路的关系定位

(a) 延长直线法；(b) 直角坐标法；(c) 平行线法

(2) 建筑物的放线

建筑物的放线是根据已定位的外墙轴线交点桩，详细测设其各轴线交点的位置，并引测至适宜位置做好标记。然后据此用白灰撒出基坑（槽）开挖边界线。

1）测设细部轴线交点：如图 8-11 所示，$A$ 轴、$E$ 轴、①轴和⑦轴外墙主轴线交点 $A_1$，$A_7$，$E_1$ 和 $E_7$ 是建筑物的定位点，这些定位点已在地面上测设完毕，各主次轴线距离见图，现欲测设次要轴线与主轴线的交点。可以利用经纬仪加钢尺或全站仪定位等方法依次定出各次要轴线与主轴线的交点点位（$A_2$、$A_3$、……$A_6$；$E_2$、$E_3$、……$E_6$ 等），并打入木桩钉好小钉。

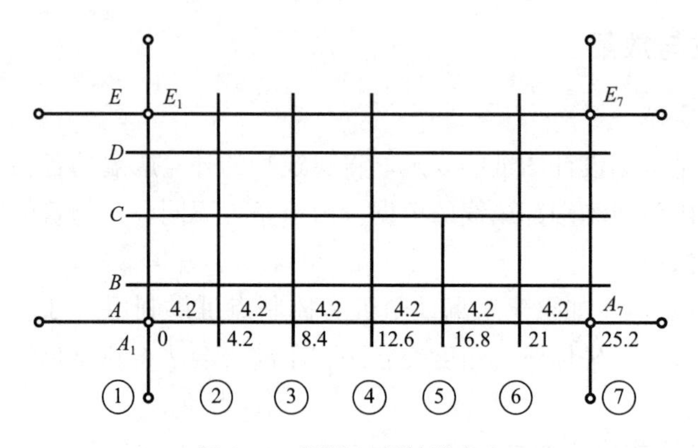


图 8-11 测设细部轴线交点

2）引测轴线：基坑（槽）开挖时所有定位点桩均会被挖掉，为了使开挖后各阶段施工能恢复各轴线位置，需要把建筑物各轴线延长到开挖范围以外的安全地点，并作好标志，称引测轴线。有龙门板法和轴线控制桩法两种形式，如图 8-12 所示。

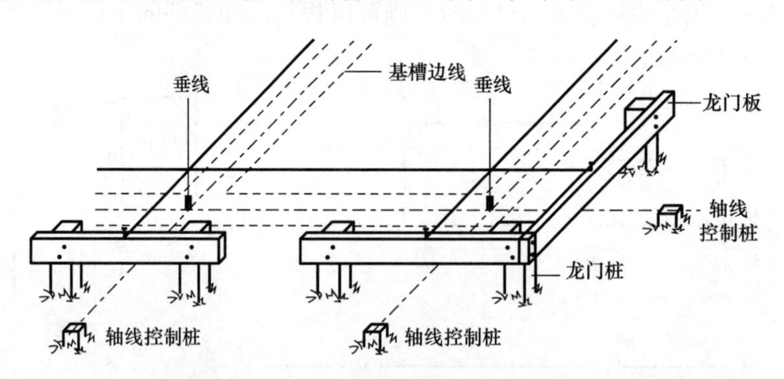


图 8-12 龙门板、控制桩法引测轴线

① 龙门板法：在一般民用建筑中常采用此法。

A. 在建筑物四角和中间隔墙的两侧距开挖边线约 2m 处，钉设木桩，即龙门桩。龙门桩要铅直、牢固，桩的侧面应平行于基槽。

B. 根据水准控制点，用水准仪将±0.000（或某一固定标高值）标高测设在每个龙门桩外侧，并做好标志。

C. 沿龙门桩上±0.000（或某一固定标高值）标高线钉设水平的木板，即龙门板。应保证龙门板标高误差在规定范围内。

D. 用经纬仪或拉线方法将各轴线引测到龙门板顶面，并钉好小钉，即轴线钉。

E. 用钢尺沿龙门板顶面检查轴线钉的间距，误差应符合有关规范的要求。

② 轴线控制桩法：龙门板法占地大，使用的材料较多，施工时易被破坏，因此目前工程中一般采用轴线控制桩法。轴线控制桩一般设在轴线延长线上距开挖边线 4m 以外的地方，牢固地埋设在地下，也可把轴线投测到附件的建筑物或构筑物上，做好标志，代替轴线控制桩。

## 2. 施工测量

（1）基础施工测量

1）开挖深度和垫层标高控制：为了控制基槽的开挖深度，当快挖到槽底设计标高时，应用水准仪根据地面上±0.000 控制点，在槽壁上测设一些水平小木桩（称为水平桩），如图 8-13 所示。使木桩的上表面离槽底的设计标高为一固定值（如 0.500m），作为控制挖槽深度、槽底清理和基础垫层施工的依据。一般在基槽转角处均应设置水平桩，中间每隔 5m 左右设置一个。

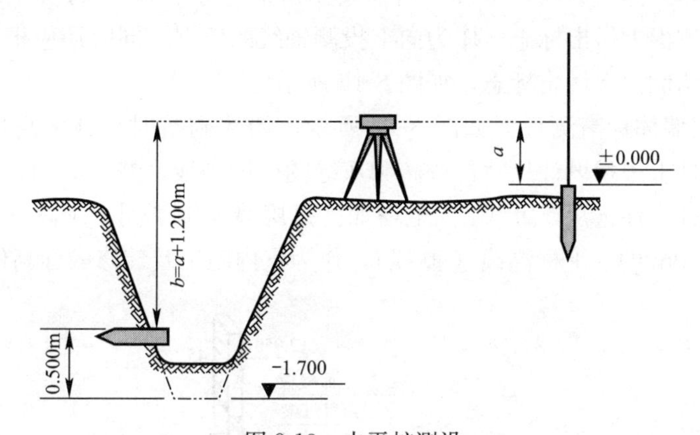


图 8-13　水平桩测设

2）垫层上基础中线的投测：基础垫层打好后，根据龙门板上的轴线钉或轴线控制桩，用经纬仪或用拉线挂锤球的方法（图 8-14），把轴线投测到垫层上，并用墨线弹出基础中心线和边线，作为砌筑基础的依据。

3）基础墙标高的控制：基础墙是指±0.000 以下的墙体，它的标高一般是用基础皮数杆（图 8-15）来控制的。在杆上按照设计尺寸将砖和灰缝的厚度，按皮数画出，杆上注记从±0.000 向下增加，并标明防潮层和预留洞口的标高位置等。

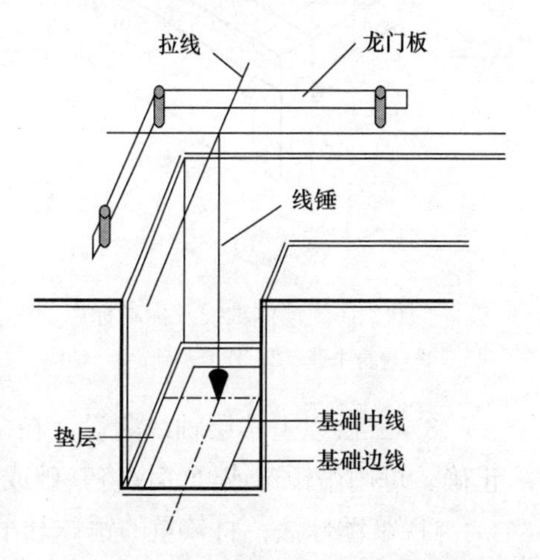


图 8-14　拉线挂锤球法投测基础中线

（2）墙体施工测量

1）首层楼层墙体轴线测设：基础墙砌筑到防潮层以后，可根据轴线控制桩或龙门板上轴线钉，用经纬仪或拉线，把首层楼房的墙体轴线和边线投测

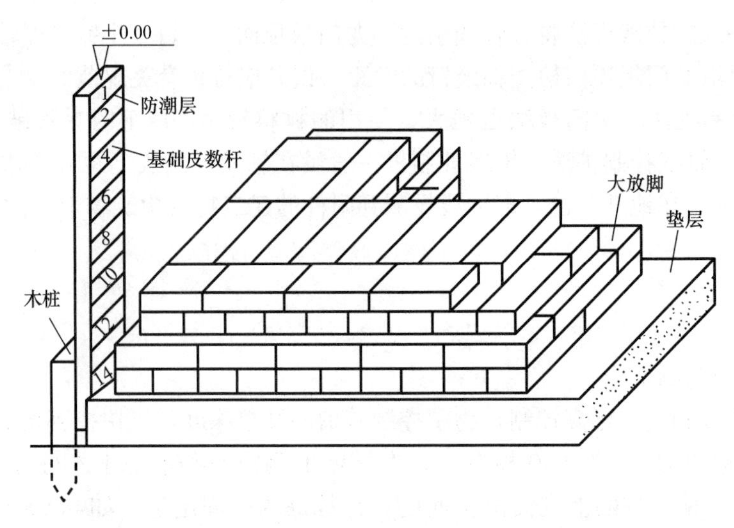


图 8-15 基础皮数杆

到防潮层上，并弹出墨线，检查外墙轴线交角是否等于 90°。符合要求后，把墙轴线延伸到基础外墙侧面上做出标志，作为向上投测轴线的依据。同时还应把门、窗和其他洞口的边线，在外墙侧面上做出标志，如图 8-16 所示。

2）首层楼层墙体标高测设：如图 8-17 所示，墙体砌筑时，其标高用墙身皮数杆控制。在墙身皮数杆上根据设计尺寸，按砖和灰缝的厚度画线，并标明门、窗、过梁、楼板等的标高位置。杆上注记从±0.000 向上增加。每层墙体砌筑到一定高度后，常在各层墙面上测设出+0.50m 的水平标高线（50 线），作为室内施工及装修的标高依据。

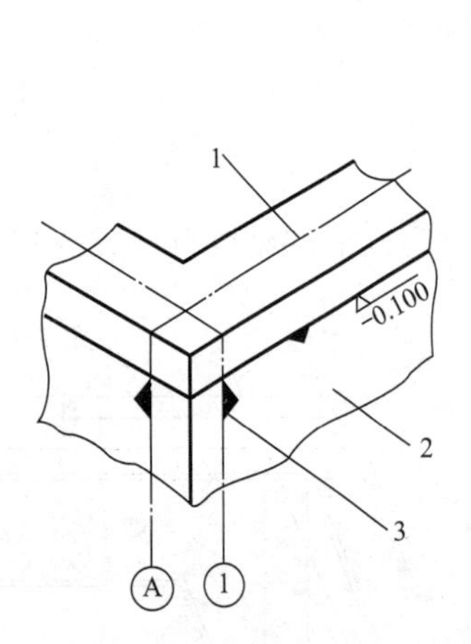


图 8-16 墙体轴线及标高标志

1—墙身中线；2—外墙基础；3—轴线

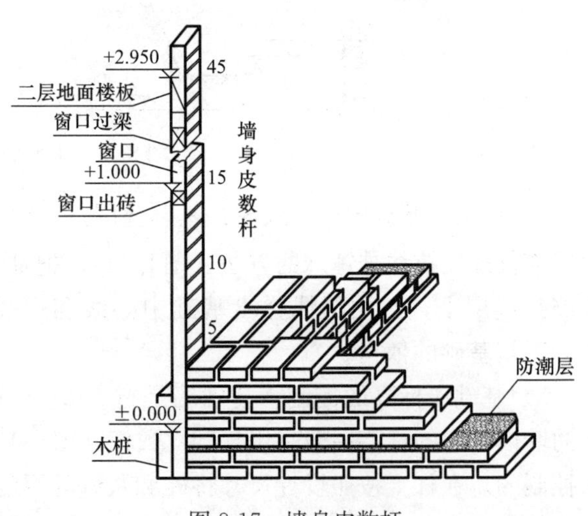


图 8-17 墙身皮数杆

3）二层以上楼层轴线测设：在多层建筑墙身砌筑过程中，为了保证建筑物轴线位置正确，可用吊锤球或经纬仪将基础或首层墙面上的标志轴线投测到各施工楼层上。

① 吊锤球法：将较重的锤球悬吊在楼板边缘，当锤球尖对准下面轴线标志时，锤球线在楼板边缘的位置即为楼层轴线位置，在此做出标志线。各轴线的标志线投测完毕后，

检核各轴线的间距，符合要求后，各轴线的标志线连接线即为楼层墙体轴线。

② 经纬仪投测法：在轴线控制桩上安置经纬仪，对中整平后，照准基础或首层墙面上的轴线标志，用盘左、盘右分中法，将轴线投测到楼层边缘，在此做出标志线。各轴线的标志线投测完毕后，检核各轴线的间距，符合要求后，各轴线的标志线连接线即为楼层墙体轴线。

4）二层以上楼层标高传递：可以采用皮数杆传递、钢尺直接丈量、悬吊钢尺等方法。

① 利用皮数杆传递：一层楼房砌筑完毕后，当采用外墙皮数杆时，沿外墙接长皮数杆，即可以把标高传递到各楼层上去。

② 利用钢尺直接丈量：在标高精度要求较高时，可用钢尺从±0.000 标高处向上直接丈量，把高程传递上来。然后设置楼层皮数杆，统一抄平后作为该楼层施工时控制标高的依据。

③ 悬吊钢尺法：在楼面上或楼梯间悬吊钢尺，钢尺下端悬挂一重锤，然后使用水准仪把高程传递上来。一般需从 3 个底层标高点向上传递，最后用水准仪检查传递的高程点是否在同一水平面上，误差不超过±3mm。

此外，也可使用水准仪和水准尺按水准测量方法沿楼梯间将高程传递到各层楼面。

（3）构件安装施工测量

1）柱子安装测量：主要包括以下几个步骤：

① 投测柱列轴线：如图 8-18 所示，在基础顶面用经纬仪根据柱列轴线控制桩，将柱列轴线投测到杯口顶面上，并弹出墨线，用红漆画出“▸”标志，作为安装柱子时确定轴线的依据。如果柱列轴线不通过柱子的中心线，应在杯形基础顶面上加弹柱中心线。同时用水准仪在杯口内壁测设一条一般为－0.600 的标高线，并画出“▾”标志，作为杯底找平的依据。

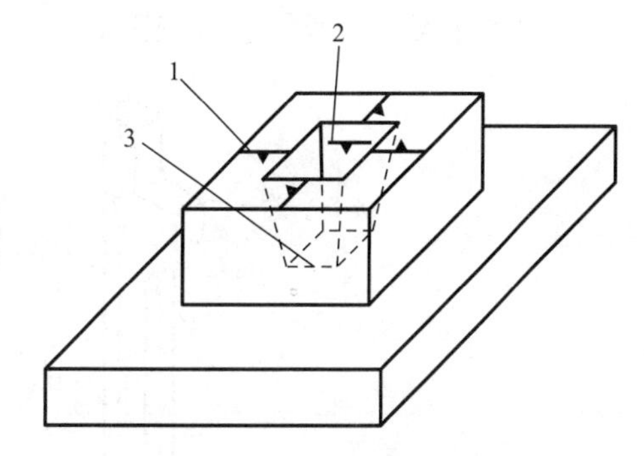


图 8-18　杯形基础弹线示意图

1—柱中心；2—－0.600 标高线；3—杯底

② 柱身弹线：如图 8-19 所示，柱子安装前，先将柱子按轴线编号。并在每根柱子的三个侧面弹出柱中心线，并在每条线的上端和下端靠近杯口处画出“▸”标志。根据牛腿面的设计标高，从牛腿面向下用钢尺量出－0.600 的标高线，并画出“▾”标志。

③ 杯底找平：首先量出柱子的－0.600 标高线至柱底面的长度，再量出相应的柱基杯口内－0.600 标高线至杯底的尺寸，两个值之差值即为杯底找平厚度，用水泥砂浆在杯底进行找平，使牛腿面符合设计标高要求。

④ 柱子的安装测量：柱子安装测量的目的是保证柱子垂直度、平面位置和标高符合要求。

柱子被吊入杯口后，应使柱子三面的中心线与杯口中心线基本对齐，如图 8-20（*a*）所示，用木楔或钢楔临时固定。通过敲打楔子等方法调整好柱子平面位置符合要求。并用水准仪检测柱身已标定的标高线。

然后用两台经纬仪，分别安置在柱基纵、横轴线离柱子不小于柱高的 1.5 倍距离位置

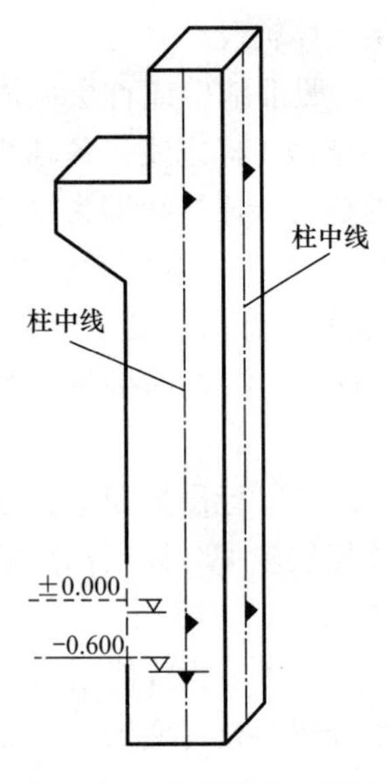

图 8-19 柱身弹线示意图

上，先照准柱子底部的中心线标志，固定照准部位后，再缓慢抬高望远镜，通过校正使柱身双向中心线与望远镜十字丝竖丝相重合，柱子垂直度校正完成，如图 8-20（*a*）所示。最后在杯口与柱子的缝隙中分两次浇筑混凝土，固定柱子。

为了提高工作效率，一般可以一次吊装多跟柱子，然后统一进行垂直度校正，如图 8-20（*b*）所示。为保证精度，仪器偏离轴线的角度 $\beta$ 不应大于 15°。

2）吊车梁安装测量：吊车梁安装测量主要是保证吊车梁平面位置和吊车梁的标高符合要求。分为以下几个步骤：

① 安装前的准备工作：首先在吊车梁的顶面和两端面上用墨线弹出中心线，如图 8-21 所示。再根据厂房中心线，在牛腿面上投测出吊车梁的中心线。同时根据柱子上的 ±0.000 标高线，用钢尺沿柱侧面向上量出吊车梁顶面设计标高线，作为调整吊车梁顶面标高的依据。

② 吊车梁的安装测量：安装时，使吊车梁两端的中心线与牛腿面上的梁中心线重合，吊车梁初步定位。然后可以校正好的两端吊车梁为准，梁上拉钢丝作为校正中间各吊车梁的依据，使每个吊车梁中心线与钢丝重合。也可以采用平行线法对吊车梁的中心线进行校正。

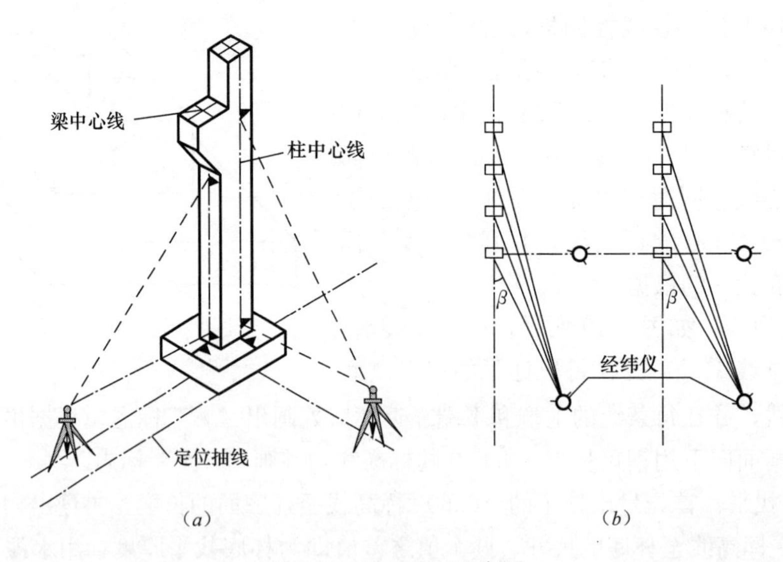

图 8-20 柱子校正示意图

当吊车梁就位后，还应根据柱面上定出的吊车梁标高线检查梁面的标高，不满足时可采用垫铁固定及抹灰调整。然后将水准仪安置于吊车梁上，检测梁面的标高是否符合要求。

3）屋架安装测量

① 安装前的准备工作：屋架吊装前，在屋架两端弹出屋架中心线，并用经纬仪在柱顶面上测设出屋架定位轴线。

② 屋架的安装测量：屋架吊装就位时，应使屋架的中心线与柱顶面上的定位轴线对准，其误差符合要求。屋架的垂直度可用锤球或经纬仪进行检查。

经纬仪校正方法如图 8-22 所示，在屋架上弦中部及两端安装三把卡尺，自屋架几何中心向外量出一定距离（一般为 500mm），做出标志。在地面上，距屋架中线相同距离处，安置经纬仪，通过观测三把卡尺的标志来校正屋架，最后将屋架用电焊固定。

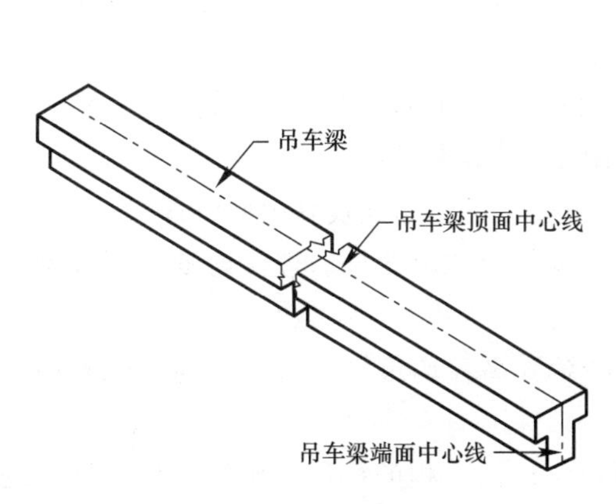


图 8-21　吊车梁弹线示意图

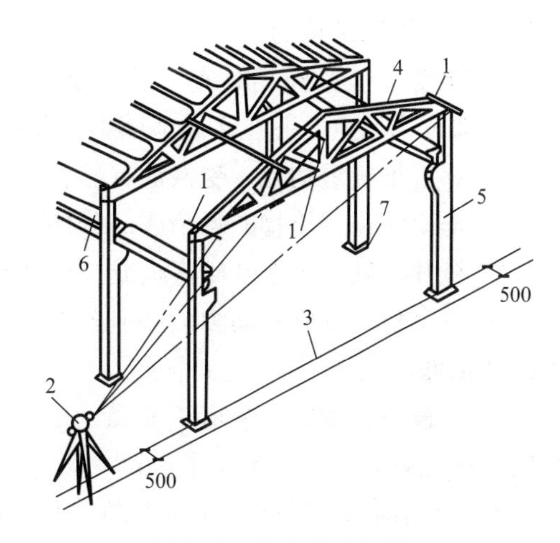


图 8-22　屋架的安装测量

1—卡尺；2—经纬仪；3—定位轴线；4—屋架；5—柱；6—吊车梁；7—柱基

# （三）建筑变形观测的知识

## 1. 建筑变形观测的概念

利用观测设备对建筑物在荷载和各种影响因素作用下产生的结构位置和总体形状的变化，所进行的长期测量工作称为建筑变形观测。建筑物变形观测的任务是周期性地对设置在建筑物上的观测点进行重复观测，求得观测点位置的变化量，变形观测的主要内容包括沉降观测、倾斜观测、位移观测、裂缝观测和挠度观测等。在建筑物变形观测中，进行最多的是沉降观测。

## 2. 变形观测的主要内容

（1）沉降观测

1）水准点的设置：水准点的设置应满足下列基本要求：

① 水准点的数目应不少于 3 个，以便检核；

② 水准点应设置在沉降变形区以外，距沉降观测点不应大于 100m，观测方便，且不受施工影响的地方；

③ 为防止冰冻影响，水准点埋设深度至少要在冰冻线以下 0.5m。

2）观测点布设：沉降观测点的布设应能全面反映建筑及地基变形特征，并顾及地质情况及建筑结构特点。点位宜选设在下列位置：

① 建筑物的四角、核心筒四角、大转角处及沿外墙每 10～20m 处或每隔 2～3 根柱基上。

② 新旧建筑物、高低层建筑物、纵横墙交接处的两侧。

③ 裂缝、沉降缝、伸缩缝或后浇带两侧、基础埋深相差悬殊处、人工地基与天然地基接壤处、不同结构的分界处及填挖方分界处。

④ 宽度大于等于 15m 或小于 15m 而地质复杂以及膨胀土地区的建筑物，应在承重内隔墙中部设内墙点，并在室内地面中心及四周设地面点。

⑤ 邻近堆置重物处、受振动有显著影响的部位及基础下的暗浜（沟）处。

⑥ 框架结构建筑物的每个或部分柱基上或沿纵横轴线上设点。

⑦ 筏片基础、箱形基础底板或接近基础的结构部分的四角处及其中部位置。

⑧ 重型设备基础和动力设备基础的四角处、基础形式改变处、埋深改变处以及地质条件变化处两侧。

⑨ 电视塔、烟囱、水塔、油罐、炼油塔、高炉等高耸构筑物，沿周边与基础轴线相交的对称位置，不得少于 4 个点。

3）观测周期与时间：观测周期和观测时间，应根据工程的性质、施工进度、地基地质情况及基础荷载的变化情况而定。应按下列要求并结合实际情况确定：

① 普通建筑可在基础完工后或地下室砌完后开始观测，大型、高层建筑可在基础垫层或基础底部完成后开始观测。

② 观测次数与间隔时间应视地基与加荷情况而定。民用高层建筑可每加高 1～5 层观测一次，工业建筑可按回填基坑、安装柱子和屋架、砌筑墙体、设备安装等不同施工阶段分别进行观测。若建筑施工均匀增高，应至少在增加荷载的 25%、50%、75%和 100%时各测一次。

③ 施工过程中若暂停工，在停工时及重新开工时应各观测一次。停工期间可每隔 2～3 个月观测一次。

④ 在观测过程中，若有基础附近地面荷载突然增减、基础四周大量积水、长时间连续降雨等情况，均应及时增加观测次数。当建筑突然发生大量沉降、不均匀沉降或严重裂缝时，应立即进行逐日或 2～3 天一次的连续观测。

⑤ 建筑使用阶段的观测次数，应视地基土类型和沉降速率大小而定。除有特殊要求外，可在第一年观测 3～4 次，第二年观测 2～3 次，第三年后每年观测 1 次，直至稳定为止。

⑥ 建筑沉降是否进入稳定阶段，应由沉降量与时间关系曲线判定。当最后 100 天的沉降速率小于 0.01～0.04mm/天时可认为已进入稳定阶段。具体取值宜根据各地区地基土的压缩性能确定。

4）观测方法：沉降观测的观测方法视沉降观测的精度而定，有一、二、三等水准测量、三角高程测量等方法。常用的是水准测量方法。

5）沉降观测的有关资料

① 沉降观测成果表；

② 沉降观测点位分布图及各周期沉降展开图；

③ 荷载、时间、沉降量曲线图；

④ 建筑物等沉降曲线图；

⑤ 沉降观测分析报告。

（2）倾斜观测

1）一般建筑物倾斜观测：如图 8-23 所示，将经纬仪安置于距建筑物约 1.5 倍高度处，瞄准建筑物 $X$ 墙面上部的观测点 $M$，用盘左、盘右分中投点法向下定出点 $N$。相隔一段时间后，经纬仪瞄准点 $M$，用盘左、盘右分中投点法，向下定出点 $N'$。用钢尺量出在 $X$ 墙面的偏移值 $\Delta B$。同理得出 $\Delta A$。则可以计算出该建筑物的总偏移值：$\Delta D=\sqrt{\Delta A^2+\Delta B^2}$。根据总偏移值 $\Delta D$ 和建筑物的高度 $H$ 即可计算出其倾斜率：$i=\tan\alpha=\frac{\Delta D}{\mathrm{H}}$。

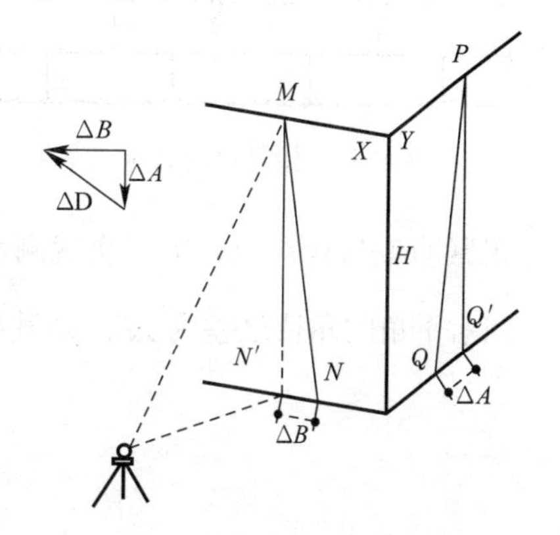

图 8-23　一般建筑物的倾斜观测

2）建筑物基础倾斜观测：建筑物的基础倾斜观测一般采用精密水准测量的方法，定期测出基础两端点的沉降量差值 $\Delta h$，如图 8-24、图 8-25 所示，再根据两点间的距离 $L$，即可计算出基础的倾斜度：$i=\frac{\Delta h}{L}$

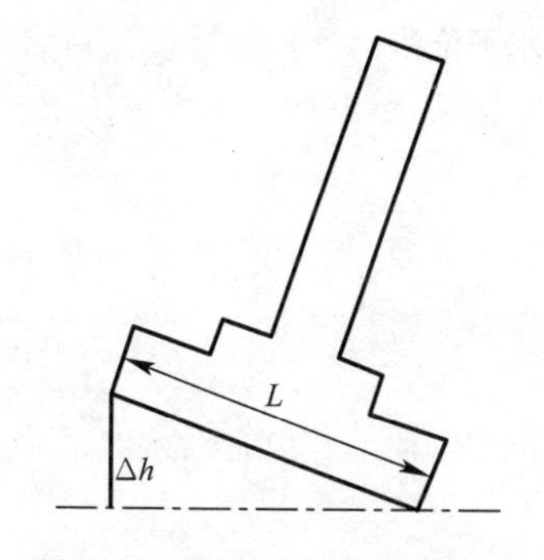

图 8-24　测定建筑物的偏移值

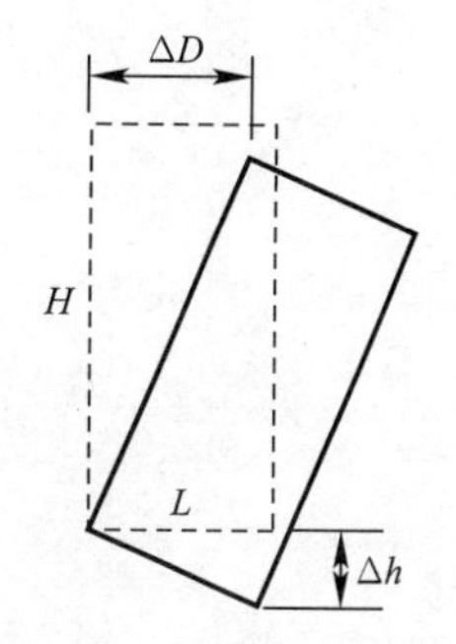

图 8-25　基础倾斜观测

对整体刚度较好的建筑物的倾斜观测，亦可采用基础沉降量差值，推算主体偏移值。用精密水准测量测定建筑物基础两端点的沉降量差值 $\Delta h$，再根据建筑物的宽度 $L$ 和高度 $H$，推算出该建筑物主体的偏移值 $\Delta D=\frac{\Delta h}{L}H$。

（3）裂缝观测

1）石膏板标志法：用厚 10mm，宽约 50～80mm 的石膏板，固定在裂缝的两侧。当裂缝继续发展时，石膏板也随之开裂，从而观察裂缝的大小及继续发展的情况。

2）白钢板标志：如图 8-26 所示，用两块白钢板，一片为 150mm×150mm 的正方形，固定在裂缝的一侧。另一片为 50mm×200mm 的矩形，固定在裂缝的另一侧。在两块白钢板的表面，涂上红色油漆。如果裂缝继续发展，两块白钢板将逐渐被拉开，露出正方形上

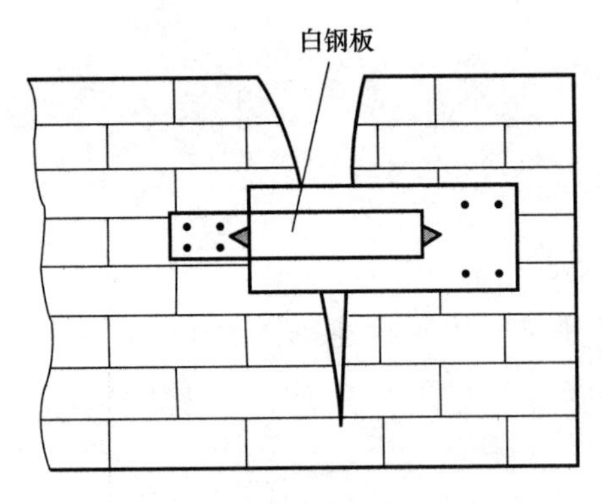


图 8-26　建筑物的裂缝观测

没有油漆的部分，其宽度即为裂缝增大的宽度，用尺子量出。

(4) 水平位移观测

1) 角度前方交会法：利用角度前方交会法，对观测点进行角度观测，计算观测点的坐标，利用两点之间的坐标差值，计算该点的水平位移量。

2) 基准线法：如图 8-27 所示观测时，先在位移方向的垂直方向上建立一条基准线 $AB$。$A$、$B$ 为控制点，$P$ 为观测点。只要定期测量观测点 $P$ 与基准线 $AB$ 的角度变化值 $\Delta\beta$，即可测定水平位移量。在 $A$ 点安置经纬仪，第一次观测水平角$\angle BAP=\beta_1$，第二次观测水平角$\angle 1'=\beta_2$，两次观测水平角的角值之差为 $\Delta\beta$。则其位移量 $\delta=D_{AP}\cdot\frac{\Delta\beta''}{\rho''}$。

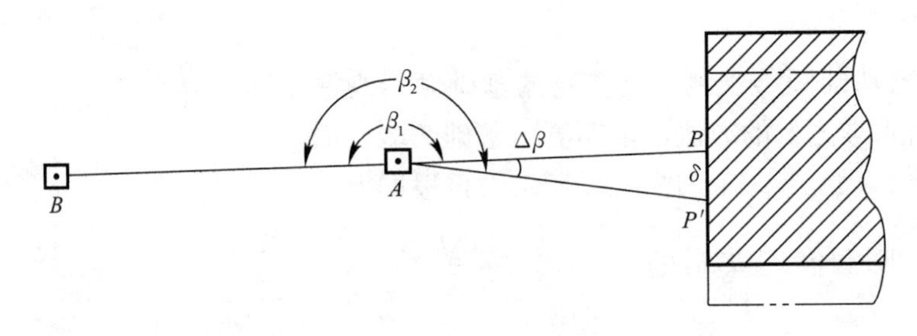


图 8-27　基准线法观测水平位移

# 九、抽样统计分析的知识

在进行建筑工程质量控制的过程中，需要对有关的施工过程和施工成果进行检测与评价，这其中往往需要借助数学中概率和数理统计的方法来对抽样进行统计和分析。数据是进行质量管理的基础，“一切用数据说话”才能作出科学的判断。用数理统计方法，通过收集、整理质量数据，可以帮助我们分析、发现质量问题，以便及时采取对策措施，纠正和预防质量事故。

## （一）基本概念和抽样的方法

### 1. 数理统计的基本概念

（1）总体

总体是工作对象的全体，如果要对某种规格的构件进行检测，则总体就是这批构件的全部，它应当是物的集合，通常可以记作 $X$。总体是由若干个个体组成的，因此个体是构成总体的基本元素，通常可以记作 $N$。对待不同的检测对象，所采集的数据也各有不同，应当采集具有控制意义的质量数据。通常把从单个产品采集到的质量数据视为个体，而把该批产品的全部质量数据的集合视为总体。

（2）样本

样本是由样品构成的，是从总体中随机抽取出来的个体。通过对样本的检测，可以对整批产品的的性质作出推断性评价，由于存在随机因素的影响，这种推断性评价往往会有一定的误差。为了把这种误差控制在允许的范围内，通常要设计出合理的抽样手段。

（3）统计量

统计量是根据具体的统计要求，结合对总体的统计期望进行的推断。由于工作对象的已知条件各有不同，为了能够比较客观、广泛地解决实际问题，使统计结果更为可信。需要研究和设定一些常用的随机变量，这些统计量都是样本的函数，它们的概率密度的解析式比较复杂。

### 2. 抽样的方法

通常是利用数理统计的基本原理在产品的生产过程中或一批产品中随机的抽取样本，并对抽取的样本进行检测和评价，从中获取样本的质量数据信息。以获取的信息为依据，通过统计的手段对总体的质量情况作出分析和判断（图 9-1）。

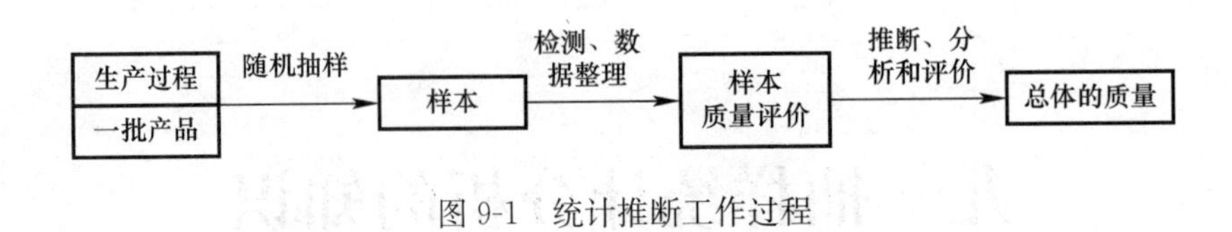


图 9-1　统计推断工作过程

## （二）施工质量数据抽样和统计分析方法

### 1. 质量数据的收集方法

质量数据的收集方法主要有全数检验和随机抽样检验两种方式，在工程上经常采用随机抽样检验的方法。

（1）全数检验

这是一种对总体中的全部个体进行逐个检测，并对所获取的数据进行统计和分析，进而获得质量评价结论的方法。全数检验的最大优势是质量数据全面、丰富，可以获取可靠的评价结论。但是在采集数据过程中要消耗很多人力、物力和财力，需要的时间也较长。如果总体的数量较少、检测项目比较重要，而且检测方法不会对产品造成破坏时，可以采取这种方法；而对总体数量较多，检测用时较长，或会对产品产生破坏作用时，就不宜采用这种评价方法。

（2）随机抽样检测

这是一种按照随机抽样的原则，从总体中抽取部分个体组成样本，并对其进行检测，根据检测的评价结果来推断总体质量状况的方法。随机抽样的方法具有省时、省力、省钱的优势，可以适应产品生产过程中及破坏性检测的要求，具有较好的可操作性。随机抽样应保证抽样的客观性，不能受人为因素的影响和干扰，尽量使每一个个体被抽到的概率基本相同，这是保证检测结果准确性的关键一环。随机抽样的方法主要有以下几种：

1）完全随机抽样：这是一种简单的抽样方法，是对总体中的所有个体进行随机获取样本的方法。即不对总体进行任何加工，而对所有个体进行事先编号，然后采用客观形成的方式（如：抽签、摇号等）确定中选的个体，并以其为样本进行检测。

2）等距抽样：这是一种机械、系统的抽样方法，通常是将个体按照某一规律进行系统排列、编号，然后均分为若干组（$n$ 组），这时每组有 $K=N/n$ 个个体，并在第一组抽取第一件样品，然后每隔一定间隔抽取出其余样品最终组成样本的方法。在抽取时应当注意所选定的间距（$K$ 值）不能与总体质量特征性值的变动周期一致，以避免抽取到的样品均为同一班次生产的，影响到样本的客观性。

3）分层抽样：这是一种把总体按照研究目的的某些特性分组，然后在每一组中随机抽取样品组成样本的方法。由于分层抽样要求对每一组都要抽取样品，因此可以保证样品在总体中分布均匀，具有代表性，适合于总体比较复杂的情况。

4）整群抽样：这是一种把总体按照自然状态分为若干组群，并在其中抽取一定数量的样品组成样品，然后再进行检测的方法。这种办法样品相对集中，可能会存在分布不均匀、代表性差的问题，在实际操作时需要注意生产周期的变化规律，规避样品抽取的误差。

5）多阶段抽样：这是一种把单阶段抽样（完全随机抽样、等距抽样、分层抽样、整群抽样的统称）综合运用的方法。适合在总体很大的情况下应用，通过在产品生产的不同阶段进行多次随机抽样，多次评价得出数据，使评价结果更为客观、准确。

## 2. 质量数据统计分析的基本方法

（1）调查表法

调查表法又称为调查分析法，是利用表格进行数据收集和统计的一种方法。表格形式根据需要自行设计，应便于统计和分析。

表 9-1 为工序质量特性分布统计分析表。该表是为掌握某工序产品质量分布情况而使用的，可以直接把测出的每个质量特性值填在预先制好的频数分布空白表格上，每测出一个数据就在相应值栏内划一记号组成“正”字，记测完毕，频数分布也就统计出来了。这种方法较简单、直观，但填写统计分析表时出现差错，而且不易检查，为此，一般都先记录数据，然后再用直方图法进行统计分析。

**混凝土空心板外观质量问题调查表** **表 9-1**

| 产品名称 | 混凝土空心板 | | 生产班组 | | |
|---|---|---|---|---|---|
| 日生产总数 | 200 块 | 生产时间 | 年月日 | 检查时间 | 年月日 |
| 检查方式 | 全数检查 | | 检查员 | | |
| 项目名称 | 检查记录 | | | 合计 | |
| 露筋 | 正丅 | | | 7 | |
| 蜂孔 | 正正一 | | | 11 | |
| 孔洞 | 正正 | | | 10 | |
| 裂缝 | 一 | | | 1 | |
| 其他 | 丅 | | | 2 | |
| 总计 | | | | 31 | |

（2）分层法

分层法又称分类法或分组法，就是将收集到的质量数据按统计分析的需要，进行分类整理，使之系统化、规律化，以便于找到产生质量问题的原因，及时采取措施加以预防。

分层的方法很多，主要有以下 4 种：

1）按班次、日期分类；

2）按操作者、操作方法、检测方法分类；

3）按设备型号、施工方法分类；

4）按使用的材料规格、型号、供料单位分类。

应根据不同情况灵活选用不同的多种分层方法，也可以用几种方法组合进行分层，以便找出问题的症结，如钢筋焊接质量的调查分析，调查了钢筋焊接点 50 个，其中不合格的 19 个，不合格率为 38%，为了查清不合格原因，将收集的数据分层分析。现已查明，这批钢筋是由三个师傅操作的，而焊条是两个厂家提供的产品，因此，分别按操作者分层和按焊条的供应厂家分层，进行分析。

表 9-2 是按操作者分层，分析结果可看出，焊接质量最好的 B 师傅，不合格率达

25%；表 9-3 是按焊条的供应厂家分层，发现不论是采用甲厂还是乙厂的焊条，不合格率都很高而且相差不多。为了找出问题症结所在，又进行了更细的分层，表 9-4 是将操作者与焊条的供应厂家结合起来分层，根据综合分层数据的分析，最终找到了核心是焊条的问题。解决焊接质量问题，可采取如下措施：

**按操作者分层** **表 9-2**

| 操作者 | 不合格 | 合格 | 不合格率（%） |
|---|---|---|---|
| A | 6 | 13 | 32 |
| B | 3 | 9 | 35 |
| C | 10 | 9 | 53 |
| 合计 | 19 | 31 | 38 |

**按供应焊条工厂分层** **表 9-3**

| 操作者 | 不合格 | 合格 | 不合格率（%） |
|---|---|---|---|
| 甲 | 9 | 14 | 39 |
| 乙 | 10 | 17 | 37 |
| 合计 | 19 | 31 | 38 |

**综合分层分析焊接质量** **表 9-4**

| 操作者 | | 甲厂 | 乙厂 | 合计 |
|---|---|---|---|---|
| A | 不合格 | 6 | 0 | 6 |
| | 合格 | 2 | 11 | 13 |
| B | 不合格 | 0 | 3 | 3 |
| | 合格 | 5 | 4 | 9 |
| C | 不合格 | 3 | 7 | 10 |
| | 合格 | 7 | 2 | 9 |
| 合计 | 不合格 | 9 | 10 | 19 |
| | 合格 | 14 | 17 | 31 |

① 在使用甲厂焊条时，应采用 B 师傅的操作方法；

② 在使用乙厂焊条时，应采用 A 师傅的操作方法。

（3）排列图法

排列图法也称为主次因素分析图法。

排列图（图 9-2）由两个纵坐标、一个横坐标、几个长方形和一条曲线组成。左侧的纵坐标是频数，右侧的纵坐标是累计频率，横坐标则是影响质量的项目或因素，按影响质量程度的大小，从左到右依次排列，其高度为频数，并根据右侧纵坐标，画出累计频率曲线，又称巴雷特曲线。在排列图上，通常把曲线的累计百分数分为三级，与此相对应的因素分三类：A 类因素对应于频率 0～80%，是影响产品质量的主要因素；B 类因素对应于频率 80%～90%，为次要因素；与频率 90%～100%相对应的为 C 类因素，属一般影响因素。运用排列图，便于找出主次矛盾，使错综复杂问题一目了然，有利于采取对策，加以改善。

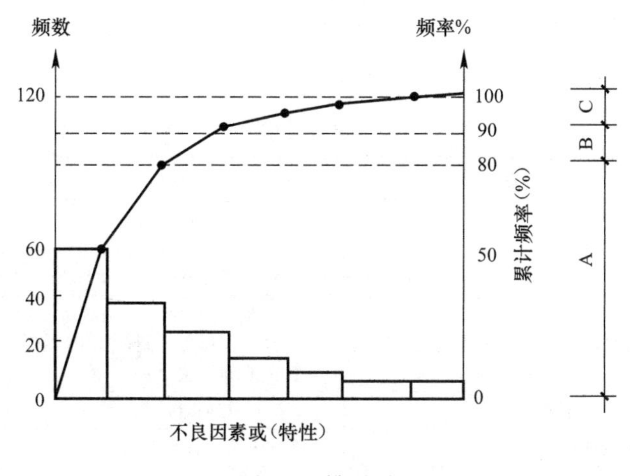


图 9-2　排列图

(4) 因果分析图

因果分析图又叫特性要因图、鱼刺图、树枝图，这是一种逐步深入研究和讨论质量问题的图示方法。在工程实践中，任何一种质量问题的产生，往往是多种原因造成的。这些原因有大有小，把这些原因依照大小次序分别用主干、大枝和小枝图形表示出来，便可一目了然地系统观察出产生质量问题的原因。运用因果分析图可以帮助我们制定对策，解决工程质量上存在的问题，从而达到控制质量的目的。

现以混凝土强度不足的质量问题为例来阐明因果分析图的画法（图 9-3）。

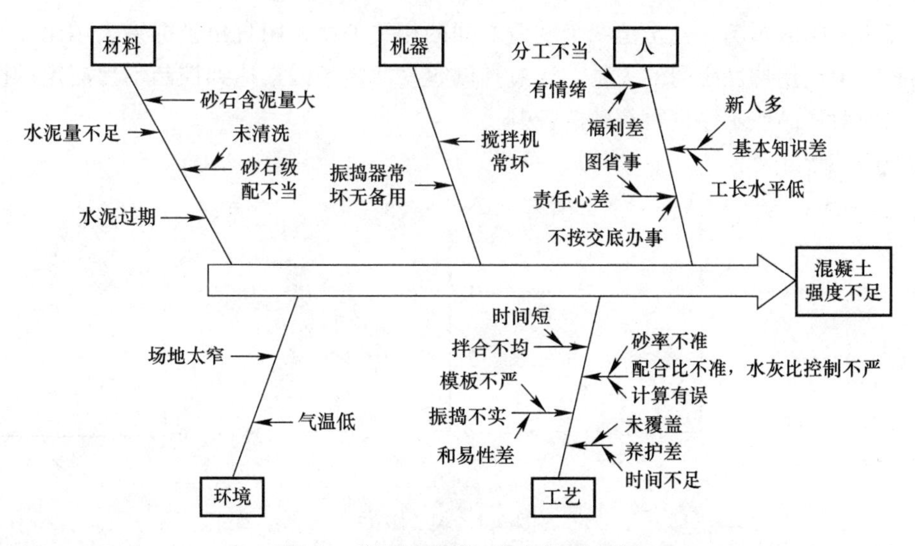


图 9-3　混凝土强度不足因果分析图

1）决定特性。特性就是需要解决的质量问题，放在主干箭头的前面。

2）确定影响质量特性的大枝。影响工程质量的因素主要是人、材料、工艺、设备和环境等五方面。

3）进一步画出中、小细枝，即找出中、小原因。

4）发扬技术民主，反复讨论，补充遗漏的因素。

5）针对影响质量的因素，有的放矢地制定对策，并落实到解决问题的人和时间，通过对策计划表的形式列出（表 9-5），限期改正。

**对策计划表** **表 9-5**

| 项 目 | 序 号 | 问题存在原因 | 采取对策 | 负责人 | 期 限 |
|---|---|---|---|---|---|
| 人 | 1 | 基本知识差 | ① 对新工人进行教育；<br>② 做好技术交底工作；<br>③ 学习操作规程及质量标准 | | |
| | 2 | 责任心不强，工人干活有情绪 | ① 加强组织工作，明确分工；<br>② 建立岗位责任制，采用挂牌制；<br>③ 关心职工生活 | | |
| 工艺 | 3 | 配合比不准 | 实验室重新试配 | | |
| | 4 | 水灰比控制不严 | 修理水箱、计量器 | | |
| 材料 | 5 | 水泥量不足 | 对水泥计量进行检查 | | |
| | 6 | 砂石含泥量大 | 组织人清洗过筛 | | |
| 设备 | 7 | 振捣器、搅拌机常坏 | 增加设备，及时修理 | | |
| 环境 | 8 | 场地乱 | 清理现场 | | |
| | 9 | 气温低 | 准备草袋覆盖、保温 | | |

（5）相关图

产品质量与影响质量的因素之间，常常有一定的依存关系，但它们之间不是一种严格的函数关系，即不能由一个变量的数值精确地求出另一个变量的数值，这种依存关系称为相关关系。

相关图又叫散布图，就是把两个变量之间的相关关系，用直角坐标系表示出来，借以观察判断两个质量特性之间的关系，通过控制容易测定的因素达到控制不易测定的因素的目的，以便对产品或工序进行有效的控制。

相关图的形式有：

1）正相关：当 $x$ 增大时，$y$ 也增大（图 9-4$a$）；

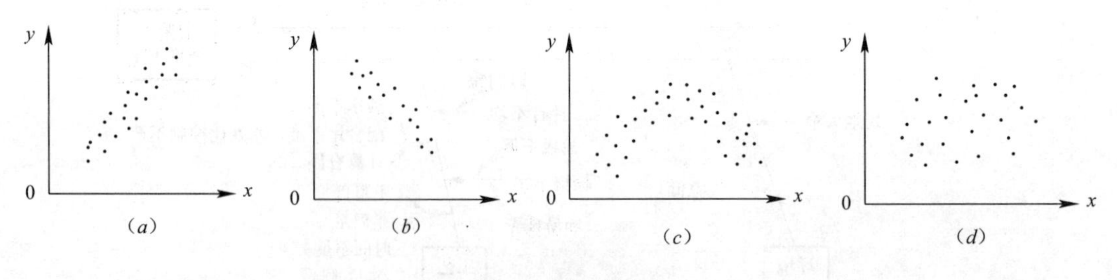


图 9-4 相关图

（$a$）正相关；（$b$）负相关；（$c$）非线性相关；（$d$）无相关

2）负相关：当 $x$ 增大时，$y$ 却减少（图 9-4$b$）；

3）非线性相关：两种因素之间不成直线关系（图 9-4$c$）；

4）无相关：即 $y$ 不随 $x$ 的增减而变化（图 9-4$d$）；

除了绘制相关图之外，还必须计算相关系数，以确定两种因素之间关系的密切程度，相关系数计算公式为：

$$\gamma = \frac{S(XY)}{\sqrt{S(XX)S(XY)}}$$

式中 $S(XX) = \Sigma(X-\overline{X})^2 = \Sigma X^2 - \frac{(\Sigma X)^2}{n}$

$S(YY) = \Sigma(Y-\overline{Y})^2 = \Sigma Y^2 - \frac{(\Sigma Y)^2}{n}$

$S(XY) = \Sigma(X-\overline{X})\cdot(Y-\overline{Y}) = \Sigma XY - \frac{(\Sigma X \Sigma Y)}{n}$

相关系数值可以为正，也可以为负。正值表示正相关；负值表示负相关。$\gamma$的绝对值总是在0～1之间，绝对值越大，表示相关关系越密切。

（6）直方图法

直方图又称质量分布图、矩形图、频数分布直方图，它是将产品质量频数的分布状态用直方形来表示，根据直方的分布形状和与公差界限的距离来探索质量分布规律，分析判断整个生产过程是否正常。

利用直方图，可以制定质量标准，确定公差范围；还可以掌握质量分布规律，判定质量是否符合标准的要求。但其缺点是不能反映动态变化，而且要求收集的数据较多，否则难以体现其规律。

1）直方图作法：现以大模板边长尺寸误差的测定为例，说明直方图的作法。

① 收集实测数据。见表9-6。

**大模板边长尺寸误差表**　　**表9-6**

| 序　号 | 模板型号 | 各次实测的边长误差（mm） | | | | | | | |
|---|---|---|---|---|---|---|---|---|---|
| | | 1 | 2 | 3 | 4 | 5 | 6 | 7 | 8 |
| 1 | $W_1$ | −2 | −3 | −3 | −4 | −3 | 0 | −1 | −2 |
| 2 | $W_2$ | −2 | −2 | −3 | −1 | +1 | −2 | −2 | −1 |
| 3 | $W_3$ | −2 | −1 | 0 | −1 | −2 | −3 | −1 | +2 |
| 4 | $W_4$ | 0 | −5 | −1 | −3 | 0 | +2 | 0 | −2 |
| 5 | $W_5$ | −1 | +3 | 0 | 0 | −3 | −2 | −5 | +1 |
| 6 | $S_1$ | 0 | −2 | −4 | −3 | −4 | −1 | +1 | +1 |
| 7 | $S_2$ | −2 | −4 | −6 | −1 | −2 | +1 | −1 | −2 |
| 8 | $S_3$ | −3 | −1 | −4 | −1 | −3 | −1 | +2 | 0 |
| 9 | $S_4$ | −5 | −3 | 0 | −2 | −4 | 0 | −3 | −1 |
| 10 | $S_5$ | −2 | 0 | −3 | −4 | −2 | +1 | −1 | +1 |

② 计算极差

首先从表列数据中找出最大数和最小数，得出误差范围为－6mm～＋4mm。

$$R = 4-(-6) = 10\text{mm}$$

③ 决定组距和组数

组数$K$根据数据多少而定，一般数据在50个以内时为5～7组，数据50～100个时为6～10组，数据100～250个时为7～12组，数据250个以上时为10～20组。

本例共收集80个数据，$K$取10组。

组距$h$则为极差与组数的比值，即

$$h=\frac{R}{K}$$

本例：$h=\frac{R}{K}=\frac{10}{10}=1$（mm）

④ 确定分组的边界值

所求得的 $h$ 值应为测量单位的整倍数，若不是测量单位的整倍数时可调整其分组数，其目的是为了使组界值的尾数为测量单位的一半，避免数据落在组界上。

组界的确定应由第一组起。

本例：

第一组下界限值 $A_{1下}=x'_{min}=-6.5$（mm）

第一组上界限值 $A_1^{上}=A_{1下}+h=-6.5+1=-5.5$（mm）

第二组下界限值 $A_{2下}=A_1^{上}=-5.5$（mm）

第二组上界限值 $A_2^{上}=A_{2下}+h=-5.5+1=-4.5$（mm）

其余各组上、下界限值依次类推，本例各组界限值计算结果见表 9-7。

**频数分布表**　　**表 9-7**

| 组　号 | 分组区间 | 频　数 | 频　率 |
|---|---|---|---|
| 1 | −6.5～−5.5 | 1 | 0.0125 |
| 2 | −5.5～−4.5 | 3 | 0.0375 |
| 3 | −4.5～−3.5 | 7 | 0.0875 |
| 4 | −3.5～−2.5 | 13 | 0.1625 |
| 5 | −2.5～−1.5 | 17 | 0.2125 |
| 6 | −1.5～−0.5 | 17 | 0.2125 |
| 7 | −0.5～0.5 | 12 | 0.15 |
| 8 | 0.5～1.5 | 6 | 0.075 |
| 9 | 1.5～2.5 | 3 | 0.0375 |
| 10 | 2.5～3.5 | 1 | 0.0125 |

2）编制频数分布表：按上述分组范围，统计数据落入各组的频数，填入表内，计算各组的频率并填入表内，如表 9-7 所示。

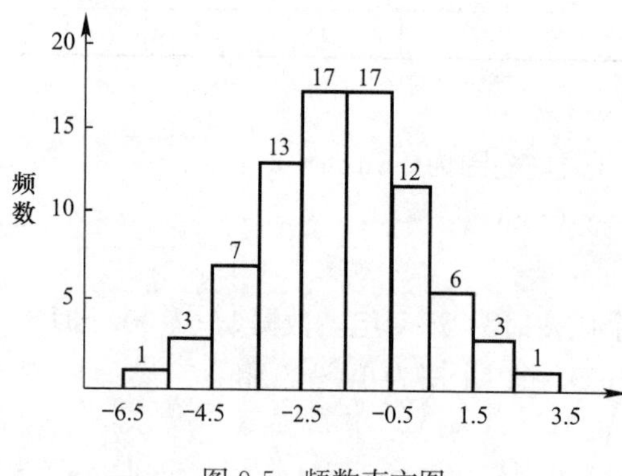

图 9-5　频数直方图

根据频数分布表中的统计数据可作出直方图，图 9-5 是本例的频数直方图。

3）直方图的观察分析

① 直方图的图形分析：直方图形象直观地反映了数据分布情况，通过对直方图的观察和分析，可以看出生产是否稳定及其质量的情况。常见的直方图典型形状有以下几种(图 9-6)：

A. 正常型：又称对称型，它的特点是中间高、两边低，并呈左右基本对称，说明相应工序处于稳定状态，如图 9-6（*a*）。

B. 孤岛型：在远离主分布中心的地方出现小的直方，形如孤岛，如图 9-6（*b*）。孤岛的存在表明生产过程中出现了异常因素，例如原材料一时发生变化；有人代替操作；短期内工作操作不当等。

C. 双峰型：直方图出现两个中心，形成双峰状。这往往是由于把来自两个总体的数据混在一起作图所造成的。如把两个班组或两台设备的数据混为一批，如图 9-6（*c*）。

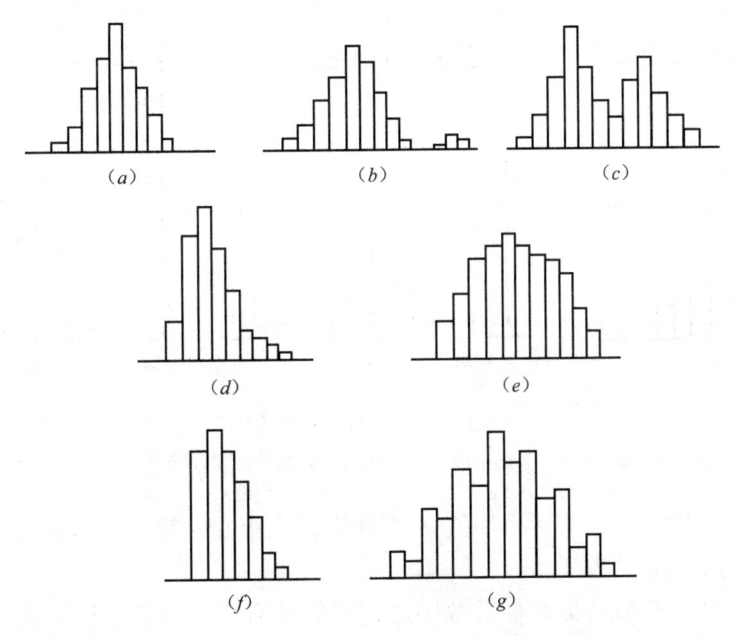

图 9-6　常见直方图形

（*a*）正常型；（*b*）孤岛型；（*c*）双峰型；（*d*）偏向型；（*e*）平顶型；（*f*）陡壁型；（*g*）锯齿型

D. 偏向型：直方图的顶峰偏向一侧，故又称偏坡型，它往往是因计数值或计量值只控制一侧界限造成的，如图 9-6（*d*）。

E. 平顶型：在直方图顶部呈平顶状态。一般是由多个母体数据混在一起造成的，或者在生产过程中有缓慢变化的因素在起作用所造成。如操作者疲劳而造成直方图的平顶状，如图 9-6（*e*）。

F. 陡壁型：直方图的一侧出现陡峭绝壁状态。这是由于人为地剔除一些数据，进行不真实的统计造成的，如图 9-6（*f*）。

G. 锯齿型：直方图出现参差不齐的形状，即频数不是在相邻区间减少，而是隔区间减少，形成了锯齿状。造成这种现象的原因不是生产上的问题，而主要是绘制直方图时分组过多或测量仪器精度不够而造成的，如图 9-6（*g*）。

② 对照标准分析比较（图 9-7）：当工序处于稳定状态时，即直方图为正常型，还需进一步将直方图与质量标准进行对比以判定工序满足标准要求的程度。其主要是分析直方图的平均值 $\overline{X}$ 与质量标准中心重合程度，比较分析直方图的分布范围 $B$ 同公差范围 $T$ 的关系。图 9-7 在直方图中标出了标准范围 $T$，标准的上偏差 $T_u$ 和下偏差 $T_L$，实际尺寸范

围 $B$。对照直方图图型可以看出实际产品分布与实际要求标准的差异。各种类型的特点如下：

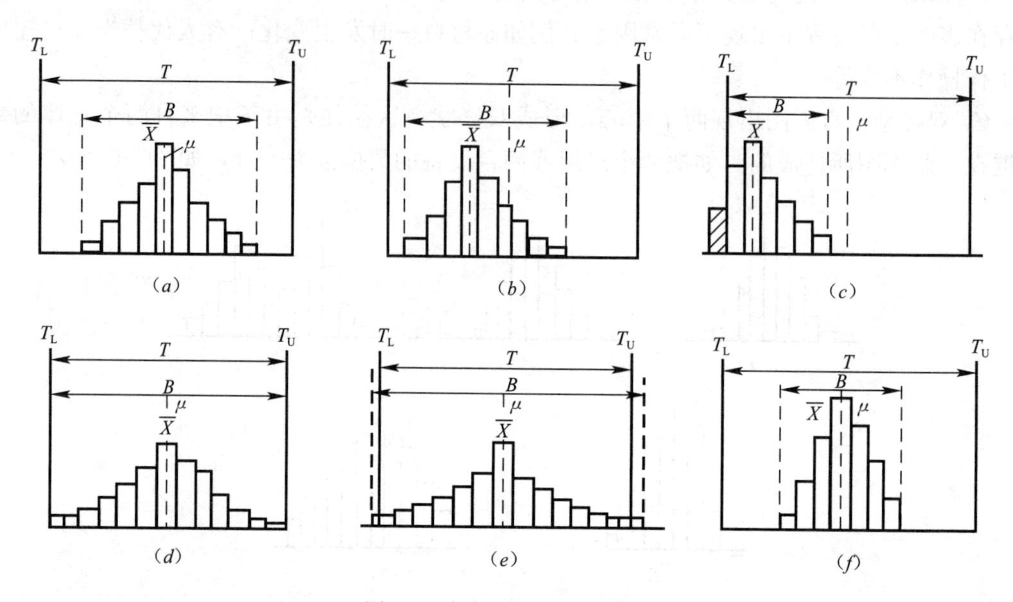


图 9-7　与标准对照的直方图

(*a*) 理想型；(*b*) 偏向型；(*c*) 超出型；(*d*) 双侧压线型；(*e*) 能力不足型；(*f*) 能力富余型

A. 理想型（图 9-7*a*）：实际平均值 $X$ 与规格标准中心 $\mu$ 重合，实际尺寸分布与标准范围两边有一定余量，约为 $T/8$。

B. 偏向型（图 9-7*b*）：虽在标准范围之内，但分布中心偏向一边，说明存在系统偏差，必须采取措施。如果生产状态发生变化，就可能超出质量标准而出现不合格品。

C. 超出型（图 9-7*c*）：此种图形反映数据分布过分地偏离规格中心，已经造成超差，出现不合格品。这是由于工序控制不好造成的，应采取措施使数据中心与规格中心重合。

D. 双侧压线型（图 9-7*d*）：又称无富余型。分布虽然落在规格范围之内，但两侧均无余地，稍有波动就会出现超差，出现废品。必须立即采取措施，缩小质量分布范围。

E. 能力不足型（图 9-7*e*）：又称双侧超越线型。此种图形实际尺寸超出标准线，已产生许多不合格品。说明生产能力不足，应尽快提高能力，缩小质量分布范围。

F. 能力富余型（图 9-7*f*）：又称过于集中型。实际尺寸分布与标准范围两边余量过大，属控制过严，质量有富余，不经济。此时对原材料、工艺等适当放宽些，有利于降低成本。

以上产生质量散布的实际范围与标准范围比较，表明了工序能力满足标准公差范围的程度，也就是施工工序能稳定地生产出合格产品的工序能力。

(7) 管理图法

管理图又叫控制图，它是反映生产工序随时间变化而发生的质量变动的状态，即反映生产过程中各个阶段质量波动状态的图形。

质量波动一般有两种情况：一种是偶然性因素引起的波动称为正常波动；一种是系统性因素引起的波动则属异常波动。质量控制的目标就是要查找异常波动的因素，并加以排除，使质量只受正常波动因素的影响，符合正态分布的规律。

质量管理图（图 9-8）就是利用上下控制界限，将产品质量特性控制在正常质量波动范围之内。一旦有异常原因引起质量波动，通过管理图就可看出，能及时采取措施预防不合格品的产生。

1）管理图的分类：管理图分计量值管理图和计数值管理图两大类（图 9-9）。计量值管理图适用于质量管理中的计量数据，如长度、强度、质量、温度等；计数值管理图则适用于计数值数据，如不合格的点数、件数等。

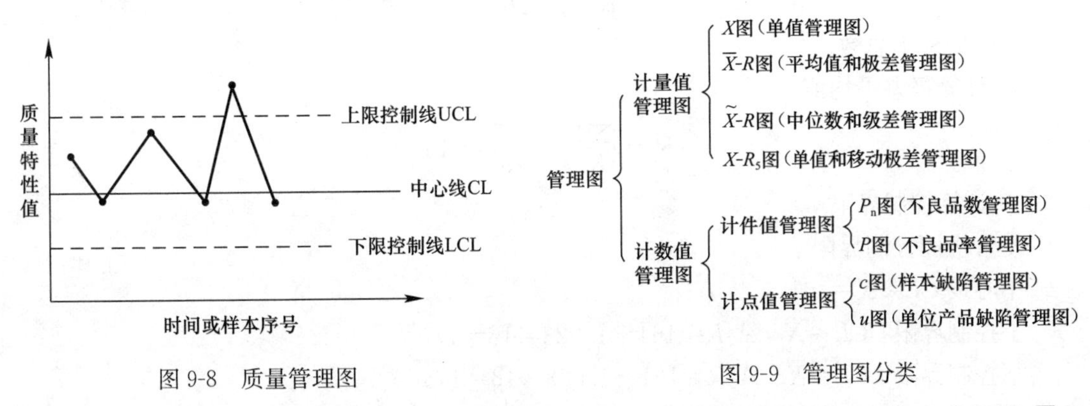


图 9-8 质量管理图

图 9-9 管理图分类

2）管理图的绘制：管理图的种类虽多，但其基本原理是相同的，现仅以常用的 $\overline{X}$-$R$ 管理图为例介绍作图的步骤。

$\overline{X}$-$R$ 管理图的作图步骤如下：

① 收集数据（表 9-8）。

**$\overline{X}$-$R$ 管理图数据表** **表 9-8**

| 样本号 | $X_1$ | $X_2$ | $X_3$ | $X$ | $R$ |
|---|---|---|---|---|---|
| 1 | 155 | 166 | 178 | 166 | 23 |
| 2 | 169 | 161 | 164 | 165 | 8 |
| 3 | 147 | 152 | 135 | 145 | 17 |
| 4 | 168 | 155 | 151 | 155 | 17 |
| · | · | · | · | · | · |
| · | · | · | · | · | · |
| · | · | · | · | · | · |
| · | · | · | · | · | · |
| 24 | 140 | 165 | 167 | 157 | 27 |
| 25 | 175 | 169 | 175 | 173 | 6 |
| 26 | 163 | 171 | 171 | 168 | 8 |
| 合计 | | | | 4195 | 407 |

② 计算样本的平均值

$$\overline{X}_1 = \frac{\sum_{i=1}^{n} X_1}{n}$$

本例第一个样本为

$$\overline{X}_1 = \frac{155 + 166 + 178}{3} = 166$$

其余类推，计算值列于表 1-10 中。

③ 计算样本极差

$$R_1 = X_{max} - X_{min}$$

本例第一个样本为：$R_1 = 178 - 155 = 23$

其余类推，计算值列于表 9-8 中

④ 计算总平均值

$$\overline{X} = \frac{\Sigma\overline{X}}{K} = \frac{4195}{26} = 161$$

式中为样本总数。

⑤ 计算极差平均值

$$\overline{R} = \frac{\Sigma R}{K} = \frac{407}{26} = 16$$

⑥ 计算控制界限

$\overline{X}$ 管理图控制界限

中心线 $CL = \overline{\overline{X}} = 161$

上控制界限 $UCL = \overline{X} + A_2R = 161 + 1.023 \times 16 = 177$

下控制界限 $LCL = \overline{\overline{X}} - A_2R = 161 - 1.023 \times 16 = 145$

上式中 $A_2$ 为 $\overline{X}$ 管理图系数（表 9-9）。

**管理图系数表**　　**表 9-9**

| $n$ | $A_2$ | $m_3A_2$ | $D_3$ | $D_4$ | $E_2$ | $d_3$ |
|---|---|---|---|---|---|---|
| 2 | 1.880 | 1.880 | | 3.267 | 2.660 | 0.853 |
| 3 | 1.023 | 1.187 | | 2.575 | 1.772 | 0.888 |
| 4 | 0.729 | 0.796 | | 2.282 | 1.457 | 0.880 |
| 5 | 0.577 | 0.691 | | 2.115 | 1.290 | 0.864 |
| 6 | 0.483 | 0.549 | | 2.004 | 1.184 | 0.848 |
| 7 | 0.419 | 0.509 | 0.076 | 1.924 | 1.109 | 0.833 |
| 8 | 0.373 | 0.432 | 0.136 | 1.864 | 1.054 | 0.820 |
| 9 | 0.337 | 0.412 | 0.184 | 1.816 | 1.010 | 0.808 |
| 10 | 0.308 | 0.363 | 0.223 | 1.727 | 0.975 | 0.797 |

$R$ 管理图的控制界限

中心线 $CL = \overline{R} = 16$

上控制界限 $UCL = D_4R = 2.575 \times 16 = 41$

下控制界限 $LCL = D_3R = 0$（∵$n = 3$，系数表中为一，故下限不考虑）

式中 $D_3$，$D_4$ 均为 $R$ 管理图控制界限系数。

⑦ 绘 $\overline{X}$-$R$ 管理图（图 9-10）。

以横坐标为样本序号或取样时间，纵坐标为所要控制的质量特性值，按计算结果绘出中心线和上下控制界限。

其他各种管理图的作图步骤与 $\overline{X}$-$R$ 管理图相同，控制界限的计算公式可参见表 9-10。

3）管理图的观察与分析：正常管理图的判断规则是：图上的点在控制上下限之间，围绕中心作无规律波动，连续 25 个点中，无超出控制界限线的点；连续 35 个点中，仅有

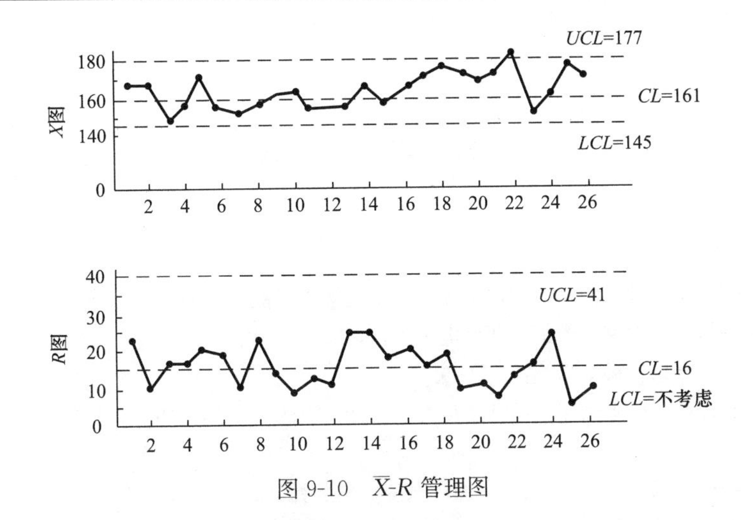


图 9-10　$\overline{X}$-$R$ 管理图

**管理图控制界限计算公式**　　**表 9-10**

| 分类 | | 图名 | 中心线 | 上下控制界限 | 管理特性 |
|---|---|---|---|---|---|
| 计量值管理图 | | $\overline{X}$ 图 | $\overline{\overline{X}}$ | $\overline{\overline{X}}\pm A_2\overline{R}$ | 用于观察分析平均值的变化 |
| | | $R$ 图 | $\overline{R}$ | $D_4\overline{R}$<br>$D_3\overline{R}$ | 用于观察分析分布的宽度和分散变化的情况 |
| | | $\widetilde{X}$ 图 | $\overline{\widetilde{X}}$ | $\overline{\widetilde{X}}\pm m_3A_2\overline{R}$ | $\overline{\widetilde{X}}$ 代 $\overline{X}$ 图，可以不计算平均值 |
| | | $X$ 图 | $\overline{X}$ | $\overline{X}\pm E_2\overline{R}$<br>$X\pm E_2\overline{R}_2$ | 观察分析单个产品质量特征的变化 |
| | | $R$s 图 | $\overline{R}_s$ | $D_4\overline{R}_5$ | 同 $R$ 图，适用于不能同时取得若干数据的工序 |
| 计数值管理图 | 计件值管理图 | $P$ 图 | $\overline{P}$ | $\overline{P}\pm3\sqrt{\frac{\overline{P}\ (1-\overline{P})}{n}}$ | 用不良品率来管理工序 |
| | | $P_n$ 图 | $P_n$ | $\overline{P}_n\pm\sqrt{P_n\ (1-P)}$ | 用不良品数来管理工序 |
| | 计点值管理图 | $C$ 图 | $\overline{C}$ | $\overline{C}\pm3\sqrt{\overline{C}}$ | 对一个样本的缺陷进行管理 |
| | | $u$ 图 | $\overline{u}$ | $\overline{u}\pm\sqrt{\frac{\overline{u}}{n}}$ | 对每一给定单位产品中的缺陷数进行控制 |

一点超出控制界限线；连续 100 个点中，仅有两点超出控制界限线。当点子落在控制界限线上时，视为超出界限计算。

管理图出现异常的判断规则为：

① 连续 7 个点在中心线的同侧；

② 有连续 7 个点上升或下降；

③ 连续 11 个点中，有 10 个点在中心线的同一侧；连续 14 个点中，有 12 个点在中心线的同一侧；连续 17 个点中，有 14 个点在中心线的同一侧；连续 20 个点中，有 16 点在中心线的同一侧；

④ 点围绕某一中心线作周期波动；

⑤ 点接近控制界限，落在了 $\mu\pm2\sigma$ 和 $\mu\pm3\sigma$ 之间。连续 3 点至少 2 点接近控制界限，连续 7 点至少 3 点接近控制界限，连续 10 点至少 4 点接近控制界限。

在观察管理图发生异常后，要分析原因，找出原因，找出问题，然后采取措施，使管理图所控制的工序恢复正常。

# 参 考 文 献


1. 刘亚臣，李闫岩. 工程建设法学. 大连：大连理工大学出版社，2009.
2. 刘勇. 建筑法规概论. 北京：中国水利水电出版社，2008.
3. 徐雷. 建设法规. 北京：科学出版社，2009.
4. 全国二级建造师职业资格考试用书编写委员会. 建设工程法规及相关知识. 北京：中国建筑工业出版社，2011.
5. 胡兴福. 建筑结构（第二版）. 北京：中国建筑工业出版社，2012. 02.
6. 韦清权. 建筑制图与 AutoCAD. 武汉：武汉理工大学出版社，2007. 02.
7. 游普元. 建筑材料与检测. 哈尔滨：哈尔滨工业大学出版社，2012.
8. 何斌，陈锦昌，王枫红. 建筑制图（第六版）. 北京：高等教育出版社，2011. 05.
9. 张伟，徐淳. 建筑施工技术. 上海：同济大学出版社，2010.
10. 洪树生. 建筑施工技术. 北京：科学出版社，2007.
11. 姚谨英. 建筑施工技术管理实训. 北京：中国建筑工业出版社，2006.
12. 双全. 施工员. 北京：机械工业出版社，2006.
13. 潘全祥. 施工员必读. 北京：中国建筑工业出版社，2001.
14. 建筑施工手册（第四版）编写组. 建筑施工手册. 北京：中国建筑工业出版社，2003.
15. 夏友明. 钢筋工. 北京：机械工业出版社，2006.
16. 杨嗣信，余志成，侯君伟. 模板工程现场施工. 北京：人民交通出版社，2005.
17. 梁新焰. 建筑防水工程手册. 太原：山西科学技术出版社，2005.
18. 李星荣，魏才昂. 钢结构连接节点设计手册（第 2 版）. 北京：中国建筑工业出版社，2007.
19. 李帼昌. 钢结构设计问答实录（建设工程问答实录丛书）. 北京：机械工业出版社，2008.
20. 吴欣之. 现代建筑钢结构安装技术. 北京：中国电力出版社，2009.
21. 杜绍堂. 钢结构施工. 北京：高等教育出版社，2005.
22. 夏友明. 钢筋工. 北京：机械工业出版社，2006.
23. 孟小鸣. 施工组织与管理. 北京：中国电力出版社，2008. 07.
24. 韩国平. 施工项目管理. 南京：东南大学出版社，2005. 08.
25. 林立. 建筑工程项目管理. 北京：中国建材工业出版社，2009. 01.
26. 张立群，崔宏环. 施工项目管理. 北京：中国建材工业出版社，2009. 09.
27. 郭汉丁. 工程施工项目管理. 北京：化学工业出版社，2010. 04.
28. 傅水龙. 建筑施工项目经理手册（第 1 版）. 南昌：江西科学技术出版社，2002. 01.
29. 本书编委会. 施工员一本通（第 1 版）. 北京：中国建材工业出版社，2007. 07.
30. 佚名. 工程施工质量管理的措施. 中顾法律网.
31. 全国二级建造师职业资格考试用书编写委员会. 建设工程施工管理. 北京：中国建筑工业出版社，2011. 07.
32. 焦宝祥. 土木工程材料. 北京：高等教育出版社，2009，01.
33. 魏鸿汉. 建筑材料（第四版）. 北京：中国建筑工业出版社，2012. 10.